QUADERNI DI MATEMATICA
PER LE SCIENZE APPLICATE

NUOVA SERIE

COLLANA DIRETTA DA ROBERTO MONACO

Volumi pubblicati:

1. A. Bacciotti, *Limiti, derivate, integrali. Funzioni reali di una variabile reale*
2. R. Monaco, G. Servente, *Introduzione ai modelli matematici nelle scienze territoriali*
3. F. Pellerey, *Elementi di statistica per le applicazioni*
4. M. Paggi, A. Rossani, *Introduzione alla Termomeccanica dei Continui*

Sergio Lancelotti

Esercizi di Analisi Matematica I

Nuova edizione

Celid

ristampa settembre 2016

ISBN 978-88-7661-890-1

LEXIS Compagnia Editoriale in Torino srl
via Carlo Alberto 55, I-10123 Torino
fax +39.011.0120194
www.celid.it
celid@lexis.srl

Progetto grafico di copertina: Ezio Aluffi - Leprechaun (TO)
Stampa: Digitalandcopy, Segrate (MI)

A mia mamma,
per tutto,
per sempre

Indice

Prefazione **11**

1 Dominio di una funzione **13**

1 Alcuni richiami teorici . . . 13

1.1 Domini di alcune funzioni elementari . . . 13

2 Esercizi sui domini delle funzioni . . . 15

3 Svolgimento degli esercizi sui domini di funzione . . . 17

2 Limiti di funzione **21**

1 Alcuni richiami teorici . . . 21

1.1 Limiti di funzioni razionali fratte . . . 21

1.2 Limiti notevoli . . . 22

1.3 Algebra degli "o" piccolo . . . 23

1.4 Teoremi del confronto . . . 23

2 Esercizi sui limiti di funzione . . . 25

2.1 Forme indeterminate di tipo razionale . . . 25

2.2 Limiti con i teoremi del confronto . . . 26

2.3 Forme indeterminate di tipo "trigonometrico" . . . 26

2.4 Forme indeterminate di tipo irrazionale . . . 27

2.5 Forme indeterminate di tipo esponenziale . . . 27

2.6 Esercizi su infiniti e infinitesimi . . . 28

2.7 Esercizi di riepilogo . . . 28

3 Svolgimento degli esercizi sui limiti di funzione . . . 33

3.1 Forme indeterminate di tipo razionale . . . 33

3.2 Limiti con i teoremi del confronto . . . 36

3.3 Forme indeterminate di tipo "trigonometrico" . . . 37

3.4 Forme indeterminate di tipo irrazionale . . . 38

3.5 Forme indeterminate di tipo esponenziale 41
3.6 Infiniti e infinitesimi 42
3.7 Esercizi di riepilogo 45

3 Limiti di successione **57**
1 Alcuni richiami teorici 57
2 Esercizi sui limiti di successione 59
3 Svolgimento degli esercizi sui limiti di successione 61

4 Funzioni continue **73**
1 Esercizi sulle funzioni continue 73
2 Svolgimento degli esercizi sulle funzioni continue 75

5 Derivata di una funzione **81**
1 Alcuni richiami teorici 81
1.1 Derivate delle funzioni elementari 81
1.2 Regole di derivazione 82
1.3 Altri risultati 83
2 Esercizi sulle derivate 84
3 Svolgimento degli esercizi sulle derivate 88

6 La formula di Taylor **101**
1 Alcuni richiami teorici 101
1.1 La formula di Taylor con il resto di Peano 101
1.2 Sviluppi notevoli di McLaurin 101
2 Esercizi sugli sviluppi di Taylor 103
3 Svolgimento degli esercizi sugli sviluppi di Taylor 107

7 Studio di funzione **123**
1 Schema generale per studiare una funzione 123
2 Esercizi sullo studio di funzione 125
3 Svolgimento degli esercizi sullo studio di funzione 127

8 Calcolo integrale **171**
1 Alcuni richiami teorici 171
1.1 Integrali indefiniti delle funzioni elementari 171

1.2 Formule di integrazione per parti e per sostituzione negli integrali indefiniti . . . 172
1.3 Integrazione delle funzioni razionali: metodi di decomposizione . . 173
1.4 Il teorema fondamentale del calcolo integrale . . . 175
1.5 Formule di integrazione per parti e per sostituzione negli integrali definiti . . . 175
2 Esercizi su integrali e primitive . . . 177
2.1 Integrali semplici. . . . 177
2.2 Integrazione per parti . . . 178
2.3 Integrazione per sostituzione . . . 179
2.4 Integrazione delle funzioni razionali fratte . . . 180
2.5 Integrazione delle funzioni irrazionali . . . 180
2.6 Integrazione delle funzioni trigonometriche . . . 181
2.7 Primitive di funzioni definite a tratti . . . 182
2.8 Esercizi di riepilogo . . . 183
3 Svolgimento degli esercizi su integrali e primitive . . . 187
3.1 Integrali semplici . . . 187
3.2 Integrazione per parti . . . 192
3.3 Integrazione per sostituzione . . . 196
3.4 Integrazione delle funzioni razionali . . . 198
3.5 Integrazione delle funzioni irrazionali . . . 203
3.6 Integrazione delle funzioni trigonometriche . . . 208
3.7 Primitive di funzioni definite a tratti . . . 211
3.8 Esercizi di riepilogo . . . 215

9 Integrali impropri 243
1 Alcuni richiami teorici . . . 243
1.1 Integrali impropri su un intervallo illimitato . . . 243
1.2 Integrali impropri di funzioni illimitate su un intervallo limitato . . 246
2 Esercizi sugli integrali impropri . . . 249
3 Svolgimento degli esercizi sugli integrali impropri . . . 251

10 Numeri complessi 263
1 Alcuni richiami teorici . . . 263
1.1 Nozioni e risultati preliminari . . . 263

1.2 Equazioni algebriche complesse 264
2 Esercizi sui numeri complessi 266
3 Svolgimento degli esercizi sui numeri complessi 269

11 Equazioni differenziali ordinarie **277**
1 Alcuni richiami teorici 277
1.1 Equazioni differenziali ordinarie del primo ordine in forma normale 277
1.2 Equazioni lineari del secondo ordine a coefficienti costanti 279
2 Esercizi sulle equazioni differenziali 283
2.1 Equazioni differenziali a variabili separabili 283
2.2 Equazioni differenziali lineari del primo ordine 285
2.3 Equazioni lineari del secondo ordine a coefficienti costanti 287
2.4 Esercizi di riepilogo 289
3 Svolgimento degli esercizi sulle equazioni differenziali 291
3.1 Equazioni differenziali a variabili separabili 291
3.2 Equazioni differenziali lineari del primo ordine 306
3.3 Equazioni lineari del secondo ordine a coefficienti costanti 318
3.4 Esercizi di riepilogo 338

A Elenco dei Simboli **347**

B Formule utili **351**
1 Principio dell'annullamento del prodotto 351
2 Formula risovente per le equazioni di secondo grado 351
3 Esponenziale e logaritmo 351
4 Formule trigonometriche 352
4.1 Relazione fondamentale della trigonometria 352
4.2 Formule di addizione e sottrazione 352
4.3 Formule di duplicazione 352
4.4 Formule parametriche 352
4.5 Formule di prostaferesi 353

Prefazione

La riforma universitaria in vigore dall'anno accademico 2000-2001 ha comportato una rivisitazione dei contenuti degli insegnamenti di Matematica in tutti i corsi di laurea in cui essi sono presenti. In particolare, nelle facoltà ingegneristiche si è assistito ad una contrazione dell'impostazione teorica dei concetti matematici, a vantaggio delle loro applicazioni pratiche. In questo panorama è più che mai utile poter disporre di libri ed eserciziari nei quali si prediliga l'aspetto tecnico (calcolo) a quello teorico.

Questo libro di esercizi verte sugli argomenti presenti nel programma di Analisi Matematica I così come è strutturato nelle facoltà di Ingegneria del Politecnico di Torino. Più precisamente, gli esercizi riguardano

Capitoli 1, 2, 4-9: domini, limiti, continuità, derivate, formula di Taylor, studio di funzione, calcolo integrale e integrali impropri di funzioni reali di una variabile reale;

Capitolo 3: limiti di successioni;

Capitolo 10: i numeri complessi;

Capitolo 11: equazioni differenziali ordinarie (a variabili separabili e lineari del primo ordine, lineari a coefficienti costanti del secondo ordine).

Il libro contiene 583 esercizi, tutti svolti. In ogni capitolo vi è un elenco di esercizi, per i quali viene poi fornito uno svolgimento.

Per quasi tutti gli esercizi viene riportata, a fianco del testo, la soluzione. Esempio

Esercizio 2. Calcolare i seguenti limiti:

a) $\displaystyle\lim_{x\to\pm\infty} \frac{x}{|\sin x|}$ $[\pm\infty]$

b) $\displaystyle\lim_{x\to 0^+} \sqrt{x}\sin(\log x)$ $[0]$

c) $\displaystyle\lim_{x\to 0} \frac{1}{|x|}\left(2+\sin\frac{\pi}{x}\right)$ $[+\infty]$

In rari casi, poiché la soluzione occupa uno spazio ampio, a fianco del testo dell'esercizio è indicata la pagina in cui inizia lo svolgimento dell'esercizio stesso. Esempio

Esercizio. Studiare le seguenti funzioni:

a) $f(x) = \dfrac{1-x}{x^2+3}$ [pag. 127]

b) $f(x) = \dfrac{x^2-1}{x^2+1}$ [pag. 129]

c) $f(x) = \dfrac{e^x+1}{e^x-1}$ [pag. 130]

All'inizio di ogni capitolo, ad eccezione di quello sulle funzioni continue, vengono proposti anche alcuni richiami teorici, utili sia come ripasso prima di iniziare la risoluzione degli esercizi, sia per aiutare il lettore nella comprensione delle metodologie utilizzate nello svolgimento degli stessi.

Nei capitoli Limiti di funzione (Capitolo **2**), Calcolo integrale (Capitolo **8**) e Equazioni differenziali ordinarie (Capitolo **11**), gli esercizi sono suddivisi in categorie a seconda del tipo e, quindi, del metodo di risoluzione. Per ciascuna tipologia sono proposti vari esercizi su cui cimentarsi per apprenderne le tecniche di svolgimento. Alla fine del capitolo è inserita la sezione *Esercizi di riepilogo*, contenente esercizi di ciascuno dei tipi precedentemente affrontati. Essa permette allo studente di verificare l'acquisizione delle metodologie di risoluzione utilizzate in ogni categoria; infatti, lo studente deve prima di tutto riconoscere il tipo di esercizio proposto e successivamente applicare ad esso il metodo di risoluzione più adatto.

In appendice è riportato un elenco dei simboli utilizzati nel testo e un elenco di alcune formule matematiche che dovrebbero comunque essere già note dagli studi secondari superiori.

Augurando a tutti i fruitori di questo testo "Buon lavoro e buon esercizio", desidero rammentare che senza le conoscenze teoriche gli esercizi di Matematica non si possono risolvere. È quindi quanto mai utile studiare la teoria prima di esercitarsi.

Prerequisiti:

1) nozioni di Matematica di base della scuola secondaria superiore (algebra, trigonometria, geometria analitica);

2) nozioni di Analisi Matematica I (vedi Indice).

Torino, 7 luglio 2010 Sergio Lancelotti

Capitolo 1

Dominio di una funzione

1 Alcuni richiami teorici

Di seguito vengono elencati alcuni risultati che sono utilizzati nello svolgimento degli esercizi sui domini di funzione.

1.1 Domini di alcune funzioni elementari

Funzione	**Dominio**
$f(x) = c$	$\mathrm{dom}\,(f) = \mathbb{R}$
$f(x) = x^n,\ n \in \mathbb{N}$	$\mathrm{dom}\,(f) = \mathbb{R}$
$f(x) = \dfrac{1}{x^n},\ n \in \mathbb{N}$	$\mathrm{dom}\,(f) = (-\infty, 0) \cup (0, +\infty)$
$f(x) = \sqrt[n]{x},\ n \in \mathbb{N}, n \geq 2$	$\mathrm{dom}\,(f) = \begin{cases} [0, +\infty) & \text{se } n \text{ è pari,} \\ \mathbb{R} & \text{se } n \text{ è dispari.} \end{cases}$
$f(x) = x^q,\ q \in \mathbb{Q},\ q \notin \mathbb{Z}$	$\mathrm{dom}\,(f) = \begin{cases} [0, +\infty) & \text{se } q > 0, \\ (0, +\infty) & \text{se } q < 0. \end{cases}$
$f(x) = x^\alpha,\ \alpha \in \mathbb{R},\ \alpha \notin \mathbb{Q}$	$\mathrm{dom}\,(f) = (0, +\infty)$
$f(x) = a^x,\ a > 0$	$\mathrm{dom}\,(f) = \mathbb{R}$

Funzione	**Dominio**
$f(x) = \log_a x,\ a > 0,\ a \neq 1$	$\operatorname{dom}(f) = (0, +\infty)$
$f(x) = \sin x$	$\operatorname{dom}(f) = \mathbb{R}$
$f(x) = \cos x$	$\operatorname{dom}(f) = \mathbb{R}$
$f(x) = \tan x = \frac{\sin x}{\cos x}$	$\operatorname{dom}(f) = \left\{x \in \mathbb{R} :\ x \neq \frac{\pi}{2} + k\pi,\ \forall k \in \mathbb{Z}\right\}$
$f(x) = \cot x = \frac{\cos x}{\sin x}$	$\operatorname{dom}(f) = \left\{x \in \mathbb{R} :\ x \neq k\pi,\ \forall k \in \mathbb{Z}\right\}$
$f(x) = \arcsin x$	$\operatorname{dom}(f) = [-1, 1]$
$f(x) = \arccos x$	$\operatorname{dom}(f) = [-1, 1]$
$f(x) = \arctan x$	$\operatorname{dom}(f) = \mathbb{R}$
$f(x) = \operatorname{arccot} x$	$\operatorname{dom}(f) = \mathbb{R}$
$f(x) = \sinh x = \frac{e^x - e^{-x}}{2}$	$\operatorname{dom}(f) = \mathbb{R}$
$f(x) = \cosh x = \frac{e^x + e^{-x}}{2}$	$\operatorname{dom}(f) = \mathbb{R}$
$f(x) = \tanh x = \frac{\sinh x}{\cosh x}$	$\operatorname{dom}(f) = \mathbb{R}$
$f(x) = \coth x = \frac{\cosh x}{\sinh x}$	$\operatorname{dom}(f) = (-\infty, 0) \cup (0, +\infty)$

2 Esercizi sui domini delle funzioni

Esercizio. Determinare il dominio delle seguenti funzioni:

a) $a(x) = \dfrac{x^2 - 6x + 5}{x - 7}$ $\quad\left[\operatorname{dom}(a) = (-\infty, 7) \cup (7, +\infty)\right]$

b) $b(x) = x - \dfrac{x^2}{x^2 + 3}$ $\quad\left[\operatorname{dom}(b) = \mathbb{R}\right]$

c) $c(x) = \dfrac{x - 9}{x^2 - 5x + 6}$ $\quad\left[\operatorname{dom}(c) = (-\infty, 2) \cup (2, 3) \cup (3, +\infty)\right]$

d) $d(x) = \dfrac{x}{(x^2 - 5)^2}$ $\quad\left[\operatorname{dom}(d) = \left(-\infty, -\sqrt{5}\right) \cup \left(-\sqrt{5}, \sqrt{5}\right) \cup \left(\sqrt{5}, +\infty\right)\right]$

e) $e(x) = \sqrt{x} - \sqrt{1 - x}$ $\quad\left[\operatorname{dom}(e) = [0, 1]\right]$

f) $f(x) = \sqrt{x^2 - 9x + 8}$ $\quad\left[\operatorname{dom}(f) = (-\infty, 1] \cup [8, +\infty)\right]$

g) $g(x) = \sqrt[3]{x^2 - 7} - \sqrt{12 - x}$ $\quad\left[\operatorname{dom}(g) = (-\infty, 12]\right]$

h) $h(x) = \dfrac{x - 6}{x + 1 - \sqrt{2x + 3}}$ $\quad\left[\operatorname{dom}(h) = \left[-\dfrac{3}{2}, -\sqrt{2}\right) \cup \left(-\sqrt{2}, \sqrt{2}\right) \cup \left(-\sqrt{2}, +\infty\right)\right]$

i) $i(x) = \log\left(3x - 5x^2\right) + 6x$ $\quad\left[\operatorname{dom}(i) = \left(0, \dfrac{3}{5}\right)\right]$

j) $j(x) = \log\dfrac{3x}{x^2 - 8}$ $\quad\left[\operatorname{dom}(j) = \left(-2\sqrt{2}, 0\right) \cup \left(2\sqrt{2}, +\infty\right)\right]$

k) $k(x) = \log\left(\sqrt{x + 9} - 2x\right)$ $\quad\left[\operatorname{dom}(k) = \left[-9, \dfrac{1 + \sqrt{145}}{8}\right)\right]$

l) $l(x) = \log\left(\left|x + \dfrac{1}{3}\right| + \dfrac{1}{3}\right)$ $\quad\left[\operatorname{dom}(l) = \mathbb{R}\right]$

m) $m(x) = \dfrac{e^{2x} - 3}{e^x - 7}$ $\quad\left[\operatorname{dom}(m) = (-\infty, \log 7) \cup (\log 7, +\infty)\right]$

n) $n(x) = (1+x)^{3x^2+12x}$ $\left[\text{dom}\,(n) = (-1,+\infty)\right]$

p) $p(x) = \dfrac{5\sin 2x - 3\cos x}{4\sin x}$ $\left[\text{dom}\,(p) = \bigcup_{k\in\mathbb{Z}} \big(k\pi, (k+1)\pi\big)\right]$

q) $q(x) = \sqrt{\tan x - \sin x}$ $\left[\text{dom}\,(q) = \bigcup_{k\in\mathbb{Z}} \left[k\pi, \dfrac{\pi}{2} + k\pi\right)\right]$

r) $r(x) = \arcsin\left(\dfrac{9x}{x^2-1}\right)$

$$\left[\text{dom}\,(r) = \left(-\infty, -\frac{\sqrt{85}+9}{2}\right] \cup \left[-\frac{\sqrt{85}-9}{2}, \frac{\sqrt{85}-9}{2}\right] \cup \left[\frac{\sqrt{85}+9}{2}, +\infty\right)\right]$$

s) $s(x) = \arctan\left(\dfrac{x^2}{x+1}\right) - \arcsin(2x)$ $\left[\text{dom}\,(s) = \left[-\dfrac{1}{2}, \dfrac{1}{2}\right]\right]$

t) $t(x) = \dfrac{\log(3x+1)}{(|x|-7)^2}$ $\left[\text{dom}\,(t) = \left(-\dfrac{1}{3}, 7\right) \cup (7,+\infty)\right]$

u) $u(x) = \log|\log(7x+4)|$ $\left[\text{dom}\,(u) = \left(-\dfrac{4}{7}, -\dfrac{3}{7}\right) \cup \left(-\dfrac{3}{7}, +\infty\right)\right]$

v) $v(x) = \dfrac{\sqrt{2|x|-1}}{|2x-3|}$ $\left[\text{dom}\,(v) = \left(-\infty, -\dfrac{1}{2}\right] \cup \left[\dfrac{1}{2}, \dfrac{3}{2}\right) \cup \left(\dfrac{3}{2}, +\infty\right)\right]$

w) $w(x) = \dfrac{e^{2x}-1}{\log(3x-2) - \log|x|}$ $\left[\text{dom}\,(w) = \left(\dfrac{2}{3}, 1\right) \cup (1,+\infty)\right]$

y) $y(x) = (2-|x|)^{\left(e^{3|x|}-2\right)^{-1}}$

$$\left[\text{dom}\,(y) = \left(-2, -\frac{1}{3}\log 2\right) \cup \left(-\frac{1}{3}\log 2, \frac{1}{3}\log 2\right) \cup \left(\frac{1}{3}\log 2, 2\right)\right]$$

z) $z(x) = \arctan\left|\dfrac{e^{2x}-1}{\sqrt{3-e^{-x}}}\right|.$ $\left[\text{dom}\,(z) = (-\log 3, +\infty)\right]$

3 Svolgimento degli esercizi sui domini di funzione

Esercizio.

a) Il dominio della funzione $a(x) = \dfrac{x^2 - 6x + 5}{x - 7}$ è

$$\text{dom}\,(a) = \{x \in \mathbb{R} : \ x - 7 \neq 0\} = \{x \in \mathbb{R} : \ x \neq 7\} = (-\infty, 7) \cup (7, +\infty).$$

b) Il dominio della funzione $b(x) = x - \dfrac{x^2}{x^2 + 3}$ è

$$\text{dom}\,(b) = \Big\{x \in \mathbb{R} : \ x^2 + 3 \neq 0\Big\} = \mathbb{R}.$$

c) Il dominio della funzione $c(x) = \dfrac{x - 9}{x^2 - 5x + 6}$ è

$$\text{dom}\,(c) = \Big\{x \in \mathbb{R} : \ x^2 - 5x + 6 \neq 0\Big\} = \{x \in \mathbb{R} : \ x \neq 2,\, 3\} =$$

$$= (-\infty, 2) \cup (2, 3) \cup (3, +\infty).$$

d) Il dominio della funzione $d(x) = \dfrac{x}{(x^2 - 5)^2}$ è

$$\text{dom}\,(d) = \Big\{x \in \mathbb{R} : \ \big(x^2 - 5\big)^2 \neq 0\Big\} = \Big\{x \in \mathbb{R} : \ x \neq \pm\sqrt{5}\Big\} =$$

$$= \Big(-\infty, -\sqrt{5}\Big) \cup \Big(-\sqrt{5}, \sqrt{5}\Big) \cup \Big(\sqrt{5}, +\infty\Big).$$

e) Il dominio della funzione $e(x) = \sqrt{x} - \sqrt{1 - x}$ è

$$\text{dom}\,(e) = \{x \in \mathbb{R} : \ x \geq 0,\ 1 - x \geq 0\} = \{x \in \mathbb{R} : \ 0 \leq x \leq 1\} = [0, 1].$$

f) Il dominio della funzione $f(x) = \sqrt{x^2 - 9x + 8}$ è

$$\text{dom}\,(f) = \Big\{x \in \mathbb{R} : \ x^2 - 9x + 8 \geq 0\Big\} = \{x \in \mathbb{R} : \ x \leq 1\} \cup \{x \in \mathbb{R} : \ x \geq 8\} =$$

$$= (-\infty, 1] \cup [8, +\infty).$$

g) Il dominio della funzione $g(x) = \sqrt[3]{x^2 - 7} - \sqrt{12 - x}$ è

$$\operatorname{dom}(g) = \{x \in \mathbb{R} : \ 12 - x \geq 0\} = \{x \in \mathbb{R} : \ x \leq 12\} = (-\infty, 12].$$

h) Il dominio della funzione $h(x) = \dfrac{x - 6}{x + 1 - \sqrt{2x + 3}}$ è

$$\operatorname{dom}(h) = \left\{x \in \mathbb{R} : \ 2x + 3 \geq 0, \quad x + 1 - \sqrt{2x + 3} \neq 0\right\} =$$

$$= \left\{x \in \mathbb{R} : \ x \geq -\frac{3}{2}, \ x \neq \pm\sqrt{2}\right\} = \left[-\frac{3}{2}, -\sqrt{2}\right) \cup \left(-\sqrt{2}, \sqrt{2}\right) \cup \left(-\sqrt{2}, +\infty\right).$$

i) Il dominio della funzione $i(x) = \log\left(3x - 5x^2\right) + 6x$ è

$$\operatorname{dom}(i) = \left\{x \in \mathbb{R} : \ 3x - 5x^2 > 0\right\} = \left\{x \in \mathbb{R} : \ 0 < x < \frac{3}{5}\right\} = \left(0, \frac{3}{5}\right).$$

j) Il dominio della funzione $j(x) = \log \dfrac{3x}{x^2 - 8}$ è

$$\operatorname{dom}(j) = \left\{x \in \mathbb{R} : \ \frac{3x}{x^2 - 8} > 0\right\} =$$

$$= \left\{x \in \mathbb{R} : \ -2\sqrt{2} < x < 0\right\} \cup \left\{x \in \mathbb{R} : \ x > 2\sqrt{2}\right\} = \left(-2\sqrt{2}, 0\right) \cup \left(2\sqrt{2}, +\infty\right).$$

k) Il dominio della funzione $k(x) = \log\left(\sqrt{x + 9} - 2x\right)$ è

$$\operatorname{dom}(k) = \left\{x \in \mathbb{R} : \ x + 9 \geq 0, \quad \sqrt{x + 9} - 2x > 0\right\} =$$

$$= \left\{x \in \mathbb{R} : \ -9 \leq x < \frac{1 + \sqrt{145}}{8}\right\} = \left[-9, \frac{1 + \sqrt{145}}{8}\right).$$

l) Il dominio della funzione $l(x) = \log\left(\left|x + \frac{1}{3}\right| + \frac{1}{3}\right)$ è

$$\operatorname{dom}(l) = \left\{x \in \mathbb{R} : \ \left|x + \frac{1}{3}\right| + \frac{1}{3} > 0\right\} = \mathbb{R}.$$

$m)$ Il dominio della funzione $m(x) = \dfrac{e^{2x}-3}{e^x-7}$ è

$$\operatorname{dom}(m) = \{x \in \mathbb{R} : \ e^x - 7 \neq 0\} = \{x \in \mathbb{R} : \ x \neq \log 7\} =$$
$$= (-\infty, \log 7) \cup (\log 7, +\infty).$$

$n)$ Il dominio della funzione $n(x) = (1+x)^{3x^2+12x}$ è

$$\operatorname{dom}(n) = \{x \in \mathbb{R} : \ 1 + x > 0\} = \{x \in \mathbb{R} : \ x > -1\} = (-1, +\infty).$$

$p)$ Il dominio della funzione $p(x) = \dfrac{5\sin 2x - 3\cos x}{4\sin x}$ è

$$\operatorname{dom}(p) = \{x \in \mathbb{R} : \ 4\sin x \neq 0\} = \{x \in \mathbb{R} : \ x \neq k\pi, \ k \in \mathbb{Z}\} =$$
$$= \bigcup_{k\in\mathbb{Z}} \Big(k\pi, (k+1)\pi\Big).$$

$q)$ Il dominio della funzione $q(x) = \sqrt{\tan x - \sin x}$ è

$$\operatorname{dom}(q) = \{x \in \mathbb{R} : \ \tan x - \sin x \geq 0\} = \left\{x \in \mathbb{R} : \ k\pi \leq x < \frac{\pi}{2} + k\pi, \ k \in \mathbb{Z}\right\} =$$
$$= \bigcup_{k\in\mathbb{Z}} \left[k\pi, \frac{\pi}{2} + k\pi\right).$$

$r)$ Il dominio della funzione $r(x) = \arcsin\left(\dfrac{9x}{x^2-1}\right)$ è

$$\operatorname{dom}(r) = \left\{x \in \mathbb{R} : \ x^2 - 1 \neq 0, \quad -1 \leq \frac{9x}{x^2-1} \leq 1\right\} =$$
$$= \left\{x \in \mathbb{R} : \ |x| \leq \frac{\sqrt{85}-9}{2}\right\} \cup \left\{x \in \mathbb{R} : \ |x| \geq \frac{\sqrt{85}+9}{2}\right\} =$$
$$= \left(-\infty, -\frac{\sqrt{85}+9}{2}\right] \cup \left[-\frac{\sqrt{85}-9}{2}, \frac{\sqrt{85}-9}{2}\right] \cup \left[\frac{\sqrt{85}+9}{2}, +\infty\right).$$

$s)$ Il dominio della funzione $s(x) = \arctan\left(\dfrac{x^2}{x+1}\right) - \arcsin(2x)$ è

$$\operatorname{dom}(s) = \{x \in \mathbb{R} : \ x + 1 \neq 0, \quad -1 \leq 2x \leq 1\} =$$
$$= \left\{x \in \mathbb{R} : \ -\frac{1}{2} \leq x \leq \frac{1}{2}\right\} = \left[-\frac{1}{2}, \frac{1}{2}\right].$$

t) Il dominio della funzione $t(x) = \dfrac{\log(3x+1)}{(|x|-7)^2}$ è

$$\operatorname{dom}(t) = \left\{x \in \mathbb{R} : \ 3x+1>0, \quad (|x|-7)^2 \neq 0\right\} = \left\{x \in \mathbb{R} : \ x > -\frac{1}{3}, \quad x \neq 7\right\} =$$
$$= \left(-\frac{1}{3}, 7\right) \cup (7, +\infty).$$

u) Il dominio della funzione $u(x) = \log|\log(7x+4)|$ è

$$\operatorname{dom}(u) = \{x \in \mathbb{R} : \ 7x+4>0, \quad |\log(7x+4)|>0\} =$$
$$= \left\{x \in \mathbb{R} : \ x > -\frac{4}{7}, \quad x \neq -\frac{3}{7}\right\} = \left(-\frac{4}{7}, -\frac{3}{7}\right) \cup \left(-\frac{3}{7}, +\infty\right).$$

v) Il dominio della funzione $v(x) = \dfrac{\sqrt{2|x|-1}}{|2x-3|}$ è

$$\operatorname{dom}(v) = \{x \in \mathbb{R} : \ 2|x|-1 \geq 0, \quad |2x-3| \neq 0\} =$$
$$= \left\{x \in \mathbb{R} : \ |x| \geq \frac{1}{2}, \quad x \neq \frac{3}{2}\right\} = \left(-\infty, -\frac{1}{2}\right] \cup \left[\frac{1}{2}, \frac{3}{2}\right) \cup \left(\frac{3}{2}, +\infty\right).$$

w) Il dominio della funzione $w(x) = \dfrac{e^{2x}-1}{\log(3x-2)-\log|x|}$ è

$$\operatorname{dom}(w) = \{x \in \mathbb{R} : \ 3x-2>0, \quad |x|>0, \quad \log(3x-2)-\log|x| \neq 0\} =$$
$$= \left\{x \in \mathbb{R} : \ x > \frac{2}{3}, \quad x \neq 1\right\} = \left(\frac{2}{3}, 1\right) \cup (1, +\infty).$$

y) Il dominio della funzione $y(x) = (2-|x|)^{\left(e^{3|x|}-2\right)^{-1}}$ è

$$\operatorname{dom}(y) = \left\{x \in \mathbb{R} : \ 2-|x|>0, \quad e^{3|x|}-2 \neq 0\right\} =$$
$$= \left\{x \in \mathbb{R} : \ -2<x<2, \quad x \neq \pm\frac{1}{3}\log 2\right\} =$$
$$= \left(-2, -\frac{1}{3}\log 2\right) \cup \left(-\frac{1}{3}\log 2, \frac{1}{3}\log 2\right) \cup \left(\frac{1}{3}\log 2, 2\right).$$

z) Il dominio della funzione $z(x) = \arctan\left|\dfrac{e^{2x}-1}{\sqrt{3-e^{-x}}}\right|$ è

$$\operatorname{dom}(z) = \{x \in \mathbb{R} : \ 3-e^{-x}>0\} = \{x \in \mathbb{R} : \ x > -\log 3\} = (-\log 3, +\infty).$$

Capitolo 2

Limiti di funzione

1 Alcuni richiami teorici

Di seguito vengono elencati alcuni risultati che sono utilizzati nello svolgimento degli esercizi sui limiti di funzione.

1.1 Limiti di funzioni razionali fratte

Siano $n, m \in \mathbb{N}$, $m \geq 1$ e $a_0, \ldots, a_n, b_0, \ldots, b_m \in \mathbb{R}$ con $a_n, b_m \neq 0$. Si ha che

$$\lim_{x \to +\infty} \frac{a_n x^n + \cdots + a_1 x + a_0}{b_m x^m + \cdots + b_1 x + b_0} = \begin{cases} +\infty & \text{se } n > m \text{ e } \frac{a_n}{b_m} > 0 \\ -\infty & \text{se } n > m \text{ e } \frac{a_n}{b_m} < 0 \\ \dfrac{a_n}{b_m} & \text{se } n = m \\ 0 & \text{se } n < m, \end{cases}$$

$$\lim_{x \to -\infty} \frac{a_n x^n + \cdots + a_1 x + a_0}{b_m x^m + \cdots + b_1 x + b_0} = \begin{cases} +\infty & \text{se } n > m,\ n - m \text{ è pari e } \frac{a_n}{b_m} > 0 \\ -\infty & \text{se } n > m,\ n - m \text{ è pari e } \frac{a_n}{b_m} < 0 \\ -\infty & \text{se } n > m,\ n - m \text{ è dispari e } \frac{a_n}{b_m} > 0 \\ +\infty & \text{se } n > m,\ n - m \text{ è dispari e } \frac{a_n}{b_m} < 0 \\ \dfrac{a_n}{b_m} & \text{se } n = m \\ 0 & \text{se } n < m. \end{cases}$$

1.2 Limiti notevoli

Forma standard	Forma con gli "o piccolo"
$\lim_{x\to 0} \frac{\sin x}{x} = 1$	$\sin x = x + o(x), \quad x \to 0$
$\lim_{x\to 0} \frac{1-\cos x}{x^2} = \frac{1}{2}$	$\cos x = 1 - \frac{1}{2}x^2 + o\left(x^2\right), \quad x \to 0$
$\lim_{x\to 0} \frac{\log_a(1+x)}{x} = \frac{1}{\log a}$	$\log_a(1+x) = \frac{1}{\log a}x + o(x), \quad x \to 0, \forall a > 0, a \neq 1$
$\lim_{x\to 0} \frac{\log(1+x)}{x} = 1$	$\log(1+x) = x + o(x), \quad x \to 0$
$\lim_{x\to 0} \frac{a^x - 1}{x} = \log a$	$a^x = 1 + x\log a + o(x), \quad x \to 0, \forall a > 0$
$\lim_{x\to 0} \frac{e^x - 1}{x} = 1$	$e^x = 1 + x + o(x), \quad x \to 0$
$\lim_{x\to 0} \frac{(1+x)^\alpha - 1}{x} = \alpha$	$(1+x)^\alpha = 1 + \alpha x + o(x), \quad x \to 0, \forall \alpha \in \mathbb{R}$
$\lim_{x\to +\infty} \frac{x^k}{a^x} = 0$	$x^k = o\left(a^x\right), \quad x \to +\infty, \forall a > 1, \forall k > 0$
$\lim_{x\to -\infty} \lvert x\rvert^k a^x = \lim_{x\to -\infty} \frac{a^x}{\frac{1}{\lvert x\rvert^k}} = 0$	$a^x = o\left(\frac{1}{\lvert x\rvert^k}\right), \quad x \to -\infty, \forall a > 1, \forall k > 0$
$\lim_{x\to -\infty} \frac{\lvert x\rvert^k}{a^x} = 0$	$\lvert x\rvert^k = o\left(a^x\right), \quad x \to -\infty, \forall\, 0 < a < 1, \forall k > 0$
$\lim_{x\to +\infty} x^k a^x = \lim_{x\to +\infty} \frac{a^x}{\frac{1}{x^k}} = 0$	$a^x = o\left(\frac{1}{x^k}\right), \quad x \to +\infty, \forall\, 0 < a < 1, \forall k > 0$
$\lim_{x\to +\infty} \frac{\log_a x}{x^k} = 0$	$\log_a x = o\left(x^k\right), \quad x \to +\infty, \forall a, k > 0, a \neq 1$
$\lim_{x\to 0^+} x^k \log_a x = \lim_{x\to 0^+} \frac{\log_a x}{\frac{1}{x^k}} = 0$	$\log_a x = o\left(\frac{1}{x^k}\right), x \to 0^+, \forall a, k > 0, a \neq 1$
$\lim_{x\to \pm\infty} \left(1 + \frac{1}{x}\right)^x = e$	
$\forall a \in \mathbb{R}: \quad \lim_{x\to \pm\infty} \left(1 + \frac{a}{x}\right)^x = e^a$	
$\lim_{x\to 0} (1+x)^{\frac{1}{x}} = e$	
$\forall a \in \mathbb{R}: \quad \lim_{x\to 0} (1+ax)^{\frac{1}{x}} = e^a$	

1.3 Algebra degli "o" piccolo

a) $\forall k \neq 0: \quad k\, o(f) = o(kf) = o(f), \quad x \to x_0;$

b) $o(f) + o(f) = o(f), \quad x \to x_0;$

c) $o\big(o(f)\big) = o(f), \quad x \to x_0;$

d) $o\big(f + o(f)\big) = o(f), \quad x \to x_0;$

e) $o(f) \cdot o(g) = o(fg), \quad x \to x_0;$

f) $f \cdot o(g) = o(fg), \quad x \to x_0;$

g) $\big(o(f)\big)^p = o\left(f^p\right), \quad x \to x_0,$ per ogni $p > 0$ per cui ha senso;

h) $\big(f + o(f)\big)^p = f^p + o\left(f^p\right), \quad x \to x_0,$ per ogni p per cui ha senso;

i) $\dfrac{o(f)}{g} = o\left(\dfrac{f}{g}\right), \quad x \to x_0.$

(1.1) Teorema (Principio di eliminazione dei termini trascurabili)
Siano $A \subseteq \mathbb{R}$ non vuoto, $x_0 \in \mathbb{R} \cup \{\pm\infty\}$ un punto di accumulazione per A e $f, f_1, g, g_1 : A \to \mathbb{R}$ quattro funzioni. Supponiamo che $f_1(x) = o(f(x))$ e $g_1(x) = o(g(x))$ per $x \to x_0$.

Allora

$$\lim_{x \to x_0} \frac{f(x) + f_1(x)}{g(x) + g_1(x)} = \lim_{x \to x_0} \frac{f(x) + o(f(x))}{g(x) + o(g(x))} = \lim_{x \to x_0} \frac{f(x)}{g(x)}.$$

(1.2) Osservazione Vale anche se $x \to x_0^{\pm}$, con $x_0 \in \mathbb{R}$.

1.4 Teoremi del confronto

(1.3) Teorema *Siano $A \subseteq \mathbb{R}$ non vuoto, $x_0 \in \mathbb{R} \cup \{\pm\infty\}$ di accumulazione per A e $f, g : A \to \mathbb{R}$ due funzioni. Supponiamo che esista un intorno I di x_0 tale che*

$$\forall x \in (A \cap I) \setminus \{x_0\}: \quad f(x) \leq g(x).$$

Valgono i seguenti fatti:

(i) *se* $\lim\limits_{x \to x_0} f(x) = +\infty$, *allora* $\lim\limits_{x \to x_0} g(x) = +\infty$;

(ii) *se* $\lim\limits_{x \to x_0} g(x) = -\infty$, *allora* $\lim\limits_{x \to x_0} f(x) = -\infty$.

(1.4) Osservazione Vale anche se $x \to x_0^{\pm}$, con $x_0 \in \mathbb{R}$.

(1.5) Teorema (Primo teorema del confronto)

Siano $A \subseteq \mathbb{R}$ non vuoto, $x_0 \in \mathbb{R} \cup \{\pm\infty\}$ di accumulazione per A e $f, g : A \to \mathbb{R}$ due funzioni. Supponiamo che:

(*i*) *esista un intorno I di x_0 tale che*

$$\forall x \in (A \cap I) \setminus \{x_0\} : \quad f(x) \leq g(x);$$

(*ii*) *esistano $\lim_{x \to x_0} f(x) = l_1$ e $\lim_{x \to x_0} g(x) = l_2$ (l_1, l_2 finiti o infiniti).*

Allora $l_1 \leq l_2$.

(1.6) Teorema (Secondo teorema del confronto)

Siano $A \subseteq \mathbb{R}$ non vuoto, $x_0 \in \mathbb{R} \cup \{\pm\infty\}$ di accumulazione per A e $f, g, h : A \to \mathbb{R}$ tre funzioni. Supponiamo che:

(*i*) *esista un intorno I di x_0 tale che*

$$\forall x \in (A \cap I) \setminus \{x_0\} : \quad f(x) \leq g(x) \leq h(x);$$

(*ii*) $\lim_{x \to x_0} f(x) = \lim_{x \to x_0} h(x) = l, \quad l \in \mathbb{R}.$

Allora $\lim_{x \to x_0} g(x) = l$.

(1.7) Osservazione Valgono anche se $x \to x_0^{\pm}$, con $x_0 \in \mathbb{R}$.

2 Esercizi sui limiti di funzione

Esercizio 1. Verificare con la definizione di limite che non esiste $\lim_{x\to+\infty} \sin x$.

2.1 Forme indeterminate di tipo razionale

Calcolare i seguenti limiti:

a) $\displaystyle\lim_{x\to\pm\infty} \frac{x^3-3x^2+4x}{x^5-x}$ $[0]$

b) $\displaystyle\lim_{x\to\pm\infty} \frac{x^3-3x^2-5}{2x^3-x^2+1}$ $\left[\frac{1}{2}\right]$

c) $\displaystyle\lim_{x\to\pm\infty} \frac{6x^4-x^2-1}{1+12x-x^3}$ $[\mp\infty]$

d) $\displaystyle\lim_{x\to-1} \frac{x^5+1}{x^9+1}$ $\left[\frac{5}{9}\right]$

e) $\displaystyle\lim_{x\to1} \frac{x^2-3x+2}{x^2-5x+4}$ $\left[\frac{1}{3}\right]$

f) $\displaystyle\lim_{x\to2} \frac{x^4-16}{x^2-3x+2}$ $[32]$

g) $\displaystyle\lim_{x\to0} \frac{x^9-x^4+x^2}{x(x-1)}$ $[0]$

h) $\displaystyle\lim_{x\to1} \frac{x^2-3x+2}{(x^3-2x^2+x)^2}$ $[\nexists]$

i) $\displaystyle\lim_{x\to0} \frac{x^3-3x^2+4x}{x^5-x}$ $[-4]$

l) $\displaystyle\lim_{x\to2} \frac{x^4-16}{x^6-64}$ $\left[\frac{1}{6}\right]$

m) $\displaystyle\lim_{x\to\pm\infty} \frac{x-\frac{1}{x^{15}}-\frac{2}{x^{10}}+\frac{4}{x^5}+6}{x^7-20x^6+2}$ $[0]$

n) $\displaystyle\lim_{x\to-1} \frac{x^3+6x^2+11x+6}{x^2+8x+7}$ $\left[\frac{1}{3}\right]$

o) $\displaystyle\lim_{x\to2} \frac{x^2-4x+4}{x^3-6x^2+12x-8}$ $[\nexists]$

p) $\displaystyle\lim_{x\to2^\pm} \frac{x^2-4x+4}{x^3-6x^2+12x-8}$ $[\pm\infty]$

q) $\displaystyle\lim_{x\to a} \frac{x^n-a^n}{x-a}, \quad a\in\mathbb{R},\ n\geq1$ $[na^{n-1}]$

r) $\lim_{x \to a} \frac{x^n - a^n}{x^m - a^m}, \quad a \neq 0, \quad n, m \geq 1.$ $[\frac{n}{m} a^{n-m}]$

2.2 Limiti con i teoremi del confronto

Calcolare i seguenti limiti:

a) $\lim_{x \to \pm\infty} (x + \cos x)$ $[\pm\infty]$

b) $\lim_{x \to 0} x^2 \sin \frac{1}{x}$ $[0]$

c) $\lim_{x \to +\infty} \frac{\cos x}{\log x}$ $[0]$

d) $\lim_{x \to 1} (x - 1)[x]$, $\quad$ ($[x]$ indica la parte intera di x) $[0]$

e) $\lim_{x \to \pm\infty} e^x \left(1 - \frac{1}{2} \cos x\right)$ $\left[\begin{cases} +\infty & \text{se } x \to +\infty \\ 0 & \text{se } x \to -\infty \end{cases}\right]$

f) $\lim_{x \to -\infty} \frac{\sin 3x - \cos 4x}{\sqrt{-x}}.$ $[0]$

2.3 Forme indeterminate di tipo "trigonometrico"

Calcolare i seguenti limiti:

a) $\lim_{x \to 0} \frac{\sin x}{\sqrt[3]{x}}$ $[0]$

b) $\lim_{x \to 0} \frac{x + \sin 3x}{x - \sin 2x}$ $[-4]$

c) $\lim_{x \to \alpha} \frac{\sin x - \sin \alpha}{x - \alpha}$ $[\cos \alpha]$

d) $\lim_{x \to 0^+} \frac{\sin x + x^2}{x + \sqrt{x}}$ $[0]$

e) $\lim_{x \to 0} \frac{\tan 3x - 3x}{x}$ $[0]$

f) $\lim_{x \to 0} \frac{\sin (x^2 - x)}{x}$ $[-1]$

g) $\lim_{x \to 0} \frac{\arctan x}{x}$ $[1]$

h) $\lim_{x \to \pi} \frac{\sin x}{\pi - x}.$ $[1]$

2.4 Forme indeterminate di tipo irrazionale

Calcolare i seguenti limiti:

a) $\lim_{x\to\pm\infty}\left(\sqrt{x^4-x^2}-x^2\right)$ $\left[-\frac{1}{2}\right]$

b) $\lim_{x\to\pm\infty}\left(\sqrt[3]{x^3-x}-x\right)$ $[0]$

c) $\lim_{x\to\pm\infty}\left(\sqrt{x^2+x+1}-\sqrt{x^2-1}\right)$ $\left[\pm\frac{1}{2}\right]$

d) $\lim_{x\to-\infty}\dfrac{1}{\sqrt{x^2+2x}+x}$ $[-1]$

e) $\lim_{x\to\pm\infty}\left(\sqrt[3]{x^3+x^2}-x\right)$ $\left[\frac{1}{3}\right]$

f) $\lim_{x\to 1}\dfrac{\sqrt{x}-1}{\sqrt[3]{x}-1}$ $\left[\frac{3}{2}\right]$

g) $\lim_{x\to\pm\infty}\dfrac{\sqrt[3]{x^4+x-1}}{x+\sqrt[3]{x}}$ $[\pm\infty]$

h) $\lim_{x\to\pm\infty}\dfrac{\sqrt[5]{x^4+1}}{x-\sqrt[3]{x}}$ $[0]$

i) $\lim_{x\to+\infty}\log\dfrac{\sqrt{9x^2-1}-x}{x}$ $[\log 2]$

l) $\lim_{x\to 0}\dfrac{\sqrt{x^2+x+1}-1}{x}$ $\left[\frac{1}{2}\right]$

m) $\lim_{x\to\frac{\pi}{2}}\dfrac{1-\sqrt{\sin x}}{x-\frac{\pi}{2}}.$ $[0]$

2.5 Forme indeterminate di tipo esponenziale

Calcolare i seguenti limiti:

a) $\lim_{x\to 0^+}x^x$ $[1]$

b) $\lim_{x\to+\infty}x^{\frac{1}{x}}$ $[1]$

c) $\lim_{x\to+\infty}\dfrac{(\log x)^{\log x}}{x}$ $[+\infty]$

d) $\lim_{x\to+\infty}\dfrac{(\log x)^{x}}{x}$ $[+\infty]$

e) $\lim_{x\to+\infty}\dfrac{[\log(\log x)]^{\log x}}{x}$ $[+\infty]$

f) $\lim_{x\to+\infty} \frac{(\log x)^{\log x}}{e^x}$ [0]

g) $\lim_{x\to+\infty} \frac{(\log x)^{\log(\log x)}}{x}$ [0]

h) $\lim_{x\to+\infty} \frac{x^{\log(\log x)}}{x^k}, \qquad k \in \mathbb{R}.$ [+∞]

2.6 Esercizi su infiniti e infinitesimi

Esercizio 1. Determinare l'ordine di infinito e/o di infinitesimo e la parte principale rispetto agli infiniti (infinitesimi) campione delle seguenti funzioni:

a) $f(x) = \frac{\sqrt[3]{x}-1}{(x-1)^3}, \qquad x \to 1, \quad x \to \pm\infty$ [pag. 42]

b) $f(x) = \sqrt{3+x^2} - \sqrt{3+2x^2}, \qquad x \to 0, \quad x \to \pm\infty$ [pag. 42]

c) $f(x) = \frac{1}{x+\sqrt{x^4+x^2}}, \qquad x \to 0, \quad x \to \pm\infty$ [pag. 43]

d) $f(x) = \sin x - \tan x, \qquad x \to 0.$ [pag. 44]

Esercizio 2. Disporre in ordine crescente, da quello di ordine inferiore a quello di ordine superiore, i seguenti infiniti, per $x \to +\infty$:

$$x, \quad x\log x, \quad \frac{x}{\log x}, \quad x^2\log x, \quad \log(\log x).$$

[pag. 44]

2.7 Esercizi di riepilogo

Esercizio 1. Calcolare i seguenti limiti:

1) $\lim_{x\to 0} \frac{\sqrt{1+x}-\sqrt{1-x}}{x}$ [1]

2) $\lim_{x\to 0^+} (1-x^2)^{\frac{1}{x}}$ [1]

3) $\lim_{x\to 0^-} (1+3x)^{\frac{1}{x}}$ [e^3]

4) $\lim_{x\to 0} \frac{\log(1+2x)}{3x\cos x - \tan x}$ [1]

5) $\lim_{x\to 0} \frac{2x\cos x - 2x}{x\sin^2 x}$ [−1]

6) $\displaystyle\lim_{x\to\pm\infty}\left(1+\frac{1}{5x-1}\right)^{5x}$ $[e]$

7) $\displaystyle\lim_{x\to\pm\infty}\left(1+\frac{1}{5x-1}\right)^{4x}$ $\left[e^{\frac{4}{5}}\right]$

8) $\displaystyle\lim_{x\to-2}\frac{\tan\pi x}{x+2}$ $[\pi]$

9) $\displaystyle\lim_{x\to1}\frac{x^3-1}{\sin(x-1)}$ $[3]$

10) $\displaystyle\lim_{x\to0}\frac{1-\cos^4 x}{x\tan x}$ $[2]$

11) $\displaystyle\lim_{x\to0}\frac{\cos 2x-\cos 3x}{x^2}$ $\left[\frac{5}{2}\right]$

12) $\displaystyle\lim_{x\to\pi}\frac{1-\sin\frac{x}{2}}{\pi-x}$ $[0]$

13) $\displaystyle\lim_{x\to\pm\infty}\left(1-\frac{3}{x}\right)^{x}$ $[e^{-3}]$

14) $\displaystyle\lim_{x\to0^+}\frac{\log(1+x)}{\sqrt{x}}$ $[0]$

15) $\displaystyle\lim_{x\to0}\frac{e^{2x}\sin x-\sin x}{3x^2}$ $\left[\frac{2}{3}\right]$

16) $\displaystyle\lim_{x\to0^+}\left[\log\left((1+x)^3-1\right)-\log x\right]$ $[\log 3]$

17) $\displaystyle\lim_{x\to+\infty}3x\Big(\log(3x-1)-\log 3x\Big)$ $[-1]$

18) $\displaystyle\lim_{x\to0}\frac{x-\sin 3x}{x+\sin 2x}$ $\left[-\frac{2}{3}\right]$

19) $\displaystyle\lim_{x\to+\infty}2x(\log(x+1)-\log x)$ $[2]$

20) $\displaystyle\lim_{x\to\frac{1}{2}}\frac{3^{2x-1}-1}{\sin(2x-1)}$ $[\log 3]$

21) $\displaystyle\lim_{x\to-\infty}[x+\log(2e^{-x}+1)]$ $[\log 2]$

22) $\displaystyle\lim_{x\to0}\frac{\tan x-\sin x}{x^3}$ $\left[\frac{1}{2}\right]$

23) $\displaystyle\lim_{x\to(-1)^-}\left(\frac{1}{x+1}+\frac{3}{x^2-x-2}\right)$ $\left[-\frac{1}{3}\right]$

24) $\displaystyle\lim_{x\to0}\frac{\log(1+x^2)}{x^2\,e^{x+x^2}}$ $[1]$

25) $\lim_{x\to 0} \dfrac{\sin x + x^3}{4\sin x - x}$ $\left[\frac{1}{3}\right]$

26) $\lim_{x\to 0^+} \dfrac{\sin x}{x + \sqrt{3x}}$ $[0]$

27) $\lim_{x\to +\infty} \dfrac{1-\cos\frac{1}{x}}{2\left(\sin^2\frac{1}{x} - \frac{1}{x^2}\right)}$ $[-\infty]$

28) $\lim_{x\to 0} \dfrac{\sin x^2 \sqrt{2+x^2}}{1-\cos x}$ $\left[2\sqrt{2}\right]$

29) $\lim_{x\to 0} \dfrac{\sin(x^2 - x) - \sin x}{x^2 - 2x}$ $[1]$

30) $\lim_{x\to 0} \dfrac{\cos x - \cos 2x}{1-\cos x}$ $[3]$

31) $\lim_{x\to 3} \dfrac{(1-e^{x-3})\sin(x-3)}{\tan(x-3)\log(x-2)}$ $[-1]$

32) $\lim_{x\to 0} \dfrac{\tan^4 x\,\sqrt{1+x^4}}{1 - 2\cos x + \cos^2 x}$ $[4]$

33) $\lim_{x\to 0} \dfrac{\log(\cos x)}{x^2}$ $\left[-\frac{1}{2}\right]$

34) $\lim_{x\to +\infty} \dfrac{e^{\frac{\log^2 x + \log x}{\log x - 1}}}{x}$ $[e^2]$

35) $\lim_{x\to +\infty} \dfrac{x - \sqrt{x^2-1}}{\sqrt[3]{x^3-2}}$ $[0]$

36) $\lim_{x\to -\infty} \dfrac{x - \sqrt{x^2-1}}{\sqrt[3]{x^3-2}}$ $[2]$

37) $\lim_{x\to -\infty} \left(1 - \dfrac{x}{\sqrt{4+x^2}}\right)$ $[2]$

38) $\lim_{x\to -\infty} \dfrac{\sqrt{|x^2-x|e^{\frac{1}{x}}}}{x}$ $[-1]$

39) $\lim_{x\to 0^-} 3^{\frac{1}{x}} \sin\dfrac{1}{x}$ $[0]$

40) $\lim_{x\to \pi^+} e^{\frac{1}{x-\pi}} \sin x$ $[-\infty]$

41) $\lim_{x\to 0} (1-\sin x)^{\frac{3}{\sin x}}$ $[e^{-3}]$

42) $\lim_{x\to 2^-} \dfrac{\cos\frac{\pi}{4}x}{\sqrt{4-x^2}}$ $[0]$

43) $\displaystyle \lim_{x\to\pi} \frac{\sqrt{1+\sin x}-\sqrt{1-\sin x}}{e^{\pi-x}-1}$ $\quad [1]$

44) $\displaystyle \lim_{x\to 1^+} \frac{\sin(2^x-2)}{x^2-1}\tan\frac{\pi}{4}x$ $\quad [\log 2]$

45) $\displaystyle \lim_{x\to 1^+} (\lambda-2)\Big(\log 3x - \log(x-1)\Big)$ $\quad \left[\begin{cases} +\infty & \text{se } \lambda > 2 \\ 0 & \text{se } \lambda = 2 \\ -\infty & \text{se } \lambda < 2 \end{cases}\right]$

46) $\displaystyle \lim_{x\to+\infty} \Big(\sqrt{3x^2+x^\lambda}-\sqrt{3}x\Big).$ $\quad \left[\begin{cases} +\infty & \text{se } \lambda > 1 \\ \frac{1}{2\sqrt{3}} & \text{se } \lambda = 1 \\ 0 & \text{se } \lambda < 1 \end{cases}\right]$

Esercizio 2. Calcolare i seguenti limiti:

a) $\displaystyle \lim_{x\to\pm\infty} \frac{x}{|\sin x|}$ $\quad [\pm\infty]$

b) $\displaystyle \lim_{x\to 0^+} \sqrt{x}\sin(\log x)$ $\quad [0]$

c) $\displaystyle \lim_{x\to 0} \frac{1}{|x|}\left(2+\sin\frac{\pi}{x}\right)$ $\quad [+\infty]$

d) $\displaystyle \lim_{x\to+\infty} \frac{1}{(2-\cos x)\,x^\alpha}, \qquad \forall\alpha>0$ $\quad [0]$

e) $\displaystyle \lim_{x\to 0^\pm} \frac{e^{\cos\frac{1}{x}}}{\sin x}$ $\quad [\pm\infty]$

f) $\displaystyle \lim_{x\to+\infty} \left(\frac{x}{|\sin x|}-x^2\right).$ $\quad [\nexists]$

Esercizio 3. Calcolare i seguenti limiti:

a) $\displaystyle \lim_{x\to 1} x^{\frac{1}{1-x}}$ $\quad [e^{-1}]$

b) $\displaystyle \lim_{x\to 0^+} x^{\frac{3}{4+\log x}}$ $\quad [e^3]$

c) $\displaystyle \lim_{x\to 0^+} x^{\sin x}$ $\quad [1]$

d) $\displaystyle \lim_{x\to 0^+} \left(\frac{1}{x}\right)^{\tan x}$ $\quad [1]$

e) $\displaystyle \lim_{x\to 0^+} \frac{1-(1-7x)^{\log x}}{(e^{2x}-1)\log x^3}$ $\quad \left[\frac{7}{6}\right]$

f) $\displaystyle \lim_{x\to 1^+} \frac{\sqrt{x^2-1}}{\log(x+\sqrt{x^2-1})}$ $\quad [1]$

g) $\lim\limits_{x\to 1^-} \dfrac{1}{\log x} e^{\frac{1}{\log x}}$ $[0]$

h) $\lim\limits_{x\to 0^+} |x \log x|^{\frac{1}{x}}$ $[0]$

i) $\lim\limits_{x\to 0^+} \dfrac{x^x - 1}{x}$ $[-\infty]$

l) $\lim\limits_{x\to 0^+} \dfrac{e^{\sqrt{\sin x}} - 1}{\sqrt{x}}$ $[1]$

m) $\lim\limits_{x\to 0^+} (\cos x)^{\frac{1}{x \sin 5x}}$ $\left[e^{-\frac{1}{10}}\right]$

n) $\lim\limits_{x\to 0} \dfrac{e^{\tan^3 x} - 1}{x\left(\cos x - e^{x^2}\right)}.$ $\left[-\frac{2}{3}\right]$

3 Svolgimento degli esercizi sui limiti di funzione

Esercizio 1. Proviamo che non esiste $\lim_{x\to+\infty} \sin x$.

Per assurdo supponiamo che $\lim_{x\to+\infty} \sin x = l$. Essendo $|\sin x| \leq 1$ possiamo limitarci al caso $l \in \mathbb{R}$.

Per definizione di limite si ha che

$$\forall \varepsilon > 0 \ \exists a \in \mathbb{R}\colon \forall x \in \mathbb{R} \text{ con } x > a \text{ si ha che } |\sin x - l| < \varepsilon.$$

Abbiamo tre casi possibili: $l > 0$, $l < 0$ e $l = 0$.

Se $l > 0$, allora preso $\varepsilon = \frac{l}{2}$, esiste $a \in \mathbb{R}$ tale che per ogni $x \in \mathbb{R}$ con $x > a$ si ha che $|\sin x - l| < \frac{l}{2}$, cioè

$$-\frac{l}{2} < \sin x - l < \frac{l}{2} \quad \iff \quad \frac{l}{2} < \sin x < \frac{3}{2}l.$$

In particolare per ogni $x \in \mathbb{R}$ con $x > a$ si ha che $\sin x > \frac{l}{2} > 0$: assurdo perché esiste $x > a$ tale che $\sin x < 0$ (basta prendere $x = \frac{3}{2}\pi + 2k\pi$ con $k \in \mathbb{Z}$, $k > \frac{a}{2\pi} - \frac{3}{4}$).

Se $l < 0$, allora preso $\varepsilon = -\frac{l}{2}$, esiste $a \in \mathbb{R}$ tale che per ogni $x \in \mathbb{R}$ con $x > a$ si ha che $|\sin x - l| < -\frac{l}{2}$, cioè

$$\frac{l}{2} < \sin x - l < -\frac{l}{2} \quad \iff \quad \frac{3}{2}l < \sin x < \frac{l}{2}.$$

In particolare per ogni $x \in \mathbb{R}$ con $x > a$ si ha che $\sin x < \frac{l}{2} < 0$: assurdo perché esiste $x > a$ tale che $\sin x > 0$ (basta prendere $x = \frac{\pi}{2} + 2k\pi$ con $k \in \mathbb{Z}$, $k > \frac{a}{2\pi} - \frac{1}{4}$).

Se $l = 0$, allora preso $\varepsilon = \frac{1}{2}$, esiste $a \in \mathbb{R}$ tale che per ogni $x \in \mathbb{R}$ con $x > a$ si ha che $|\sin x| < \frac{1}{2}$: assurdo perché esiste $x > a$ tale che $|\sin x| > \frac{1}{2}$ (basta prendere $x = \frac{\pi}{2} + k\pi$ con $k \in \mathbb{Z}$, $k > \frac{a}{\pi} - \frac{1}{2}$). Quindi non esiste $\lim_{x\to+\infty} \sin x$.

3.1 Forme indeterminate di tipo razionale

a) Si ha che $\displaystyle\lim_{x\to\pm\infty} \frac{x^3 - 3x^2 + 4x}{x^5 - x} = 0.$

b) Si ha che $\displaystyle\lim_{x\to\pm\infty} \frac{x^3 - 3x^2 - 5}{2x^3 - x^2 + 1} = \frac{1}{2}.$

c) Si ha che $\displaystyle\lim_{x\to\pm\infty} \frac{6x^4 - x^2 - 1}{1 + 12x - x^3} \mp \infty.$

d) Si ha che

$$\lim_{x\to -1}\frac{x^5+1}{x^9+1}=\lim_{x\to -1}\frac{(x+1)(x^4-x^3+x^2-x+1)}{(x+1)(x^8-x^7+x^6-x^5+x^4-x^3+x^2-x+1)}=\frac{5}{9}.$$

e) Si ha che

$$\lim_{x\to 1}\frac{x^2-3x+2}{x^2-5x+4}=\lim_{x\to 1}\frac{(x-1)(x-2)}{(x-1)(x-4)}=\lim_{x\to 1}\frac{x-2}{x-4}=\frac{1}{3}.$$

f) Si ha che

$$\lim_{x\to 2}\frac{x^4-16}{x^2-3x+2}=\lim_{x\to 2}\frac{(x-2)(x+2)(x^2+4)}{(x-1)(x-2)}=\lim_{x\to 2}\frac{(x+2)(x^2+4)}{x-1}=32.$$

g) Si ha che

$$\lim_{x\to 0}\frac{x^9-x^4+x^2}{x(x-1)}=\lim_{x\to 0}\frac{x^2(x^7-x^2+1)}{x(x-1)}=\lim_{x\to 0}\frac{x(x^7-x^2+1)}{x-1}=0.$$

h) Si ha che

$$\lim_{x\to 1}\frac{x^2-3x+2}{(x^3-2x^2+x)^2}=\lim_{x\to 1}\frac{(x-1)(x-2)}{x^2(x-1)^4}=\lim_{x\to 1}\frac{x-2}{x^2(x-1)^3}\quad\nexists.$$

i) Si ha che

$$\lim_{x\to 0}\frac{x^3-3x^2+4x}{x^5-x}=\lim_{x\to 0}\frac{x(x^2-3x+4)}{x(x^4-1)}=\lim_{x\to 0}\frac{x^2-3x+4}{x^4-1}=-4.$$

l) Si ha che

$$\lim_{x\to 2}\frac{x^4-16}{x^6-64}=\lim_{x\to 2}\frac{(x-2)(x+2)(x^2+4)}{(x-2)(x^2+2x+4)(x^3+8)}=$$

$$=\lim_{x\to 2}\frac{(x+2)(x^2+4)}{(x^2+2x+4)(x^3+8)}=\frac{1}{6}.$$

m) Si ha che

$$\lim_{x\to\pm\infty}\frac{x-\dfrac{1}{x^{15}}-\dfrac{2}{x^{10}}+\dfrac{4}{x^5}+6}{x^7-20x^6+2}=0.$$

n) Si ha che

$$\lim_{x\to -1} \frac{x^3+6x^2+11x+6}{x^2+8x+7} = \lim_{x\to -1} \frac{(x+1)(x+2)(x+3)}{(x+1)(x+7)} =$$

$$= \lim_{x\to -1} \frac{(x+2)(x+3)}{x+7} = \frac{1}{3}.$$

o) Si ha che

$$\lim_{x\to 2} \frac{x^2-4x+4}{x^3-6x^2+12x-8} = \lim_{x\to 2} \frac{(x-2)^2}{(x-2)^3} = \lim_{x\to 2} \frac{1}{x-2} \quad \nexists.$$

p) Si ha che

$$\lim_{x\to 2^\pm} \frac{x^2-4x+4}{x^3-6x^2+12x-8} = \lim_{x\to 2^\pm} \frac{(x-2)^2}{(x-2)^3} = \lim_{x\to 2^\pm} \frac{1}{x-2} = \pm\infty.$$

q) Si ha che

$$\forall x, a \in \mathbb{R},\ \forall n \in \mathbb{N},\ n \geq 1: \quad x^n - a^n = (x-a)\sum_{k=0}^{n-1} x^{n-1-k}a^k.$$

Allora si ha che

$$\lim_{x\to a} \frac{x^n-a^n}{x-a} = \lim_{x\to a} \frac{(x-a)\left(\sum_{k=0}^{n-1} x^{n-1-k}a^k\right)}{x-a} = \lim_{x\to a} \sum_{k=0}^{n-1} x^{n-1-k}a^k = na^{n-1}.$$

r) Si ha che (vedi esercizio precedente)

$$\lim_{x\to a} \frac{x^n-a^n}{x^m-a^m} = \lim_{x\to a} \frac{(x-a)\left(\sum_{k=0}^{n-1} x^{n-1-k}a^k\right)}{(x-a)\left(\sum_{k=0}^{m-1} x^{m-1-k}a^k\right)} =$$

$$= \lim_{x\to a} \frac{\sum_{k=0}^{n-1} x^{n-1-k}a^k}{\sum_{k=0}^{m-1} x^{m-1-k}a^k} = \frac{n}{m}a^{n-m}.$$

3.2 Limiti con i teoremi del confronto

a) Si ha che

$$\forall x \in \mathbb{R}: \qquad x - 1 \leq x + \cos x \leq x + 1.$$

Quindi per il Teorema (1.3) si ha che

$$\lim_{x \to +\infty} (x + \cos x) = +\infty, \qquad \lim_{x \to -\infty} (x + \cos x) = -\infty.$$

b) Si ha che

$$\forall x \neq 0: \qquad -x^2 \leq x^2 \sin \frac{1}{x} \leq x^2.$$

Quindi per il Secondo teorema del confronto si ha che

$$\lim_{x \to 0} x^2 \sin \frac{1}{x} = 0.$$

c) Si ha che

$$\forall x > 1: \qquad -\frac{1}{\log x} \leq \frac{\cos x}{\log x} \leq \frac{1}{\log x}.$$

Quindi per il Secondo teorema del confronto si ha che

$$\lim_{x \to +\infty} \frac{\cos x}{\log x} = 0.$$

d) Essendo $[x]$ la parte intera di x, ossia il massimo numero intero minore o uguale a x, si ha che

$$\forall x \in (0, 2): \qquad 0 \leq |x - 1| |[x]| \leq |x - 1|.$$

Quindi per il Secondo teorema del confronto si ha che

$$\lim_{x \to 1} (x - 1)[x] = 0.$$

e) Si ha che

$$\forall x \in \mathbb{R}: \qquad \frac{1}{2} e^x \leq e^x \left(1 - \frac{1}{2} \cos x\right) \leq \frac{3}{2} e^x.$$

Quindi per il Teorema (1.3) si ha che

$$\lim_{x \to +\infty} e^x \left(1 - \frac{1}{2} \cos x\right) = +\infty$$

e per il Secondo teorema del confronto si ha che

$$\lim_{x \to -\infty} e^x \left(1 - \frac{1}{2} \cos x\right) = 0.$$

f) Si ha che

$$\forall x < 0: \qquad -\frac{2}{\sqrt{-x}} \leq \frac{\sin 3x - \cos 4x}{\sqrt{-x}} \leq \frac{2}{\sqrt{-x}}.$$

Quindi per il Secondo teorema del confronto si ha che

$$\lim_{x\to-\infty} \frac{\sin 3x - \cos 4x}{\sqrt{-x}} = 0.$$

3.3 Forme indeterminate di tipo "trigonometrico"

a) Si ha che

$$\lim_{x\to 0} \frac{\sin x}{\sqrt[3]{x}} = \lim_{x\to 0} \frac{\sin x}{x} \sqrt[3]{x^2} = 0.$$

b) Si ha che

$$\lim_{x\to 0} \frac{x + \sin 3x}{x - \sin 2x} = \lim_{x\to 0} \frac{x\left(1 + \dfrac{\sin 3x}{x}\right)}{x\left(1 - \dfrac{\sin 2x}{x}\right)} = \lim_{x\to 0} \frac{1 + \dfrac{\sin 3x}{x}}{1 - \dfrac{\sin 2x}{x}} =$$

$$= \lim_{x\to 0} \frac{1 + 3\,\dfrac{\sin 3x}{3x}}{1 - 2\,\dfrac{\sin 2x}{2x}} = -4.$$

c) Essendo $\sin x - \sin\alpha = 2\sin\frac{x-\alpha}{2}\cos\frac{x+\alpha}{2}$ (vedi Formule di prostaferesi, Appendice B), si ha che

$$\lim_{x\to\alpha} \frac{\sin x - \sin\alpha}{x - \alpha} = \lim_{x\to\alpha} \frac{2\sin\dfrac{x-\alpha}{2}\cos\dfrac{x+\alpha}{2}}{x - \alpha} = \cos\alpha.$$

d) Si ha che

$$\lim_{x\to 0^+} \frac{\sin x + x^2}{x + \sqrt{x}} = \lim_{x\to 0^+} \frac{\sin x\left(1 + \dfrac{x^2}{\sin x}\right)}{\sqrt{x}(\sqrt{x} + 1)} = \lim_{x\to 0^+} \frac{\sin x}{x}\sqrt{x}\,\frac{1 + \dfrac{x^2}{\sin x}}{\sqrt{x} + 1} = 0.$$

e) Si ha che

$$\lim_{x\to 0}\frac{\tan 3x-3x}{x}=\lim_{x\to 0}\frac{\dfrac{\sin 3x}{\cos 3x}-3x}{x}=\lim_{x\to 0}\frac{\sin 3x-3x\cos 3x}{x}\,\frac{1}{\cos 3x}=$$

$$=\lim_{x\to 0}\left(\frac{\sin 3x}{x}-3\cos 3x\right)\frac{1}{\cos 3x}=\lim_{x\to 0}\left(3\frac{\sin 3x}{3x}-3\cos 3x\right)\frac{1}{\cos 3x}=0.$$

f) Si ha che

$$\lim_{x\to 0}\frac{\sin(x^2-x)}{x}=\lim_{x\to 0}\frac{\sin(x^2-x)}{x^2-x}\,\frac{x^2-x}{x}=$$

$$=\lim_{x\to 0}\frac{\sin(x^2-x)}{x^2-x}\,\frac{x(x-1)}{x}=\lim_{x\to 0}\frac{\sin(x^2-x)}{x^2-x}(x-1)=-1.$$

g) Posto $y=\arctan x$, si ha che

$$\lim_{x\to 0}\frac{\arctan x}{x}=\lim_{y\to 0}\frac{y}{\tan y}=1.$$

h) Posto $y=\pi-x$, si ha che

$$\lim_{x\to \pi}\frac{\sin x}{\pi-x}=\lim_{y\to 0}\frac{\sin(\pi-y)}{y}=\lim_{y\to 0}\frac{\sin y}{y}=1.$$

3.4 Forme indeterminate di tipo irrazionale

a) Si ha che

$$\lim_{x\to\pm\infty}\left(\sqrt{x^4-x^2}-x^2\right)=\lim_{x\to\pm\infty}\frac{-x^2}{\sqrt{x^4-x^2}+x^2}=$$

$$=\lim_{x\to\pm\infty}\frac{-x^2}{x^2\left(\sqrt{1-\dfrac{1}{x^2}}+1\right)}=\lim_{x\to\pm\infty}\frac{-1}{\sqrt{1-\dfrac{1}{x^2}}+1}=-\frac{1}{2}.$$

b) Si ha che

$$\lim_{x\to\pm\infty}\left(\sqrt[3]{x^3-x}-x\right)=\lim_{x\to\pm\infty}\frac{-x}{\sqrt[3]{(x^3-x)^2}+x\sqrt[3]{x^3-x}+x^2}=$$

$$=\lim_{x\to\pm\infty}\frac{-x}{x^2\left(\sqrt[3]{\left(1-\dfrac{1}{x^2}\right)^2}+\sqrt[3]{1-\dfrac{1}{x^2}}+1\right)}=$$

$$=\lim_{x\to\pm\infty}\frac{-1}{x\left(\sqrt[3]{\left(1-\dfrac{1}{x^2}\right)^2}+\sqrt[3]{1-\dfrac{1}{x^2}}+1\right)}=0.$$

c) Si ha che

$$\lim_{x\to\pm\infty}\left(\sqrt{x^2+x+1}-\sqrt{x^2-1}\right)=\lim_{x\to\pm\infty}\frac{x+2}{\sqrt{x^2+x+1}+\sqrt{x^2-1}}=$$

$$=\lim_{x\to\pm\infty}\frac{x\left(1+\frac{2}{x}\right)}{|x|\left(\sqrt{1+\frac{1}{x}+\frac{1}{x^2}}+\sqrt{1-\frac{1}{x^2}}\right)}=\lim_{x\to\pm\infty}\frac{x}{|x|}\frac{1+\frac{2}{x}}{\sqrt{1+\frac{1}{x}+\frac{1}{x^2}}+\sqrt{1-\frac{1}{x^2}}}.$$

Quindi

$$\lim_{x\to+\infty}\left(\sqrt{x^2+x+1}-\sqrt{x^2-1}\right)=\lim_{x\to+\infty}\frac{1+\frac{2}{x}}{\sqrt{1+\frac{1}{x}+\frac{1}{x^2}}+\sqrt{1-\frac{1}{x^2}}}=\frac{1}{2},$$

$$\lim_{x\to-\infty}\left(\sqrt{x^2+x+1}-\sqrt{x^2-1}\right)=\lim_{x\to-\infty}\left(-\frac{1+\frac{2}{x}}{\sqrt{1+\frac{1}{x}+\frac{1}{x^2}}+\sqrt{1-\frac{1}{x^2}}}\right)=-\frac{1}{2}.$$

d) Si ha che

$$\lim_{x\to-\infty}\frac{1}{\sqrt{x^2+2x}+x}=\lim_{x\to-\infty}\frac{\sqrt{x^2+2x}-x}{2x}=$$

$$=\lim_{x\to-\infty}\frac{-x\left(\sqrt{1+\frac{2}{x}}+1\right)}{2x}=\lim_{x\to-\infty}\frac{-\left(\sqrt{1+\frac{2}{x}}+1\right)}{2}=-1.$$

e) Si ha che

$$\lim_{x\to\pm\infty}\left(\sqrt[3]{x^3+x^2}-x\right)=\lim_{x\to\pm\infty}\frac{x^2}{\sqrt[3]{(x^3+x^2)^2}+x\sqrt[3]{x^3+x^2}+x^2}=$$

$$=\lim_{x\to\pm\infty}\frac{x^2}{x^2\left(\sqrt[3]{\left(1+\frac{1}{x}\right)^2}+\sqrt[3]{1+\frac{1}{x}}+1\right)}=$$

$$=\lim_{x\to\pm\infty}\frac{1}{\sqrt[3]{\left(1+\frac{1}{x}\right)^2}+\sqrt[3]{1+\frac{1}{x}}+1}=\frac{1}{3}.$$

f) Si ha che

$$\lim_{x\to1}\frac{\sqrt{x}-1}{\sqrt[3]{x}-1}=\lim_{x\to1}\frac{(x-1)\left(\sqrt[3]{x^2}+\sqrt[3]{x}+1\right)}{(x-1)\left(\sqrt{x}+1\right)}=\lim_{x\to1}\frac{\sqrt[3]{x^2}+\sqrt[3]{x}+1}{\sqrt{x}+1}=\frac{3}{2}.$$

g) Si ha che

$$\lim_{x\to\pm\infty}\frac{\sqrt[3]{x^4+x-1}}{x+\sqrt[3]{x}}=\lim_{x\to\pm\infty}\frac{x\sqrt[3]{x+\frac{1}{x^2}-\frac{1}{x^3}}}{x\left(1+\sqrt[3]{\frac{1}{x^2}}\right)}=\lim_{x\to\pm\infty}\frac{\sqrt[3]{x+\frac{1}{x^2}-\frac{1}{x^3}}}{1+\sqrt[3]{\frac{1}{x^2}}}=\pm\infty.$$

h) Si ha che

$$\lim_{x\to\pm\infty}\frac{\sqrt[5]{x^4+1}}{x-\sqrt[3]{x}}=\lim_{x\to\pm\infty}\frac{\sqrt[5]{x^4}\sqrt[5]{1+\frac{1}{x^4}}}{x\left(1-\sqrt[3]{\frac{1}{x^2}}\right)}=\lim_{x\to\pm\infty}\frac{\sqrt[5]{1+\frac{1}{x^4}}}{\sqrt[5]{x}\left(1-\sqrt[3]{\frac{1}{x^2}}\right)}=0.$$

i) Si ha che

$$\lim_{x\to+\infty}\log\frac{\sqrt{9x^2-1}-x}{x}=\lim_{x\to+\infty}\log\frac{8x^2-1}{x\left(\sqrt{9x^2-1}+x\right)}=$$

$$=\lim_{x\to+\infty}\log\frac{x^2\left(8-\frac{1}{x^2}\right)}{x^2\left(\sqrt{9-\frac{1}{x^2}}+1\right)}=\lim_{x\to+\infty}\log\frac{8-\frac{1}{x^2}}{\sqrt{9-\frac{1}{x^2}}+1}=\log 2.$$

l) Si ha che

$$\lim_{x\to0}\frac{\sqrt{x^2+x+1}-1}{x}=\lim_{x\to0}\frac{x^2+x}{x\left(\sqrt{x^2+x+1}+1\right)}=$$

$$=\lim_{x\to0}\frac{x(x+1)}{x(\sqrt{x^2+x+1}+1)}=\lim_{x\to0}\frac{x+1}{\sqrt{x^2+x+1}+1}=\frac{1}{2}.$$

m) Si ha che

$$\lim_{x\to\frac{\pi}{2}}\frac{1-\sqrt{\sin x}}{x-\frac{\pi}{2}}=\lim_{x\to\frac{\pi}{2}}\frac{1-\sin x}{\left(x-\frac{\pi}{2}\right)\left(1+\sqrt{\sin x}\right)}=$$

posto $y = x - \dfrac{\pi}{2}$

$$= \lim_{y\to 0} \frac{1-\sin\left(y+\frac{\pi}{2}\right)}{y\left(1+\sqrt{\sin\left(y+\frac{\pi}{2}\right)}\right)} = \lim_{y\to 0} \frac{1-\cos y}{y\left(1+\sqrt{\cos y}\right)} =$$

$$= \lim_{y\to 0} \frac{1-\cos y}{y^2} \frac{y}{\left(1+\sqrt{\cos y}\right)} = 0.$$

3.5 Forme indeterminate di tipo esponenziale

a) Si ha che

$$\lim_{x\to 0^+} x^x = \lim_{x\to 0^+} e^{x\log x} = 1.$$

b) Si ha che

$$\lim_{x\to +\infty} x^{\frac{1}{x}} = \lim_{x\to +\infty} e^{\frac{\log x}{x}} = 1.$$

c) Posto $y = \log x$ (e quindi $x = e^y$) si ha che

$$\lim_{x\to +\infty} \frac{(\log x)^{\log x}}{x} = \lim_{y\to +\infty} \frac{y^y}{e^y} = \lim_{y\to +\infty} \left(\frac{y}{e}\right)^y = +\infty.$$

d) Si ha che

$$\lim_{x\to +\infty} \frac{(\log x)^x}{x} = \lim_{x\to +\infty} \frac{e^{x\log(\log x)}}{e^{\log x}} = \lim_{x\to +\infty} e^{x\log(\log x)-\log x} = +\infty.$$

e) Posto $y = \log x$ (e quindi $x = e^y$), si ha che

$$\lim_{x\to +\infty} \frac{[\log(\log x)]^{\log x}}{x} = \lim_{y\to +\infty} \frac{(\log y)^y}{e^y} = \lim_{y\to +\infty} \left(\frac{\log y}{e}\right)^y = +\infty.$$

f) Posto $y = \log x$ (e quindi $x = e^y$), si ha che

$$\lim_{x\to +\infty} \frac{(\log x)^{\log x}}{e^x} = \lim_{y\to +\infty} \frac{y^y}{e^{e^y}} = \lim_{y\to +\infty} \frac{e^{y\log y}}{e^{e^y}} = \lim_{y\to +\infty} e^{y\log y - e^y} = 0.$$

g) Posto $y = \log x$ (e quindi $x = e^y$), si ha che

$$\lim_{x\to +\infty} \frac{(\log x)^{\log(\log x)}}{x} \lim_{y\to +\infty} \frac{y^{\log y}}{e^y} = \lim_{y\to +\infty} \frac{e^{\log^2 y}}{e^y} = \lim_{y\to +\infty} e^{\log^2 y - y} = 0.$$

h) Si ha che

$$\lim_{x\to +\infty} \frac{x^{\log(\log x)}}{x^k} = \lim_{x\to +\infty} x^{\log(\log x)-k} = +\infty.$$

3.6 Infiniti e infinitesimi

Esercizio 1.

a) Consideriamo la funzione

$$f(x) = \frac{\sqrt[3]{x} - 1}{(x-1)^3}.$$

Posto $y = x - 1$, per $x \to 1$ si ha che $y \to 0$. Quindi

$$f(x) = \frac{\sqrt[3]{x} - 1}{(x-1)^3} = \frac{\sqrt[3]{1+y} - 1}{y^3} = \frac{(1+y)^{\frac{1}{3}} - 1}{y^3} = \frac{1 + \frac{1}{3}y + o(y) - 1}{y^3} =$$

$$= \frac{1}{3}\frac{1}{y^2} + o\left(\frac{1}{y^2}\right) = \frac{1}{3}\frac{1}{(x-1)^2} + o\left(\frac{1}{(x-1)^2}\right), \qquad x \to 1.$$

Quindi f è un infinito di ordine 2 per $x \to 1$ e la parte principale di f è $\frac{1}{3}\frac{1}{(x-1)^2}$ per $x \to 1$.

Inoltre

$$f(x) = \frac{\sqrt[3]{x} - 1}{(x-1)^3} = \frac{\sqrt[3]{x}\left(1 - \frac{1}{\sqrt[3]{x}}\right)}{x^3\left(1 - \frac{1}{x}\right)^3} = \frac{1 - \frac{1}{x^{\frac{1}{3}}}}{\sqrt[3]{x^8}\left(1 - \frac{1}{x}\right)^3} \sim \frac{1}{\sqrt[3]{x^8}}, \qquad x \to \pm\infty.$$

Quindi f è un infinitesimo di ordine $\frac{8}{3}$ per $x \to \pm\infty$ e la parte principale di f è $\frac{1}{\sqrt[3]{x^8}}$ per $x \to \pm\infty$.

b) Consideriamo la funzione

$$f(x) = \sqrt{3 + x^2} - \sqrt{3 + 2x^2}.$$

Per $x \to 0$ si ha che

$$f(x) = \sqrt{3 + x^2} - \sqrt{3 + 2x^2} = \sqrt{3}\left(\sqrt{1 + \frac{1}{3}x^2} - \sqrt{1 + \frac{2}{3}x^2}\right) =$$

$$= \sqrt{3}\left[\left(1 + \frac{1}{3}x^2\right)^{\frac{1}{2}} - \left(1 + \frac{2}{3}x^2\right)^{\frac{1}{2}}\right] =$$

$$= \sqrt{3}\left(1 + \frac{1}{6}x^2 + o(x^2) - 1 - \frac{1}{3}x^2 + o(x^2)\right) =$$

$$= -\frac{\sqrt{3}}{6}x^2 + o(x^2), \qquad x \to 0.$$

Quindi f è un infinitesimo di ordine 2 per $x \to 0$ e la parte principale di f è $-\frac{\sqrt{3}}{6}x^2$ per $x \to 0$.

Inoltre

$$f(x) = \sqrt{3+x^2} - \sqrt{3+2x^2} = -\frac{x^2}{\sqrt{3+x^2}+\sqrt{3+2x^2}} =$$

$$= -\frac{x^2}{|x|\left(\sqrt{1+\frac{3}{x^2}}+\sqrt{2}\sqrt{1+\frac{3}{2x^2}}\right)}.$$

Quindi

$$f(x) = \begin{cases} -\dfrac{x}{\sqrt{1+\frac{3}{x^2}}+\sqrt{2}\sqrt{1+\frac{3}{2x^2}}} & \text{se } x > 0 \\ \dfrac{x}{\sqrt{1+\frac{3}{x^2}}+\sqrt{2}\sqrt{1+\frac{3}{2x^2}}} & \text{se } x < 0. \end{cases}$$

Ne segue che

$$f(x) \sim -\frac{1}{1+\sqrt{2}}x, \quad x \to +\infty, \qquad f(x) \sim \frac{1}{1+\sqrt{2}}x, \quad x \to -\infty.$$

Quindi f è un infinito di ordine 1 per $x \to \pm\infty$ e la parte principale di f è $-\frac{1}{1+\sqrt{2}}x$ per $x \to +\infty$ e $\frac{1}{1+\sqrt{2}}x$ per $x \to -\infty$.

c) Consideriamo la funzione

$$f(x) = \frac{1}{x+\sqrt{x^4+x^2}}.$$

Si ha che

$$f(x) = \frac{1}{x+|x|\sqrt{x^2+1}}.$$

Quindi

$$f(x) = \begin{cases} \dfrac{1}{x\left(1+\sqrt{x^2+1}\right)} & \text{se } x > 0 \\ \dfrac{1}{x\left(1-\sqrt{x^2+1}\right)} & \text{se } x < 0. \end{cases}$$

Per $x \to 0^+$ si ha che

$$f(x) = \frac{1}{x\left(1+\sqrt{x^2+1}\right)} = \frac{1}{x\left[1+\left(1+x^2\right)^{\frac{1}{2}}\right]} = \frac{1}{x\left(2+\frac{1}{2}x^2+o(x^2)\right)} =$$

$$= \frac{1}{2x+o(x)} = (2x+o(x))^{-1} = \frac{1}{2x} + o\left(\frac{1}{x}\right), \quad x \to 0^+.$$

Quindi f è un infinito di ordine 1 per $x \to 0^+$ e la parte principale di f è $\frac{1}{2x}$ per $x \to 0^+$.

Per $x \to 0^-$ si ha che

$$f(x) = \frac{1}{x\left(1-\sqrt{x^2+1}\right)} = \frac{1}{x\left[1-\left(1+x^2\right)^{\frac{1}{2}}\right]} = \frac{1}{x\left(-\frac{1}{2}x^2+o(x^2)\right)} =$$

$$= \frac{1}{-\frac{1}{2}x^3+o(x^3)} = \left(-\frac{1}{2}x^3+o(x^3)\right)^{-1} = -\frac{2}{x^3}+o\left(\frac{1}{x^3}\right), \qquad x \to 0^-.$$

Quindi f è un infinito di ordine 3 per $x \to 0^-$ e la parte principale di f è $-\frac{2}{x^3}$ per $x \to 0^-$.

Inoltre si ha che

$$f(x) = \frac{1}{x+|x|\sqrt{x^2+1}} = \frac{1}{x+x^2\sqrt{1+\frac{1}{x^2}}} = \frac{1}{x^2\left(\frac{1}{x}+\sqrt{1+\frac{1}{x^2}}\right)}.$$

Quindi si ha che

$$f(x) \sim \frac{1}{x^2}, \qquad x \to \pm\infty.$$

Quindi f è un infinitesimo di ordine 2 per $x \to \pm\infty$ e la parte principale di f è $\frac{1}{x^2}$ per $x \to \pm\infty$.

d) Consideriamo la funzione

$$f(x) = \sin x - \tan x.$$

Si ha che

$$f(x) = \sin x - \tan x = \sin x - \frac{\sin x}{\cos x} = \sin x\left(1-\frac{1}{\cos x}\right) =$$

$$= (x+o(x))\left(1-\frac{1}{1-\frac{1}{2}x^2+o(x^2)}\right) = (x+o(x))\left[1-\left(1-\frac{1}{2}x^2+o(x^2)\right)^{-1}\right] =$$

$$= (x+o(x))\left(-\frac{1}{2}x^2+o(x^2)\right) = -\frac{1}{2}x^3+o(x^3) \qquad x \to 0.$$

Quindi f è un infinitesimo di ordine 3 per $x \to 0$ e la parte principale di f è $-\frac{1}{2}x^3$ per $x \to 0$.

Esercizio 2. Per $x \to +\infty$ si ha che

$$\log(\log x) = o\left(\frac{x}{\log x}\right), \quad \frac{x}{\log x} = o(x), \quad x = o(x\log x), \quad x\log x = o\left(x^2\log x\right).$$

Ne segue che gli infiniti, da quello di ordine inferiore a quello di ordine superiore, possono essere così ordinati:

$$\log(\log x), \qquad \frac{x}{\log x}, \qquad x, \qquad x\log x, \qquad x^2 \log x.$$

3.7 Esercizi di riepilogo

Esercizio 1.

1) Si ha che

$$\lim_{x\to 0} \frac{\sqrt{1+x}-\sqrt{1-x}}{x} = \lim_{x\to 0} \frac{(1+x)^{\frac{1}{2}}-(1-x)^{\frac{1}{2}}}{x} =$$

$$= \lim_{x\to 0} \frac{1+\frac{1}{2}x+o(x)-1+\frac{1}{2}x+o(x)}{x} = \lim_{x\to 0} \frac{x+o(x)}{x} = 1.$$

2) Si ha che

$$\lim_{x\to 0^+} (1-x^2)^{\frac{1}{x}} = \lim_{x\to 0^+} \left[(1-x^2)^{\frac{1}{x^2}}\right]^x = 1.$$

3) Si ha che

$$\lim_{x\to 0^-} (1+3x)^{\frac{1}{x}} = \lim_{x\to 0^-} \left[(1+3x)^{\frac{1}{3x}}\right]^3 = e^3.$$

4) Si ha che

$$\lim_{x\to 0} \frac{\log(1+2x)}{3x\cos x - \tan x} = \lim_{x\to 0} \frac{2x+o(x)}{3x\left(1-\frac{1}{2}x^2+o(x^2)\right)-x+o(x)} =$$

$$= \lim_{x\to 0} \frac{2x+o(x)}{2x+o(x)} = 1.$$

5) Si ha che

$$\lim_{x\to 0} \frac{2x\cos x - 2x}{x\sin^2 x} = \lim_{x\to 0} \frac{2x\left(1-\frac{1}{2}x^2+o(x^2)\right)-2x}{x(x+o(x))^2} =$$

$$= \lim_{x\to 0} \frac{-x^3+o(x^3)}{x(x^2+o(x^2))} = \lim_{x\to 0} \frac{-x^3+o(x^3)}{x^3+o(x^3)} = -1.$$

6) Si ha che

$$\lim_{x\to\pm\infty}\left(1+\frac{1}{5x-1}\right)^{5x} = \lim_{x\to\pm\infty}\left(1+\frac{1}{5x-1}\right)^{5x-1+1} =$$
$$= \lim_{x\to\pm\infty}\left(1+\frac{1}{5x-1}\right)^{5x-1}\left(1+\frac{1}{5x-1}\right) = e.$$

7) Si ha che

$$\lim_{x\to\pm\infty}\left(1+\frac{1}{5x-1}\right)^{4x} = \lim_{x\to\pm\infty}\left[\left(1+\frac{1}{5x-1}\right)^{5x-1}\right]^{\frac{4x}{5x-1}} = e^{\frac{4}{5}}.$$

8) Posto $y = x+2$, si ha che

$$\lim_{x\to -2}\frac{\tan \pi x}{x+2} = \lim_{y\to 0}\frac{\tan(\pi y - 2\pi)}{y} = \lim_{y\to 0}\frac{\tan \pi y}{y} = \lim_{y\to 0}\frac{\pi y + o(y)}{y} = \pi.$$

9) Si ha che

$$\lim_{x\to 1}\frac{x^3-1}{\sin(x-1)} = \lim_{x\to 1}\frac{(x-1)(x^2+x+1)}{\sin(x-1)} = 3.$$

10) Si ha che

$$\lim_{x\to 0}\frac{1-\cos^4 x}{x\tan x} = \lim_{x\to 0}\frac{1-\left(1-\frac{1}{2}x^2+o(x^2)\right)^4}{x(x+o(x))} =$$
$$= \lim_{x\to 0}\frac{1-(1-2x^2+o(x^2))}{x(x+o(x))} = \lim_{x\to 0}\frac{2x^2+o(x^2)}{x^2+o(x^2)} = 2.$$

11) Si ha che

$$\lim_{x\to 0}\frac{\cos 2x - \cos 3x}{x^2} = \lim_{x\to 0}\frac{(1-2x^2+o(x^2)) - \left(1-\frac{9}{2}x^2+o(x^2)\right)}{x^2} =$$
$$= \lim_{x\to 0}\frac{\frac{5}{2}x^2+o(x^2)}{x^2} = \frac{5}{2}.$$

12) Posto $y = \pi - x$, si ha che

$$\lim_{x\to\pi}\frac{1-\sin\frac{x}{2}}{\pi - x} = \lim_{y\to 0}\frac{1-\sin\left(\frac{\pi}{2}-\frac{y}{2}\right)}{y} = \lim_{y\to 0}\frac{1-\cos\frac{y}{2}}{y} =$$
$$= \lim_{y\to 0}\frac{1-\left(1-\frac{1}{8}y^2+o(y^2)\right)}{y} = \lim_{y\to 0}\frac{\frac{1}{8}y^2+o(y^2)}{y} = 0.$$

13) Si ha che

$$\lim_{x\to\pm\infty}\left(1-\frac{3}{x}\right)^x=\lim_{x\to\pm\infty}\left[\left(1-\frac{3}{x}\right)^{\frac{x}{3}}\right]^3=e^{-3}.$$

14) Si ha che

$$\lim_{x\to 0^+}\frac{\log(1+x)}{\sqrt{x}}=\lim_{x\to 0^+}\frac{x+o(x)}{\sqrt{x}}=0.$$

15) Si ha che

$$\lim_{x\to 0}\frac{e^{2x}\sin x-\sin x}{3x^2}=\lim_{x\to 0}\frac{\sin x}{x}\,\frac{e^{2x}-1}{3x}=\lim_{x\to 0}\frac{\sin x}{x}\,\frac{2x+o(x)}{3x}=\frac{2}{3}.$$

16) Si ha che

$$\lim_{x\to 0^+}\Big[\log\Big((1+x)^3-1\Big)-\log x\Big]=\lim_{x\to 0^+}\log\frac{(1+x)^3-1}{x}=\log 3.$$

17) Si ha che

$$\lim_{x\to+\infty}3x\Big(\log(3x-1)-\log 3x\Big)=\lim_{x\to+\infty}3x\log\frac{3x-1}{3x}=\lim_{x\to+\infty}3x\log\left(1-\frac{1}{3x}\right)=$$

$$=\lim_{x\to+\infty}3x\left(-\frac{1}{3x}+o\left(\frac{1}{x}\right)\right)=\lim_{x\to+\infty}(-1+o(1))=-1.$$

18) Si ha che

$$\lim_{x\to 0}\frac{x-\sin 3x}{x+\sin 2x}=\lim_{x\to 0}\frac{x-(3x+o(x))}{x+(2x+o(x))}=\lim_{x\to 0}\frac{-2x+o(x)}{3x+o(x)}=-\frac{2}{3}.$$

19) Si ha che

$$\lim_{x\to+\infty}2x\Big(\log(x+1)-\log x\Big)=\lim_{x\to+\infty}2x\log\frac{x+1}{x}=\lim_{x\to+\infty}2x\log\left(1+\frac{1}{x}\right)=$$

$$=\lim_{x\to+\infty}2x\left(\frac{1}{x}+o\left(\frac{1}{x}\right)\right)=\lim_{x\to+\infty}(2+o(1))=2.$$

20) Posto $y=2x-1$, si ha che

$$\lim_{x\to\frac{1}{2}}\frac{3^{2x-1}-1}{\sin(2x-1)}=\lim_{y\to 0}\frac{3^y-1}{\sin y}=\lim_{y\to 0}\frac{y\log 3+o(y)}{y+o(y)}=\log 3.$$

21) Si ha che

$$\lim_{x\to-\infty}\left[x+\log\left(2e^{-x}+1\right)\right]=\lim_{x\to-\infty}\left(x+\log\left[2e^{-x}\left(1+\frac{1}{2}e^{x}\right)\right]\right)=$$

$$=\lim_{x\to-\infty}\left(x+\log 2+\log e^{-x}+\log\left(1+\frac{1}{2}e^{x}\right)\right)=$$

$$=\lim_{x\to-\infty}\left(\log 2+\log\left(1+\frac{1}{2}e^{x}\right)\right)=\log 2.$$

22) Si ha che

$$\lim_{x\to0}\frac{\tan x-\sin x}{x^3}=\lim_{x\to0}\frac{\frac{\sin x}{\cos x}-\sin x}{x^3}=\lim_{x\to0}\frac{\sin x(1-\cos x)}{x^3}\,\frac{1}{\cos x}=$$

$$=\lim_{x\to0}\frac{(x+o(x))\left(\frac{1}{2}x^2+o(x^2)\right)}{x^3}\,\frac{1}{\cos x}=\lim_{x\to0}\frac{\frac{1}{2}x^3+o(x^3)}{x^3}\,\frac{1}{\cos x}=\frac{1}{2}.$$

23) Si ha che

$$\lim_{x\to(-1)^-}\left(\frac{1}{x+1}+\frac{3}{x^2-x-2}\right)=\lim_{x\to(-1)^-}\left(\frac{1}{x+1}+\frac{3}{(x+1)(x-2)}\right)=$$

$$=\lim_{x\to(-1)^-}\frac{x+1}{(x+1)(x-2)}=\lim_{x\to(-1)^-}\frac{1}{x-2}=-\frac{1}{3}.$$

24) Si ha che

$$\lim_{x\to0}\frac{\log\left(1+x^2\right)}{x^2\,e^{x+x^2}}=\lim_{x\to0}\frac{x^2+o(x^2)}{x^2}\,\frac{1}{e^{x+x^2}}=1.$$

25) Si ha che

$$\lim_{x\to0}\frac{\sin x+x^3}{4\sin x-x}=\lim_{x\to0}\frac{x+o(x)+x^3}{4(x+o(x))-x}=\lim_{x\to0}\frac{x+o(x)}{3x+o(x)}=\frac{1}{3}.$$

26) Si ha che

$$\lim_{x\to0^+}\frac{\sin x}{x+\sqrt{3x}}=\lim_{x\to0^+}\frac{x+o(x)}{\sqrt{3x}+o(\sqrt{x})}=0.$$

27) Posto $y = \dfrac{1}{x}$ si ha che

$$\lim_{x\to+\infty} \frac{1-\cos\frac{1}{x}}{2\left(\sin^2\frac{1}{x}-\frac{1}{x^2}\right)} = \lim_{y\to 0^+} \frac{1-\cos y}{2(\sin^2 y - y^2)} = \lim_{y\to 0^+} \frac{\frac{1}{2}y^2 + o(y^2)}{2[(y+o(y))^2 - y^2]} =$$

ed essendo $\dfrac{1-\cos y}{2(\sin^2 y - y^2)} \leq 0$ si ha che

$$= \lim_{y\to 0^+} \frac{\frac{1}{2}y^2 + o(y^2)}{o(y^2)} = -\infty.$$

28) Si ha che

$$\lim_{x\to 0} \frac{\sin x^2\sqrt{2+x^2}}{1-\cos x} = \lim_{x\to 0} \frac{x^2+o(x^2)}{\frac{1}{2}x^2+o(x^2)}\sqrt{2+x^2} = 2\sqrt{2}.$$

29) Si ha che

$$\lim_{x\to 0} \frac{\sin(x^2-x)-\sin x}{x^2-2x} = \lim_{x\to 0} \frac{x^2-x+o(x^2-x)-x+o(x)}{x(x-2)} =$$

$$= \lim_{x\to 0} \frac{-2x+o(x)}{x}\,\frac{1}{x-2} = 1.$$

30) Si ha che

$$\lim_{x\to 0} \frac{\cos x - \cos 2x}{1-\cos x} = \lim_{x\to 0} \frac{1-\frac{1}{2}x^2+o(x^2)-(1-2x^2+o(x^2))}{\frac{1}{2}x^2+o(x^2)} =$$

$$= \lim_{x\to 0} \frac{\frac{3}{2}x^2+o(x^2)}{\frac{1}{2}x^2+o(x^2)} = 3.$$

31) Posto $y = x-3$, si ha che

$$\lim_{x\to 3} \frac{(1-e^{x-3})\sin(x-3)}{\tan(x-3)\log(x-2)} = \lim_{y\to 0} \frac{(1-e^y)\sin y}{\tan y\,\log(1+y)} =$$

$$= \lim_{y\to 0} \frac{(-y+o(y))\,(y+o(y))}{(y+o(y))\,(y+o(y))} = \lim_{y\to 0} \frac{-y^2+o(y^2)}{y^2+o(y^2)} = -1.$$

32) Si ha che

$$\lim_{x\to 0} \frac{\tan^4 x \, \sqrt{1+x^4}}{1-2\cos x+\cos^2 x} = \lim_{x\to 0} \frac{\tan^4 x}{(1-\cos x)^2} \sqrt{1+x^4} =$$

$$= \lim_{x\to 0} \frac{(x+o(x))^4}{\left(\frac{1}{2}x^2+o(x^2)\right)^2} \sqrt{1+x^4} = \lim_{x\to 0} \frac{x^4+o(x^4)}{\frac{1}{4}x^4+o(x^4)} \sqrt{1+x^4} = 4.$$

33) Si ha che

$$\lim_{x\to 0} \frac{\log(\cos x)}{x^2} = \lim_{x\to 0} \frac{\log\left(1-\frac{1}{2}x^2+o(x^2)\right)}{x^2} = \lim_{x\to 0} \frac{-\frac{1}{2}x^2+o(x^2)}{x^2} = -\frac{1}{2}.$$

34) Posto $y = \log x$ (e quindi $x = e^y$), si ha che

$$\lim_{x\to+\infty} \frac{e^{\frac{\log^2 x+\log x}{\log x-1}}}{x} = \lim_{y\to+\infty} \frac{e^{\frac{y^2+y}{y-1}}}{e^y} = \lim_{y\to+\infty} e^{\frac{y^2+y}{y-1}-y} = \lim_{y\to+\infty} e^{\frac{2y}{y-1}} = e^2.$$

35) Si ha che

$$\lim_{x\to+\infty} \frac{x-\sqrt{x^2-1}}{\sqrt[3]{x^3-2}} = \lim_{x\to+\infty} \frac{x-x\sqrt{1-\frac{1}{x^2}}}{x\sqrt[3]{1-\frac{2}{x^3}}} = \lim_{x\to+\infty} \frac{x\left[1-\sqrt{1-\frac{1}{x^2}}\right]}{x\sqrt[3]{1-\frac{2}{x^3}}} =$$

$$= \lim_{x\to+\infty} \frac{1-\sqrt{1-\frac{1}{x^2}}}{\sqrt[3]{1-\frac{2}{x^3}}} = 0.$$

36) Si ha che

$$\lim_{x\to-\infty} \frac{x-\sqrt{x^2-1}}{\sqrt[3]{x^3-2}} = \lim_{x\to-\infty} \frac{x+x\sqrt{1-\frac{1}{x^2}}}{x\sqrt[3]{1-\frac{2}{x^3}}} = \lim_{x\to-\infty} \frac{x\left[1+\sqrt{1-\frac{1}{x^2}}\right]}{x\sqrt[3]{1-\frac{2}{x^3}}} =$$

$$= \lim_{x\to-\infty} \frac{1+\sqrt{1-\frac{1}{x^2}}}{\sqrt[3]{1-\frac{2}{x^3}}} = 2.$$

37) Si ha che

$$\lim_{x\to-\infty} \left(1-\frac{x}{\sqrt{4+x^2}}\right) = \lim_{x\to-\infty} \left(1-\frac{x}{-x\sqrt{1+\frac{4}{x^2}}}\right) =$$

$$= \lim_{x\to-\infty} \left(1+\frac{1}{\sqrt{1+\frac{4}{x^2}}}\right) = 2.$$

38) Si ha che

$$\lim_{x\to-\infty}\frac{\sqrt{|x^2-x|e^{\frac{1}{x}}}}{x}=\lim_{x\to-\infty}\frac{-x\sqrt{\left|1-\frac{1}{x}\right|e^{\frac{1}{x}}}}{x}=\lim_{x\to-\infty}\left(-\sqrt{\left|1-\frac{1}{x}\right|e^{\frac{1}{x}}}\right)=-1.$$

39) Si ha che

$$\forall x\neq 0: \qquad -3^{\frac{1}{x}}\leq 3^{\frac{1}{x}}\sin\frac{1}{x}\leq 3^{\frac{1}{x}}.$$

Quindi per il Secondo teorema del confronto si ha che

$$\lim_{x\to0^-}3^{\frac{1}{x}}\sin\frac{1}{x}=0.$$

40) Posto $y=\dfrac{1}{x-\pi}$, si ha che

$$\lim_{x\to\pi^+}e^{\frac{1}{x-\pi}}\sin x=\lim_{y\to+\infty}e^y\sin\left(\pi+\frac{1}{y}\right)=-\lim_{y\to+\infty}e^y\sin\frac{1}{y}=$$

$$=-\lim_{y\to+\infty}e^y\left(\frac{1}{y}+o\left(\frac{1}{y}\right)\right)=-\lim_{y\to+\infty}\left(\frac{e^y}{y}+o\left(\frac{e^y}{y}\right)\right)=-\infty.$$

41) Posto $y=\sin x$, si ha che

$$\lim_{x\to0}(1-\sin x)^{\frac{3}{\sin x}}=\lim_{y\to0}(1-y)^{\frac{3}{y}}=\lim_{y\to0}\left[(1-y)^{\frac{1}{y}}\right]^3=e^{-3}.$$

42) Posto $y=2-x$, si ha che

$$\lim_{x\to2^-}\frac{\cos\frac{\pi}{4}x}{\sqrt{4-x^2}}=\lim_{x\to2^-}\frac{\cos\frac{\pi}{4}x}{\sqrt{(2-x)(2+x)}}=\lim_{y\to0^+}\frac{\cos\left(\frac{\pi}{2}-\frac{\pi}{4}y\right)}{\sqrt{y(4-y)}}=$$

$$=\lim_{y\to0^+}\frac{\sin\frac{\pi}{4}y}{\sqrt{y}\sqrt{4-y}}=\lim_{y\to0^+}\frac{\frac{\pi}{4}y+o(y)}{\sqrt{y}}\frac{1}{\sqrt{4-y}}=0.$$

43) Posto $y=\pi-x$, si ha che

$$\lim_{x\to\pi}\frac{\sqrt{1+\sin x}-\sqrt{1-\sin x}}{e^{\pi-x}-1}=\lim_{y\to0}\frac{\sqrt{1+\sin(\pi-y)}-\sqrt{1-\sin(\pi-y)}}{e^y-1}=$$

$$=\lim_{y\to0}\frac{\sqrt{1+\sin y}-\sqrt{1-\sin y}}{e^y-1}=\lim_{y\to0}\frac{(1+y+o(y))^{\frac{1}{2}}-(1-y+o(y))^{\frac{1}{2}}}{y+o(y)}=$$

$$=\lim_{y\to0}\frac{1+\frac{1}{2}y+o(y)-\left(1-\frac{1}{2}y+o(y)\right)}{y+o(y)}=\lim_{y\to0}\frac{y+o(y)}{y+o(y)}=1.$$

44) Posto $y = x - 1$, si ha che

$$\lim_{x\to 1^+} \frac{\sin(2^x - 2)}{x^2 - 1} \tan\frac{\pi}{4}x = \lim_{x\to 1^+} \frac{\sin[2(2^{x-1} - 1)]}{(x-1)(x+1)} \tan\frac{\pi}{4}x =$$

$$= \lim_{y\to 0^+} \frac{\sin[2(2^y - 1)]}{y(y+2)} \tan\left[\frac{\pi}{4}(y+1)\right] =$$

$$= \lim_{y\to 0^+} \frac{\sin[2(1 + y\log 2 + o(y) - 1)]}{y} \frac{\tan\left[\frac{\pi}{4}(y+1)\right]}{y+2} =$$

$$= \lim_{y\to 0^+} \frac{\sin(2y\log 2 + o(y))}{y} \frac{\tan\left[\frac{\pi}{4}(y+1)\right]}{y+2} =$$

$$= \lim_{y\to 0^+} \frac{2y\log 2 + o(y)}{y} \frac{\tan\left[\frac{\pi}{4}(y+1)\right]}{y+2} = \log 2.$$

45) Si ha che

$$\lim_{x\to 1^+} (\lambda - 2)\Big(\log 3x - \log(x-1)\Big) =$$

$$= \lim_{x\to 1^+} \Big[(\lambda-2)\log 3x - (\lambda-2)\log(x-1)\Big] = \begin{cases} +\infty & \text{se } \lambda > 2 \\ 0 & \text{se } \lambda = 2 \\ -\infty & \text{se } \lambda < 2. \end{cases}$$

46) Si ha che

$$\lim_{x\to+\infty} \left(\sqrt{3x^2 + x^\lambda} - \sqrt{3}x\right) = \lim_{x\to+\infty} \frac{x^\lambda}{\sqrt{3x^2 + x^\lambda} + \sqrt{3}x} =$$

$$= \lim_{x\to+\infty} \frac{x^\lambda}{x\left(\sqrt{3 + x^{\lambda-2}} + \sqrt{3}\right)} = \lim_{x\to+\infty} \frac{x^{\lambda-1}}{\sqrt{3 + x^{\lambda-2}} + \sqrt{3}} = \begin{cases} +\infty & \text{se } \lambda > 1 \\ \frac{1}{2\sqrt{3}} & \text{se } \lambda = 1 \\ 0 & \text{se } \lambda < 1. \end{cases}$$

Esercizio 2.

a) Poiché per ogni $x \in \mathbb{R}$, $x \neq k\pi$, $k \in \mathbb{Z}$ si ha $0 < |\sin x| \leq 1$, allora

$$\forall x > 0,\ x \neq k\pi,\ k \in \mathbb{Z}: \qquad \frac{x}{|\sin x|} \geq x;$$

$$\forall x < 0,\ x \neq k\pi,\ k \in \mathbb{Z}: \qquad \frac{x}{|\sin x|} \leq x.$$

Quindi per il Teorema (1.3) si ha che

$$\lim_{x\to+\infty} \frac{x}{|\sin x|} = +\infty, \qquad \lim_{x\to-\infty} \frac{x}{|\sin x|} = -\infty.$$

b) Si ha che

$$\forall x > 0 : \qquad -\sqrt{x} \le \sqrt{x} \sin(\log x) \le \sqrt{x}.$$

Quindi per il Secondo teorema del confronto si ha che

$$\lim_{x \to 0^+} \sqrt{x} \sin(\log x) = 0.$$

c) Si ha che

$$\forall x \neq 0 : \qquad \frac{1}{|x|}\left(2 + \sin\frac{\pi}{x}\right) \ge \frac{1}{|x|}.$$

Quindi per il Teorema (1.3) si ha che

$$\lim_{x \to 0} \frac{1}{|x|}\left(2 + \sin\frac{\pi}{x}\right) = +\infty.$$

d) Si ha che

$$\forall \alpha > 0,\ \forall x > 0 : \qquad x^\alpha \le (2 - \cos x)x^\alpha \le 3x^\alpha.$$

Ne segue che

$$\forall \alpha > 0,\ \forall x > 0 : \qquad \frac{1}{3x^\alpha} \le \frac{1}{(2 - \cos x)\, x^\alpha} \le \frac{1}{x^\alpha}.$$

Quindi per il Secondo teorema del confronto si ha che

$$\lim_{x \to +\infty} \frac{1}{(2 - \cos x)\, x^\alpha} = 0.$$

e) Si ha che

$$\forall x \in \left(-\frac{\pi}{2}, \frac{\pi}{2}\right),\ x \neq 0 : \qquad \frac{e^{-1}}{\sin x} \le \frac{e^{\cos\frac{1}{x}}}{\sin x} \le \frac{e}{\sin x}.$$

Quindi per il Teorema (1.3) si ha che

$$\lim_{x \to 0^+} \frac{e^{\cos\frac{1}{x}}}{\sin x} = +\infty, \qquad \lim_{x \to 0^-} \frac{e^{\cos\frac{1}{x}}}{\sin x} = -\infty.$$

f) La funzione

$$f(x) = \frac{x}{|\sin x|} - x^2$$

è continua sul suo dominio

$$\mathrm{dom}\,(f) = \{x \in \mathbb{R} : \ x \neq k\pi,\ k \in \mathbb{Z}\} = \bigcup_{k \in \mathbb{Z}} \Big(k\pi, (k+1)\pi\Big).$$

In ogni intervallo $\left(k\pi, (k+1)\pi\right)$ con $k > 0$ la funzione f è illimitata superiormente, assume anche valori negativi e, per il teorema degli zeri, anche nulli. Infatti, si ha che

$$\lim_{x\to(k\pi)^+} f(x) = \lim_{x\to(k\pi)^+} \left(\frac{x}{|\sin x|} - x^2\right) = +\infty,$$

$$\lim_{x\to[(k+1)\pi]^-} f(x) = \lim_{x\to[(k+1)\pi]^-} \left(\frac{x}{|\sin x|} - x^2\right) = +\infty$$

e

$$f\left(\frac{\pi}{2} + k\pi\right) = \frac{\pi}{2} + k\pi - \left(\frac{\pi}{2} + k\pi\right)^2 = \left(\frac{\pi}{2} + k\pi\right)\left(1 - \frac{\pi}{2} - k\pi\right) < 0.$$

Quindi $\lim_{x\to+\infty} \left(\frac{x}{|\sin x|} - x^2\right)$ non esiste.

Esercizio 3.

a) Posto $y = 1 - x$, si ha che

$$\lim_{x\to1} x^{\frac{1}{1-x}} = \lim_{x\to1} e^{\frac{\log x}{1-x}} = \lim_{y\to0} e^{\frac{\log(1-y)}{y}}.$$

Poiché

$$\lim_{y\to0} \frac{\log(1-y)}{y} = \lim_{y\to0} \frac{-y + o(y)}{y} = -1,$$

si ha che

$$\lim_{x\to1} x^{\frac{1}{1-x}} = \lim_{y\to0} e^{\frac{\log(1-y)}{y}} = e^{-1}.$$

b) Si ha che

$$\lim_{x\to0^+} x^{\frac{3}{4+\log x}} = \lim_{x\to0^+} e^{\frac{3\log x}{4+\log x}} = e^3.$$

c) Si ha che

$$\lim_{x\to0^+} x^{\sin x} = \lim_{x\to0^+} e^{\sin x\cdot\log x}.$$

Poiché

$$\lim_{x\to0^+} \sin x\cdot\log x = \lim_{x\to0^+} (x + o(x))\cdot\log x = \lim_{x\to0^+} (x\log x + o(x\log x)) = 0,$$

si ha che

$$\lim_{x\to0^+} x^{\sin x} = \lim_{x\to0^+} e^{\sin x\cdot\log x} = 1.$$

d) Si ha che

$$\lim_{x\to 0^+}\left(\frac{1}{x}\right)^{\tan x} = \lim_{x\to 0^+} e^{\tan x\cdot \log\frac{1}{x}} = \lim_{x\to 0^+} e^{-\tan x\cdot\log x}.$$

Poiché

$$\lim_{x\to 0^+}\tan x\cdot\log x = \lim_{x\to 0^+}(x+o(x))\cdot\log x = \lim_{x\to 0^+}(x\log x + o(x\log x)) = 0,$$

si ha che

$$\lim_{x\to 0^+}\left(\frac{1}{x}\right)^{\tan x} = \lim_{x\to 0^+} e^{-\tan x\,\log x} = 1.$$

e) Si ha che

$$\lim_{x\to 0^+}\frac{1-(1-7x)^{\log x}}{(e^{2x}-1)\log x^3} = \lim_{x\to 0^+}\frac{1-e^{\log x\cdot\log(1-7x)}}{3(e^{2x}-1)\log x}.$$

Osserviamo che

$$\log x\cdot\log(1-7x) = (-7x+o(x))\log x = -7x\log x + o(x\log x).$$

Allora

$$\lim_{x\to 0^+}\frac{1-e^{\log x\cdot\log(1-7x)}}{3(e^{2x}-1)\log x} = \lim_{x\to 0^+}\frac{1-e^{-7x\log x+o(x\log x)}}{3(2x+o(x))\log x} =$$

$$= \lim_{x\to 0^+}\frac{1-(1-7x\log x+o(x\log x))}{6x\log x+o(x\log x)} = \lim_{x\to 0^+}\frac{7x\log x+o(x\log x)}{6x\log x+o(x\log x)} = \frac{7}{6}.$$

f) Posto $y = \sqrt{x-1}$ (quindi $x = y^2+1$), si ha che

$$\lim_{x\to 1^+}\frac{\sqrt{x^2-1}}{\log\left(x+\sqrt{x^2-1}\right)} = \lim_{x\to 1^+}\frac{\sqrt{(x-1)(x+1)}}{\log\left(x+\sqrt{(x-1)(x+1)}\right)} =$$

$$= \lim_{y\to 0^+}\frac{y\sqrt{y^2+2}}{\log\left(1+y^2+y\sqrt{y^2+2}\right)} = \lim_{y\to 0^+}\frac{y\sqrt{y^2+2}}{y\sqrt{y^2+2}+y^2+o\left(y\sqrt{y^2+2}\right)} =$$

$$\lim_{y\to 0^+}\frac{y\sqrt{y^2+2}}{y\sqrt{y^2+2}+o\left(y\sqrt{y^2+2}\right)} = 1.$$

g) Posto $y = \dfrac{1}{\log x}$, si ha che

$$\lim_{x\to 1^-}\frac{1}{\log x}e^{\frac{1}{\log x}} = \lim_{y\to-\infty} ye^{y} = 0.$$

h) Si ha che

$$\lim_{x\to 0^+} |x\log x|^{\frac{1}{x}} = \lim_{x\to 0^+} e^{\frac{\log|x\log x|}{x}} = 0.$$

i) Si ha che

$$\lim_{x\to 0^+} \frac{x^x - 1}{x} = \lim_{x\to 0^+} \frac{e^{x\log x} - 1}{x} = \lim_{x\to 0^+} \frac{1 + x\log x + o(x\log x) - 1}{x} =$$

$$= \lim_{x\to 0^+} \frac{x\log x + o(x\log x)}{x} = \lim_{x\to 0^+} (\log x + o(x\log x)) = -\infty.$$

l) Si ha che

$$\lim_{x\to 0^+} \frac{e^{\sqrt{\sin x}} - 1}{\sqrt{x}} = \lim_{x\to 0^+} \frac{\sqrt{\sin x} + o\left(\sqrt{\sin x}\right)}{\sqrt{x}} =$$

$$= \lim_{x\to 0^+} \frac{\sqrt{x + o(x)} + o\left(\sqrt{x + o(x)}\right)}{\sqrt{x}} = \lim_{x\to 0^+} \frac{x^{\frac{1}{2}} + o\left(x^{\frac{1}{2}}\right)}{x^{\frac{1}{2}}} = 1.$$

m) Si ha che

$$\lim_{x\to 0^+} (\cos x)^{\frac{1}{x\sin 5x}} = \lim_{x\to 0^+} e^{\frac{\log(\cos x)}{x\sin 5x}}.$$

Poiché

$$\lim_{x\to 0^+} \frac{\log(\cos x)}{x\sin 5x} = \lim_{x\to 0^+} \frac{\log\left(1 - \frac{1}{2}x^2 + o(x^2)\right)}{x(5x + o(x))} = \lim_{x\to 0^+} \frac{-\frac{1}{2}x^2 + o(x^2)}{5x^2 + o(x^2)} = -\frac{1}{10},$$

si ha che

$$\lim_{x\to 0^+} (\cos x)^{\frac{1}{x\sin 5x}} = \lim_{x\to 0^+} e^{\frac{\log(\cos x)}{x\sin 5x}} = e^{-\frac{1}{10}}.$$

n) Si ha che

$$\lim_{x\to 0} \frac{e^{\tan^3 x} - 1}{x\left(\cos x - e^{x^2}\right)} = \lim_{x\to 0} \frac{\tan^3 x + o(\tan^3 x)}{x\left[1 - \frac{1}{2}x^2 + o(x^2) - (1 + x^2 + o(x^2))\right]} =$$

$$= \lim_{x\to 0} \frac{(x + o(x))^3 + o((x + o(x))^3)}{x\left(-\frac{3}{2}x^2 + o(x^2)\right)} = \lim_{x\to 0} \frac{x^3 + o(x^3)}{-\frac{3}{2}x^3 + o(x^3)} = -\frac{2}{3}.$$

Capitolo 3

Limiti di successione

1 Alcuni richiami teorici

Di seguito vengono elencati alcuni risultati che sono utilizzati nello svolgimento degli esercizi sui limiti di successione.

(1.1) Teorema *Sia* (a_n) *una successione. Se* $\lim_{n\to+\infty} a_n = l$ *(*$l \in \mathbb{R}$ *o* $l = \pm\infty$*), allora per ogni sottosuccessione* (a_{n_k}) *di* (a_n) *si ha che* $\lim_{n\to+\infty} a_{n_k} = l$.

(1.2) Corollario *Siano* (a_n) *una successione e* (a_{n_k}) *e* (a_{n_h}) *due sottosuccessioni di* (a_n). *Se* $\lim_{n\to+\infty} a_{n_k} = l_1$ *e* $\lim_{n\to+\infty} a_{n_h} = l_2$ *con* $l_1 \neq l_2$, *allora non esiste* $\lim_{n\to+\infty} a_n$.

(1.3) Teorema (Criterio del rapporto per le successioni)
Sia (a_n) *una successione a termini positivi. Supposto che esista* $\lim_{n\to+\infty} \frac{a_{n+1}}{a_n} = l$ *(*$l \in \mathbb{R}$ *o* $l = +\infty$*), si ha che*

(*i*) *se* $l < 1$, *allora* $\lim_{n\to+\infty} a_n = 0$;

(*ii*) *se* $l > 1$, *allora* $\lim_{n\to+\infty} a_n = +\infty$.

(1.4) Osservazione Se $l = 1$ non si può concludere nulla. È necessario ricorrere ad un altro metodo per calcolare $\lim_{n\to+\infty} a_n$.

(1.5) Teorema (Criterio della radice per le successioni)
Sia (a_n) *una successione a termini positivi. Supposto che esista* $\lim_{n\to+\infty} \sqrt[n]{a_n} = l$ *(*$l \in \mathbb{R}$ *o* $l = +\infty$*), si ha che*

(*i*) *se* $l < 1$, *allora* $\lim_{n\to+\infty} a_n = 0$;

(*ii*) *se* $l > 1$, *allora* $\lim_{n\to+\infty} a_n = +\infty$.

(1.6) Osservazione Se $l = 1$ non si può concludere nulla. È necessario ricorrere ad un altro metodo per calcolare $\lim_{n\to+\infty} a_n$.

(1.7) Osservazione Se (a_n) è una successione a termini positivi e se $\lim_{n\to+\infty} \frac{a_{n+1}}{a_n} = l$, allora anche $\lim_{n\to+\infty} \sqrt[n]{a_n} = l$.

In altri termini, il criterio della radice è più generale di quello del rapporto.

(1.8) Esempio Calcolare

$$\lim_{n\to+\infty} \frac{b^n}{n!}, \qquad b > 0.$$

Sia $a_n = \frac{b^n}{n!}$. È una successione a termini positivi. Consideriamo il rapporto $\frac{a_{n+1}}{a_n}$. Si ha che

$$\frac{a_{n+1}}{a_n} = \frac{b^{n+1}}{(n+1)!} \cdot \frac{n!}{b^n} = \frac{b \cdot b^n}{(n+1)\, n!} \cdot \frac{n!}{b^n} = \frac{b}{n+1}.$$

Quindi

$$\lim_{n\to+\infty} \frac{a_{n+1}}{a_n} = \lim_{n\to+\infty} \frac{b}{n+1} = 0 < 1.$$

Per il criterio del rapporto per le successioni si ha che

$$\lim_{n\to+\infty} a_n = \lim_{n\to+\infty} \frac{b^n}{n!} = 0.$$

(1.9) Esempio Calcolare

$$\lim_{n\to+\infty} \frac{n^n}{n!}.$$

Sia $a_n = \frac{n^n}{n!}$. È una successione a termini positivi. Consideriamo il rapporto $\frac{a_{n+1}}{a_n}$. Si ha che

$$\frac{a_{n+1}}{a_n} = \frac{(n+1)^{n+1}}{(n+1)!} \cdot \frac{n!}{n^n} = \frac{(n+1)(n+1)^n}{(n+1)\, n!} \cdot \frac{n!}{n^n} = \left(\frac{n+1}{n}\right)^n = \left(1 + \frac{1}{n}\right)^n.$$

Quindi

$$\lim_{n\to+\infty} \frac{a_{n+1}}{a_n} = \lim_{n\to+\infty} \left(1 + \frac{1}{n}\right)^n = e > 1.$$

Per il criterio del rapporto per le successioni si ha che

$$\lim_{n\to+\infty} a_n = \lim_{n\to+\infty} \frac{n^n}{n!} = +\infty.$$

2 Esercizi sui limiti di successione

Calcolare i seguenti limiti:

a) $\lim_{n\to+\infty} \frac{n^n}{(n!)^2}$ $[0]$

b) $\lim_{n\to+\infty} \frac{2^n \cdot n!}{n^n}$ $[0]$

c) $\lim_{n\to+\infty} \binom{3n}{2n}$ $[+\infty]$

d) $\lim_{n\to+\infty} \frac{(2n)!}{(n!)^2}$ $[+\infty]$

e) $\lim_{n\to+\infty} 2^n \sin(2^{-n}\pi)$ $[\pi]$

f) $\lim_{n\to+\infty} (-1)^n \sqrt{\frac{n^3}{n^2+2}}$ $[\nexists]$

g) $\lim_{n\to+\infty} \frac{2^n - 3^n}{n^2 + 3^n}$ $[-1]$

h) $\lim_{n\to+\infty} \frac{n! + (2n)!}{n^n}$ $[+\infty]$

i) $\lim_{n\to+\infty} \frac{n^n + 2^n}{2^{n^2}}$ $[0]$

j) $\lim_{n\to+\infty} \sqrt[n]{3n^6 - 17}$ $[1]$

k) $\lim_{n\to+\infty} \sqrt[n]{\frac{5n}{9n^2+4}}$ $[1]$

l) $\lim_{n\to+\infty} \frac{\sqrt[n]{n!}}{a^n}, \quad \forall a > 1$ $[0]$

m) $\lim_{n\to+\infty} (n+2)\sin\left(\frac{n-1}{n+1}\pi\right)$ $[2\pi]$

n) $\lim_{n\to+\infty} \cos\left((-1)^n \frac{n-1}{n+1}\pi\right)$ $[-1]$

o) $\lim_{n\to+\infty} \frac{3^n - 3^{n\log n}}{n^n}$ $[-\infty]$

p) $\lim_{n\to+\infty} \left(3\sqrt[n]{2} - 2\sqrt[n]{3}\right)^n$ $\left[\frac{8}{9}\right]$

q) $\lim_{n\to+\infty} n \sin\left(\frac{n^2+n+2}{n}\pi\right)$ $[\nexists]$

$r)$ $\lim_{n\to+\infty} \dfrac{3(2n+2)^n - n^{n-1}}{(2n)^n + 4n!}$ $[3e]$

$s)$ $\lim_{n\to+\infty} \dfrac{4\binom{n}{n-2} + \left(\frac{\arctan n}{n^2} - n^2\right)}{(3n)^2 + \frac{n^4}{2^n}}$ $\left[\frac{1}{9}\right]$

$t)$ $\lim_{n\to+\infty} \dfrac{(n!)^{n-1} - [(n-1)!]^{n-1}}{[(n-1)!\,(n-10)]^{n-1}}$ $[e^{10}]$

$u)$ $\lim_{n\to+\infty} \dfrac{(n-3)!\,n^n - (n+1)!\,n^{n-4}}{2(n-4)!\,(n^n - n!\log n)}$ $[1]$

$v)$ $\lim_{n\to+\infty} \dfrac{n!\,[n + \sin(n!)] + (n+1)!}{n! + 2^n} \sin\dfrac{2\pi}{n}$ $[4\pi]$

$w)$ $\lim_{n\to+\infty} \dfrac{n^{3n}\log(n!)^2\,[(n!)^{3n-1} + n^3]}{[(n+1)!]^{3n}\left([8(n!)]^{\frac{2}{n!}} - 1\right)}$ $[e^{-3}]$

$x)$ $\lim_{n\to+\infty} \dfrac{(n+2)!\,n^{n-2} - (n-2)!\,n^{n+2}}{n^n\,[(n-1)! + (n-2)!\log n]}.$ $[2]$

3 Svolgimento degli esercizi sui limiti di successione

a) Consideriamo il limite

$$\lim_{n\to+\infty} \frac{n^n}{(n!)^2}.$$

Sia $a_n = \dfrac{n^n}{(n!)^2}$. È una successione a termini positivi. Consideriamo il rapporto $\dfrac{a_{n+1}}{a_n}$. Si ha che

$$\begin{aligned}\frac{a_{n+1}}{a_n} &= \frac{(n+1)^{n+1}}{[(n+1)!]^2} \cdot \frac{(n!)^2}{n^n} = \frac{(n+1)\,(n+1)^n}{(n+1)^2\,(n!)^2} \cdot \frac{(n!)^2}{n^n} = \\ &= \frac{1}{n+1}\left(\frac{n+1}{n}\right)^n = \frac{1}{n+1}\left(1+\frac{1}{n}\right)^n.\end{aligned}$$

Quindi

$$\lim_{n\to+\infty} \frac{a_{n+1}}{a_n} = \lim_{n\to+\infty} \frac{1}{n+1}\left(1+\frac{1}{n}\right)^n = 0 < 1.$$

Per il criterio del rapporto per le successioni si ha che

$$\lim_{n\to+\infty} a_n = \lim_{n\to+\infty} \frac{n^n}{(n!)^2} = 0.$$

b) Consideriamo il limite

$$\lim_{n\to+\infty} \frac{2^n \cdot n!}{n^n}.$$

Sia $a_n = \dfrac{2^n \cdot n!}{n^n}$. È una successione a termini positivi. Consideriamo il rapporto $\dfrac{a_{n+1}}{a_n}$. Si ha che

$$\begin{aligned}\frac{a_{n+1}}{a_n} &= \frac{2^{n+1}\cdot(n+1)!}{(n+1)^{n+1}} \cdot \frac{n^n}{2^n\cdot n!} = \frac{2\cdot 2^n\cdot(n+1)\,n!}{(n+1)\,(n+1)^n} \cdot \frac{n^n}{2^n\cdot n!} = \\ &= 2\left(\frac{n}{n+1}\right)^n = 2\left(1+\frac{1}{n}\right)^{-n}.\end{aligned}$$

Quindi

$$\lim_{n\to+\infty} \frac{a_{n+1}}{a_n} = \lim_{n\to+\infty} 2\left(1+\frac{1}{n}\right)^{-n} = 2e^{-1} < 1.$$

Per il criterio del rapporto per le successioni si ha che

$$\lim_{n\to+\infty} a_n = \lim_{n\to+\infty} \frac{2^n \cdot n!}{n^n} = 0.$$

c) Consideriamo il limite

$$\lim_{n\to+\infty} \binom{3n}{2n}.$$

Sia $a_n = \binom{3n}{2n} = \frac{(3n)!}{(2n)!\,n!}$. È una successione a termini positivi. Consideriamo il rapporto $\frac{a_{n+1}}{a_n}$. Si ha che

$$\begin{aligned}\frac{a_{n+1}}{a_n} &= \frac{(3n+3)!}{(2n+2)!\,(n+1)!} \cdot \frac{(2n)!\,n!}{(3n)!} = \\ &= \frac{(3n+3)(3n+2)(3n+1)\,(3n)!}{(2n+2)(2n+1)\,(2n)!\,(n+1)\,n!} \cdot \frac{(2n)!\,n!}{(3n)!} = \\ &= \frac{(3n+3)(3n+2)(3n+1)}{(2n+2)(2n+1)(n+1)}.\end{aligned}$$

Quindi

$$\lim_{n\to+\infty} \frac{a_{n+1}}{a_n} = \lim_{n\to+\infty} \frac{(3n+3)(3n+2)(3n+1)}{(2n+2)(2n+1)(n+1)} = \frac{27}{4} > 1.$$

Per il criterio del rapporto per le successioni si ha che

$$\lim_{n\to+\infty} a_n = \lim_{n\to+\infty} \binom{3n}{2n} = +\infty.$$

d) Consideriamo il limite

$$\lim_{n\to+\infty} \frac{(2n)!}{(n!)^2}.$$

Sia $a_n = \frac{(2n)!}{(n!)^2}$. È una successione a termini positivi. Consideriamo il rapporto $\frac{a_{n+1}}{a_n}$. Si ha che

$$\frac{a_{n+1}}{a_n} = \frac{(2n+2)!}{[(n+1)!]^2} \cdot \frac{(n!)^2}{(2n)!} = \frac{(2n+2)(2n+1)\,(2n)!}{(n+1)^2\,(n!)^2} \cdot \frac{(n!)^2}{(2n)!} = \frac{(2n+2)(2n+1)}{(n+1)^2}.$$

Quindi

$$\lim_{n\to+\infty} \frac{a_{n+1}}{a_n} = \lim_{n\to+\infty} \frac{(2n+2)(2n+1)}{(n+1)^2} = 4 > 1.$$

Per il criterio del rapporto per le successioni si ha che

$$\lim_{n\to+\infty} a_n = \lim_{n\to+\infty} \frac{(2n)!}{(n!)^2} = +\infty.$$

e) Consideriamo il limite

$$\lim_{n\to+\infty} 2^n \sin\left(2^{-n}\pi\right).$$

Poiché $\sin\left(2^{-n}\pi\right) = 2^{-n}\pi + o\left((2^{-n})\right)$ per $n \to +\infty$, si ha che

$$\lim_{n\to+\infty} 2^n \sin\left(2^{-n}\pi\right) = \lim_{n\to+\infty} 2^n \left(2^{-n}\pi + o\left((2^{-n})\right)\right) = \lim_{n\to+\infty} 2^n\, 2^{-n}\pi = \pi.$$

f) Consideriamo il limite

$$\lim_{n\to+\infty} (-1)^n \sqrt{\frac{n^3}{n^2+2}}.$$

Sia $a_n = (-1)^n \sqrt{\frac{n^3}{n^2+2}}$. Consideriamo le sottosuccessioni (a_{2n}) e (a_{2n+1}). Si ha che

$$\lim_{n\to+\infty} a_{2n} = \lim_{n\to+\infty} (-1)^{2n} \sqrt{\frac{(2n)^3}{(2n)^2+2}} = \lim_{n\to+\infty} \sqrt{\frac{(2n)^3}{(2n)^2+2}} = +\infty,$$

$$\lim_{n\to+\infty} a_{2n+1} = \lim_{n\to+\infty} (-1)^{2n+1} \sqrt{\frac{(2n+1)^3}{(2n+1)^2+2}} = \lim_{n\to+\infty} \sqrt{\frac{(2n+1)^3}{(2n+1)^2+2}} = -\infty.$$

Quindi non esiste $\lim_{n\to+\infty} a_n = \lim_{n\to+\infty} (-1)^n \sqrt{\frac{n^3}{n^2+2}}$.

g) Consideriamo il limite

$$\lim_{n\to+\infty} \frac{2^n - 3^n}{n^2 + 3^n}.$$

Poiché $n^2 = o(3^n)$ per $n \to +\infty$, si ha che

$$\lim_{n\to+\infty} \frac{2^n - 3^n}{n^2 + 3^n} = \lim_{n\to+\infty} \frac{2^n - 3^n}{3^n + o(3^n)} = \lim_{n\to+\infty} \frac{2^n - 3^n}{3^n} =$$

$$= \lim_{n\to+\infty} \left[\left(\frac{2}{3}\right)^n - 1\right] = -1.$$

h) Consideriamo il limite

$$\lim_{n\to+\infty} \frac{n! + (2n)!}{n^n}.$$

Poiché $n! = o((2n)!)$ per $n \to +\infty$, si ha che

$$\lim_{n\to+\infty} \frac{n! + (2n)!}{n^n} = \lim_{n\to+\infty} \frac{(2n)! + o((2n)!)}{n^n} = \lim_{n\to+\infty} \frac{(2n)!}{n^n}.$$

Sia $a_n = \dfrac{(2n)!}{n^n}$. È una successione a termini positivi. Consideriamo il rapporto $\dfrac{a_{n+1}}{a_n}$. Si ha che

$$\begin{aligned}\frac{a_{n+1}}{a_n} &= \frac{(2n+2)!}{(n+1)^{n+1}} \cdot \frac{n^n}{(2n)!} = \frac{(2n+2)(2n+1)\,(2n)!}{(n+1)(n+1)^n} \cdot \frac{n^n}{(2n)!} = \\ &= \frac{(2n+2)(2n+1)}{n+1}\left(\frac{n}{n+1}\right)^n = \frac{(2n+2)(2n+1)}{n+1}\left(1+\frac{1}{n}\right)^{-n}.\end{aligned}$$

Quindi

$$\lim_{n\to+\infty} \frac{a_{n+1}}{a_n} = \lim_{n\to+\infty} \frac{(2n+2)(2n+1)}{n+1}\left(1+\frac{1}{n}\right)^{-n} = +\infty.$$

Per il criterio del rapporto per le successioni si ha che

$$\lim_{n\to+\infty} a_n = \lim_{n\to+\infty} \frac{(2n)!}{n^n} = +\infty.$$

Ne segue che

$$\lim_{n\to+\infty} \frac{n! + (2n)!}{n^n} = \lim_{n\to+\infty} \frac{(2n)!}{n^n} = +\infty.$$

i) Consideriamo il limite

$$\lim_{n\to+\infty} \frac{n^n + 2^n}{2^{n^2}}.$$

Poiché $2^n = o(n^n)$ per $n \to +\infty$, si ha che

$$\lim_{n\to+\infty} \frac{n^n + 2^n}{2^{n^2}} = \lim_{n\to+\infty} \frac{n^n + o(n^n)}{2^{n^2}} = \lim_{n\to+\infty} \frac{n^n}{2^{n^2}}.$$

Sia $a_n = \dfrac{n^n}{2^{n^2}}$. È una successione a termini positivi. Consideriamo il rapporto $\dfrac{a_{n+1}}{a_n}$. Si ha che

$$\begin{aligned}\frac{a_{n+1}}{a_n} &= \frac{(n+1)^{n+1}}{2^{(n+1)^2}} \cdot \frac{2^{n^2}}{n^n} = \frac{(n+1)(n+1)^n}{2^{n^2+2n+1}} \cdot \frac{2^{n^2}}{n^n} = \\ &= \frac{n+1}{2^{2n+1}}\left(\frac{n+1}{n}\right)^n = \frac{n+1}{2^{2n+1}}\left(1+\frac{1}{n}\right)^n.\end{aligned}$$

Quindi

$$\lim_{n\to+\infty} \frac{a_{n+1}}{a_n} = \lim_{n\to+\infty} \frac{n+1}{2^{2n+1}}\left(1+\frac{1}{n}\right)^n = 0 < 1.$$

Per il criterio del rapporto per le successioni si ha che

$$\lim_{n\to+\infty} a_n = \lim_{n\to+\infty} \frac{n^n}{2^{n^2}} = 0.$$

Ne segue che

$$\lim_{n\to+\infty} \frac{n^n + 2^n}{2^{n^2}} = \lim_{n\to+\infty} \frac{n^n}{2^{n^2}} = 0.$$

j) Consideriamo il limite

$$\lim_{n\to+\infty} \sqrt[n]{3n^6 - 17}.$$

Si ha che

$$\lim_{n\to+\infty} \sqrt[n]{3n^6 - 17} = \lim_{n\to+\infty} \sqrt[n]{n^6}\sqrt[n]{\left(3 - \frac{17}{n^6}\right)} = 1.$$

k) Consideriamo il limite

$$\lim_{n\to+\infty} \sqrt[n]{\frac{5n}{9n^2+4}}.$$

Si ha che

$$\lim_{n\to+\infty} \sqrt[n]{\frac{5n}{9n^2+4}} = \lim_{n\to+\infty} \frac{\sqrt[n]{5n}}{\sqrt[n]{9n^2+4}} = \lim_{n\to+\infty} \frac{\sqrt[n]{n}\,\sqrt[n]{5}}{\sqrt[n]{n^2}\,\sqrt[n]{9+\frac{4}{n^2}}} = 1.$$

l) Consideriamo il limite

$$\lim_{n\to+\infty} \frac{\sqrt[n]{n!}}{a^n}, \qquad \forall a > 1\,.$$

Poiché (vedi Esempio (1.9))

$$\lim_{n\to+\infty} \frac{n!}{n^n} = 0,$$

si ha che esiste $n_0 \in \mathbb{N}$ tale che $n! \leq n^n$ per ogni $n \geq n_0$. Quindi per ogni $n \geq n_0$ si ha $\sqrt[n]{n!} \leq \sqrt[n]{n^n} = n$. Ne segue che per ogni $n \geq n_0$ si ha

$$0 < \frac{\sqrt[n]{n!}}{a^n} \leq \frac{n}{a^n}.$$

Poiché $\lim_{n\to+\infty} \frac{n}{a^n} = 0$, per il Secondo teorema del confronto si ha che

$$\lim_{n\to+\infty} \frac{\sqrt[n]{n!}}{a^n} = 0.$$

m) Consideriamo il limite

$$\lim_{n\to+\infty} (n+2)\sin\left(\frac{n-1}{n+1}\pi\right).$$

Si ha che

$$\lim_{n\to+\infty} (n+2)\sin\left(\frac{n-1}{n+1}\pi\right) = \lim_{n\to+\infty} (n+2)\sin\left(\frac{n+1-2}{n+1}\pi\right) =$$

$$= \lim_{n\to+\infty} (n+2)\sin\left(\pi - \frac{2\pi}{n+1}\right) = \lim_{n\to+\infty} (n+2)\sin\frac{2\pi}{n+1} =$$

essendo $\sin \frac{2\pi}{n+1} = \frac{2\pi}{n+1} + o\left(\frac{1}{n+1}\right)$ per $n \to +\infty$, si ha che

$$= \lim_{n\to+\infty} (n+2)\left(\frac{2\pi}{n+1} + o\left(\frac{1}{n+1}\right)\right) = \lim_{n\to+\infty} (n+2)\frac{2\pi}{n+1} = 2\pi.$$

$n)$ Consideriamo il limite

$$\lim_{n\to+\infty} \cos\left((-1)^n \frac{n-1}{n+1}\pi\right).$$

Poiché $\cos(-\alpha) = \cos\alpha$, si ha che

$$\lim_{n\to+\infty} \cos\left((-1)^n \frac{n-1}{n+1}\pi\right) = \lim_{n\to+\infty} \cos\left(\frac{n-1}{n+1}\pi\right) = -1.$$

$o)$ Consideriamo il limite

$$\lim_{n\to+\infty} \frac{3^n - 3^{n\log n}}{n^n}.$$

Osserviamo che $3^n = o\left(3^{n\log n}\right)$ per $n \to +\infty$. Infatti,

$$\lim_{n\to+\infty} \frac{3^n}{3^{n\log n}} = \lim_{n\to+\infty} \frac{3^n}{(3^n)^{\log n}} = \lim_{n\to+\infty} \frac{1}{(3^n)^{(\log n - 1)}} = 0.$$

Quindi

$$\lim_{n\to+\infty} \frac{3^n - 3^{n\log n}}{n^n} = \lim_{n\to+\infty} \frac{-3^{n\log n} + o\left(3^{n\log n}\right)}{n^n} =$$

$$= -\lim_{n\to+\infty} \frac{3^{n\log n}}{n^n} = -\lim_{n\to+\infty} \frac{3^{\log n^n}}{n^n} =$$

essendo $3^{\log n^n} = (n^n)^{\log 3}$

$$= -\lim_{n\to+\infty} \frac{(n^n)^{\log 3}}{n^n} = -\lim_{n\to+\infty} (n^n)^{(\log 3 - 1)} = -\infty.$$

$p)$ Consideriamo il limite

$$\lim_{n\to+\infty} \left(3\sqrt[n]{2} - 2\sqrt[n]{3}\right)^n = \lim_{n\to+\infty} e^{n\log\left(3\sqrt[n]{2} - 2\sqrt[n]{3}\right)}.$$

Calcoliamo

$$\lim_{n\to+\infty} n\log\left(3\sqrt[n]{2} - 2\sqrt[n]{3}\right).$$

Si ha che

$$\lim_{n\to+\infty} n\log\left(3\sqrt[n]{2} - 2\sqrt[n]{3}\right) = \lim_{n\to+\infty} n\log\left(3e^{\frac{1}{n}\log 2} - 2e^{\frac{1}{n}\log 3}\right) =$$

essendo $e^x = 1 + x + o(x)$, per $x \to 0$,

$$= \lim_{n\to+\infty} n \log\left(3 + \frac{3\log 2}{n} + o\left(\frac{1}{n}\right) - 2 - \frac{2\log 3}{n} + o\left(\frac{1}{n}\right)\right) =$$

$$= \lim_{n\to+\infty} n \log\left(1 + \frac{\log 8 - \log 9}{n} + o\left(\frac{1}{n}\right)\right) =$$

essendo $\log(1+x) = x + o(x)$, per $x \to 0$,

$$= \lim_{n\to+\infty} n \left(\frac{\log 8 - \log 9}{n} + o\left(\frac{1}{n}\right)\right) = \lim_{n\to+\infty} n\,\frac{\log 8 - \log 9}{n} = \log\frac{8}{9}.$$

Quindi

$$\lim_{n\to+\infty}\left(3\sqrt[n]{2} - 2\sqrt[n]{3}\right)^n = \lim_{n\to+\infty} e^{n\log\left(3\sqrt[n]{2}-2\sqrt[n]{3}\right)} = \frac{8}{9}.$$

q) Consideriamo il limite

$$\lim_{n\to+\infty} n\sin\left(\frac{n^2+n+2}{n}\pi\right).$$

Si ha che

$$\lim_{n\to+\infty} n\sin\left(\frac{n^2+n+2}{n}\pi\right) = \lim_{n\to+\infty} n\sin\left[(n+1)\pi + \frac{2\pi}{n}\right] =$$

essendo $\sin(\alpha+\beta) = \sin\alpha\cos\beta + \cos\alpha\sin\beta$

$$= \lim_{n\to+\infty} n\left\{\sin[(n+1)\pi]\cos\frac{2\pi}{n} + \cos[(n+1)\pi]\sin\frac{2\pi}{n}\right\} =$$

$$= \lim_{n\to+\infty} n\cos[(n+1)\pi]\sin\frac{2\pi}{n} =$$

essendo $\cos[(n+1)\pi] = (-1)^{n+1}$ e $\sin\frac{2\pi}{n} = \frac{2\pi}{n} + o\left(\frac{1}{n}\right)$ per $n \to +\infty$, si ha che

$$= \lim_{n\to+\infty}(-1)^{n+1} n\left(\frac{2\pi}{n} + o\left(\frac{1}{n}\right)\right) = \lim_{n\to+\infty}(-1)^{n+1} n\frac{2\pi}{n} = 2\pi\lim_{n\to+\infty}(-1)^{n+1} \quad \nexists.$$

r) Consideriamo il limite

$$\lim_{n\to+\infty}\frac{3(2n+2)^n - n^{n-1}}{(2n)^n + 4n!} = \lim_{n\to+\infty}\frac{3\cdot 2^n(n+1)^n - n^{n-1}}{2^n\,n^n + 4n!}.$$

Poiché $4n! = o(2^n\,n^n)$ e $n^{n-1} = o(2^n(n+1)^n)$ per $n \to +\infty$, si ha che

$$\lim_{n\to+\infty}\frac{3\cdot 2^n(n+1)^n - n^{n-1}}{2^n\,n^n + 4n!} = \lim_{n\to+\infty}\frac{3\cdot 2^n(n+1)^n + o(2^n(n+1)^n)}{2^n\,n^n + o(2^n\,n^n)} =$$

$$= \lim_{n\to+\infty}\frac{3\cdot 2^n(n+1)^n}{2^n\,n^n} = 3\lim_{n\to+\infty}\left(\frac{n+1}{n}\right)^n = 3\lim_{n\to+\infty}\left(1+\frac{1}{n}\right)^n = 3e.$$

s) Consideriamo il limite

$$\lim_{n\to+\infty} \frac{4\binom{n}{n-2} + \left(\frac{\arctan n}{n^2} - n^2\right)}{(3n)^2 + \frac{n^4}{2^n}}.$$

Poiché $\dfrac{\arctan n}{n^2} = o(n^2)$ e $\dfrac{n^4}{2^n} = o(n^2)$ per $n \to +\infty$, si ha che

$$\lim_{n\to+\infty} \frac{4\binom{n}{n-2} + \left(\frac{\arctan n}{n^2} - n^2\right)}{(3n)^2 + \frac{n^4}{2^n}} = \lim_{n\to+\infty} \frac{4\binom{n}{n-2} - n^2 + o(n^2)}{(3n)^2 + o(n^2)} =$$

essendo $\dbinom{n}{n-2} = \dfrac{n!}{(n-2)!\,2!} = \dfrac{n^2-n}{2}$

$$= \lim_{n\to+\infty} \frac{n^2 - 2n + o(n^2)}{9n^2 + o(n^2)} = \frac{1}{9}.$$

t) Consideriamo il limite

$$\lim_{n\to+\infty} \frac{(n!)^{n-1} - [(n-1)!]^{n-1}}{[(n-1)!\,(n-10)]^{n-1}}.$$

Si ha che

$$\lim_{n\to+\infty} \frac{(n!)^{n-1} - [(n-1)!]^{n-1}}{[(n-1)!\,(n-10)]^{n-1}} = \lim_{n\to+\infty} \frac{[n(n-1)!]^{n-1} - [(n-1)!]^{n-1}}{[(n-1)!]^{n-1}\,(n-10)^{n-1}} =$$

$$= \lim_{n\to+\infty} \frac{[(n-1)!]^{n-1}(n^{n-1}-1)}{[(n-1)!]^{n-1}\,n^{n-1}\left(1-\frac{10}{n}\right)^{n-1}} = \lim_{n\to+\infty} \frac{n^{n-1}\left(1-\frac{1}{n^{n-1}}\right)}{n^{n-1}\left(1-\frac{10}{n}\right)^{n}\left(1-\frac{10}{n}\right)^{-1}} =$$

$$= \lim_{n\to+\infty} \frac{1-\frac{1}{n^{n-1}}}{\left(1-\frac{10}{n}\right)^{n}\left(1-\frac{10}{n}\right)^{-1}} = e^{10}.$$

u) Consideriamo il limite

$$\lim_{n\to+\infty} \frac{(n-3)!\,n^n - (n+1)!\,n^{n-4}}{2(n-4)!\,(n^n - n!\,\log n)}.$$

Osserviamo che $n!\,\log n = o(n^n)$ per $n \to +\infty$. Infatti, posto $a_n = \dfrac{n!\,\log n}{n^n}$, consideriamo il rapporto $\dfrac{a_{n+1}}{a_n}$ (la successione (a_n) è a termini positivi per ogni $n \geq 2$). Si ha che

$$\frac{a_{n+1}}{a_n} = \frac{(n+1)!\,\log(n+1)}{(n+1)^{n+1}} \cdot \frac{n^n}{n!\,\log n} = \frac{(n+1)\,n!\,\log(n+1)}{(n+1)\,(n+1)^n} \cdot \frac{n^n}{n!\,\log n} =$$

$$= \frac{\log(n+1)}{\log n} \cdot \left(\frac{n}{n+1}\right)^n = \frac{\log n + \log\left(1+\frac{1}{n}\right)}{\log n} \left(1+\frac{1}{n}\right)^{-n}.$$

Quindi

$$\lim_{n\to+\infty} \frac{a_{n+1}}{a_n} = \lim_{n\to+\infty} \frac{\log n + \log\left(1+\frac{1}{n}\right)}{\log n}\left(1+\frac{1}{n}\right)^{-n} = e^{-1} < 1.$$

Per il criterio del rapporto per le successioni si ha che

$$\lim_{n\to+\infty} a_n = \lim_{n\to+\infty} \frac{n!\log n}{n^n} = 0$$

da cui segue che $n!\,\log n = o(n^n)$ per $n \to +\infty$. Quindi

$$\lim_{n\to+\infty} \frac{(n-3)!\,n^n - (n+1)!\,n^{n-4}}{2(n-4)!\,(n^n - n!\log n)} = \lim_{n\to+\infty} \frac{(n-3)!\,n^n - (n+1)!\,n^{n-4}}{2(n-4)!\,(n^n + o(n^n))} =$$

$$= \lim_{n\to+\infty} \frac{(n-3)!\,n^n - (n+1)!\,n^{n-4}}{2(n-4)!\,n^n} =$$

$$= \lim_{n\to+\infty} \frac{(n-3)\,(n-4)!\,n^n - (n+1)(n-1)(n-2)(n-3)\,(n-4)!\,n^{n-3}}{2(n-4)!\,n^n} =$$

$$= \lim_{n\to+\infty} \frac{(n-3)\,(n-4)!\,n^n\left[1 - \frac{(n+1)(n-1)(n-2)}{n^3}\right]}{2\,(n-4)!\,n^n} =$$

$$= \lim_{n\to+\infty} \frac{(n-3)(2n^2+n-2)}{2n^3} = 1.$$

$v)$ Consideriamo il limite

$$\lim_{n\to+\infty} \frac{n!\,[n+\sin(n!)] + (n+1)!}{n! + 2^n} \sin\frac{2\pi}{n}.$$

Poiché $2^n = o(n!)$, $\sin(n!) = o(n)$ e $\sin\frac{2\pi}{n} = \frac{2\pi}{n} + o\left(\frac{1}{n}\right)$ per $n \to +\infty$, si ha che

$$\lim_{n\to+\infty} \frac{n!\,[n+\sin(n!)] + (n+1)!}{n! + 2^n} \sin\frac{2\pi}{n} =$$

$$= \lim_{n\to+\infty} \frac{n!\,[n+o(n)] + (n+1)!}{n! + o(n!)} \left(\frac{2\pi}{n} + o\left(\frac{1}{n}\right)\right) =$$

$$= \lim_{n\to+\infty} \frac{n\,n! + (n+1)\,n! + o(n\,n!)}{n!} \cdot \frac{2\pi}{n} = 2\pi \lim_{n\to+\infty} \frac{n\,n! + (n+1)\,n!}{n\,n!} =$$

$$= 2\pi \lim_{n\to+\infty} \frac{(2n+1)\,n!}{n\,n!} = 4\pi.$$

w) Consideriamo il limite

$$\lim_{n\to+\infty} \frac{n^{3n}\log(n!)^2\left[(n!)^{3n-1}+n^3\right]}{[(n+1)!]^{3n}\left([8(n!)]^{\frac{2}{n!}}-1\right)}.$$

Poiché $n^3 = o((n!)^{3n-1})$, per $n\to+\infty$, si ha che

$$\lim_{n\to+\infty} \frac{n^{3n}\log(n!)^2\left[(n!)^{3n-1}+o((n!)^{3n-1})\right]}{[(n+1)!]^{3n}\left([8(n!)]^{\frac{2}{n!}}-1\right)} =$$

$$= \lim_{n\to+\infty} \frac{n^{3n}\log(n!)^2\,(n!)^{3n-1}}{(n+1)^{3n}\,(n!)^{3n}\left([8(n!)]^{\frac{2}{n!}}-1\right)} =$$

$$= \lim_{n\to+\infty} \frac{n^{3n}\log(n!)^2}{(n+1)^{3n}\,n!\left([8(n!)]^{\frac{2}{n!}}-1\right)}.$$

Essendo $e^x = 1+x+o(x)$ per $x\to 0$, si ha che, per $n\to+\infty$,

$$[8(n!)]^{\frac{2}{n!}}-1 = e^{\frac{2}{n!}\log[8(n!)]}-1 = 1+\frac{2}{n!}\log[8(n!)]+o\left(\frac{1}{n!}\log(n!)\right)-1 =$$

$$= \frac{2}{n!}\log[8(n!)]+o\left(\frac{1}{n!}\log(n!)\right) = \frac{2}{n!}\log(n!)+\frac{2}{n!}\log 8+o\left(\frac{1}{n!}\log(n!)\right) =$$

$$= \frac{2}{n!}\log(n!)+o\left(\frac{1}{n!}\log(n!)\right).$$

Quindi

$$\lim_{n\to+\infty} \frac{n^{3n}\log(n!)^2}{(n+1)^{3n}\,n!\left([8(n!)]^{\frac{2}{n!}}-1\right)} =$$

$$= \lim_{n\to+\infty} \frac{2n^{3n}\log(n!)}{(n+1)^{3n}\,n!\left(\frac{2}{n!}\log(n!)+o\left(\frac{1}{n!}\log(n!)\right)\right)} =$$

$$= \lim_{n\to+\infty} \frac{2n^{3n}\log(n!)}{(n+1)^{3n}\,n!\,\frac{2}{n!}\log(n!)} = \lim_{n\to+\infty}\left(\frac{n}{n+1}\right)^{3n} =$$

$$= \lim_{n\to+\infty}\left[\left(1+\frac{1}{n}\right)^{n}\right]^{-3} = e^{-3}.$$

x) Consideriamo il limite

$$\lim_{n\to+\infty} \frac{(n+2)!\,n^{n-2}-(n-2)!\,n^{n+2}}{n^n\left[(n-1)!+(n-2)!\,\log n\right]}.$$

Osserviamo che $(n-2)!\,\log n = o((n-1)!)$ per $n\to+\infty$. Infatti,

$$\lim_{n\to+\infty} \frac{(n-2)!\,\log n}{(n-1)!} = \lim_{n\to+\infty} \frac{(n-2)!\,\log n}{(n-1)\,(n-2)!} = \lim_{n\to+\infty} \frac{\log n}{n-1} = 0.$$

Quindi

$$\lim_{n\to+\infty} \frac{(n+2)!\,n^{n-2} - (n-2)!\,n^{n+2}}{n^n\,[(n-1)! + (n-2)!\,\log n]} = \lim_{n\to+\infty} \frac{(n+2)!\,n^{n-2} - (n-2)!\,n^{n+2}}{n^n\,[(n-1)! + o((n-1)!)]} =$$

$$= \lim_{n\to+\infty} \frac{(n+2)!\,n^{n-2} - (n-2)!\,n^{n+2}}{n^n\,(n-1)!} =$$

$$= \lim_{n\to+\infty} \frac{(n+2)(n+1)(n-1)\,(n-2)!\,n^{n-1} - (n-2)!\,n^{n+2}}{n^n\,(n-1)\,(n-2)!} =$$

$$= \lim_{n\to+\infty} \frac{(n-2)!\,n^{n-1}(2n^2-n-2)}{n^n\,(n-1)\,(n-2)!} = \lim_{n\to+\infty} \frac{2n^2-n-2}{n\,(n-1)} = 2.$$

Capitolo 4

Funzioni continue

1 Esercizi sulle funzioni continue

Esercizio 1. Verificare con la definizione di continuità che la funzione $f : (0, +\infty) \to \mathbb{R}$ definita da $f(x) = \log x$ è continua.

Esercizio 2. Verificare con la definizione di continuità che la funzione $f : \mathbb{R} \to \mathbb{R}$ definita da $f(x) = e^x$ è continua.

Esercizio 3. Determinare per quali $\alpha \in \mathbb{R}$ sono continue sui loro domini le seguenti funzioni:

$$a)\ f(x) = \begin{cases} \dfrac{x+\alpha}{x+2} & \text{se } x \leq 0 \\ \sqrt{x+\alpha} & \text{se } x > 0 \end{cases} \qquad [\alpha \leq 0,\ \alpha = 4]$$

$$b)\ f(x) = \begin{cases} \alpha\, e^{\frac{1}{x}} & \text{se } x < 0 \\ \dfrac{\sin x - \tan x}{\cos x} + \alpha & \text{se } x \geq 0 \end{cases} \qquad [\alpha = 0]$$

$$c)\ f(x) = \begin{cases} x^{\alpha} \log x & \text{se } x > 0 \\ \dfrac{e^{x^2} - \alpha}{\sin^2 x} & \text{se } x < 0 \end{cases} \qquad [\forall \alpha \in \mathbb{R}]$$

$$d)\ f(x) = \begin{cases} x+1 & \text{se } x \leq 1 \\ 3 - \alpha x^2 & \text{se } x > 1 \end{cases} \qquad [\alpha = 1]$$

e) $f(x) = \begin{cases} x^2 + \alpha & \text{se } x < 0 \\ (x-\alpha)^2 & \text{se } x \geq 0 \end{cases}$ $[\alpha = 0,\ 1]$

f) $f(x) = \begin{cases} e^{-\frac{1}{x}} & \text{se } x < 0 \\ \alpha & \text{se } x = 0 \\ \dfrac{1}{x} & \text{se } x > 0 \end{cases}$ $[\nexists \alpha \in \mathbb{R}]$

g) $f(x) = \begin{cases} \alpha x - 2x^2 + 1 & \text{se } x \leq -1 \\ \log(2+x) - \alpha e^x & \text{se } x > -1 \end{cases}$ $\left[\alpha = \frac{e}{1-e}\right]$

h) $f(x) = \begin{cases} \dfrac{\alpha \cos(2x) - 5}{8 + 3x^4} & \text{se } x < 0 \\ \log\left(2e^x + x^2 - 1\right) - \alpha \sin\left(7x + \dfrac{\pi}{2}\right) & \text{se } x \geq 0 \end{cases}$ $\left[\alpha = \frac{5}{9}\right]$

i) $f(x) = \begin{cases} \sqrt{1-9x} + 6\alpha(x-1) & \text{se } x \leq 0 \\ x^\alpha \sin \dfrac{1}{x} + 3x - 6 & \text{se } x > 0 \end{cases}$ $[\nexists \alpha \in \mathbb{R}]$

j) $f(x) = \begin{cases} 12x + 7\log\left(x^2 + 1\right) & \text{se } x < -1 \\ 4 & \text{se } x = 0 \\ 9e^{\alpha x} + 3x^2 - 5 & \text{se } x > 1. \end{cases}$ $[\forall \alpha \in \mathbb{R}]$

2 Svolgimento degli esercizi sulle funzioni continue

Esercizio 1. Sia $x_0 > 0$. Verifichiamo che f è continua in x_0. Sia $\varepsilon > 0$. Se $x > 0$ si ha che

$$|\log x - \log x_0| < \varepsilon \quad \Longleftrightarrow \quad \log x_0 - \varepsilon < \log x < \log x_0 + \varepsilon$$

$$e^{\log x_0 - \varepsilon} < x < e^{\log x_0 + \varepsilon}$$

$$x_0 e^{-\varepsilon} < x < x_0 e^{\varepsilon}.$$

Sottraendo x_0 si ha che

$$x_0 \left(e^{-\varepsilon} - 1\right) < x - x_0 < x_0 \left(e^{\varepsilon} - 1\right).$$

Sia $\delta = \min\left\{x_0 \left(e^{\varepsilon} - 1\right), x_0 \left(1 - e^{-\varepsilon}\right)\right\} = x_0 \left(1 - e^{-\varepsilon}\right)$. Allora

$$\forall x \in (0, +\infty) \text{ con } |x - x_0| < \delta \text{ si ha che } |\log x - \log x_0| < \varepsilon.$$

Ne segue che f è continua in x_0. Per l'arbitrarietà di $x_0 > 0$, si ha che f è continua in $(0, +\infty)$.

Esercizio 2. Sia $x_0 \in \mathbb{R}$. Verifichiamo che f è continua in x_0. Sia $\varepsilon > 0$. Se $x \in \mathbb{R}$ si ha che

$$|e^x - e^{x_0}| < \varepsilon \quad \Longleftrightarrow \quad e^{x_0} - \varepsilon < e^x < e^{x_0} + \varepsilon.$$

Se $\varepsilon \geq e^{x_0}$, allora ciò equivale a $x < \log\left(e^{x_0} + \varepsilon\right)$. Altrimenti se $\varepsilon < e^{x_0}$, allora ciò equivale a

$$\log\left(e^{x_0} - \varepsilon\right) < x < \log\left(e^{x_0} + \varepsilon\right).$$

Possiamo limitare le nostre considerazioni a quest'ultimo caso che è più restrittivo. Sottraendo x_0 si ha che

$$\log\left(e^{x_0} - \varepsilon\right) - x_0 < x - x_0 < \log\left(e^{x_0} + \varepsilon\right) - x_0$$

$$\log\left(e^{x_0} - \varepsilon\right) - \log e^{x_0} < x - x_0 < \log\left(e^{x_0} + \varepsilon\right) - \log e^{x_0}$$

$$\log\left(\frac{e^{x_0} - \varepsilon}{e^{x_0}}\right) < x - x_0 < \log\left(\frac{e^{x_0} + \varepsilon}{e^{x_0}}\right)$$

$$\log\left(1-\frac{\varepsilon}{e^{x_0}}\right) < x - x_0 < \log\left(1+\frac{\varepsilon}{e^{x_0}}\right).$$

Sia $\delta = \min\left\{-\log\left(1-\frac{\varepsilon}{e^{x_0}}\right), \log\left(1+\frac{\varepsilon}{e^{x_0}}\right)\right\} = \log\left(1+\frac{\varepsilon}{e^{x_0}}\right)$. Allora

$$\forall x \in \mathbb{R} \text{ con } |x - x_0| < \delta \text{ si ha che } |e^x - e^{x_0}| < \varepsilon.$$

Ne segue che f è continua in x_0. Per l'arbitrarietà di $x_0 \in \mathbb{R}$, si ha che f è continua in $\mathbb{R}$.

Esercizio 3

a) Consideriamo la funzione

$$f(x) = \begin{cases} \dfrac{x+\alpha}{x+2} & \text{se } x \leq 0 \\ \sqrt{x+\alpha} & \text{se } x > 0. \end{cases}$$

Si ha che

$$\operatorname{dom}(f) = \Big\{x \in (-\infty,-2) \cup (-2,0]\Big\} \cup \Big\{x \in (-\alpha,+\infty) \cap (0,+\infty)\Big\}.$$

Se $\alpha < 0$, allora f è continua perché è separatamente continua sugli insiemi $(-\infty,-2) \cup (-2,0]$ e $(-\alpha,+\infty) \cap (0,+\infty) = (-\alpha,+\infty)$ che sono disgiunti.

Consideriamo $\alpha \geq 0$. La funzione f è continua sugli insiemi $(-\infty,-2) \cup (-2,0]$ e $(-\alpha,+\infty) \cap (0,+\infty) = (0,+\infty)$, in quanto composizione di funzioni continue. Controlliamo se f è continua in 0. Affinché f sia continua in 0 deve essere

$$\lim_{x\to 0^+} f(x) = f(0).$$

Si ha che

$$f(0) = \frac{\alpha}{2}, \qquad \lim_{x\to 0^+} f(x) = \lim_{x\to 0^+} \sqrt{x+\alpha} = \sqrt{\alpha}.$$

Quindi deve essere

$$\sqrt{\alpha} = \frac{\alpha}{2} \quad \Longrightarrow \quad \alpha = 0,\ 4.$$

Pertanto f è continua se $\alpha \leq 0$ e se $\alpha = 4$.

b) Consideriamo la funzione

$$f(x)=\begin{cases}\alpha\, e^{\frac{1}{x}} & \text{se } x<0\\ \dfrac{\sin x-\tan x}{\cos x}+\alpha & \text{se } x\geq 0.\end{cases}$$

Si ha che

$$\operatorname{dom}(f)=(-\infty,0)\cup\left[0,\frac{\pi}{2}\right)\cup\bigcup_{k\in\mathbb{N}}\left(\frac{\pi}{2}+k\pi,\frac{\pi}{2}+(k+1)\pi\right).$$

La funzione f è continua su $(-\infty,0)$ e su $\left[0,\frac{\pi}{2}\right)\cup\bigcup_{k\in\mathbb{N}}\left(\frac{\pi}{2}+k\pi,\frac{\pi}{2}+(k+1)\pi\right)$, in quanto composizione di funzioni continue. Controlliamo se f è continua in 0. Affinché f sia continua in 0 deve essere

$$\lim_{x\to 0^-} f(x)=f(0).$$

Si ha che

$$f(0)=\alpha,\qquad \lim_{x\to 0^-} f(x)=\lim_{x\to 0^-}\alpha\, e^{\frac{1}{x}}=0.$$

Quindi deve essere $\alpha=0$. Pertanto f è continua se $\alpha=0$.

c) Consideriamo la funzione

$$f(x)=\begin{cases}x^{\alpha}\log x & \text{se } x>0\\ \dfrac{e^{x^2}-\alpha}{\sin^2 x} & \text{se } x<0.\end{cases}$$

Si ha che

$$\operatorname{dom}(f)=\left(\bigcup_{k\in\mathbb{N}}(-(k+1)\pi,-k\pi)\right)\cup(0,+\infty).$$

Si osserva che f è separatamente continua su $\bigcup_{k\in\mathbb{N}}(-(k+1)\pi,-k\pi)$ e $(0,+\infty)$ che sono disgiunti, in quanto composizione di funzioni continue, quindi è continua su $\operatorname{dom}(f)$ per ogni $\alpha\in\mathbb{R}$.

d) Consideriamo la funzione

$$f(x)=\begin{cases}x+1 & \text{se } x\leq 1\\ 3-\alpha x^2 & \text{se } x>1.\end{cases}$$

Si ha che $\mathrm{dom}(f) = \mathbb{R}$. La funzione f è continua su $(-\infty, 1]$ e su $(1, +\infty)$. Controlliamo se f è continua in 1. Affinché f sia continua in 1 deve essere

$$\lim_{x \to 1^+} f(x) = f(1).$$

Si ha che

$$f(1) = 2, \qquad \lim_{x \to 1^+} f(x) = \lim_{x \to 1^+} \left(3 - \alpha x^2\right) = 3 - \alpha.$$

Quindi deve essere

$$3 - \alpha = 2 \quad \Longrightarrow \quad \alpha = 1.$$

Pertanto f è continua se $\alpha = 1$.

e) Consideriamo la funzione

$$f(x) = \begin{cases} x^2 + \alpha & \text{se } x < 0 \\ (x - \alpha)^2 & \text{se } x \geq 0. \end{cases}$$

Si ha che $\mathrm{dom}(f) = \mathbb{R}$. La funzione f è continua su $(-\infty, 0)$ e su $[0, +\infty)$. Controlliamo se f è continua in 0. Affinché f sia continua in 0 deve essere

$$\lim_{x \to 0^-} f(x) = f(0).$$

Si ha che

$$f(0) = \alpha^2, \qquad \lim_{x \to 0^-} f(x) = \lim_{x \to 0^-} \left(x^2 + \alpha\right) = \alpha.$$

Quindi deve essere

$$\alpha^2 = \alpha \quad \Longrightarrow \quad \alpha = 0,\ 1.$$

Pertanto f è continua se $\alpha = 0,\ 1$.

f) Consideriamo la funzione

$$f(x) = \begin{cases} e^{-\frac{1}{x}} & \text{se } x < 0 \\ \alpha & \text{se } x = 0 \\ \frac{1}{x} & \text{se } x > 0. \end{cases}$$

Si ha che $\mathrm{dom}(f) = \mathbb{R}$. La funzione f è continua su $(-\infty, 0)$ e su $(0, +\infty)$. Controlliamo se f è continua in 0. Affinché f sia continua in 0 deve essere

$$\lim_{x \to 0} f(x) = f(0).$$

Si ha che

$$\lim_{x\to 0^+} f(x) = \lim_{x\to 0^+} \frac{1}{x} = +\infty.$$

Quindi f non è continua in 0. Ne segue che non esiste $\alpha \in \mathbb{R}$ tale che f risulti continua.

g) Consideriamo la funzione

$$f(x) = \begin{cases} \alpha x - 2x^2 + 1 & \text{se } x \le -1 \\ \log(2+x) - \alpha e^x & \text{se } x > -1. \end{cases}$$

Si ha che $\operatorname{dom}(f) = \mathbb{R}$. La funzione f è continua su $(-\infty, -1]$ e su $(-1, +\infty)$ in quanto somma di funzioni continue. Controlliamo se f è continua in -1. Affinché f sia continua in -1 deve essere

$$\lim_{x\to(-1)^+} f(x) = f(-1).$$

Si ha che

$$\lim_{x\to(-1)^+} f(x) = \lim_{x\to(-1)^+} (\log(2+x) - \alpha e^x) = -\alpha e^{-1}, \qquad f(-1) = -\alpha - 1.$$

Quindi deve essere

$$\alpha + 1 = \alpha e^{-1} \quad \Longrightarrow \quad \alpha = \frac{e}{1-e}.$$

Pertanto f è continua se $\alpha = \frac{e}{1-e}$.

h) Consideriamo la funzione

$$f(x) = \begin{cases} \dfrac{\alpha\cos(2x) - 5}{8 + 3x^4} & \text{se } x < 0 \\ \log\left(2e^x + x^2 - 1\right) - \alpha\sin\left(7x + \dfrac{\pi}{2}\right) & \text{se } x \ge 0. \end{cases}$$

Si ha che $\operatorname{dom}(f) = \mathbb{R}$. La funzione f è continua su $(-\infty, 0)$ e su $[0, +\infty)$ in quanto composizione di funzioni continue. Controlliamo se f è continua in 0. Affinché f sia continua in 0 deve essere

$$\lim_{x\to 0^-} f(x) = f(0).$$

Si ha che

$$\lim_{x\to 0^-} f(x) = \lim_{x\to 0^-} \frac{\alpha\cos(2x) - 5}{8 + 3x^4} = \frac{\alpha - 5}{8}, \qquad f(0) = -\alpha.$$

Quindi deve essere

$$\frac{\alpha-5}{8}=-\alpha \quad\Longrightarrow\quad \alpha=\frac{5}{9}.$$

Pertanto f è continua se $\alpha=\frac{5}{9}$.

i) Consideriamo la funzione

$$f(x)=\begin{cases}\sqrt{1-9x}+6\alpha(x+1) & \text{se } x\le 0\\[2ex] x^\alpha\sin\dfrac{1}{x}+3x-6 & \text{se } x>0.\end{cases}$$

Si ha che $\operatorname{dom}(f)=\mathbb{R}$. La funzione f è continua su $(-\infty,0]$ e su $(0,+\infty)$ in quanto composizione di funzioni continue. Controlliamo se f è continua in 0. Affinché f sia continua in 0 deve essere

$$\lim_{x\to0^+}f(x)=f(0).$$

Si ha che

$$\lim_{x\to0^+}f(x)=\lim_{x\to0^+}\left(x^\alpha\sin\frac{1}{x}+3x-6\right)=\begin{cases}\nexists & \text{se } \alpha\le0\\ -6 & \text{se } \alpha>0,\end{cases} \qquad f(0)=6\alpha+1.$$

Quindi deve essere

$$\begin{cases}6\alpha+1=-6\\ \alpha>0\end{cases} \quad\Longrightarrow\quad \nexists\alpha.$$

Quindi f non è continua in 0. Ne segue che non esiste $\alpha\in\mathbb{R}$ tale che f risulti continua.

j) Consideriamo la funzione

$$f(x)=\begin{cases}12x+7\log\left(x^2+1\right) & \text{se } x<-1\\[2ex] 4 & \text{se } x=0\\[2ex] 9e^{\alpha x}+3x^2-5 & \text{se } x>1.\end{cases}$$

Si ha che $\operatorname{dom}(f)=(-\infty,-1)\cup\{0\}\cup(1,+\infty)$. La funzione f è continua su $(-\infty,-1)$ e su $(1,+\infty)$ in quanto composizione di funzioni continue ed è continua in $x=0$ perché è un punto isolato del dominio. Quindi f è continua per ogni $\alpha\in\mathbb{R}$.

Capitolo 5

Derivata di una funzione

1 Alcuni richiami teorici

Di seguito vengono elencati alcuni risultati che sono utilizzati nello svolgimento degli esercizi sulle derivate delle funzioni di una variabile.

1.1 Derivate delle funzioni elementari

Funzione	**Derivata**
$f(x) = c$	$f'(x) = 0$
$f(x) = x^n,\ n \in \mathbb{N}$	$f'(x) = nx^{n-1}$
$f(x) = \frac{1}{x^n},\ n \in \mathbb{N}$	$f'(x) = -\frac{n}{x^{n+1}}$
$f(x) = \sqrt[n]{x},\ n \in \mathbb{N}, n \geq 2$	$f'(x) = \frac{1}{n\sqrt[n]{x^{n-1}}}$
$f(x) = x^\alpha,\ \alpha \in \mathbb{R}$	$f'(x) = \alpha x^{\alpha-1}$
$f(x) = a^x,\ a > 0$	$f'(x) = a^x \log a$
$f(x) = \log_a x,\ a > 0, a \neq 1$	$f'(x) = \frac{1}{x \log a}$
$f(x) = \sin x$	$f'(x) = \cos x$
$f(x) = \cos x$	$f'(x) = -\sin x$

Funzione	**Derivata**
$f(x) = \tan x$	$f'(x) = 1 + \tan^2 x = \dfrac{1}{\cos^2 x}$
$f(x) = \cot x$	$f'(x) = -1 - \cot^2 x = -\dfrac{1}{\sin^2 x}$
$f(x) = \sinh x$	$f'(x) = \cosh x$
$f(x) = \cosh x$	$f'(x) = \sinh x$
$f(x) = \arcsin x$	$f'(x) = \dfrac{1}{\sqrt{1-x^2}}$
$f(x) = \arccos x$	$f'(x) = -\dfrac{1}{\sqrt{1-x^2}}$
$f(x) = \arctan x$	$f'(x) = \dfrac{1}{1+x^2}$
$f(x) = \operatorname{arccot} x$	$f'(x) = -\dfrac{1}{1+x^2}$

1.2 Regole di derivazione

a) $(f+g)'(x) = f'(x) + g'(x)$,

b) $(f\,g)'(x) = f'(x)g(x) + f(x)g'(x)$,

c) $(f \circ g)'(x) = f'(g(x))\, g'(x)$

d) $\left(\dfrac{f}{g}\right)'(x) = \dfrac{f'(x)g(x) - f(x)g'(x)}{[g(x)]^2}$,

e) $\left(f^{-1}\right)'(x) = \dfrac{1}{f'\left(f^{-1}(x)\right)}$.

f) $D\left([f(x)]^{g(x)}\right) = D\left(e^{g(x)\log[f(x)]}\right) = [f(x)]^{g(x)}\left(g'(x)\log[f(x)] + g(x)\dfrac{f'(x)}{f(x)}\right)$.

1.3 Altri risultati

(1.1) Teorema (Condizione necessaria per la derivabilità) *Siano $A \subseteq \mathbb{R}$ non vuoto, $f : A \to \mathbb{R}$ una funzione e x_0 un punto interno ad A. Supponiamo che f sia derivabile in x_0.*

Allora f è continua in x_0.

(1.2) Teorema (Derivabilità in un punto mediante il limite della derivata) *Siano $I \subseteq \mathbb{R}$ un intervallo, $f : I \to \mathbb{R}$ una funzione e x_0 un punto interno a I. Supponiamo che*

a) f sia continua in I;

b) f sia derivabile in $I \setminus \{x_0\}$ (si intende che in x_0 non sappiamo se è derivabile);

c) esista $\lim_{x \to x_0} f'(x) = l \in \mathbb{R}$.

Allora f è derivabile in x_0 con $f'(x_0) = l$. Inoltre f' è continua in x_0.

(1.3) Osservazione Siano $I \subseteq \mathbb{R}$ un intervallo, $f : I \to \mathbb{R}$ una funzione e x_0 un punto interno a I. Supponiamo che

a) f sia continua in I;

b) f sia derivabile in $I \setminus \{x_0\}$ (si intende che in x_0 non sappiamo se è derivabile).

Allora valgono i seguenti fatti:

i) se i limiti laterali $\lim_{x \to x_0^{\pm}} f'(x)$ esistono finiti e diversi fra loro, oppure se uno è finito e l'altro è infinito, allora x_0 è un punto angoloso per f;

ii) se i limiti laterali $\lim_{x \to x_0^{\pm}} f'(x)$ esistono infiniti e diversi fra loro, allora x_0 è una cuspide per f;

iii) se i limiti laterali $\lim_{x \to x_0^{\pm}} f'(x)$ esistono infiniti e uguali, allora x_0 è un punto di flesso a tangente verticale per f.

2 Esercizi sulle derivate

Esercizio 1. Calcolare le derivate delle seguenti funzioni:

a) $a(x) = 4x^3 - \frac{7}{2}x^2 + 4x + 5$ $\left[a'(x) = 12x^2 - 7x + 4\right]$

b) $b(x) = \frac{x^2 - 3x + 1}{x + 1}$ $\left[b'(x) = \frac{x^2 + 2x - 4}{(x+1)^2}\right]$

c) $c(x) = \sqrt[3]{1 + x}$ $\left[c'(x) = \frac{1}{3\sqrt[3]{(1+x)^2}}\right]$

d) $d(x) = \sin x - \cos x$ $\left[d'(x) = \cos x + \sin x\right]$

e) $e(x) = x \sin x$ $\left[e'(x) = \sin x + x \cos x\right]$

f) $f(x) = \log x^2$ $\left[f'(x) = \frac{2}{x}\right]$

g) $g(x) = \tan 2x$ $\left[g'(x) = 2\left(1 + \tan^2 2x\right) = \frac{2}{\cos^2 2x}\right]$

h) $h(x) = x^{\frac{3}{2}} - 6e^{5x^4}$ $\left[h'(x) = \frac{3}{2}x^{\frac{1}{2}} - 120x^3 e^{5x^4}\right]$

i) $i(x) = \sqrt{1 + x^2}$ $\left[i'(x) = \frac{x}{\sqrt{1 + x^2}}\right]$

j) $j(x) = e^{\tan x^3}$ $\left[j'(x) = 3x^2 e^{\tan x^3}\left(1 + \tan^2 x^3\right)\right]$

k) $k(x) = x \arctan x$ $\left[k'(x) = \arctan x + \frac{x}{1 + x^2}\right]$

l) $l(x) = \log(\log x)$ $\left[l'(x) = \frac{1}{x \log x}\right]$

m) $m(x) = 2^{\sin x}$ $\left[m'(x) = 2^{\sin x} \cos x \log 2\right]$

n) $n(x) = x^x$ $\left[n'(x) = x^x(\log x + 1)\right]$

p) $p(x) = x^{\sin x}$ $\left[p'(x) = x^{\sin x}\left(\cos x \log x + \frac{\sin x}{x}\right)\right]$

q) $q(x) = x^{\log(\sin x)}$ $\left[q'(x) = x^{\log(\sin x)}\left(\frac{\cos x}{\sin x} \log x + \frac{\log(\sin x)}{x}\right)\right]$

r) $r(x) = \arctan\left(1 + e^{2x}\right)$ $\left[r'(x) = \frac{2e^{2x}}{1 + (1 + e^{2x})^2}\right]$

s) $s(x) = \log\left(1 + \arctan^2 x\right)$ $\left[s'(x) = \frac{2 \arctan x}{(1 + x^2)(1 + \arctan^2 x)}\right]$

t) $t(x) = \log\left(x + \sqrt{1+x^2}\right)$ $\left[t'(x) = \dfrac{1}{\sqrt{1+x^2}}\right]$

u) $u(x) = \arctan x + \arctan \dfrac{1}{x}$ $\left[u'(x) = 0\right]$

v) $v(x) = x \arctan x - \dfrac{1}{2}\log\left(1+x^2\right)$ $\left[v'(x) = \arctan x\right]$

w) $w(x) = \arcsin \dfrac{1-\sqrt{x}}{1+\sqrt{x}}$ $\left[w'(x) = -\dfrac{1}{2(1+\sqrt{x})\, x^{\frac{3}{4}}}\right]$

y) $y(x) = \log\left|1 - e^{-2x}\right| + \dfrac{1}{e^{-2x}+1}$ $\left[y'(x) = \dfrac{2e^{-2x}}{1-e^{-2x}} + \dfrac{2e^{-2x}}{(e^{-2x}+1)^2}\right]$

z) $z(x) = x\,\dfrac{2\log x - 3}{\log x - 2}$ $\left[z'(x) = \dfrac{2\log^2 x - 7\log x + 5}{(\log x - 2)^2}\right]$

α) $\alpha(x) = 2\log|1-x| + 3\log^2|1-x|$ $\left[\alpha'(x) = \dfrac{6\log|1-x| + 2}{x-1}\right]$

β) $\beta(x) = \log \dfrac{e^{-x}+3e^{x}}{4}$ $\left[\beta'(x) = \dfrac{-e^{-x}+3e^{x}}{e^{-x}+3e^{x}}\right]$

γ) $\gamma(x) = \sqrt{1+\log(2-x^2)}$ $\left[\gamma'(x) = -\dfrac{x}{(2-x^2)\sqrt{1+\log(2-x^2)}}\right]$

δ) $\delta(x) = \log \dfrac{1}{1+\cos x} - \dfrac{1}{1+\cos x}$ $\left[\delta'(x) = \dfrac{\sin x \cos x}{(1+\cos x)^2}\right]$

ε) $\varepsilon(x) = \sqrt{-\dfrac{1}{6}x^2 + e^{-x^2}}$ $\left[\varepsilon'(x) = \dfrac{-\frac{1}{3}x - 2xe^{-x^2}}{2\sqrt{-\frac{1}{6}x^2 + e^{-x^2}}}\right]$

η) $\eta(x) = \arctan^2 x \cdot \log(\arccos x)$

$$\left[\eta'(x) = \arctan x \left(\frac{2\log(\arccos x)}{1+x^2} - \frac{\arctan x}{\arccos x\,\sqrt{1-x^2}}\right)\right]$$

ϑ) $\vartheta(x) = [1 + \log(x - \sin x)]\, e^{2\sin x}$

$$\left[\vartheta'(x) = e^{2\sin x}\left(\frac{1-\cos x}{x-\sin x} + 2\cos x\,(1+\log(x-\sin x))\right)\right]$$

λ) $\lambda(x) = \sqrt{\dfrac{\sin x - \cos x}{x}}$ $\left[\lambda'(x) = \dfrac{1}{2}\sqrt{\dfrac{x}{\sin x - \cos x}}\,\dfrac{(x+1)\cos x + (x-1)\sin x}{x^2}\right]$

φ) $\varphi(x) = \left(x^2 - 9\right) e^{-|x|}$ $\left[\varphi'(x) = \begin{cases} e^{x}\left(x^2+2x-9\right) & \text{se } x<0 \\ e^{-x}\left(-x^2+2x+9\right) & \text{se } x>0 \end{cases}\right]$

$\psi)$ $\psi(x) = \dfrac{xe^{2x}}{|x|-2}$.

$$\left[\psi'(x) = \begin{cases} -2e^{2x}\left(\dfrac{x+1}{x+2}\right)^2 & \text{se } x<0,\ x\neq -2 \\ 2e^{2x}\,\dfrac{x^2-2x-1}{(x+2)^2} & \text{se } x\geq 0,\ x\neq 2. \end{cases}\right]$$

Esercizio 2. Calcolare le derivate delle seguenti funzioni:

$a)$ $f(x) = \log(|x+1|+1) - 7x$

$$\left[f'(x) = \begin{cases} \dfrac{1-7x}{x} & \text{se } x<-1 \\ \nexists & \text{se } x=-1 \\ -\dfrac{7x+13}{x+2} & \text{se } x>-1 \end{cases}\right]$$

$b)$ $f(x) = \begin{cases} e^x - 2x\sin x + 1 & \text{se } x\leq 0 \\ \dfrac{\log(1+2x)}{x} & \text{se } x>0 \end{cases}$

$$\left[f'(x) = \begin{cases} e^x - 2\sin x - 2x\cos x & \text{se } x<0 \\ \nexists & \text{se } x=0 \\ \dfrac{2x-(1+2x)\log(1+2x)}{(1+2x)x^2} & \text{se } x>0 \end{cases}\right]$$

$c)$ $f(x) = \begin{cases} \arctan\dfrac{1}{|x|} - 3x + 4 & \text{se } x\neq 0 \\ \dfrac{\pi}{2}+4 & \text{se } x=0 \end{cases}$

$$\left[f'(x) = \begin{cases} -\dfrac{3x^2+2}{x^2+1} & \text{se } x<0 \\ \nexists & \text{se } x=0 \\ -\dfrac{3x^2+4}{x^2+1} & \text{se } x>0 \end{cases}\right]$$

$d)$ $f(x) = \begin{cases} x^2\cos\dfrac{1}{x} - \pi x + e & \text{se } x\neq 0 \\ e & \text{se } x=0 \end{cases}$

$$\left[f'(x) = \begin{cases} 2x\cos\dfrac{1}{x} + \sin\dfrac{1}{x} - \pi & \text{se } x<0 \\ -\pi & \text{se } x=0 \end{cases}\right]$$

$e)$ $f(x) = \begin{cases} 4x^3\sin\dfrac{1}{x} + 9x^2 - 6x + 1 & \text{se } x\neq 0 \\ 3 & \text{se } x=0 \end{cases}$

$$\left[f'(x) = \begin{cases} 12x^2\sin\dfrac{1}{x} - 4x\cos\dfrac{1}{x} + 18x - 6 & \text{se } x\neq 0 \\ \nexists & \text{se } x=0 \end{cases}\right]$$

$f)$ $f(x) = \dfrac{x\,e^x}{x^2-3|x|+2}$.

$$\left[f'(x) = \frac{(x^3-3x|x|-x^2+2x+2)e^x}{(x^2-3|x|+2)^2}, \qquad \forall x\in\mathbb{R}, x\neq\pm1,\ \pm2\right]$$

Esercizio 3. Determinare per quali valori dei parametri $\alpha, \beta \in \mathbb{R}$ sono derivabili su tutto il loro dominio le seguenti funzioni:

$$a)\ f(x) = \begin{cases} x^2 - \alpha x + \beta\, e^x & \text{se } x < -1 \\ \sqrt{3+x^2} - \sin(x+1) & \text{se } x \geq -1 \end{cases} \qquad \left[\alpha = \frac{1}{4},\ \beta = \frac{3}{4}e\right]$$

$$b)\ f(x) = \begin{cases} \alpha(x^2 - x)^2 \sin \dfrac{1}{x-1} + \log(1+2x) & \text{se } x \neq 1 \\ \beta & \text{se } x = 1 \end{cases} \qquad [\forall \alpha \in \mathbb{R},\ \beta = \log 3]$$

$$c)\ f(x) = \begin{cases} x \log(|x|+1) + \alpha \sin x - \beta & \text{se } x \neq 0 \\ 1 & \text{se } x = 0 \end{cases} \qquad [\forall \alpha \in \mathbb{R},\ \beta = -1]$$

$$d)\ f(x) = \begin{cases} \arctan \dfrac{1}{x-2} + \arctan(x-2) + \alpha x & \text{se } x < 2 \\ \beta x^2 - \pi & \text{se } x \geq 2 \end{cases} \qquad \left[\alpha = -\frac{\pi}{2},\ \beta = -\frac{\pi}{8}\right]$$

$$e)\ f(x) = \begin{cases} x^\alpha \log x + 7x + 5 & \text{se } x > 0 \\ \beta\, e^x - 2 & \text{se } x \leq 0 \end{cases} \qquad [\forall \alpha > 1,\ \beta = 7]$$

$$f)\ f(x) = \begin{cases} \dfrac{\sqrt{x}(x^2 + \alpha x + \beta)}{x+2} & \text{se } x \geq 0 \\ x \cos(\alpha x) + 2\beta \sin x & \text{se } x < 0. \end{cases} \qquad [\nexists \alpha, \beta \in \mathbb{R}]$$

3 Svolgimento degli esercizi sulle derivate

Esercizio 1.

a) La derivata della funzione $a(x) = 4x^3 - \frac{7}{2}x^2 + 4x + 5$ è

$$a'(x) = 12x^2 - 7x + 4, \qquad \forall x \in \mathbb{R}.$$

b) La derivata della funzione $b(x) = \dfrac{x^2 - 3x + 1}{x + 1}$ è

$$b'(x) = \frac{(2x-3)(x+1) - (x^2 - 3x + 1)}{(x+1)^2} = \frac{x^2 + 2x - 4}{(x+1)^2}, \qquad \forall x \in \mathbb{R},\ x \neq -1.$$

c) La derivata della funzione $c(x) = \sqrt[3]{1+x}$ è

$$c'(x) = \frac{1}{3\sqrt[3]{(1+x)^2}}, \qquad \forall x \in \mathbb{R},\ x \neq -1.$$

Poiché $\lim_{x \to -1} c'(x) = +\infty$, ne segue che la funzione c non è derivabile in $x = -1$.

d) La derivata della funzione $d(x) = \sin x - \cos x$ è

$$d'(x) = \cos x + \sin x, \qquad \forall x \in \mathbb{R}.$$

e) La derivata della funzione $e(x) = x \sin x$ è

$$e'(x) = \sin x + x \cos x, \qquad \forall x \in \mathbb{R}.$$

f) La derivata della funzione $f(x) = \log x^2 = 2 \log |x|$ è

$$f'(x) = \frac{2}{x}, \qquad \forall x \in \mathbb{R},\ x \neq 0.$$

g) La derivata della funzione $g(x) = \tan 2x$ è

$$g'(x) = 2\left(1 + \tan^2 2x\right) = \frac{2}{\cos^2 2x}, \qquad \forall x \in \mathbb{R},\ x \neq \frac{\pi}{4} + k\frac{\pi}{2},\ k \in \mathbb{Z}.$$

h) La derivata della funzione $h(x) = x^{\frac{3}{2}} - 6e^{5x^4}$ è

$$h'(x) = \frac{3}{2}x^{\frac{1}{2}} - 120x^3 e^{5x^4}, \qquad \forall x \geq 0.$$

i) La derivata della funzione $i(x) = \sqrt{1 + x^2}$ è

$$i'(x) = \frac{x}{\sqrt{1+x^2}}, \qquad \forall x \in \mathbb{R}.$$

j) La derivata della funzione $j(x) = e^{\tan x^3}$ è

$$j'(x) = 3x^2 e^{\tan x^3}\left(1 + \tan^2 x^3\right), \qquad \forall x \in \mathbb{R},\ x \neq \sqrt[3]{\frac{\pi}{2} + k\pi},\ k \in \mathbb{Z}.$$

k) La derivata della funzione $k(x) = x \arctan x$ è

$$k'(x) = \arctan x + \frac{x}{1+x^2}, \qquad \forall x \in \mathbb{R}.$$

l) La derivata della funzione $l(x) = \log(\log x)$ è

$$l'(x) = \frac{1}{x \log x}, \qquad \forall x > 1.$$

m) La derivata della funzione $m(x) = 2^{\sin x} = e^{\log 2 \sin x}$ è

$$m'(x) = e^{\log 2 \sin x} \log 2 \cos x = 2^{\sin x} \cos x \, \log 2, \qquad \forall x \in \mathbb{R}.$$

n) La derivata della funzione $n(x) = x^x = e^{x \log x}$ è

$$n'(x) = e^{x \log x}(\log x + 1) = x^x(\log x + 1), \qquad \forall x > 0.$$

p) La derivata della funzione $p(x) = x^{\sin x} = e^{\sin x \log x}$ è

$$p'(x) = e^{\sin x \log x}\left(\cos x \, \log x + \frac{\sin x}{x}\right) = x^{\sin x}\left(\cos x \, \log x + \frac{\sin x}{x}\right), \qquad \forall x > 0.$$

q) La derivata della funzione $q(x) = x^{\log(\sin x)} = e^{\log(\sin x) \log x}$ è

$$\begin{aligned} q'(x) &= e^{\log(\sin x)\log x}\left(\frac{\cos x}{\sin x}\log x + \frac{\log(\sin x)}{x}\right) = \\ &= x^{\log(\sin x)}\left(\frac{\cos x}{\sin x}\log x + \frac{\log(\sin x)}{x}\right), \qquad \forall x \in \bigcup_{k \in \mathbb{N}} (2k\pi, (2k+1)\pi). \end{aligned}$$

r) La derivata della funzione $r(x) = \arctan\left(1 + e^{2x}\right)$ è

$$r'(x) = \frac{2e^{2x}}{1 + (1 + e^{2x})^2}, \qquad \forall x \in \mathbb{R}.$$

s) La derivata della funzione $s(x) = \log\left(1 + \arctan^2 x\right)$ è

$$s'(x) = \frac{2 \arctan x}{(1+x^2)(1 + \arctan^2 x)}, \qquad \forall x \in \mathbb{R}.$$

t) La derivata della funzione $t(x) = \log\left(x + \sqrt{1+x^2}\right)$ è

$$t'(x) = \frac{1}{x+\sqrt{1+x^2}}\left(1 + \frac{x}{\sqrt{1+x^2}}\right) = \frac{1}{\sqrt{1+x^2}}, \qquad \forall x \in \mathbb{R}.$$

u) La derivata della funzione $u(x) = \arctan x + \arctan \frac{1}{x}$ è

$$u'(x) = \frac{1}{1+x^2} + \frac{1}{1+\frac{1}{x^2}}\left(-\frac{1}{x^2}\right) = 0, \qquad \forall x \in \mathbb{R},\ x \neq 0.$$

Si osservi che la funzione u non è costante sul suo dominio, $(-\infty, 0) \cup (0, +\infty)$. Infatti, si ha che

$$u(x) = \arctan x + \arctan \frac{1}{x} = \begin{cases} -\frac{\pi}{2} & \text{se } x < 0 \\ \frac{\pi}{2} & \text{se } x > 0. \end{cases}$$

v) La derivata della funzione $v(x) = x \arctan x - \frac{1}{2}\log\left(1+x^2\right)$ è

$$v'(x) = \arctan x, \qquad \forall x \in \mathbb{R}.$$

w) La derivata della funzione $w(x) = \arcsin \frac{1-\sqrt{x}}{1+\sqrt{x}}$ è

$$w'(x) = \frac{1}{\sqrt{1-\left(\frac{1-\sqrt{x}}{1+\sqrt{x}}\right)^2}}\left(-\frac{1}{\sqrt{x}(1+\sqrt{x})^2}\right) = -\frac{1}{2(1+\sqrt{x})\,x^{\frac{3}{4}}}, \qquad \forall x > 0.$$

y) La derivata della funzione $y(x) = \log|1-e^{-2x}| + \frac{1}{e^{-2x}+1}$ è

$$y'(x) = \frac{2e^{-2x}}{1-e^{-2x}} + \frac{2e^{-2x}}{(e^{-2x}+1)^2}, \qquad \forall x \neq 0.$$

z) La derivata della funzione $z(x) = x\,\frac{2\log x - 3}{\log x - 2}$ è

$$\begin{aligned} z'(x) &= \frac{2\log x - 3}{\log x - 2} + x\,\frac{\frac{2}{x}(\log x - 2) - \frac{1}{x}(2\log x - 3)}{(\log x - 2)^2} = \\ &= \frac{2\log^2 x - 7\log x + 5}{(\log x - 2)^2}, \qquad \forall x > 0,\ x \neq e^2. \end{aligned}$$

α) La derivata della funzione $\alpha(x) = 2\log|1-x| + 3\log^2|1-x|$ è

$$\alpha'(x) = -\frac{2}{1-x} - 6\frac{\log|1-x|}{1-x} = \frac{6\log|1-x| + 2}{x-1}, \qquad \forall x \neq 1.$$

β) La derivata della funzione $\beta(x) = \log \dfrac{e^{-x} + 3e^{x}}{4}$ è

$$\beta'(x) = \frac{-e^{-x} + 3e^{x}}{e^{-x} + 3e^{x}}, \qquad \forall x \in \mathbb{R}.$$

γ) La derivata della funzione $\gamma(x) = \sqrt{1 + \log\left(2 - x^2\right)}$ è

$$\begin{aligned}\gamma'(x) &= \frac{1}{2\sqrt{1 + \log\left(2 - x^2\right)}} \, \frac{-2x}{2 - x^2} = \\ &= -\frac{x}{\left(2 - x^2\right)\sqrt{1 + \log\left(2 - x^2\right)}}, \qquad \forall x \in (-\sqrt{2}, \sqrt{2}),\ x \neq \pm\sqrt{2 - e^{-1}}.\end{aligned}$$

δ) La derivata della funzione

$$\delta(x) = \log \frac{1}{1 + \cos x} - \frac{1}{1 + \cos x} = -\log\left(1 + \cos x\right) - \frac{1}{1 + \cos x}$$

è

$$\delta'(x) = \frac{\sin x}{1 + \cos x} - \frac{\sin x}{(1 + \cos x)^2} = \frac{\sin x \cos x}{(1 + \cos x)^2}, \qquad \forall x \neq (2k + 1)\pi,\ \forall k \in \mathbb{Z}.$$

ε) La derivata della funzione $\varepsilon(x) = \sqrt{-\dfrac{1}{6}x^2 + e^{-x^2}}$ è

$$\varepsilon'(x) = \frac{-\frac{1}{3}x - 2xe^{-x^2}}{2\sqrt{-\frac{1}{6}x^2 + e^{-x^2}}}, \qquad \forall x \in \mathbb{R} :\ x^2 < 6\, e^{-x^2}.$$

η) La derivata della funzione $\eta(x) = \arctan^2 x \cdot \log\left(\arccos x\right)$ è

$$\begin{aligned}\eta'(x) &= \frac{2 \arctan x}{1 + x^2} \cdot \log\left(\arccos x\right) + \arctan^2 x \cdot \frac{-1}{\arccos x \sqrt{1 - x^2}} = \\ &= \arctan x \left(\frac{2 \log\left(\arccos x\right)}{1 + x^2} - \frac{\arctan x}{\arccos x\, \sqrt{1 - x^2}} \right), \qquad \forall x \in (-1, 1).\end{aligned}$$

ϑ) La derivata della funzione $\vartheta(x) = \left[1 + \log\left(x - \sin x\right)\right] e^{2 \sin x}$ è

$$\vartheta'(x) = e^{2 \sin x} \left(\frac{1 - \cos x}{x - \sin x} + 2 \cos x \left(1 + \log\left(x - \sin x\right)\right) \right), \qquad \forall x > 0.$$

λ) La derivata della funzione $\lambda(x) = \sqrt{\dfrac{\sin x - \cos x}{x}}$ è

$$\lambda'(x) = \frac{1}{2}\sqrt{\frac{x}{\sin x - \cos x}} \, \frac{(x + 1)\cos x + (x - 1)\sin x}{x^2},$$

per ogni $x \in \operatorname{dom}(\lambda')$, dove $\operatorname{dom}(\lambda')$ è l'insieme

$$\bigcup_{\substack{k \in \mathbb{Z} \\ k \leq -1}} \left(-\frac{3}{4}\pi + 2k\pi, -\frac{3}{4}\pi + (2k + 1)\pi \right) \cup \left(-\frac{3}{4}\pi, 0 \right) \cup \bigcup_{k \in \mathbb{N}} \left(\frac{\pi}{4} + 2k\pi, \frac{\pi}{4} + (2k + 1)\pi \right).$$

φ) Consideriamo la funzione

$$\varphi(x) = \left(x^2 - 9\right) e^{-|x|} = \begin{cases} \left(x^2 - 9\right) e^{x} & \text{se } x < 0 \\ \left(x^2 - 9\right) e^{-x} & \text{se } x \geq 0. \end{cases}$$

Si ha che

$$\varphi'(x) = \begin{cases} e^{x}\left(x^2 + 2x - 9\right) & \text{se } x < 0 \\ e^{-x}\left(-x^2 + 2x + 9\right) & \text{se } x > 0. \end{cases}$$

Poiché

$$\lim_{x\to 0^-} \varphi'(x) = -9 \neq 9 = \lim_{x\to 0^+} \varphi'(x),$$

ne segue che φ non è derivabile in $x = 0$. Quindi la derivata di φ è

$$\varphi'(x) = \begin{cases} e^{x}\left(x^2 + 2x - 9\right) & \text{se } x < 0 \\ e^{-x}\left(-x^2 + 2x + 9\right) & \text{se } x > 0. \end{cases}$$

ψ) Consideriamo la funzione

$$\psi(x) = \frac{xe^{2x}}{|x| - 2} = \begin{cases} -\dfrac{xe^{2x}}{x + 2} & \text{se } x < 0,\ x \neq -2 \\ \dfrac{xe^{2x}}{x - 2} & \text{se } x \geq 0,\ x \neq 2. \end{cases}$$

Si ha che

$$\psi'(x) = \begin{cases} -2e^{2x}\left(\dfrac{x + 1}{x + 2}\right)^2 & \text{se } x < 0,\ x \neq -2 \\ 2e^{2x}\,\dfrac{x^2 - 2x - 1}{(x + 2)^2} & \text{se } x > 0,\ x \neq 2. \end{cases}$$

Poiché ψ è continua in $x = 0$ e

$$\lim_{x\to 0^-} \psi'(x) = \lim_{x\to 0^+} \psi'(x) = -\frac{1}{2},$$

ne segue che ψ è derivabile in $x = 0$ con $\psi'(0) = -\frac{1}{2}$. Ne segue che la derivata di ψ è

$$\psi'(x) = \begin{cases} -2e^{2x}\left(\dfrac{x + 1}{x + 2}\right)^2 & \text{se } x < 0,\ x \neq -2 \\ 2e^{2x}\,\dfrac{x^2 - 2x - 1}{(x + 2)^2} & \text{se } x \geq 0,\ x \neq 2. \end{cases}$$

Esercizio 2.

a) Consideriamo la funzione $f(x) = \log(|x+1|+1) - 7x$. Si ha che dom $(f) = \mathbb{R}$ e f è continua in quanto composizione di funzioni continue. Si ha che

$$f(x) = \begin{cases} \log(-x) - 7x & \text{se } x < -1 \\ \log(x+2) - 7x & \text{se } x \geq -1. \end{cases}$$

La funzione f è derivabile in $(-\infty, -1) \cup (-1, +\infty)$, in quanto composizione di funzioni derivabili, con

$$f'(x) = \begin{cases} \dfrac{1-7x}{x} & \text{se } x < -1 \\ -\dfrac{7x+13}{x+2} & \text{se } x > -1. \end{cases}$$

In $x = -1$ si ha che

$$\lim_{x \to (-1)^-} f'(x) = -8, \qquad \lim_{x \to (-1)^+} f'(x) = -6.$$

Ne segue che f non è derivabile in $x = -1$ che è un punto angoloso per f.

b) Consideriamo la funzione

$$f(x) = \begin{cases} e^x - 2x \sin x + 1 & \text{se } x \leq 0 \\ \dfrac{\log(1+2x)}{x} & \text{se } x > 0. \end{cases}$$

Si ha che dom $(f) = \mathbb{R}$ e f è continua in $(-\infty, 0]$ e in $(0, +\infty)$, in quanto composizione di funzioni continue. In $x = 0$ si ha che

$$\lim_{x \to 0^+} f(x) = 2 = f(0),$$

quindi f è continua anche in $x = 0$.

Inoltre f è derivabile in $(-\infty, 0) \cup (0, +\infty)$, in quanto composizione di funzioni derivabili, con

$$f'(x) = \begin{cases} e^x - 2\sin x - 2x\cos x & \text{se } x < 0 \\ \dfrac{2x - (1+2x)\log(1+2x)}{(1+2x)x^2} & \text{se } x > 0. \end{cases}$$

In $x = 0$ si ha che

$$\lim_{x \to 0^-} f'(x) = 1, \qquad \lim_{x \to 0^+} f'(x) = -2.$$

Ne segue che f non è derivabile in $x = 0$ che è un punto angoloso per f.

c) Consideriamo la funzione

$$f(x) = \begin{cases} \arctan \dfrac{1}{|x|} - 3x + 4 & \text{se } x \neq 0 \\ \dfrac{\pi}{2} + 4 & \text{se } x = 0. \end{cases}$$

Si ha che dom $(f) = \mathbb{R}$ e f è continua in $(-\infty, 0) \cup (0, +\infty)$, in quanto composizione di funzioni continue. In $x = 0$ si ha che

$$\lim_{x \to 0} f(x) = \frac{\pi}{2} + 4 = f(0),$$

quindi f è continua anche in $x = 0$.

Inoltre f è derivabile in $(-\infty, 0) \cup (0, +\infty)$, in quanto composizione di funzioni derivabili, ed essendo

$$f(x) = \begin{cases} -\arctan \dfrac{1}{x} - 3x + 4 & \text{se } x < 0 \\ \dfrac{\pi}{2} + 4 & \text{se } x = 0 \\ \arctan \dfrac{1}{x} - 3x + 4 & \text{se } x > 0 \end{cases}$$

si ha che

$$f'(x) = \begin{cases} -\dfrac{3x^2 + 2}{x^2 + 1} & \text{se } x < 0 \\ -\dfrac{3x^2 + 4}{x^2 + 1} & \text{se } x > 0. \end{cases}$$

In $x = 0$ si ha che

$$\lim_{x \to 0^-} f'(x) = -2, \qquad \lim_{x \to 0^+} f'(x) = -4.$$

Ne segue che f non è derivabile in $x = 0$ che è un punto angoloso per f.

d) Consideriamo la funzione

$$f(x) = \begin{cases} x^2 \cos \dfrac{1}{x} - \pi x + e & \text{se } x \neq 0 \\ e & \text{se } x = 0. \end{cases}$$

Si ha che dom $(f) = \mathbb{R}$ e f è continua in $(-\infty, 0) \cup (0, +\infty)$, in quanto composizione di funzioni continue. In $x = 0$ si ha che

$$\lim_{x \to 0} f(x) = e = f(0),$$

quindi f è continua anche in $x = 0$.

Inoltre f è derivabile in $(-\infty,0)\cup(0,+\infty)$, in quanto composizione di funzioni derivabili, con

$$f'(x) = 2x\cos\frac{1}{x} + \sin\frac{1}{x} - \pi, \qquad \forall x \neq 0.$$

In $x=0$ si ha che

$$\lim_{x\to 0} f'(x) \ \nexists,$$

quindi non si può concludere nulla sulla derivabilità di f in 0; bisogna ricorrere al calcolo del limite del rapporto incrementale di f in 0. Si ha che

$$\lim_{x\to 0}\frac{f(x)-f(0)}{x-0} = \lim_{x\to 0}\frac{x^2\cos\frac{1}{x} - \pi x + e - e}{x} = -\pi.$$

Quindi f è derivabile in $x=0$ con $f'(0)=-\pi$.

e) Consideriamo la funzione

$$f(x) = \begin{cases} 4x^3\sin\dfrac{1}{x} + 9x^2 - 6x + 1 & \text{se } x \neq 0 \\ 3 & \text{se } x = 0. \end{cases}$$

Si ha che dom$(f)=\mathbb{R}$ e f è continua in $(-\infty,0)\cup(0,+\infty)$, in quanto composizione di funzioni continue. In $x=0$ si ha che

$$\lim_{x\to 0} f(x) = 1 \neq 3 = f(0),$$

quindi f è non continua in $x=0$.

Inoltre f è derivabile in $(-\infty,0)\cup(0,+\infty)$, in quanto composizione di funzioni derivabili, con

$$f'(x) = 12x^2\sin\frac{1}{x} - 4x\cos\frac{1}{x} + 18x - 6, \qquad \forall x \neq 0.$$

Poiché f non è continua in $x=0$, risulta che f non è derivabile in $x=0$.

Si osservi che in tal caso risulta $\lim_{x\to 0} f'(x) = -6$. Nonostante ciò f non è derivabile in $x=0$ in quanto non continua. Se si considera la funzione

$$\widetilde{f}(x) = \begin{cases} f(x) & \text{se } x \neq 0 \\ 1 & \text{se } x = 0, \end{cases}$$

si ha che $\widetilde{f}$ è continua anche in $x=0$, è derivabile in $(-\infty,0)\cup(0,+\infty)$ con $\widetilde{f}'(x) = f'(x)$ per ogni $x\in\mathbb{R}$, $x\neq 0$ e

$$\lim_{x\to 0}\widetilde{f}'(x) = \lim_{x\to 0} f'(x) = -6.$$

Quindi $\widetilde{f}$ è derivabile in $x=0$ con $\widetilde{f}'(0)=-6$.

f) Consideriamo la funzione $f(x) = \dfrac{x\,e^x}{x^2 - 3|x| + 2}$.

Si ha che $\operatorname{dom}(f) = (-\infty, -2) \cup (-2, -1) \cup (-1, 1) \cup (1, 2) \cup (2, +\infty)$ e f è continua, in quanto composizione di funzioni continue.

Inoltre f è derivabile in ogni $x \in \operatorname{dom}(f)$, $x \neq 0$, in quanto composizione di funzioni derivabili, con

$$f'(x) = \frac{(x^3 - 3x|x| - x^2 + 2x + 2)e^x}{(x^2 - 3|x| + 2)^2}, \qquad \forall x \in \operatorname{dom}(f)\,,\ x \neq 0.$$

In $x = 0$ si ha che

$$\lim_{x \to 0} f'(x) = \frac{1}{2},$$

quindi f è derivabile in $x = 0$ con $f'(0) = \frac{1}{2}$.

Esercizio 3.

a) Consideriamo la funzione

$$f(x) = \begin{cases} x^2 - \alpha x + \beta\, e^x & \text{se } x < -1 \\ \sqrt{3 + x^2} - \sin(x + 1) & \text{se } x \geq -1. \end{cases}$$

Si ha che $\operatorname{dom}(f) = \mathbb{R}$ e f è continua in $(-\infty, -1)$ e in $[-1, +\infty)$, in quanto composizione di funzioni continue.

In $x = -1$ si ha che

$$\lim_{x \to (-1)^-} f(x) = 1 + \alpha + \beta\, e^{-1}, \qquad f(-1) = 2.$$

Quindi f è continua in $x = -1$ se e solo se $\alpha = 1 - \beta\, e^{-1}$, per ogni $\beta \in \mathbb{R}$.

Consideriamo ora $\alpha = 1 - \beta\, e^{-1}$ e $\beta \in \mathbb{R}$. Quindi

$$f(x) = \begin{cases} x^2 - \left(1 - \beta\, e^{-1}\right) x + \beta\, e^x & \text{se } x < -1 \\ \sqrt{3 + x^2} - \sin(x + 1) & \text{se } x \geq -1. \end{cases}$$

Si ha che f è derivabile in $(-\infty, -1) \cup (-1, +\infty)$, in quanto composizione di funzioni derivabili, con

$$f'(x) = \begin{cases} 2x - 1 + \beta\, e^{-1} + \beta\, e^x & \text{se } x < -1 \\ \dfrac{x}{\sqrt{3 + x^2}} - \cos(x + 1) & \text{se } x > -1. \end{cases}$$

In $x = -1$ si ha che

$$\lim_{x \to (-1)^-} f'(x) = 2\beta\, e^{-1} - 3, \qquad \lim_{x \to (-1)^+} f'(x) = -\frac{3}{2}.$$

Ne segue che f è derivabile in $x = -1$ se e solo se $\beta = \frac{3}{4}e$ e $\alpha = \frac{1}{4}$.

b) Consideriamo la funzione

$$f(x) = \begin{cases} \alpha(x^2 - x)^2 \sin \dfrac{1}{x-1} + \log(1+2x) & \text{se } x \neq 1 \\ \beta & \text{se } x = 1. \end{cases}$$

Si ha che $\mathrm{dom}(f) = \mathbb{R}$ e f è continua in $(-\infty, 1) \cup (1, +\infty)$, in quanto composizione di funzioni continue.

In $x = 1$ si ha che

$$\lim_{x \to 1} f(x) = \log 3, \qquad f(1) = \beta.$$

Quindi f è continua in $x = 1$ se e solo se $\beta = \log 3$, per ogni $\alpha \in \mathbb{R}$.

Consideriamo ora $\alpha \in \mathbb{R}$ e $\beta = \log 3$. Quindi

$$f(x) = \begin{cases} \alpha(x^2 - x)^2 \sin \dfrac{1}{x-1} + \log(1+2x) & \text{se } x \neq 1 \\ \log 3 & \text{se } x = 1. \end{cases}$$

Si ha che f è derivabile in $(-\infty, 1) \cup (1, +\infty)$, in quanto composizione di funzioni derivabili, con

$$f'(x) = 2\alpha(x^2 - x)(2x - 1) \sin \frac{1}{x-1} - \alpha x^2 \cos \frac{1}{x-1} + \frac{2}{1+2x}, \qquad \forall x \neq 1.$$

In $x = 1$ si ha che

$$\lim_{x \to 1} f'(x) \ \nexists,$$

quindi non si può concludere nulla sulla derivabilità di f in 1; bisogna ricorrere al calcolo del limite del rapporto incrementale di f in 1. Si ha che

$$\lim_{x \to 1} \frac{f(x) - f(1)}{x - 1} = \lim_{x \to 1} \frac{\alpha(x^2 - x)^2 \sin \frac{1}{x-1} + \log(1+2x) - \log 3}{x - 1} =$$

posto $t = x - 1$

$$= \lim_{t \to 0} \frac{\alpha t^2 (t+1)^2 \sin \frac{1}{t} + \log(3 + 2t) - \log 3}{t} = \frac{2}{3}.$$

Ne segue che f è derivabile in $x = 1$ con $f'(1) = \frac{2}{3}$ per ogni $\alpha \in \mathbb{R}$ e $\beta = \log 3$.

c) Consideriamo la funzione

$$f(x) = \begin{cases} x \log(|x| + 1) + \alpha \sin x - \beta & \text{se } x \neq 0 \\ 1 & \text{se } x = 0. \end{cases}$$

Si ha che $\mathrm{dom}(f) = \mathbb{R}$ e f è continua in $(-\infty, 0) \cup (0, +\infty)$, in quanto composizione di funzioni continue.

In $x = 0$ si ha che

$$\lim_{x \to 0} f(x) = -\beta, \qquad f(0) = 1.$$

Quindi f è continua in $x = 0$ se e solo se $\beta = -1$, per ogni $\alpha \in \mathbb{R}$.

Consideriamo ora $\alpha \in \mathbb{R}$ e $\beta = -1$. Quindi

$$f(x) = \begin{cases} x \log(|x| + 1) + \alpha \sin x + 1 & \text{se } x \neq 0 \\ 1 & \text{se } x = 0. \end{cases}$$

Si ha che f è derivabile in $(-\infty, 0) \cup (0, +\infty)$, in quanto composizione di funzioni derivabili, con

$$f'(x) = \log(|x| + 1) + \frac{|x|}{|x| + 1} + \alpha \cos x, \qquad \forall x \neq 0.$$

In $x = 0$ si ha che

$$\lim_{x \to 0} f'(x) = \alpha.$$

Ne segue che f è derivabile in $x = 0$ con $f'(0) = \alpha$ per ogni $\alpha \in \mathbb{R}$ e $\beta = -1$.

d) Consideriamo la funzione

$$f(x) = \begin{cases} \arctan \dfrac{1}{x-2} + \arctan(x-2) + \alpha x & \text{se } x < 2 \\ \beta x^2 - \pi & \text{se } x \geq 2. \end{cases}$$

Si ha che $\mathrm{dom}(f) = \mathbb{R}$ e f è continua in $(-\infty, 2)$ e in $[2, +\infty)$, in quanto composizione di funzioni continue.

In $x = 2$ si ha che

$$\lim_{x \to 2^-} f(x) = 2\alpha - \frac{\pi}{2}, \qquad f(2) = 4\beta - \pi.$$

Quindi f è continua in $x = 2$ se e solo se $\alpha = 2\beta - \frac{\pi}{4}$, per ogni $\beta \in \mathbb{R}$.

Consideriamo ora $\alpha = 2\beta - \frac{\pi}{4}$ e $\beta \in \mathbb{R}$. Quindi

$$f(x) = \begin{cases} \arctan \dfrac{1}{x-2} + \arctan(x-2) + \left(2\beta - \dfrac{\pi}{4}\right) x & \text{se } x < 2 \\ \beta x^2 - \pi & \text{se } x \geq 2. \end{cases}$$

Si ha che f è derivabile in $(-\infty, 2) \cup (2, +\infty)$, in quanto composizione di funzioni derivabili, con

$$f'(x) = \begin{cases} 2\beta - \dfrac{\pi}{4} & \text{se } x < 2 \\ 2\beta x & \text{se } x > 2. \end{cases}$$

In $x = 2$ si ha che

$$\lim_{x\to 2^-} f'(x) = 2\beta - \frac{\pi}{4}, \qquad \lim_{x\to 2^+} f'(x) = 4\beta.$$

Ne segue che f è derivabile in $x = 2$ se e solo se $\beta = -\frac{\pi}{8}$ e $\alpha = -\frac{\pi}{2}$.

e) Consideriamo la funzione

$$f(x) = \begin{cases} x^\alpha \log x + 7x + 5 & \text{se } x > 0 \\ \beta\, e^x - 2 & \text{se } x \le 0. \end{cases}$$

Si ha che $\text{dom}\,(f) = \mathbb{R}$ e f è continua in $(-\infty, 0]$ e in $(0, +\infty)$, in quanto composizione di funzioni continue.

In $x = 0$ si ha che

$$\lim_{x\to 0^+} f(x) = \begin{cases} -\infty & \text{se } \alpha \le 0 \\ 5 & \text{se } \alpha > 0, \end{cases} \qquad f(0) = \beta - 2.$$

Quindi f è continua in $x = 0$ se e solo se $\beta = 7$, per ogni $\alpha > 0$.

Consideriamo ora $\alpha > 0$ e $\beta = 7$. Quindi

$$f(x) = \begin{cases} x^\alpha \log x + 7x + 5 & \text{se } x > 0 \\ 7e^x - 2 & \text{se } x \le 0. \end{cases}$$

Si ha che f è derivabile in $(-\infty, 0) \cup (0, +\infty)$, in quanto composizione di funzioni derivabili, con

$$f'(x) = \begin{cases} x^{\alpha-1}(\alpha \log x + 1) + 7 & \text{se } x > 0 \\ 7e^x & \text{se } x < 0. \end{cases}$$

In $x = 0$ si ha che

$$\lim_{x\to 0^+} f'(x) = \begin{cases} -\infty & \text{se } 0 < \alpha \le 1 \\ 7 & \text{se } \alpha > 1, \end{cases} \qquad \lim_{x\to 0^-} f'(x) = 7.$$

Ne segue che f è derivabile in $x = 0$ se e solo se $\beta = 7$, per ogni $\alpha > 1$.

f) Consideriamo la funzione

$$f(x) = \begin{cases} \dfrac{\sqrt{x}(x^2 + \alpha x + \beta)}{x + 2} & \text{se } x \ge 0 \\ x \cos(\alpha x) + 2\beta \sin x & \text{se } x < 0. \end{cases}$$

Si ha che $\text{dom}\,(f) = \mathbb{R}$ e f è continua in $(-\infty, 0)$ e in $[0, +\infty)$, in quanto composizione di funzioni continue.

In $x = 0$ si ha che

$$\lim_{x \to 0^-} f(x) = 0 = f(0).$$

Quindi f è continua in $x = 0$ per ogni $\alpha, \beta \in \mathbb{R}$.

Si ha che f è derivabile in $(-\infty, 0) \cup (0, +\infty)$, in quanto composizione di funzioni derivabili, con

$$f'(x) = \begin{cases} \dfrac{2x(2x+\alpha)(x+2) + (2-x)(x^2+\alpha x+\beta)}{2\sqrt{x}(x+2)^2} & \text{se } x > 0 \\ \cos(\alpha x) + 2\beta \cos x - \alpha x \sin(\alpha x) & \text{se } x < 0. \end{cases}$$

In $x = 0$ si ha che

$$\lim_{x \to 0^-} f'(x) = 1 + 2\beta, \qquad \lim_{x \to 0^+} f'(x) = \begin{cases} -\infty & \text{se } \beta < 0 \\ 0 & \text{se } \beta = 0 \\ +\infty & \text{se } \beta > 0. \end{cases}$$

Ne segue che f non è derivabile in $x = 0$ per ogni $\alpha, \beta \in \mathbb{R}$.

Capitolo 6

La formula di Taylor

1 Alcuni richiami teorici

Di seguito vengono elencati alcuni risultati che sono utilizzati nello svolgimento degli esercizi sulla formula di Taylor.

1.1 La formula di Taylor con il resto di Peano

Siano $A \subseteq \mathbb{R}$ non vuoto e $f : A \to \mathbb{R}$ è derivabile n volte in x_0 punto interno a A. Allora si ha che

$$\begin{aligned} f(x) &= f(x_0) + f'(x_0)(x - x_0) + \frac{1}{2!}f''(x_0)(x - x_0)^2 + \frac{1}{3!}f'''(x_0)(x - x_0)^3 + \\ &+ \cdots + \frac{1}{n!}f^{(n)}(x_0)(x - x_0)^n + o\left((x - x_0)^n\right), \quad x \to x_0. \end{aligned}$$

1.2 Sviluppi notevoli di McLaurin

$$e^x = 1 + x + \frac{1}{2!}x^2 + \cdots + \frac{1}{n!}x^n + o\left(x^n\right), \qquad x \to 0$$

$$\sin x = x - \frac{1}{3!}x^3 + \frac{1}{5!}x^5 + \cdots + \frac{(-1)^n}{(2n+1)!}x^{2n+1} + o\left(x^{2n+1}\right), \qquad x \to 0$$

$$\cos x = 1 - \frac{1}{2!}x^2 + \frac{1}{4!}x^4 + \cdots + \frac{(-1)^n}{(2n)!}x^{2n} + o\left(x^{2n}\right), \qquad x \to 0$$

$$(1 + x)^\alpha = 1 + \alpha x + \binom{\alpha}{2}x^2 + \cdots + \binom{\alpha}{n}x^n + o\left(x^n\right), \qquad x \to 0$$

dove $\binom{\alpha}{n} = \dfrac{\alpha(\alpha - 1)\cdots(\alpha - (n - 1))}{n!}$, per ogni $\alpha \in \mathbb{R}$, $n \in \mathbb{N}$, $n \geq 1$

$$\frac{1}{1-x} = (1-x)^{-1} = 1 + x + x^2 + \cdots + x^n + o\left(x^n\right), \qquad x \to 0$$

$$\log\left(1+x\right) = x - \frac{1}{2}x^2 + \frac{1}{3}x^3 + \cdots + \frac{(-1)^{n-1}}{n}x^n + o\left(x^n\right), \qquad x \to 0$$

$$\arctan x = x - \frac{1}{3}x^3 + \frac{1}{5}x^5 + \cdots + \frac{(-1)^n}{2n+1}x^{2n+1} + o\left(x^{2n+1}\right), \qquad x \to 0$$

$$\arcsin x = x + \frac{1}{6}x^3 + \frac{3}{40}x^5 + \cdots + \frac{(-1)^n}{2n+1}\binom{-\frac{1}{2}}{n}x^{2n+1} + o\left(x^{2n+1}\right), \qquad x \to 0$$

$$\sinh x = x + \frac{1}{3!}x^3 + \frac{1}{5!}x^5 + \cdots + \frac{1}{(2n+1)!}x^{2n+1} + o\left(x^{2n+1}\right), \qquad x \to 0$$

$$\cosh x = 1 + \frac{1}{2!}x^2 + \frac{1}{4!}x^4 + \cdots + \frac{1}{(2n)!}x^{2n} + o\left(x^{2n}\right), \qquad x \to 0.$$

2 Esercizi sugli sviluppi di Taylor

Esercizio 1. Determinare, utilizzando gli sviluppi di McLaurin, gli sviluppi di Taylor con il resto di Peano arrestati all'ordine n nel punto x_0 delle seguenti funzioni:

a) $f(x) = (x - \sin x)\log(1+x)$ $(n = 6,\ x_0 = 0)$

$$\left[f(x) = \frac{1}{6}x^4 - \frac{1}{12}x^5 + \frac{17}{360}x^6 + o(x^6), \quad x \to 0\right]$$

b) $f(x) = \sin x^2 - \sin^2 x$ $(n = 6,\ x_0 = 0)$

$$\left[f(x) = \frac{1}{3}x^4 - \frac{19}{90}x^6 + o(x^6), \quad x \to 0\right]$$

c) $f(x) = e^{\sin x}$ $(n = 4,\ x_0 = 0)$

$$\left[f(x) = 1 + x + \frac{1}{2}x^2 - \frac{1}{8}x^4 + o(x^4), \quad x \to 0\right]$$

d) $f(x) = \log(\cos x)$ $(n = 4,\ x_0 = 0)$

$$\left[f(x) = -\frac{1}{2}x^2 - \frac{1}{12}x^4 + o(x^4), \quad x \to 0\right]$$

e) $f(x) = \dfrac{1}{2+x}$ $(n = 3,\ x_0 = 0)$

$$\left[f(x) = \frac{1}{2} - \frac{1}{4}x + \frac{1}{8}x^2 - \frac{1}{16}x^3 + o(x^3), \quad x \to 0\right]$$

f) $f(x) = 1 - \sin x + x^3 - \left(\dfrac{\pi}{2}\right)^3$ $(n = 3,\ x_0 = \frac{\pi}{2})$

$$\left[f(x) = \frac{3}{4}\pi^2\left(x - \frac{\pi}{2}\right) + \frac{1+3\pi}{2}\left(x - \frac{\pi}{2}\right)^2 + \left(x - \frac{\pi}{2}\right)^3 + o\left(\left(x - \frac{\pi}{2}\right)^3\right), x \to \frac{\pi}{2}\right]$$

g) $f(x) = \tan x$ $(n = 5,\ x_0 = 0)$

$$\left[f(x) = x + \frac{1}{3}x^3 + \frac{2}{15}x^5 + o(x^5), \quad x \to 0\right]$$

h) $f(x) = \dfrac{1}{-\sqrt{8}\sin x - 2\cos x}$ $(n = 3,\ x_0 = 0)$

$$\left[f(x) = -\frac{1}{2} + \frac{\sqrt{2}}{2}x - \frac{5}{4}x^2 + \frac{17}{12}\sqrt{2}x^3 + o(x^3), \quad x \to 0\right]$$

i) $f(x) = e^{-\frac{1}{2}x^2} - \cos(x + x^2) - x^3$ $(n = 4,\ x_0 = 0)$

$$\left[f(x) = \frac{7}{12}x^4 + o(x^4), \quad x \to 0\right]$$

j) $f(x) = -2(x-1)^2 + 4\sin(x-1) - \log x^4$ $(n = 3,\ x_0 = 1)$

$$\left[f(x) = -2(x-1)^3 + o\left((x-1)^3\right), \quad x \to 1\right]$$

k) $f(x) = \sqrt[3]{\cos(3x + x^2)}$ $(n = 3,\ x_0 = 0)$.

$$\left[f(x) = 1 - \frac{3}{2}x^2 - x^3 + o(x^3), \quad x \to 0\right]$$

Esercizo 2. Calcolare, utilizzando gli sviluppi di McLaurin, i seguenti limiti:

a) $\displaystyle\lim_{x\to 0} \frac{x^2 - \sin^2 x}{x^3(e^x - \cos x)}$ $\left[\frac{1}{3}\right]$

b) $\displaystyle\lim_{x\to 0} \frac{x^5\left[\left(e^{x^3}\right)^2 - 1\right]}{\sqrt{1+x^8} - \sqrt[3]{1+x^8}}$ $[12]$

c) $\displaystyle\lim_{x\to 0^+} \frac{\sqrt{1-x} - \cos\sqrt{x}}{\log[\log(e + x^2)]}$ $\left[-\frac{e}{6}\right]$

d) $\displaystyle\lim_{x\to 0} \frac{\sin^4 x\,(\sin x^2 - \sin^2 x)}{1 - \cos x^4}$ $\left[\frac{2}{3}\right]$

e) $\displaystyle\lim_{x\to 0} \frac{x \arcsin x - x^2}{\sqrt{1+x^4} - \cos x^2}$ $\left[\frac{1}{6}\right]$

f) $\displaystyle\lim_{x\to 0^+} \frac{\log(1 - \cos 2x)}{\log(\tan 2x)}$ $[2]$

g) $\displaystyle\lim_{x\to 0} \frac{\arcsin^2 x + \log(1 - \sin^2 x)}{\cos x^2 - 1}$ $\left[-\frac{1}{3}\right]$

h) $\displaystyle\lim_{x\to 0} \frac{\log(e^x \cos x) - \sin(\sin x)}{(e^x - 4^x)^2}$ $\left[-\frac{1}{2(\log 4 - 1)^2}\right]$

i) $\displaystyle\lim_{x\to 0} \frac{\cos x - \cos(\sin x)}{(e^x - 5^x)^4}$ $\left[-\frac{1}{6(\log 5 - 1)^4}\right]$

j) $\displaystyle\lim_{x\to 0} \frac{[\sin^2 x - \log(\cos x)]\log(1 + \sin x)}{x \sin x \sin 2x}$ $\left[\frac{3}{4}\right]$

k) $\lim_{x\to 0} \dfrac{\cos\sqrt[3]{x} - \sqrt[3]{\cos x}}{x^2}$ $[-\infty]$

l) $\lim_{x\to 0} \dfrac{\cos\sqrt[3]{x} - \sqrt[3]{\cos x}}{\sqrt[3]{x^2}}$ $\left[-\dfrac{1}{2}\right]$

m) $\lim_{x\to 0} \dfrac{\dfrac{1}{2+\sin x - \cos x} - 1 + x - \dfrac{1}{2}x^2}{(\tan\sqrt[3]{x} - \sqrt[3]{x})^3}$ $\left[\dfrac{9}{2}\right]$

n) $\lim_{x\to 0^+} e^{\left[\left(\log \frac{x - \arctan x}{x^2}\right)\frac{1}{\log x}\right]}$ $[e]$

o) $\lim_{x\to 0} \dfrac{\sin^2 x}{\sqrt{1+\sin x} - \sqrt{\sin x + \cos x}}.$ $[4]$

Esercizio 3. Determinare, utilizzando gli sviluppi di McLaurin, la parte principale dei seguenti infinitesimi:

a) $f(x) = x\tan^{\alpha}\left(\dfrac{x^2+1}{x^4+\cos^2 x}\right), \qquad x \to +\infty, \ (\alpha > 1)$

$\left[\text{La parte principale di } f \text{ è } \dfrac{1}{x^{2\alpha-1}} \text{ per } x \to +\infty\right]$

b) $f(x) = \cos^2 x - \sqrt{1+2x^2}, \qquad x \to 0$

$\left[\text{La parte principale di } f \text{ è } -2x^2 \text{ per } x \to 0\right]$

c) $f(x) = \cos^2 x - \sqrt{1-2x^2}, \qquad x \to 0$

$\left[\text{La parte principale di } f \text{ è } \dfrac{5}{6}x^4 \text{ per } x \to 0\right]$

d) $f(x) = e^{-x\cos x} + \sin x - \cos x, \qquad x \to 0$

$\left[\text{La parte principale di } f \text{ è } x^2 \text{ per } x \to 0\right]$

e) $f(x) = \dfrac{1}{x-2} - \dfrac{1}{2(x-2) - \log(x-1)} - \dfrac{1}{2}, \qquad x \to 2$

$\left[\text{La parte principale di } f \text{ è } -\dfrac{7}{12}(x-2) \text{ per } x \to 2\right]$

f) $f(x) = \dfrac{1+\frac{1}{2}x^2}{\cos x} - \sqrt{1+2x^2}, \qquad x \to 0$

$\left[\text{La parte principale di } f \text{ è } \dfrac{23}{24}x^4 \text{ per } x \to 0\right]$

g) $f(x) = e^{-\dfrac{x}{4x^2+1}} - 1, \qquad x \to 0$

[La parte principale di f è $-x$ per $x \to 0$]

h) $f(x) = \dfrac{2x^2}{\sqrt{\cos 2x} - 1 - x^2} + 1, \qquad x \to 0$

$\left[\text{La parte principale di } f \text{ è } \dfrac{1}{12}x^2 \text{ per } x \to 0\right]$

i) $f(x) = \dfrac{\sqrt[4]{1 - 4x^2 + x^4} - 1 + x^2}{x^4} + \dfrac{5}{4}, \qquad x \to 0.$

$\left[\text{La parte principale di } f \text{ è } -\dfrac{11}{4}x^2 \text{ per } x \to 0\right]$

Esercizio 4. Determinare l'ordine di infinitesimo e la parte principale delle seguenti funzioni, al variare dei parametri:

a) $f(x) = e^{x - \frac{1}{2}x^2} - 1 - x + \dfrac{1}{3}x^\alpha, \qquad x \to 0^+,\ \alpha > 0$ [pag. 120]

b) $f(x) = \dfrac{(\cosh 2x - \cos x)x^4}{\log(1+3x) - 3\sin x - \alpha x^2}, \qquad x \to 0,\ \alpha \in \mathbb{R}$ [pag. 120]

c) $f(x) = x \cos \dfrac{x}{\sqrt{3}} - \left(\alpha - x^3\right) \sin x, \qquad x \to 0,\ \alpha \in \mathbb{R}$ [pag. 121]

d) $f(x) = \sin^2(4x) - \log\left(1 + 16x^2\right) - \alpha\left(x^5 - x^4\right), \qquad x \to 0,\ \alpha \in \mathbb{R}$ [pag. 121]

e) $f(x) = 2 + \sin(5x) + 2\alpha x + \beta x^2 - e^{4x^3} - 1, \qquad x \to 0,\ \alpha, \beta \in \mathbb{R}$ [pag. 121]

f) $f(x) = e^{\alpha x} - 1 + 2x - 2x^2 - \sin(\beta x), \qquad x \to 0,\ \alpha, \beta \in \mathbb{R}.$ [pag. 122]

3 Svolgimento degli esercizi sugli sviluppi di Taylor

Esercizio 1.

a) Si ha che per $x \to 0$

$$f(x) = (x - \sin x)\log(1+x) =$$
$$= \left(x - x + \frac{1}{6}x^3 - \frac{1}{120}x^5 + o(x^5)\right)\left(x - \frac{1}{2}x^2 + \frac{1}{3}x^3 + o(x^3)\right) =$$
$$= \frac{1}{6}x^4 - \frac{1}{12}x^5 + \frac{1}{18}x^6 + o(x^6) - \frac{1}{120}x^6 + o(x^6) = \frac{1}{6}x^4 - \frac{1}{12}x^5 + \frac{17}{360}x^6 + o(x^6).$$

Quindi

$$f(x) = \frac{1}{6}x^4 - \frac{1}{12}x^5 + \frac{17}{360}x^6 + o(x^6), \qquad x \to 0.$$

b) Si ha che per $x \to 0$

$$f(x) = \sin x^2 - \sin^2 x =$$
$$= \left(x^2 - \frac{1}{6}x^6 + o(x^6)\right) - \left(x - \frac{1}{6}x^3 + \frac{1}{120}x^5 + o(x^5)\right)^2 =$$
$$= x^2 - \frac{1}{6}x^6 + o(x^6) - x^2 + \frac{1}{3}x^4 - \frac{1}{60}x^6 - \frac{1}{36}x^6 + o(x^6) = \frac{1}{3}x^4 - \frac{19}{90}x^6 + o(x^6).$$

Quindi

$$f(x) = \frac{1}{3}x^4 - \frac{19}{90}x^6 + o(x^6), \qquad x \to 0.$$

c) Si ha che per $x \to 0$

$$f(x) = e^{\sin x} =$$
$$= 1 + \sin x + \frac{1}{2}\sin^2 x + \frac{1}{6}\sin^3 x + \frac{1}{24}\sin^4 x + o(\sin^4 x) =$$
$$= 1 + \left(x - \frac{1}{6}x^3 + o(x^4)\right) + \frac{1}{2}\left(x - \frac{1}{6}x^3 + o(x^4)\right)^2 + \frac{1}{6}\left(x - \frac{1}{6}x^3 + o(x^4)\right)^3 +$$
$$+ \frac{1}{24}\left(x - \frac{1}{6}x^3 + o(x^4)\right)^4 + o(x^4) =$$
$$= 1 + x - \frac{1}{6}x^3 + o(x^4) + \frac{1}{2}x^2 - \frac{1}{6}x^4 + o(x^4) + \frac{1}{6}x^3 + \frac{1}{24}x^4 + o(x^4) =$$
$$= 1 + x + \frac{1}{2}x^2 - \frac{1}{8}x^4 + o(x^4).$$

Quindi

$$f(x) = 1 + x + \frac{1}{2}x^2 - \frac{1}{8}x^4 + o(x^4), \qquad x \to 0.$$

d) Si ha che per $x \to 0$

$$f(x) = \log(\cos x) = \log\left(1 - \frac{1}{2}x^2 + \frac{1}{24}x^4 + o(x^4)\right) =$$

$$= \left(-\frac{1}{2}x^2 + \frac{1}{24}x^4 + o(x^4)\right) - \frac{1}{2}\left(-\frac{1}{2}x^2 + \frac{1}{24}x^4 + o(x^4)\right)^2 + o(x^4) =$$

$$= -\frac{1}{2}x^2 + \frac{1}{24}x^4 + o(x^4) - \frac{1}{8}x^4 + o(x^4) = -\frac{1}{2}x^2 - \frac{1}{12}x^4 + o(x^4).$$

Quindi

$$f(x) = -\frac{1}{2}x^2 - \frac{1}{12}x^4 + o(x^4), \qquad x \to 0.$$

e) Si ha che per $x \to 0$

$$f(x) = \frac{1}{2+x} = \frac{1}{2\left(1 + \frac{1}{2}x\right)} = \frac{1}{2}\,\frac{1}{1 + \frac{1}{2}x} =$$

$$= \frac{1}{2}\left(1 + \frac{1}{2}x\right)^{-1} = \frac{1}{2}\left(1 - \frac{1}{2}x + \frac{1}{4}x^2 - \frac{1}{8}x^3 + o(x^3)\right) =$$

$$= \frac{1}{2} - \frac{1}{4}x + \frac{1}{8}x^2 - \frac{1}{16}x^3 + o(x^3).$$

Quindi

$$f(x) = \frac{1}{2} - \frac{1}{4}x + \frac{1}{8}x^2 - \frac{1}{16}x^3 + o(x^3), \qquad x \to 0.$$

f) Posto $y = x - \frac{\pi}{2}$, per $x \to \frac{\pi}{2}$, cioè $y \to 0$, si ha che

$$f(x) = 1 - \sin x + x^3 - \left(\frac{\pi}{2}\right)^3 = 1 - \sin x + \left(x - \frac{\pi}{2}\right)\left(x^2 + \frac{\pi}{2}x + \frac{\pi^2}{4}\right) =$$

$$= 1 - \sin\left(\frac{\pi}{2} + y\right) + y\left[\left(\frac{\pi}{2} + y\right)^2 + \frac{\pi}{2}\left(\frac{\pi}{2} + y\right) + \frac{\pi^2}{4}\right] =$$

$$= 1 - \cos y + y\left[\frac{\pi^2}{4} + \pi y + y^2 + \frac{\pi^2}{4} + \frac{\pi}{2}y + \frac{\pi^2}{4}\right] =$$

$$= 1 - 1 + \frac{1}{2}y^2 + o(y^3) + \frac{3}{4}\pi^2 y + \frac{3}{2}\pi y^2 + y^3 = \frac{3}{4}\pi^2 y + \frac{1}{2}(1 + 3\pi)y^2 + y^3 + o(y^3) =$$

$$= \frac{3}{4}\pi^2\left(x - \frac{\pi}{2}\right) + \frac{1}{2}(1 + 3\pi)\left(x - \frac{\pi}{2}\right)^2 + \left(x - \frac{\pi}{2}\right)^3 + o\left(\left(x - \frac{\pi}{2}\right)^3\right).$$

Quindi

$$f(x) = \frac{3}{4}\pi^2\left(x - \frac{\pi}{2}\right) + \frac{1}{2}(1 + 3\pi)\left(x - \frac{\pi}{2}\right)^2 + \left(x - \frac{\pi}{2}\right)^3 + o\left(\left(x - \frac{\pi}{2}\right)^3\right), \; x \to \frac{\pi}{2}.$$

g) Si ha che per $x \to 0$

$$f(x) = \tan x = \frac{\sin x}{\cos x} = \sin x\,(\cos x)^{-1} =$$

$$= \left(x - \frac{1}{6}x^3 + \frac{1}{120}x^5 + o(x^5)\right)\left(1 - \frac{1}{2}x^2 + \frac{1}{24}x^4 + o(x^4)\right)^{-1} =$$

$$= \left(x - \frac{1}{6}x^3 + \frac{1}{120}x^5 + o(x^5)\right)\left[1 + \frac{1}{2}x^2 - \frac{1}{24}x^4 + \left(-\frac{1}{2}x^2 + o(x^2)\right)^2 + o(x^4)\right] =$$

$$= \left(x - \frac{1}{6}x^3 + \frac{1}{120}x^5 + o(x^5)\right)\left[1 + \frac{1}{2}x^2 - \frac{1}{24}x^4 + \frac{1}{4}x^4 + o(x^4)\right] =$$

$$= \left(x - \frac{1}{6}x^3 + \frac{1}{120}x^5 + o(x^5)\right)\left[1 + \frac{1}{2}x^2 + \frac{5}{24}x^4 + o(x^4)\right] =$$

$$= x + \frac{1}{2}x^3 + \frac{5}{24}x^5 + o(x^5) - \frac{1}{6}x^3 - \frac{1}{12}x^5 + \frac{1}{120}x^5 + o(x^5) = x + \frac{1}{3}x^3 + \frac{2}{15}x^5 + o(x^5).$$

Quindi

$$f(x) = x + \frac{1}{3}x^3 + \frac{2}{15}x^5 + o(x^5), \qquad x \to 0.$$

h) Si ha che per $x \to 0$

$$f(x) = \frac{1}{-\sqrt{8}\sin x - 2\cos x} =$$

$$= \frac{1}{-\sqrt{8}\left(x - \frac{1}{6}x^3 + o(x^3)\right) - 2\left(1 - \frac{1}{2}x^2 + o(x^3)\right)} =$$

$$= \frac{1}{-\sqrt{8}x + \frac{\sqrt{2}}{3}x^3 + o(x^3) - 2 + x^2 + o(x^3)} = \frac{1}{-2 - \sqrt{8}x + x^2 + \frac{\sqrt{2}}{3}x^3 + o(x^3)} =$$

$$= \frac{1}{-2\left(1 + \sqrt{2}x - \frac{1}{2}x^2 - \frac{\sqrt{2}}{6}x^3 + o(x^3)\right)} =$$

$$= -\frac{1}{2}\,\frac{1}{1 + \sqrt{2}x - \frac{1}{2}x^2 - \frac{\sqrt{2}}{6}x^3 + o(x^3)} =$$

$$= -\frac{1}{2}\left(1 + \sqrt{2}x - \frac{1}{2}x^2 - \frac{\sqrt{2}}{6}x^3 + o(x^3)\right)^{-1} =$$

$$= -\frac{1}{2}\left[1 - \sqrt{2}x + \frac{1}{2}x^2 + \frac{\sqrt{2}}{6}x^3 + o(x^3) + \left(\sqrt{2}x - \frac{1}{2}x^2 - \frac{\sqrt{2}}{6}x^3 + o(x^3)\right)^2 + \right.$$

$$\left. - \left(\sqrt{2}x - \frac{1}{2}x^2 - \frac{\sqrt{2}}{6}x^3 + o(x^3)\right)^3 + o(x^3)\right] =$$

$$= -\frac{1}{2}\left[1-\sqrt{2}x+\frac{1}{2}x^2+\frac{\sqrt{2}}{6}x^3+2x^2-\sqrt{2}x^3-2\sqrt{2}x^3+o(x^3)\right] =$$

$$= -\frac{1}{2}\left[1-\sqrt{2}x+\frac{5}{2}x^2+\frac{17}{6}\sqrt{2}x^3+o(x^3)\right] = -\frac{1}{2}+\frac{\sqrt{2}}{2}x-\frac{5}{4}x^2+\frac{17}{12}\sqrt{2}x^3+o(x^3).$$

Quindi

$$f(x) = -\frac{1}{2}+\frac{\sqrt{2}}{2}x-\frac{5}{4}x^2+\frac{17}{12}\sqrt{2}x^3+o(x^3), \qquad x \to 0.$$

i) Si ha che per $x \to 0$

$$f(x) = e^{-\frac{1}{2}x^2} - \cos(x+x^2) - x^3 =$$

$$= 1-\frac{1}{2}x^2+\frac{1}{8}x^4+o(x^4)-\left[1-\frac{1}{2}(x+x^2)^2+\frac{1}{24}(x+x^2)^4+o(x^4)\right]-x^3 =$$

$$= 1-\frac{1}{2}x^2+\frac{1}{8}x^4+o(x^4)-1+\frac{1}{2}x^2+x^3+\frac{1}{2}x^4-\frac{1}{24}x^4+o(x^4)-x^3 = \frac{7}{12}x^4+o(x^4).$$

Quindi

$$f(x) = \frac{7}{12}x^4+o(x^4), \qquad x \to 0.$$

j) Posto $y = x-1$, per $x \to 1$, cioè $y \to 0$, si ha che

$$f(x) = -2(x-1)^2+4\sin(x-1)-\log x^4 =$$

$$= -2(x-1)^2+4\sin(x-1)-4\log x = -2y^2+4\sin y-4\log(1+y) =$$

$$= -2y^2+4\left(y-\frac{1}{6}y^3+o(y^3)\right)-4\left(y-\frac{1}{2}y^2+\frac{1}{3}y^3+o(y^3)\right) =$$

$$= -2y^2+4y-\frac{2}{3}y^3+o(y^3)-4y+2y^2-\frac{4}{3}y^3+o(y^3) =$$

$$= -2y^3+o(y^3) = -2(x-1)^3+o\left((x-1)^3\right).$$

Quindi

$$f(x) = -2(x-1)^3+o\left((x-1)^3\right), \qquad x \to 1.$$

k) Si ha che per $x \to 0$

$$f(x) = \sqrt[3]{\cos(3x+x^2)} = [\cos(3x+x^2)]^{\frac{1}{3}} = \left(1-\frac{1}{2}(3x+x^2)^2+o(x^3)\right)^{\frac{1}{3}} =$$

$$= 1-\frac{1}{6}(3x+x^2)^2+o(x^3) = 1-\frac{3}{2}x^2-x^3+o(x^3).$$

Quindi

$$f(x) = 1-\frac{3}{2}x^2-x^3+o(x^3), \qquad x \to 0.$$

Esercizio 2.

a) Si ha che per $x \to 0$

$$x^2 - \sin^2 x = x^2 - \left(x - \frac{1}{6}x^3 + o(x^3)\right)^2 = x^2 - \left(x^2 - \frac{1}{3}x^4 + o(x^4)\right) = \frac{1}{3}x^4 + o(x^4),$$

$$x^3(e^x - \cos x) = x^3(1 + x + o(x) - (1 + o(x))) = x^3(x + o(x)) = x^4 + o(x^4).$$

Quindi

$$\lim_{x\to 0} \frac{x^2 - \sin^2 x}{x^3(e^x - \cos x)} = \lim_{x\to 0} \frac{\frac{1}{3}x^4 + o(x^4)}{x^4 + o(x^4)} = \frac{1}{3}.$$

b) Si ha che per $x \to 0$

$$x^5\left[\left(e^{x^3}\right)^2 - 1\right] = x^5[(1 + x^3 + o(x^3))^2 - 1] = x^5[(1 + 2x^3 + o(x^3)) - 1] =$$

$$= x^5(2x^3 + o(x^3)) = 2x^8 + o(x^8)\,,$$

$$\sqrt{1 + x^8} - \sqrt[3]{1 + x^8} = (1 + x^8)^{\frac{1}{2}} - (1 + x^8)^{\frac{1}{3}} =$$

$$= \left(1 + \frac{1}{2}x^8 + o(x^8)\right) - \left(1 + \frac{1}{3}x^8 + o(x^8)\right) = \frac{1}{6}x^8 + o(x^8).$$

Quindi

$$\lim_{x\to 0} \frac{x^5\left[\left(e^{x^3}\right)^2 - 1\right]}{\sqrt{1 + x^8} - \sqrt[3]{1 + x^8}} = \lim_{x\to 0} \frac{2x^8 + o(x^8)}{\frac{1}{6}x^8 + o(x^8)} = 12.$$

c) Si ha che per $x \to 0^+$

$$\sqrt{1 - x} - \cos\sqrt{x} = (1 - x)^{\frac{1}{2}} - \cos\sqrt{x} =$$

$$= \left(1 - \frac{1}{2}x - \frac{1}{8}x^2 + o(x^2)\right) - \left(1 - \frac{1}{2}x + \frac{1}{24}x^2 + o(x^2)\right) = -\frac{1}{6}x^2 + o(x^2)\,,$$

$$\log\left[\log\left(e + x^2\right)\right] = \log\left\{\log\left[e\left(1 + \frac{1}{e}x^2\right)\right]\right\} = \log\left[\log e + \log\left(1 + \frac{1}{e}x^2\right)\right] =$$

$$= \log\left[1 + \log\left(1 + \frac{1}{e}x^2\right)\right] = \log\left(1 + \frac{1}{e}x^2 + o(x^2)\right) = \frac{1}{e}x^2 + o(x^2).$$

Quindi

$$\lim_{x\to 0^+} \frac{\sqrt{1 - x} - \cos\sqrt{x}}{\log\left[\log\left(e + x^2\right)\right]} = \lim_{x\to 0^+} \frac{-\frac{1}{6}x^2 + o(x^2)}{\frac{1}{e}x^2 + o(x^2)} = -\frac{e}{6}.$$

d) Si ha che per $x \to 0$

$$\sin^4 x(\sin x^2 - \sin^2 x) = (x+o(x))^4 \left[\left(x^2 - \frac{1}{6}x^6 + o(x^6)\right) - \left(x - \frac{1}{6}x^3 + o(x^3)\right)^2\right] =$$

$$= (x^4 + o(x^4)) \left[\left(x^2 - \frac{1}{6}x^6 + o(x^6)\right) - \left(x^2 - \frac{1}{3}x^4 + o(x^4)\right)\right] =$$

$$= (x^4 + o(x^4)) \left(\frac{1}{3}x^4 + o(x^4)\right) = \frac{1}{3}x^8 + o(x^8),$$

$$1 - \cos x^4 = 1 - \left(1 - \frac{1}{2}x^8 + o(x^8)\right) = \frac{1}{2}x^8 + o(x^8).$$

Quindi

$$\lim_{x\to 0} \frac{\sin^4 x\ (\sin x^2 - \sin^2 x)}{1 - \cos x^4} = \lim_{x\to 0} \frac{\frac{1}{3}x^8 + o(x^8)}{\frac{1}{2}x^8 + o(x^8)} = \frac{2}{3}.$$

e) Si ha che per $x \to 0$

$$x \arcsin x - x^2 = x\left(x + \frac{1}{6}x^3 + o(x^3)\right) - x^2 = \frac{1}{6}x^4 + o(x^4),$$

$$\sqrt{1+x^4} - \cos x^2 = (1+x^4)^{\frac{1}{2}} - \cos x^2 = \left(1 + \frac{1}{2}x^4 + o(x^4)\right) - \left(1 - \frac{1}{2}x^4 + o(x^4)\right) =$$

$$= x^4 + o(x^4).$$

Quindi

$$\lim_{x\to 0} \frac{x \arcsin x - x^2}{\sqrt{1+x^4} - \cos x^2} = \lim_{x\to 0} \frac{\frac{1}{6}x^4 + o(x^4)}{x^4 + o(x^4)} = \frac{1}{6}.$$

f) Si ha che per $x \to 0^+$

$$\log(1 - \cos 2x) = \log[1 - (1 - 2x^2 + o(x^2))] = \log(2x^2 + o(x^2)) =$$

$$= \log\left[x^2\left(2 + \frac{o(x^2)}{x^2}\right)\right] = \log x^2 + \log\left(2 + \frac{o(x^2)}{x^2}\right) =$$

$$= 2\log x + \log\left(2 + \frac{o(x^2)}{x^2}\right) = 2\log x + o(\log x),$$

$$\log(\tan 2x) = \log(2x + o(x)) = \log\left[x\left(2 + \frac{o(x)}{x}\right)\right] =$$

$$= \log x + \log\left(2 + \frac{o(x)}{x}\right) = \log x + o(\log x).$$

Quindi

$$\lim_{x\to 0^+} \frac{\log(1 - \cos 2x)}{\log(\tan 2x)} = \lim_{x\to 0^+} \frac{2\log x + o(\log x)}{\log x + o(\log x)} = 2.$$

g) Si ha che per $x \to 0$

$$\arcsin^2 x + \log(1 - \sin^2 x) = \left(x + \frac{1}{6}x^3 + o(x^3)\right)^2 - \sin^2 x - \frac{1}{2}\sin^4 x + o(\sin^4 x) =$$

$$= x^2 + \frac{1}{3}x^4 + o(x^4) - \left(x - \frac{1}{6}x^3 + o(x^3)\right)^2 - \frac{1}{2}\left(x - \frac{1}{6}x^3 + o(x^3)\right)^4 + o(x^4) =$$

$$= x^2 + \frac{1}{3}x^4 + o(x^4) - x^2 + \frac{1}{3}x^4 + o(x^4) - \frac{1}{2}x^4 + o(x^4) = \frac{1}{6}x^4 + o(x^4)\,,$$

$$\cos x^2 - 1 = 1 - \frac{1}{2}x^4 + o(x^4) - 1 = -\frac{1}{2}x^4 + o(x^4).$$

Quindi

$$\lim_{x\to 0} \frac{\arcsin^2 x + \log(1 - \sin^2 x)}{\cos x^2 - 1} = \lim_{x\to 0} \frac{\frac{1}{6}x^4 + o(x^4)}{-\frac{1}{2}x^4 + o(x^4)} = -\frac{1}{3}.$$

h) Si ha che per $x \to 0$

$$\log\left(e^x \cos x\right) - \sin\left(\sin x\right) = \log e^x + \log\left(\cos x\right) - \sin\left(\sin x\right) =$$

$$= x + \log\left(1 - \frac{1}{2}x^2 + o(x^2)\right) - \sin x + o(\sin^2 x) =$$

$$= x \quad \frac{1}{2}x^2 + o(x^2) - (x + o(x^2)) + o(x^2) = x - \frac{1}{2}x^2 + o(x^2) - x + o(x^2) = -\frac{1}{2}x^2 + o(x^2),$$

$$(e^x - 4^x)^2 = (e^x - e^{x\log 4})^2 = [1 + x + o(x) - (1 + x\log 4 + o(x))]^2 =$$

$$= [x(1 - \log 4) + o(x)]^2 = (\log 4 - 1)^2 x^2 + o(x^2).$$

Quindi

$$\lim_{x\to 0} \frac{\log\left(e^x \cos x\right) - \sin\left(\sin x\right)}{(e^x - 4^x)^2} = \lim_{x\to 0} \frac{-\frac{1}{2}x^2 + o(x^2)}{(\log 4 - 1)^2 x^2 + o(x^2)} = -\frac{1}{2(\log 4 - 1)^2}.$$

i) Si ha che per $x \to 0$

$$\cos x - \cos\left(\sin x\right) = 1 - \frac{1}{2}x^2 + \frac{1}{24}x^4 + o(x^4) - \left(1 - \frac{1}{2}\sin^2 x + \frac{1}{24}\sin^4 x + o(\sin^4 x)\right) =$$

$$= 1 - \frac{1}{2}x^2 + \frac{1}{24}x^4 + o(x^4) - \left[1 - \frac{1}{2}\left(x - \frac{1}{6}x^3 + o(x^3)\right)^2 + \frac{1}{24}\left(x + o(x)\right)^4 + o(x^4)\right] =$$

$$= 1 - \frac{1}{2}x^2 + \frac{1}{24}x^4 + o(x^4) - \left[1 - \frac{1}{2}\left(x^2 - \frac{1}{3}x^4 + o(x^4)\right) + \frac{1}{24}x^4 + o(x^4)\right] =$$

$$= 1 - \frac{1}{2}x^2 + \frac{1}{24}x^4 + o(x^4) - \left[1 - \frac{1}{2}x^2 + \frac{1}{6}x^4 + o(x^4) + \frac{1}{24}x^4 + o(x^4)\right] =$$

$$= -\frac{1}{6}x^4 + o(x^4),$$

$$(e^x - 5^x)^4 = (e^x - e^{x\log 5})^4 = [1 + x + o(x) - (1 + x\log 5 + o(x))]^4 =$$
$$= [x(1 - \log 5) + o(x)]^4 = (\log 5 - 1)^4 x^4 + o(x^4).$$

Quindi

$$\lim_{x\to 0} \frac{\cos x - \cos(\sin x)}{(e^x - 5^x)^4} = \lim_{x\to 0} \frac{-\frac{1}{6}x^4 + o(x^4)}{(\log 5 - 1)^4 x^4 + o(x^4)} = -\frac{1}{6(\log 5 - 1)^4}.$$

j) Si ha che per $x \to 0$

$$[\sin^2 x - \log(\cos x)]\log(1 + \sin x) =$$
$$= \left[(x + o(x))^2 - \log\left(1 - \frac{1}{2}x^2 + o(x^2)\right)\right]\log(1 + x + o(x)) =$$
$$= \left[x^2 + o(x^2) + \frac{1}{2}x^2 + o(x^2)\right](x + o(x)) = \left[\frac{3}{2}x^2 + o(x^2)\right](x + o(x)) = \frac{3}{2}x^3 + o(x^3),$$
$$x\sin x \sin 2x = x(x + o(x))(2x + o(x)) = 2x^3 + o(x^3).$$

Quindi

$$\lim_{x\to 0} \frac{[\sin^2 x - \log(\cos x)]\log(1 + \sin x)}{x\sin x\sin 2x} = \lim_{x\to 0} \frac{\frac{3}{2}x^3 + o(x^3)}{2x^3 + o(x^3)} = \frac{3}{4}.$$

k) Si ha che per $x \to 0$

$$\cos\sqrt[3]{x} - \sqrt[3]{\cos x} = \cos\sqrt[3]{x} - (\cos x)^{\frac{1}{3}} = 1 - \frac{1}{2}\sqrt[3]{x^2} + o\left(\sqrt[3]{x^2}\right) - \left(1 - \frac{1}{2}x^2 + o(x^2)\right)^{\frac{1}{3}} =$$
$$= 1 - \frac{1}{2}\sqrt[3]{x^2} + o\left(\sqrt[3]{x^2}\right) - 1 + \frac{1}{6}x^2 + o(x^2) = -\frac{1}{2}\sqrt[3]{x^2} + o\left(\sqrt[3]{x^2}\right).$$

Quindi

$$\lim_{x\to 0} \frac{\cos\sqrt[3]{x} - \sqrt[3]{\cos x}}{x^2} = \lim_{x\to 0} \frac{-\frac{1}{2}\sqrt[3]{x^2} + o\left(\sqrt[3]{x^2}\right)}{x^2} = \lim_{x\to 0} \frac{-\frac{1}{2}\sqrt[3]{x^2}}{x^2} = \lim_{x\to 0} \frac{-\frac{1}{2}}{\sqrt[3]{x^4}} = -\infty.$$

l) Nell'esercizio precedente abbiamo ottenuto che per $x \to 0$

$$\cos\sqrt[3]{x} - \sqrt[3]{\cos x} = -\frac{1}{2}\sqrt[3]{x^2} + o\left(\sqrt[3]{x^2}\right).$$

Quindi

$$\lim_{x\to 0} \frac{\cos\sqrt[3]{x} - \sqrt[3]{\cos x}}{x^{\frac{2}{3}}} = \lim_{x\to 0} \frac{-\frac{1}{2}\sqrt[3]{x^2} + o\left(\sqrt[3]{x^2}\right)}{\sqrt[3]{x^2}} = -\frac{1}{2}.$$

m) Si ha che per $x \to 0$

$$\frac{1}{2+\sin x-\cos x}-1+x-\frac{1}{2}x^2=$$

$$=\frac{1}{2+x-\frac{1}{6}x^3+o(x^3)-1+\frac{1}{2}x^2+o(x^3)}-1+x-\frac{1}{2}x^2=$$

$$=\frac{1}{1+x+\frac{1}{2}x^2-\frac{1}{6}x^3+o(x^3)}-1+x-\frac{1}{2}x^2=$$

$$=\left(1+x+\frac{1}{2}x^2-\frac{1}{6}x^3+o(x^3)\right)^{-1}-1+x-\frac{1}{2}x^2=$$

$$=1-\left(x+\frac{1}{2}x^2-\frac{1}{6}x^3+o(x^3)\right)+\left(x+\frac{1}{2}x^2-\frac{1}{6}x^3+o(x^3)\right)^2+$$

$$\left(x+\frac{1}{2}x^2-\frac{1}{6}x^3+o(x^3)\right)^3+o(x^3)-1+x-\frac{1}{2}x^2=$$

$$=-x-\frac{1}{2}x^2+\frac{1}{6}x^3+o(x^3)+x^2+x^3+o(x^3)-x^3+o(x^3)+x-\frac{1}{2}x^2=\frac{1}{6}x^3+o(x^3),$$

$$(\tan\sqrt[3]{x}-\sqrt[3]{x})^3=\left(\sqrt[3]{x}+\frac{1}{3}x+o(x)-\sqrt[3]{x}\right)^3=\frac{1}{27}x^3+o(x^3).$$

Quindi

$$\lim_{x\to 0}\frac{\frac{1}{2+\sin x-\cos x}-1+x-\frac{1}{2}x^2}{(\tan\sqrt[3]{x}-\sqrt[3]{x})^3}=\lim_{x\to 0}\frac{\frac{1}{6}x^3+o(x^3)}{\frac{1}{27}x^3+o(x^3)}=\frac{9}{2}.$$

n) Si ha che per $x \to 0$

$$\left(\log\frac{x-\arctan x}{x^2}\right)\frac{1}{\log x}=\left(\log\frac{x-\left(x-\frac{1}{3}x^3+o(x^3)\right)}{x^2}\right)\frac{1}{\log x}=$$

$$=\left(\log\frac{\frac{1}{3}x^3+o(x^3)}{x^2}\right)\frac{1}{\log x}=\left[\log\left(\frac{1}{3}x+o(x)\right)\right]\frac{1}{\log x}=$$

$$=\frac{\log\left[x\left(\frac{1}{3}+\frac{o(x)}{x}\right)\right]}{\log x}=\frac{\log x+\log\left(\frac{1}{3}+\frac{o(x)}{x}\right)}{\log x}=$$

$$=1+\frac{\log\left(\frac{1}{3}+\frac{o(x)}{x}\right)}{\log x}.$$

Quindi

$$\lim_{x\to 0^+} e^{\left[\left(\log\frac{x-\arctan x}{x^2}\right)\frac{1}{\log x}\right]}=\lim_{x\to 0^+} e^{\left(1+\frac{\log\left(\frac{1}{3}+\frac{o(x)}{x}\right)}{\log x}\right)}=e.$$

o) Si ha che per $x \to 0$

$$\sin^2 x = (x + o(x))^2 = x^2 + o(x^2),$$

$$\sqrt{1+\sin x} - \sqrt{\sin x + \cos x} = (1+\sin x)^{\frac{1}{2}} - (\sin x + \cos x)^{\frac{1}{2}} =$$

$$= (1 + x + o(x^2))^{\frac{1}{2}} - \left(1 + x - \frac{1}{2}x^2 + o(x^2)\right)^{\frac{1}{2}} =$$

$$= 1 + \frac{1}{2}x - \frac{1}{8}x^2 + o(x^2) - \left(1 + \frac{1}{2}x - \frac{1}{4}x^2 + o(x^2) - \frac{1}{8}(x + o(x))^2\right) =$$

$$= 1 + \frac{1}{2}x - \frac{1}{8}x^2 + o(x^2) - 1 - \frac{1}{2}x + \frac{1}{4}x^2 + o(x^2) + \frac{1}{8}x^2 + o(x^2) = \frac{1}{4}x^2 + o(x^2).$$

Quindi

$$\lim_{x\to 0} \frac{\sin^2 x}{\sqrt{1+\sin x} - \sqrt{\sin x + \cos x}} = \lim_{x\to 0} \frac{x^2 + o(x^2)}{\frac{1}{4}x^2 + o(x^2)} = 4.$$

Esercizio 3.

a) Consideriamo la funzione

$$f(x) = x \tan^\alpha\left(\frac{x^2+1}{x^4+\cos^2 x}\right).$$

Per $x \to +\infty$ si ha che

$$\frac{x^2+1}{x^4+\cos^2 x} \sim \frac{1}{x^2}.$$

Poichè $\tan y \sim y$, per $y \to 0$, si ha che

$$f(x) = x \tan^\alpha\left(\frac{x^2+1}{x^4+\cos^2 x}\right) \sim x\left(\frac{x^2+1}{x^4+\cos^2 x}\right)^\alpha \sim x\left(\frac{1}{x^2}\right)^\alpha = \frac{x}{x^{2\alpha}} = \frac{1}{x^{2\alpha-1}}.$$

Quindi la parte principale di f è $\dfrac{1}{x^{2\alpha-1}}$ per $x \to +\infty$.

b) Consideriamo la funzione

$$f(x) = \cos^2 x - \sqrt{1+2x^2}.$$

Per $x \to 0$ si ha che

$$f(x) = \cos^2 x - \sqrt{1+2x^2} = \cos^2 x - (1+2x^2)^{\frac{1}{2}} =$$

$$= \left(1 - \frac{1}{2}x^2 + o(x^2)\right)^2 - (1 + x^2 + o(x^2)) = 1 - x^2 + o(x^2) - 1 - x^2 + o(x^2) =$$

$$= -2x^2 + o(x^2).$$

Quindi la parte principale di f è $-2x^2$ per $x \to 0$.

c) Consideriamo la funzione

$$f(x) = \cos^2 x - \sqrt{1-2x^2}.$$

Per $x \to 0$ si ha che

$$f(x) = \cos^2 x - \sqrt{1-2x^2} = \cos^2 x - (1-2x^2)^{\frac{1}{2}} =$$

$$= \left(1 - \frac{1}{2}x^2 + \frac{1}{24}x^4 + o(x^4)\right)^2 - \left(1 - x^2 - \frac{1}{2}x^4 + o(x^4)\right) =$$

$$= 1 - x^2 + \frac{1}{4}x^4 + o(x^4) + \frac{1}{12}x^4 + o(x^4) - 1 + x^2 + \frac{1}{2}x^4 + o(x^4) = \frac{5}{6}x^4 + o(x^4).$$

Quindi la parte principale di f è $\frac{5}{6}x^4$ per $x \to 0$.

d) Consideriamo la funzione

$$f(x) = e^{-x\cos x} + \sin x - \cos x.$$

Per $x \to 0$ si ha che

$$f(x) = e^{-x\cos x} + \sin x - \cos x = e^{-x\left(1-\frac{1}{2}x^2+o(x^2)\right)} + x + o(x^2) - \left(1 - \frac{1}{2}x^2 + o(x^2)\right) =$$

$$= e^{-x+\frac{1}{2}x^3+o(x^3)} + x + o(x^2) - 1 + \frac{1}{2}x^2 + o(x^2) =$$

$$= 1 - x + \frac{1}{2}x^3 + o(x^3) + \frac{1}{2}\left(-x + \frac{1}{2}x^3 + o(x^3)\right)^2 + o(x^2) + x + o(x^2) - 1 + \frac{1}{2}x^2 + o(x^2) =$$

$$= \frac{1}{2}x^3 + o(x^3) + \frac{1}{2}x^2 + o(x^2) + \frac{1}{2}x^2 + o(x^2) = x^2 + o(x^2).$$

Quindi la parte principale di f è x^2 per $x \to 0$.

e) Consideriamo la funzione

$$f(x) = \frac{1}{x-2} - \frac{1}{2(x-2) - \log(x-1)} - \frac{1}{2}.$$

Posto $y = x - 2$ (quindi $y \to 0$ per $x \to 2$), si ha che

$$f(x) = \frac{1}{x-2} - \frac{1}{2(x-2) - \log(x-1)} - \frac{1}{2} = \frac{1}{y} - \frac{1}{2y - \log(1+y)} - \frac{1}{2} =$$

$$= \frac{1}{y} - \frac{1}{2y - y + \frac{1}{2}y^2 - \frac{1}{3}y^3 + o(y^3)} - \frac{1}{2} = \frac{1}{y} - \frac{1}{y + \frac{1}{2}y^2 - \frac{1}{3}y^3 + o(y^3)} - \frac{1}{2} =$$

$$= \frac{1}{y} - \frac{1}{y\left(1 + \frac{1}{2}y - \frac{1}{3}y^2 + o(y^2)\right)} - \frac{1}{2} = \frac{1}{y} - \frac{1}{y}\left(1 + \frac{1}{2}y - \frac{1}{3}y^2 + o(y^2)\right)^{-1} - \frac{1}{2} =$$

$$= \frac{1}{y} - \frac{1}{y}\left[1 - \left(\frac{1}{2}y - \frac{1}{3}y^2 + o(y^2)\right) + \left(\frac{1}{2}y - \frac{1}{3}y^2 + o(y^2)\right)^2 + o(y^2)\right] - \frac{1}{2} =$$

$$= \frac{1}{y} - \frac{1}{y}\left[1 - \frac{1}{2}y + \frac{1}{3}y^2 + o(y^2) + \frac{1}{4}y^2 + o(y^2)\right] - \frac{1}{2} =$$

$$= \frac{1}{y} - \frac{1}{y} + \frac{1}{2} - \frac{1}{3}y - \frac{1}{4}y + o(y) - \frac{1}{2} = -\frac{7}{12}y + o(y) =$$

$$= -\frac{7}{12}(x-2) + o(x-2).$$

Quindi la parte principale di f è $-\frac{7}{12}(x-2)$ per $x \to 2$.

f) Consideriamo la funzione

$$f(x) = \frac{1 + \frac{1}{2}x^2}{\cos x} - \sqrt{1 + 2x^2}.$$

Per $x \to 0$ si ha che

$$f(x) = \frac{1 + \frac{1}{2}x^2}{\cos x} - \sqrt{1 + 2x^2} = \left(1 + \frac{1}{2}x^2\right)(\cos x)^{-1} - (1 + 2x^2)^{\frac{1}{2}} =$$

$$= \left(1 + \frac{1}{2}x^2\right)\left(1 - \frac{1}{2}x^2 + \frac{1}{24}x^4 + o(x^4)\right)^{-1} - \left(1 + x^2 - \frac{1}{2}x^4 + o(x^4)\right) =$$

$$= \left(1 + \frac{1}{2}x^2\right)\left[1 - \left(-\frac{1}{2}x^2 + \frac{1}{24}x^4 + o(x^4)\right) + \left(-\frac{1}{2}x^2 + o(x^2)\right)^2 + o(x^4)\right] +$$

$$-1 - x^2 + \frac{1}{2}x^4 + o(x^4) =$$

$$= \left(1 + \frac{1}{2}x^2\right)\left[1 + \frac{1}{2}x^2 - \frac{1}{24}x^4 + \frac{1}{4}x^4 + o(x^4)\right] - 1 - x^2 + \frac{1}{2}x^4 + o(x^4) =$$

$$= 1 + \frac{1}{2}x^2 - \frac{1}{24}x^4 + \frac{1}{4}x^4 + o(x^4) + \frac{1}{2}x^2 + \frac{1}{4}x^4 - 1 - x^2 + \frac{1}{2}x^4 + o(x^4) = \frac{23}{24}x^4 + o(x^4).$$

Quindi la parte principale di f è $\frac{23}{24}x^4$ per $x \to 0$.

g) Consideriamo la funzione

$$f(x) = e^{-\frac{x}{4x^2+1}} - 1.$$

Per $x \to 0$ si ha che

$$f(x) = e^{-\frac{x}{4x^2+1}} - 1 = 1 - \frac{x}{4x^2+1} + o\left(\frac{x}{4x^2+1}\right) - 1 =$$

$$= -x(1 + 4x^2)^{-1} + o\left(x(1 + 4x^2)^{-1}\right) = -x(1 + o(1)) + o(x) = -x + o(x).$$

Quindi la parte principale di f è $-x$ per $x \to 0$.

h) Consideriamo la funzione

$$f(x) = \frac{2x^2}{\sqrt{\cos 2x} - 1 - x^2} + 1.$$

Per $x \to 0$ si ha che

$$\sqrt{\cos 2x} - 1 - x^2 = (\cos 2x)^{\frac{1}{2}} - 1 - x^2 =$$

$$= \left(1 - 2x^2 + \frac{2}{3}x^4 + o(x^4)\right)^{\frac{1}{2}} - 1 - x^2 =$$

$$= 1 + \frac{1}{2}\left(-2x^2 + \frac{2}{3}x^4 + o(x^4)\right) - \frac{1}{8}\left(-2x^2 + \frac{2}{3}x^4 + o(x^4)\right)^2 + o(x^4) - 1 - x^2 =$$

$$= -x^2 + \frac{1}{3}x^4 + o(x^4) - \frac{1}{2}x^4 + o(x^4) - x^2 = -2x^2 - \frac{1}{6}x^4 + o(x^4) =$$

$$= -2x^2\left(1 + \frac{1}{12}x^2 + o(x^2)\right).$$

Quindi per $x \to 0$ si ha che

$$f(x) = \frac{2x^2}{\sqrt{\cos 2x} - 1 - x^2} + 1 = \frac{2x^2}{-2x^2\left(1 + \frac{1}{12}x^2 + o(x^2)\right)} + 1 =$$

$$= -\frac{1}{1 + \frac{1}{12}x^2 + o(x^2)} + 1 = -\left(1 + \frac{1}{12}x^2 + o(x^2)\right)^{-1} + 1 =$$

$$= -\left(1 - \frac{1}{12}x^2 + o(x^2)\right) + 1 = -1 + \frac{1}{12}x^2 + o(x^2) + 1 = \frac{1}{12}x^2 + o(x^2).$$

Quindi la parte principale di f è $\frac{1}{12}x^2$ per $x \to 0$.

i) Consideriamo la funzione

$$f(x) = \frac{\sqrt[4]{1 - 4x^2 + x^4} - 1 + x^2}{x^4} + \frac{5}{4}.$$

Per $x \to 0$ si ha che

$$\sqrt[4]{1 - 4x^2 + x^4} - 1 + x^2 = (1 - 4x^2 + x^4)^{\frac{1}{4}} - 1 + x^2 =$$

$$= 1 + \frac{1}{4}(-4x^2 + x^4) - \frac{3}{32}(-4x^2 + x^4)^2 + \frac{7}{128}(-4x^2 + x^4)^3 + o(x^6) - 1 + x^2 =$$

$$= -x^2 + \frac{1}{4}x^4 - \frac{3}{2}x^4 + \frac{3}{4}x^6 - \frac{7}{2}x^6 + o(x^6) + x^2 = -\frac{5}{4}x^4 - \frac{11}{4}x^6 + o(x^6).$$

Quindi per $x \to 0$ si ha che

$$f(x) = \frac{\sqrt[4]{1 - 4x^2 + x^4} - 1 + x^2}{x^4} + \frac{5}{4} = \frac{-\frac{5}{4}x^4 - \frac{11}{4}x^6 + o(x^6)}{x^4} + \frac{5}{4} =$$

$$= -\frac{5}{4} - \frac{11}{4}x^2 + o(x^2) + \frac{5}{4} = -\frac{11}{4}x^2 + o(x^2).$$

Quindi la parte principale di f è $-\frac{11}{4}x^2$ per $x \to 0$.

Esercizio 4.

a) Consideriamo la funzione $f(x) = e^{x-\frac{1}{2}x^2} - 1 - x + \frac{1}{3}x^\alpha$.

Si ha che per $x \to 0^+$

$$f(x) = e^{x-\frac{1}{2}x^2} - 1 - x + \frac{1}{3}x^\alpha =$$

$$= 1+x-\frac{1}{2}x^2+\frac{1}{2}\left(x-\frac{1}{2}x^2\right)^2+\frac{1}{6}\left(x-\frac{1}{2}x^2\right)^3+\frac{1}{24}\left(x-\frac{1}{2}x^2\right)^4+o\left(x^4\right)-1-x+\frac{1}{3}x^\alpha =$$

$$= -\frac{1}{2}x^3 + \frac{1}{8}x^4 + \frac{1}{6}x^3 - \frac{1}{4}x^4 + \frac{1}{24}x^4 + o\left(x^4\right) + \frac{1}{3}x^\alpha =$$

$$= -\frac{1}{3}x^3 - \frac{1}{12}x^4 + \frac{1}{3}x^\alpha + o\left(x^4\right), \quad x \to 0^+.$$

Se $0 < \alpha < 3$ l'ordine di infinitesimo di f è α e la parte principale è $\frac{1}{3}x^\alpha$ per $x \to 0^+$.

Se $\alpha = 3$ l'ordine di infinitesimo di f è 4 e la parte principale è $-\frac{1}{12}x^4$ per $x \to 0^+$.

Se $\alpha > 3$ l'ordine di infinitesimo di f è 3 e la parte principale è $-\frac{1}{3}x^3$ per $x \to 0^+$.

b) Consideriamo la funzione $f(x) = \dfrac{(\cosh 2x - \cos x)x^4}{\log(1+3x) - 3\sin x - \alpha x^2}$.

Si ha che per $x \to 0$

$$f(x) = \frac{(\cosh 2x - \cos x)x^4}{\log(1+3x) - 3\sin x - \alpha x^2} =$$

$$= \frac{\left(1 + 2x^2 + o\left(x^2\right) - 1 + \frac{1}{2}x^2 + o\left(x^2\right)\right)x^4}{3x - \frac{9}{2}x^2 + 9x^3 + o\left(x^3\right) - 3x + \frac{1}{2}x^3 + o\left(x^3\right) - \alpha x^2} =$$

$$= \frac{\frac{5}{2}x^6 + o\left(x^6\right)}{-\left(\alpha + \frac{9}{2}\right)x^2 + \frac{19}{2}x^3 + o\left(x^3\right)}, \quad x \to 0.$$

Se $\alpha \neq -\frac{9}{2}$, allora si ha che

$$f(x) = \frac{\frac{5}{2}x^6 + o\left(x^6\right)}{-\left(\alpha + \frac{9}{2}\right)x^2 + o\left(x^2\right)} = -\frac{5}{2\alpha+9}x^4 + o\left(x^4\right), \quad x \to 0.$$

Quindi l'ordine di infinitesimo di f è 4 e la parte principale è $-\frac{5}{2\alpha+9}x^4$ per $x \to 0$.

Se $\alpha = -\frac{9}{2}$, allora si ha che

$$f(x) = \frac{\frac{5}{2}x^6 + o\left(x^6\right)}{\frac{19}{2}x^3 + o\left(x^3\right)} = \frac{5}{19}x^3 + o\left(x^3\right), \quad x \to 0.$$

Quindi l'ordine di infinitesimo di f è 3 e la parte principale è $\frac{5}{19}x^3$ per $x \to 0$.

c) Consideriamo la funzione $f(x) = x\cos\frac{x}{\sqrt{3}} - \left(\alpha - x^3\right)\sin x$.

Si ha che per $x \to 0$

$$f(x) = x\cos\frac{x}{\sqrt{3}} - \left(\alpha - x^3\right)\sin x =$$

$$= x\left(1 - \frac{1}{6}x^2 + o\left(x^3\right)\right) - \left(\alpha - x^3\right)\left(x - \frac{1}{6}x^3 + o\left(x^4\right)\right) =$$

$$= x - \frac{1}{6}x^3 + o\left(x^4\right) - \alpha x + \frac{1}{6}\alpha x^3 + x^4 + o\left(x^4\right) = (1-\alpha)x - \frac{1}{6}(1-\alpha)x^3 + x^4 + o\left(x^4\right).$$

Se $\alpha \neq 1$ l'ordine di infinitesimo di f è 1 e la parte principale è $(1-\alpha)x$ per $x \to 0$.

Se $\alpha = 1$ l'ordine di infinitesimo di f è 4 e la parte principale è x^4 per $x \to 0$.

d) Consideriamo la funzione $f(x) = \sin^2(4x) - \log\left(1 + 16x^2\right) - \alpha\left(x^5 - x^4\right)$.

Per $x \to 0$ si ha che

$$f(x) = \sin^2(4x) - \log\left(1 + 16x^2\right) - \alpha\left(x^5 - x^4\right) =$$

$$= \left(4x - \frac{32}{3}x^3 + o\left(x^4\right)\right)^2 - \left(16x^2 - 128x^4 + o\left(x^5\right)\right) - \alpha\left(x^5 - x^4\right) =$$

$$= 16x^2 - \frac{256}{3}x^4 + o\left(x^5\right) - 16x^2 + 128x^4 + o\left(x^5\right) - \alpha x^5 + \alpha x^4 =$$

$$= \left(\alpha + \frac{128}{3}\right)x^4 - \alpha x^5 + o\left(x^5\right), \quad x \to 0.$$

Se $\alpha \neq -\frac{128}{3}$ l'ordine di infinitesimo di f è 4 e la parte principale è $\left(\alpha + \frac{128}{3}\right)x^4$ per $x \to 0$.

Se $\alpha = -\frac{128}{3}$ l'ordine di infinitesimo di f è 5 e la parte principale è $-\frac{128}{3}x^5$ per $x \to 0$.

e) Consideriamo la funzione $f(x) = 2 + \sin(5x) + 2\alpha x + \beta x^2 - e^{4x^3} - 1$.

Per $x \to 0$, si ha che

$$f(x) = 2 + \sin(5x) + 2\alpha x + \beta x^2 - e^{4x^3} - 1 =$$

$$= 2 + 5x - \frac{125}{6}x^3 + o\left(x^3\right) + 2\alpha x + \beta x^2 - 1 - 4x^3 + o\left(x^3\right) - 1 =$$

$$= (5 + 2\alpha)x + \beta x^2 - \frac{149}{6}x^3 + o\left(x^3\right).$$

Se $\alpha \neq -\frac{5}{2}$ l'ordine di infinitesimo di f è 1 e la parte principale è $(5 + 2\alpha)x$ per $x \to 0$.

Se $\alpha = -\frac{5}{2}$ e $\beta \neq 0$ l'ordine di infinitesimo di f è 2 e la parte principale è βx^2 per $x \to 0$.

Se $\alpha = -\frac{5}{2}$ e $\beta = 0$ l'ordine di infinitesimo di f è 3 e la parte principale è $-\frac{149}{6}x^3$ per $x \to 0$.

f) Consideriamo la funzione $f(x) = e^{\alpha x} - 1 + 2x - 2x^2 - \sin(\beta x)$.

Per $x \to 0$, si ha che

$$f(x) = e^{\alpha x} - 1 + 2x - 2x^2 - \sin(\beta x) =$$
$$= 1 + \alpha x + \frac{1}{2}\alpha^2 x^2 + \frac{1}{6}\alpha^3 x^3 + o\left(x^3\right) - 1 + 2x - 2x^2 - \beta x + \frac{1}{6}\beta^3 x^3 + o\left(x^3\right) =$$
$$= (\alpha - \beta + 2)x + \left(\frac{1}{2}\alpha^2 - 2\right) x^2 + \frac{1}{6}\left(\alpha^3 + \beta^3\right) x^3 + o\left(x^3\right).$$

Se $\alpha - \beta \neq -2$ l'ordine di infinitesimo di f è 1 e la parte principale è $(\alpha - \beta + 2)x$ per $x \to 0$.

Se $\alpha - \beta = -2$ con $\alpha \neq \pm 2$ l'ordine di infinitesimo di f è 2 e la parte principale è $\left(\frac{1}{2}\alpha^2 - 2\right) x^2$ per $x \to 0$.

Se $\alpha = -2$ e $\beta = 0$ l'ordine di infinitesimo di f è 3 e la parte principale è $-\frac{4}{3}x^3$ per $x \to 0$.

Se $\alpha = 2$ e $\beta = 4$ l'ordine di infinitesimo di f è 3 e la parte principale è $12x^3$ per $x \to 0$.

Capitolo 7

Studio di funzione

1 Schema generale per studiare una funzione

Sia f una funzione.

1) Dominio, limiti e asintoti di f.

   Determinare il dominio della funzione f, l'eventuale periodicità, le eventuali simmetrie, i limiti nei punti di frontiera che sono anche di accumulazione per il dominio di f, gli eventuali asintoti orizzontali, verticali, obliqui. Se la funzione f è periodica di periodo $T > 0$, allora è sufficiente proseguire lo studio della funzione ristretta a qualunque intervallo di ampiezza T. Se la funzione è pari o dispari, è sufficiente proseguire lo studio della funzione ristretta al sottodominio di f dato da $\text{dom}(f) \cap [0, +\infty)$ (o analogamente $\text{dom}(f) \cap (-\infty, 0]$) e poi dedurre le conclusioni sull'altra parte del dominio per simmetria. Se è immediato o quasi si individua il segno di f. Si discute la continuità di f.

   A questo punto è opportuno disegnare un grafico "probabile" (o ipotetico), cioè un grafico che esprima con esattezza le caratteristiche individuate al punto 1) e che anticipi a grandi linee quelle informazioni che dovremmo dedurre successivamente, sempre che sia possibile fare questa previsione.

2) Monotonia di f e punti di massimo e di minimo locale e assoluto.

   Determinare la derivata prima f' della funzione f. Determinare il dominio di f' e quindi gli eventuali punti di non derivabilità di f, classificandone il tipo (punti angolosi, cuspidi, punti di flesso a tangente verticale). Successivamente individuare i candidati punti di estremo di f (di minimo e di massimo) tra i punti isolati del dominio, i punti di frontiera del dominio appartenenti al dominio, i punti di discontinuità, i punti di non derivabilità e i punti stazionari, cioè i punti $x \in \mathrm{dom}\,(f)$ tali che $f'(x) = 0$. Studiando il segno di f', mediante la risoluzione della disequazione $f'(x) > 0$, si individuano gli intervalli di monotonia e i punti di estremo fra i candidati precedentemente determinati. Calcolare i valori di f nei punti di estremo. Per determinare quali sono gli eventuali punti di estremo assoluto, confrontare i valori di f ottenuti precedentemente e i limiti.

3) Concavità e convessità di f e punti di flesso.

Determinare la derivata seconda f'' della funzione f. Successivamente determinare i punti di flesso di f tra gli eventuali punti di flesso a tangente verticale (passo precedente), i punti in cui f è derivabile e i punti $x \in \mathrm{dom}\,(f)$ tali che $f''(x) = 0$. Studiando il segno di f'', mediante la risoluzione della disequazione $f''(x) > 0$, si individuano gli intervalli di concavità e quali tra i punti in cui f è derivabile e quelli che annullano f'' sono di flesso. Calcolare i valori di f in tali punti.

4) Grafico qualitativo di f.

Determinare le eventuali intersezioni di f con gli assi cartesiani. Rappresentare un grafico qualitativo di f utilizzando le informazioni ottenute nei passi precedenti.

2 Esercizi sullo studio di funzione

Esercizio. Studiare le seguenti funzioni:

a) $f(x) = \dfrac{1-x}{x^2+3}$ [pag. 127]

b) $f(x) = \dfrac{x^2-1}{x^2+1}$ [pag. 129]

c) $f(x) = \dfrac{e^x+1}{e^x-1}$ [pag. 130]

d) $f(x) = \sqrt[5]{x(x^2-1)^2}$ [pag. 131]

e) $f(x) = \sqrt{x+1} - \sqrt{x}$ [pag. 133]

f) $f(x) = \left(x^2+2x\right)e^x$ [pag. 134]

g) $f(x) = \sqrt{\dfrac{x^3}{x+3}}$ [pag. 136]

h) $f(x) = x^2(\log x - 1)$ [pag. 138]

i) $f(x) = \dfrac{x}{x-1}e^{-x}$ [pag. 139]

j) $f(x) = 2x - \arcsin x$ [pag. 141]

k) $f(x) = \dfrac{\sqrt{|16x^5-x|}}{x^2}$ [pag. 142]

l) $f(x) = \log|e^{2x} - 3e^x - 4|$ [pag. 144]

m) $f(x) = \arctan\dfrac{|x^2-2x|}{x-1}$ [pag. 146]

n) $f(x) = \arctan 3x - \arcsin\dfrac{1}{\sqrt{1+9x^2}}$ [pag. 147]

o) $f(x) = \dfrac{x^2}{|x|}\, e^{\frac{1-x}{2-x}}$ [pag. 149]

p) $f(x) = \arctan\left(\dfrac{|3x - x^3| + 3x - x^3}{2x^3}\right)$ [pag. 151]

q) $f(x) = \dfrac{\sin x + \cos x}{\sin 2x}$ [pag. 153]

r) $f(x) = \arctan(x-1) - |x|$ [pag. 154]

s) $f(x) = \arctan \sqrt[3]{x^2 - 2|x| + 1}$ [pag. 156]

t) $f(x) = \dfrac{1}{\arcsin\left[(x^2-1)e^{-x^2-1}\right]}$ [pag. 158]

u) $f(x) = \dfrac{x+3}{x^2-4}$ [pag. 160]

v) $f(x) = \sqrt{x^2 - x^3}.$ [pag. 163]

w) $f(x) = |\sqrt{x}(x^2 - 10x + 9)|$ [pag. 164]

x) $f(x) = -\dfrac{\log|2x+\pi|}{(\pi+2x)^2}$ [pag. 166]

y) $f(x) = \arcsin(3x) - 3\log(1+x)$ [pag. 167]

z) $f(x) = \log\left|e^{3x} - 4\right| + 5x$ [pag. 168]

3 Svolgimento degli esercizi sullo studio di funzione

a) Consideriamo la funzione

$$f(x) = \frac{1-x}{x^2+3}.$$

Dominio, limiti e asintoti di f.

Si ha che $\mathrm{dom}(f) = \mathbb{R}$ e $\lim_{x\to\pm\infty} f(x) = 0$, quindi la retta $y = 0$ è un asintoto orizzontale per f.

Monotonia di f e punti di massimo e di minimo locale e assoluto.

Si ha che

$$f'(x) = \frac{x^2-2x-3}{(x^2+3)^2}, \qquad \forall x \in \mathbb{R}.$$

Si ha che

$$f'(x) = 0 \quad \Longrightarrow \quad x^2-2x-3 = 0 \quad \Longrightarrow \quad x = -1,\, 3$$

e

$$f'(x) > 0 \quad \Longrightarrow \quad x^2-2x-3 > 0 \quad \Longrightarrow \quad x < -1, \qquad x > 3.$$

Quindi $x = -1$ è un punto di massimo assoluto per f, $x = 3$ è un punto di minimo assoluto per f, f è crescente in $(-\infty, -1]$ e in $[3, +\infty)$ ed è decrescente in $[-1, 3]$.

Concavità e convessità di f e punti di flesso.

Si ha che

$$f''(x) = \frac{-2x^3+6x^2+18x-6}{(x^2+3)^3}, \qquad \forall x \in \mathbb{R}.$$

Si ha che

$$f''(x) = 0 \quad \Longrightarrow \quad -2x^3+6x^2+18x-6 = 0.$$

Poiché non è possibile determinare elementarmente le soluzioni di questa equazione di terzo grado osserviamo che la funzione $g : \mathbb{R} \to \mathbb{R}$ definita da

$$g(x) = -2x^3+6x^2+18x-6$$

è derivabile, quindi continua,

$$\lim_{x\to+\infty} g(x) = -\infty, \qquad \lim_{x\to-\infty} g(x) = +\infty$$

e che $g'(x) = -6(x^2-2x-3)$. Inoltre

$$g'(x) = 0 \quad \Longrightarrow \quad x = -1,\, 3, \qquad g'(x) > 0 \quad \Longrightarrow \quad -1 < x < 3.$$

Quindi $x = -1$ è un punto di minimo locale per g, $x = 3$ è un punto di massimo locale per g. Poiché $g(-1) = -16 < 0$ e $g(3) = 48 > 0$, per il Teorema degli zeri delle funzioni continue si ha che la funzione g ammette tre zeri x_1, x_2, x_3 con $x_1 < -1 < x_2 < 3 < x_3$. Più precisamente si ha che $x_1 \in (-3, -2)$, $x_2 \in (0, 1)$ e $x_3 \in (4, 5)$. Quindi

$$f''(x) = 0 \quad \Longrightarrow \quad -2x^3 + 6x^2 + 18x - 6 = 0 \quad \Longrightarrow \quad x = x_1,\ x_2,\ x_3$$

e

$$f''(x) > 0 \quad \Longrightarrow \quad -2x^3 + 6x^2 + 18x - 6 > 0 \quad \Longrightarrow \quad x < x_1, \qquad x_2 < x < x_3.$$

Quindi x_1, x_2, x_3 sono tre punti di flesso per f, f è convessa in $(-\infty, x_1]$ e in $[x_2, x_3]$ ed è concava in $[x_1, x_2]$ e $[x_3, +\infty)$.

Grafico qualitativo di f.

Si ha che

$$f(x) = 0 \quad \Longrightarrow \quad x = 1,$$

$$f(0) = \frac{1}{3}, \qquad f(-1) = \frac{1}{2} \qquad f(3) = -\frac{1}{6}.$$

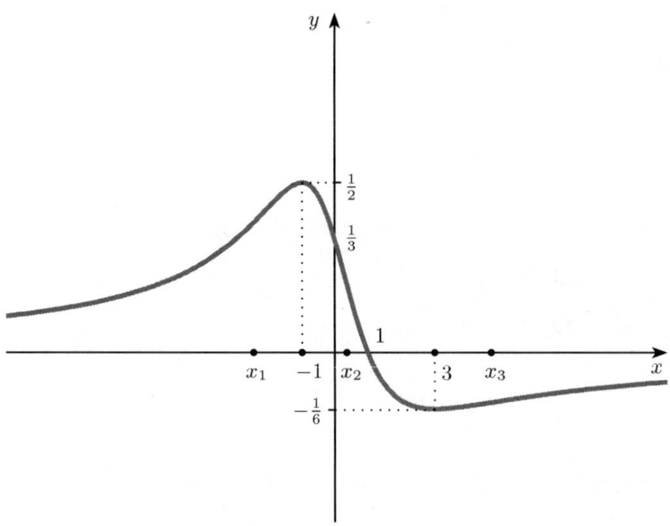

Figura **7.3-a:** Grafico[1] di $f(x) = \dfrac{1-x}{x^2+3}$.

[1] Il grafico non è in scala

b) Consideriamo la funzione
$$f(x) = \frac{x^2 - 1}{x^2 + 1}.$$

Dominio, limiti e asintoti di f

Si ha che $\operatorname{dom}(f) = \mathbb{R}$ e $\lim_{x \to \pm\infty} f(x) = 1$, quindi la retta $y = 1$ è un asintoto orizzontale per f. Osserviamo che f è pari.

Monotonia di f e punti di massimo e di minimo locale e assoluto.

Si ha che
$$f'(x) = \frac{4x}{(x^2 + 1)^2}, \qquad \forall x \in \mathbb{R}.$$

Si ha che
$$f'(x) = 0 \quad \Longrightarrow \quad x = 0$$

e
$$f'(x) > 0 \quad \Longrightarrow \quad x > 0.$$

Quindi $x = 0$ è un punto di minimo assoluto per f, f è crescente in $[0, +\infty)$ ed è decrescente in $(-\infty, 0]$.

Concavità e convessità di f e punti di flesso.

Si ha che
$$f''(x) = \frac{4 - 12x^2}{(x^2 + 1)^3}, \qquad \forall x \in \mathbb{R}.$$

Si ha che
$$f''(x) = 0 \quad \Longrightarrow \quad 4 - 12x^2 = 0 \quad \Longrightarrow \quad x = \pm\frac{\sqrt{3}}{3}$$

e
$$f''(x) > 0 \quad \Longrightarrow \quad 4 - 12x^2 > 0 \quad \Longrightarrow \quad -\frac{\sqrt{3}}{3} < x < \frac{\sqrt{3}}{3}.$$

Quindi $x = \pm\frac{\sqrt{3}}{3}$ sono due punti di flesso per f, f è convessa in $\left[-\frac{\sqrt{3}}{3}, \frac{\sqrt{3}}{3}\right]$ ed è concava in $\left(-\infty, -\frac{\sqrt{3}}{3}\right]$ e $\left[\frac{\sqrt{3}}{3}, +\infty\right)$.

Grafico qualitativo di f.

Si ha che
$$f(x) = 0 \quad \Longrightarrow \quad x = \pm 1,$$
$$f(0) = -1, \qquad f\left(\pm\frac{\sqrt{3}}{3}\right) = -\frac{1}{2}.$$

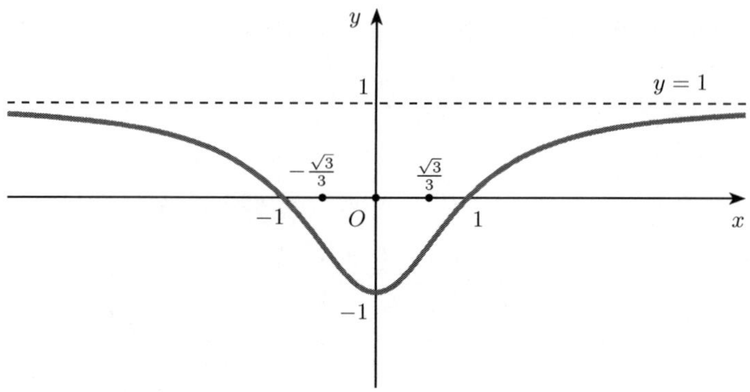

Figura **7.3-b:** Grafico di $f(x) = \dfrac{x^2-1}{x^2+1}$.

c) Consideriamo la funzione

$$f(x) = \frac{e^x+1}{e^x-1}.$$

Dominio, limiti e asintoti di f.

Si ha che $\text{dom}(f) = (-\infty, 0) \cup (0, +\infty)$, f è dispari,

$$\lim_{x\to+\infty} f(x) = 1, \qquad \lim_{x\to-\infty} f(x) = -1,$$

$$\lim_{x\to0^+} f(x) = +\infty, \qquad \lim_{x\to0^-} f(x) = -\infty.$$

Quindi la retta $y = 1$ è un asintoto orizzontale destro per f, la retta $y = -1$ è un asintoto orizzontale sinistro per f e la retta $x = 0$ è un asintoto verticale per f.

Monotonia di f e punti di massimo e di minimo locale e assoluto.

Si ha che

$$f'(x) = \frac{-2e^x}{(e^x-1)^2}, \qquad \forall x \in \mathbb{R},\ x \neq 0.$$

Si ha che

$$f'(x) < 0 \quad \forall x \in \text{dom}(f),$$

quindi f è decrescente in $(-\infty, 0)$ e $(0, +\infty)$.

Concavità e convessità di f e punti di flesso.

Si ha che

$$f''(x) = \frac{2(e^{2x}+e^x)}{(e^x-1)^3}, \qquad \forall x \in \mathbb{R},\ x \neq 0.$$

Si ha che

$$f''(x) > 0 \implies e^x - 1 > 0 \implies x > 0.$$

Quindi f è convessa in $(0, +\infty)$ e concava in $(-\infty, 0)$.

Grafico qualitativo di f.

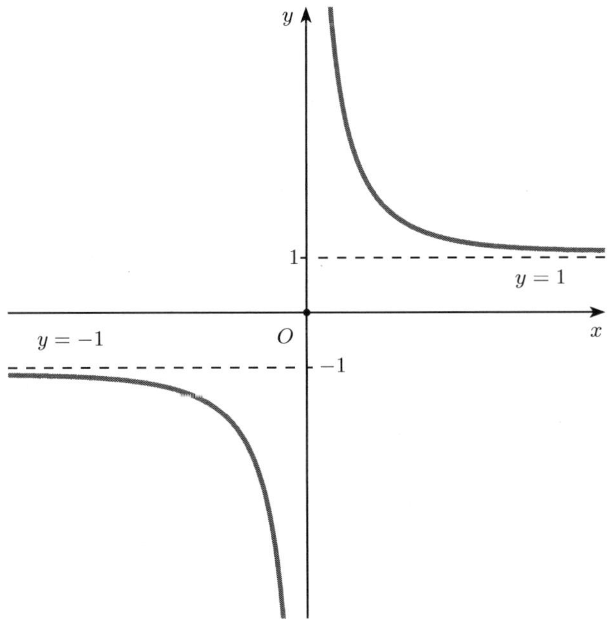

Figura **7.3-c:** Grafico di $f(x) = \dfrac{e^x + 1}{e^x - 1}$.

d) Consideriamo la funzione

$$f(x) = \sqrt[5]{x(x^2 - 1)^2}.$$

Dominio, limiti e asintoti di f.

Si ha che $\mathrm{dom}\,(f) = \mathbb{R}$, f è dispari,

$$\lim_{x \to +\infty} f(x) = +\infty, \qquad \lim_{x \to -\infty} f(x) = -\infty.$$

Osserviamo che per $x \to \pm\infty$

$$f(x) = \sqrt[5]{x(x^2 - 1)^2} = x\left(1 - \frac{1}{x^2}\right)^{\frac{2}{5}} =$$

$$= x\left(1 - \frac{2}{5}\frac{1}{x^2} + o\left(\frac{1}{x^2}\right)\right) = x + o(1).$$

Quindi la retta $y = x$ è un asintoto obliquo per f.

Monotonia di f e punti di massimo e di minimo locale e assoluto.

Si ha che

$$f'(x) = \frac{5x^2 - 1}{5\sqrt[5]{x^4}\sqrt[5]{(x^2-1)^3}} \qquad \forall x \in \mathbb{R},\ x \neq 0,\ \pm 1.$$

Si ha che f non è derivabile in 0, ± 1, infatti

$$\lim_{x\to 0^\pm} f'(x) = +\infty \quad \Longrightarrow \quad x = 0 \text{ è un punto di flesso a tangente verticale per } f,$$

$$\lim_{x\to 1^\pm} f'(x) = \pm\infty \quad \Longrightarrow \quad x = 1 \text{ è una cuspide per } f,$$

$$\lim_{x\to (-1)^\pm} f'(x) = \mp\infty \quad \Longrightarrow \quad x = -1 \text{ è una cuspide per } f.$$

Si ha che

$$f'(x) = 0 \quad \Longrightarrow \quad 5x^2 - 1 = 0 \quad \Longrightarrow \quad x = \pm\frac{\sqrt{5}}{5}$$

e

$$f'(x) > 0 \quad \Longrightarrow \quad x < -1, \quad -\frac{\sqrt{5}}{5} < x < 0, \quad 0 < x < \frac{\sqrt{5}}{5}, \quad 1 < x < +\infty.$$

Quindi $x = -1$ è un punto di massimo locale per f, $x = 1$ è un punto di minimo locale per f, $x = -\frac{\sqrt{5}}{5}$ è un punto di minimo locale per f, $x = \frac{\sqrt{5}}{5}$ è un punto di massimo locale per f, f è crescente in $(-\infty, -1]$, $\left[-\frac{\sqrt{5}}{5}, \frac{\sqrt{5}}{5}\right]$ e $[1, +\infty)$ ed è decrescente in $\left[-1, -\frac{\sqrt{5}}{5}\right]$ e $\left[\frac{\sqrt{5}}{5}, 1\right]$.

<u>Concavità e convessità di f e punti di flesso.</u>

Si ha che

$$f''(x) = -\frac{20x^2 + 4}{5\sqrt[5]{x^9}\sqrt[5]{(x^2-1)^8}} \qquad \forall x \in \mathbb{R},\ x \neq 0,\ \pm 1.$$

Si ha che

$$f''(x) > 0 \quad \Longrightarrow \quad x < -1, \qquad -1 < x < 0.$$

Quindi f è convessa in $(-\infty - 1]$ e $[-1, 0]$ ed è concava in $[0, 1]$ e $[1, +\infty)$.

<u>Grafico qualitativo di f.</u>

Si ha che

$$f(x) = 0 \quad \Longrightarrow \quad x = 0,\ \pm 1,$$

$$f\left(\frac{\sqrt{5}}{5}\right) = \frac{\sqrt{5}}{5}\sqrt[5]{16} \quad , \quad f\left(-\frac{\sqrt{5}}{5}\right) = -\frac{\sqrt{5}}{5}\sqrt[5]{16}.$$

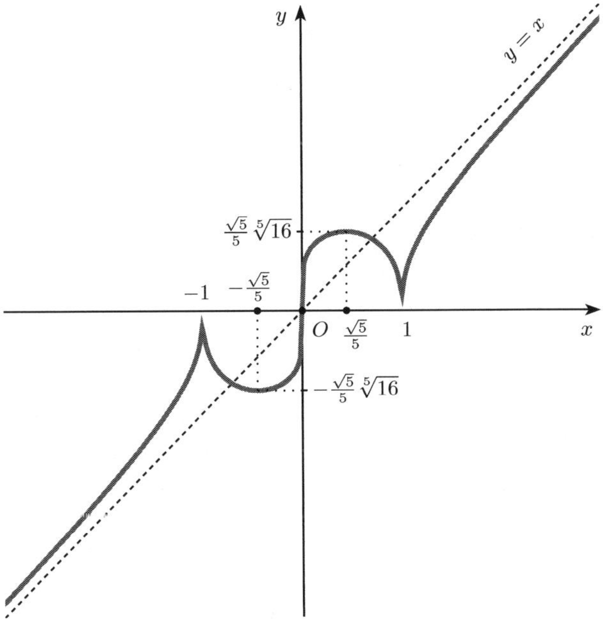

Figura **7.3-d:** Grafico di $f(x) = \sqrt[5]{x(x^2-1)^2}$.

e) Consideriamo la funzione

$$f(x) = \sqrt{x+1} - \sqrt{x}.$$

Dominio, limiti e asintoti di f.

Si ha che $\operatorname{dom}(f) = [0, +\infty)$ e $\lim_{x\to+\infty} f(x) = 0$, quindi la retta $y = 0$ è un asintoto orizzontale destro per f.

Monotonia di f e punti di massimo e di minimo locale e assoluto.

Si ha che

$$f'(x) = \frac{\sqrt{x} - \sqrt{x+1}}{2\sqrt{x+1}\sqrt{x}}, \qquad \forall x > 0.$$

Osserviamo che f non è derivabile in 0, infatti

$$\lim_{x\to 0^+} f'(x) = -\infty.$$

Si ha che

$$f'(x) < 0 \quad \forall x \in \operatorname{dom}(f),\, x \neq 0,$$

da cui segue che f è decrescente in $[0, +\infty)$. Quindi $x = 0$ è un punto di massimo assoluto per f.

Concavità e convessità di f e punti di flesso.

Si ha che

$$f''(x) = \frac{-x^{\frac{3}{2}} + (x+1)^{\frac{3}{2}}}{2(x+1)^{\frac{3}{2}} x^{\frac{3}{2}}}, \qquad \forall x > 0.$$

Si ha che

$$f''(x) > 0 \qquad \forall x > 0.$$

quindi f è covessa in $[0, +\infty)$.

Grafico qualitativo di f.

Si ha che $f(0) = 1$.

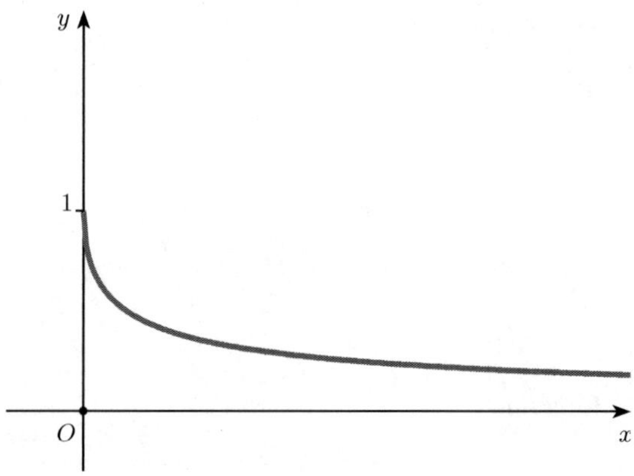

Figura **7.3-e:** Grafico[2] di $f(x) = \sqrt{x+1} - \sqrt{x}$.

$f)$ Consideriamo la funzione

$$f(x) = \left(x^2 + 2x\right) e^x.$$

Dominio, limiti e asintoti di f.

Si ha che $\operatorname{dom}(f) = \mathbb{R}$ e

$$\lim_{x \to +\infty} f(x) = +\infty, \qquad \lim_{x \to -\infty} f(x) = 0.$$

Quindi la retta $y = 0$ è un asintoto orizzontale sinistro per f. Poiché $e^x = o(f(x))$ per $x \to +\infty$, si ha che f non ammette asintoto obliquo per $x \to +\infty$.

Monotonia di f e punti di massimo e di minimo locale e assoluto.

Si ha che

$$f'(x) = e^x(x^2 + 4x + 2), \qquad \forall x \in \mathbb{R}.$$

[2]Il grafico non è in scala

Si ha che

$$f'(x) = 0 \quad \Longrightarrow \quad x^2 + 4x + 2 = 0 \quad \Longrightarrow \quad x = -2 \pm \sqrt{2}$$

e

$$f'(x) > 0 \quad \Longrightarrow \quad x^2 + 4x + 2 > 0 \quad \Longrightarrow \quad x < -2 - \sqrt{2}, \qquad x > -2 + \sqrt{2}.$$

Quindi $x = -2 - \sqrt{2}$ è un punto di massimo locale per f, $x = -2 + \sqrt{2}$ è un punto di minimo assoluto per f, f è crescente in $\left(-\infty, -2 - \sqrt{2}\right]$ e in $\left[-2 + \sqrt{2}, +\infty\right)$ ed è decrescente in $\left[-2 - \sqrt{2}, -2 + \sqrt{2}\right]$.

Concavità e convessità di f e punti di flesso.

Si ha che

$$f''(x) = e^x(x^2 + 6x + 6), \qquad \forall x \in \mathbb{R}.$$

Si ha che

$$f''(x) = 0 \quad \Longrightarrow \quad x^2 + 6x + 6 = 0 \quad \Longrightarrow \quad x = -3 \pm \sqrt{3}$$

e

$$f''(x) > 0 \quad \Longrightarrow \quad x^2 + 6x + 6 > 0 \quad \Longrightarrow \quad x < -3 - \sqrt{3}, \qquad x > -3 + \sqrt{3}.$$

Quindi $x = -3 \pm \sqrt{3}$ sono due punti di flesso per f, f è convessa in $\left(-\infty, -3 - \sqrt{3}\right]$ e in $\left[-3 + \sqrt{3}, +\infty\right)$ ed è concava in $\left[-3 - \sqrt{3}, -3 + \sqrt{3}\right]$.

Grafico qualitativo di f.

Si ha che

$$f(x) = 0 \quad \Longrightarrow \quad x = 0,\ -2,$$

$$f\left(-2 + \sqrt{2}\right) = \left(2 - 2\sqrt{2}\right) e^{-2+\sqrt{2}}, \qquad f\left(-2 - \sqrt{2}\right) = \left(2 + 2\sqrt{2}\right) e^{-2-\sqrt{2}},$$

$$f\left(-3 + \sqrt{3}\right) = \left(6 - 4\sqrt{3}\right) e^{-3+\sqrt{3}}, \qquad f\left(-3 - \sqrt{3}\right) = \left(6 + 4\sqrt{3}\right) e^{-3-\sqrt{3}}.$$

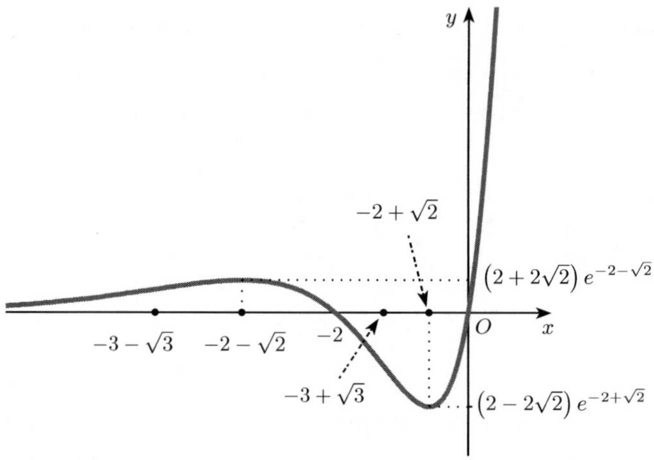

Figura **7.3-f:** Grafico[3] di $f(x) = (x^2 + 2x)e^x$.

g) Consideriamo la funzione

$$f(x) = \sqrt{\frac{x^3}{x+3}}.$$

Dominio, limiti e asintoti di f.

Si ha che dom $(f) = (-\infty, -3) \cup [0, +\infty)$ e

$$\lim_{x\to\pm\infty} f(x) = +\infty, \qquad \lim_{x\to(-3)^-} f(x) = +\infty.$$

Quindi la retta $x = -3$ è un asintoto verticale sinistro per f. Osserviamo che per $x \to \pm\infty$

$$f(x) = \sqrt{\frac{x^3}{x+3}} = |x|\sqrt{\frac{x}{x+3}} = |x|\left(\frac{x}{x+3}\right)^{\frac{1}{2}} = |x|\left[\frac{x}{x\left(1+\frac{3}{x}\right)}\right]^{\frac{1}{2}} =$$

$$= |x|\left(1+\frac{3}{x}\right)^{-\frac{1}{2}} = |x|\left(1 - \frac{3}{2x} + o\left(\frac{1}{x}\right)\right) = |x| - \frac{3|x|}{2x} + o(1).$$

Quindi la retta $y = x - \frac{3}{2}$ è un asintoto obliquo destro per f e la retta $y = -x + \frac{3}{2}$ è un asintoto obliquo sinistro per f.

Monotonia di f e punti di massimo e di minimo locale e assoluto.

Si ha che

$$f'(x) = \frac{1}{2}\sqrt{\frac{x+3}{x^3}}\,\frac{x^2(2x+9)}{(x+3)^2}, \qquad \forall x \in \mathrm{dom}\,(f)\,,\ x \neq 0.$$

[3]Il grafico non è in scala

Osserviamo che f è derivabile anche in 0, più precisamente esiste $D^+f(0)$, infatti

$$\lim_{x\to 0^+} f'(x) = \lim_{x\to 0^+} \frac{1}{2}\sqrt{\frac{x+3}{x^3}}\,\frac{x^2(2x+9)}{(x+3)^2} = \lim_{x\to 0^+} \frac{1}{2}\,\frac{\sqrt{x}(2x+9)}{(x+3)^{\frac{3}{2}}} = 0.$$

Quindi $D^+f(0) = 0$. Si ha che

$$f'(x) = 0 \quad\Longrightarrow\quad x = -\frac{9}{2},\, 0$$

e

$$f'(x) > 0 \quad\Longrightarrow\quad -\frac{9}{2} < x < -3, \quad x > 0.$$

Quindi $x = -\frac{9}{2}$ è un punto di minimo locale per f, $x = 0$ è un punto di minimo assoluto per f, f è crescente in $\left[-\frac{9}{2}, -3\right)$ e in $[0, +\infty)$ ed è decrescente in $\left(-\infty, -\frac{9}{2}\right]$.

<u>Grafico qualitativo di f.</u>

Si ha che

$$f(0) = 0, \qquad f\left(-\frac{9}{2}\right) = \frac{9}{2}\sqrt{3}.$$

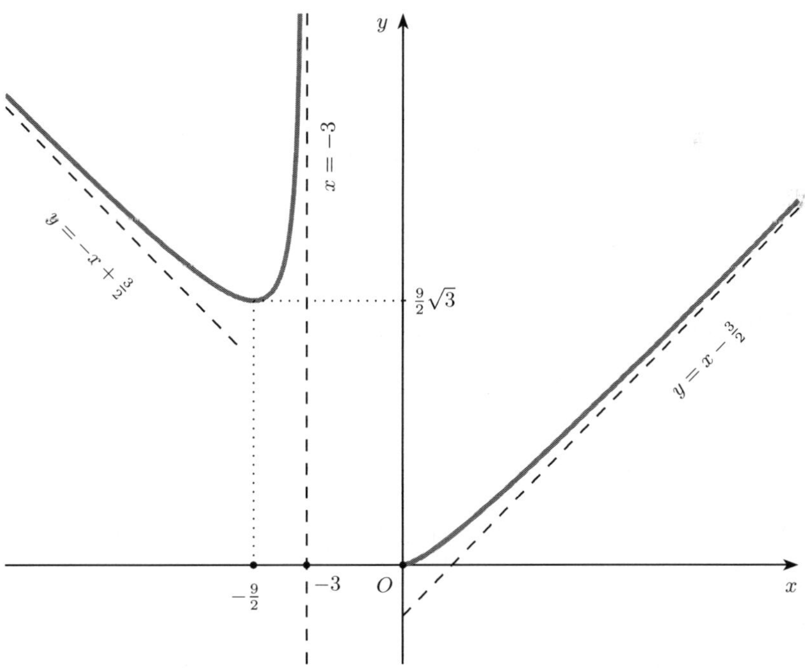

Figura **7.3-g:** Grafico di $f(x) = \sqrt{\dfrac{x^3}{x+3}}$.

h) Consideriamo la funzione

$$f(x) = x^2(\log x - 1).$$

Dominio, limiti e asintoti di f.

Si ha che $\text{dom}\,(f) = (0, +\infty)$ e

$$\lim_{x\to+\infty} f(x) = +\infty, \qquad \lim_{x\to 0^+} f(x) = 0.$$

Poiché $x = o(f(x))$ per $x \to +\infty$, si ha che f non ammette asintoto obliquo.

Monotonia di f e punti di massimo e di minimo locale e assoluto.

Si ha che

$$f'(x) = x(2\log x - 1), \qquad \forall x > 0.$$

Si ha che

$$f'(x) = 0 \implies 2\log x = 1 \implies x = e^{\frac{1}{2}}$$

e

$$f'(x) > 0 \implies 2\log x > 1 \implies x > e^{\frac{1}{2}}.$$

Quindi $x = e^{\frac{1}{2}}$ è un punto di minimo assoluto per f, f è crescente in $\left[e^{\frac{1}{2}}, +\infty\right)$ e ed è decrescente in $\left(0, e^{\frac{1}{2}}\right]$.

Concavità e convessità di f e punti di flesso.

Si ha che

$$f''(x) = 2\log x + 1, \qquad \forall x > 0.$$

Si ha che

$$f''(x) = 0 \implies 2\log x = -1 \implies x = e^{-\frac{1}{2}}$$

e

$$f''(x) > 0 \implies 2\log x > -1 \implies x > e^{-\frac{1}{2}}.$$

Quindi $x = e^{-\frac{1}{2}}$ è un punto di flesso per f, f è convessa in $\left[e^{-\frac{1}{2}}, +\infty\right)$ ed è concava in $\left(0, e^{-\frac{1}{2}}\right]$.

Grafico qualitativo di f.

Si ha che

$$f(x) = 0 \implies x = e,$$

$$f\left(e^{\frac{1}{2}}\right) = -\frac{1}{2}e, \qquad f\left(e^{-\frac{1}{2}}\right) = -\frac{3}{2}e^{-1}.$$

Osserviamo che

$$\lim_{x\to 0^+} f'(x) = 0.$$

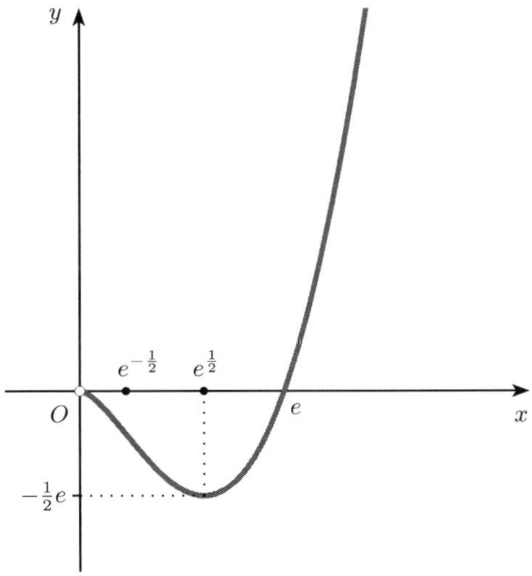

Figura **7.3-h:** Grafico di $f(x) = x^2(\log x - 1)$.

i) Consideriamo la funzione

$$f(x) = \frac{x}{x-1}e^{-x}.$$

Dominio, limiti e asintoti di f.

Si ha che $\mathrm{dom}\,(f) = (-\infty, 1) \cup (1, +\infty)$ e

$$\lim_{x\to+\infty} f(x) = 0, \qquad \lim_{x\to-\infty} f(x) = +\infty$$

$$\lim_{x\to 1^+} f(x) = +\infty, \qquad \lim_{x\to 1^-} f(x) = -\infty.$$

Quindi la retta $y = 0$ è un asintoto orizzontale destro per f e la retta $x = 1$ è un asintoto verticale per f. Poiché $f(x) \sim e^{-x}$ per $x \to -\infty$, si ha che f non ammette asintoto obliquo per $x \to -\infty$.

Monotonia di f e punti di massimo e di minimo locale e assoluto.

Si ha che

$$f'(x) = -\frac{x^2 - x + 1}{(x-1)^2}e^{-x}, \qquad \forall x \in \mathbb{R},\ x \neq 1.$$

Si ha che

$$f'(x) = 0 \implies x^2 - x + 1 = 0 \implies \nexists x \in \mathbb{R}$$

e $f'(x) < 0$ per ogni $x \in \operatorname{dom}(f)$. Quindi f ed è decrescente in $(-\infty, 1)$ e $(1, +\infty)$.

Concavità e convessità di f e punti di flesso.

Si ha che

$$f''(x) = \frac{x(x^2 - 2x + 3)}{(x-1)^3} e^{-x}, \qquad \forall x \in \mathbb{R},\ x \neq 1.$$

Si ha che

$$f''(x) = 0 \implies x = 0$$

e

$$f''(x) > 0 \implies x < 0, \quad x > 1.$$

Quindi $x = 0$ è un punto di flesso per f, f è convessa in $(-\infty, 0]$ e $(1, +\infty)$ ed è concava in $[0, 1)$.

Grafico qualitativo di f.

Si ha che $f(0) = 0$.

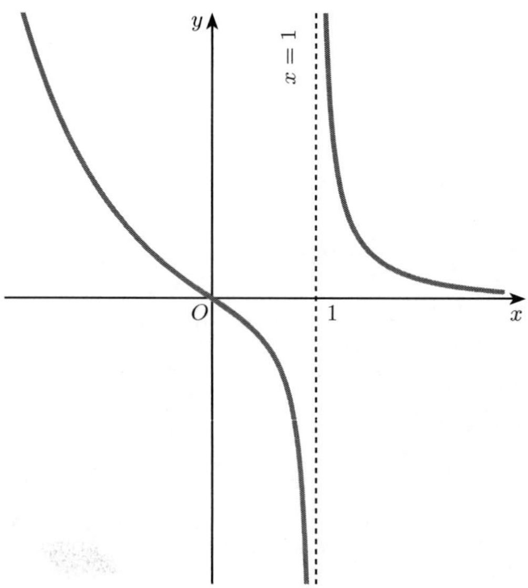

Figura **7.3-i:** Grafico[4] di $f(x) = \dfrac{x}{x-1} e^{-x}$.

[4] Il grafico non è in scala

j) Consideriamo la funzione

$$f(x) = 2x - \arcsin x.$$

<u>Dominio, limiti e asintoti di f</u>.

Si ha che $\mathrm{dom}(f) = [-1, 1]$, f è dispari.

<u>Monotonia di f e punti di massimo e di minimo locale e assoluto</u>.

Si ha che

$$f'(x) = \frac{2\sqrt{1-x^2} - 1}{\sqrt{1-x^2}}, \qquad \forall x \in (-1, 1).$$

Inoltre si ha che

$$\lim_{x \to (-1)^+} f'(x) = \lim_{x \to 1^-} f'(x) = -\infty.$$

Quindi f non ammette derivata destra in $x = -1$ e derivata sinistra in $x = 1$. Si ha che

$$f'(x) = 0 \quad \Longrightarrow \quad 2\sqrt{1-x^2} = 1 \quad \Longrightarrow \quad x = \pm\frac{\sqrt{3}}{2}$$

e

$$f'(x) > 0 \quad \Longrightarrow \quad 2\sqrt{1-x^2} > 1 \quad \Longrightarrow \quad -\frac{\sqrt{3}}{2} < x < \frac{\sqrt{3}}{2}.$$

Quindi $x = \frac{\sqrt{3}}{2}$ è un punto di massimo assoluto per f, $x = -\frac{\sqrt{3}}{2}$ è un punto di minimo assoluto per f, $x = 1$ è un punto di minimo locale per f e $x = -1$ è un punto di massimo locale per f, f è crescente in $\left[-\frac{\sqrt{3}}{2}, \frac{\sqrt{3}}{2}\right]$ è decrescente in $\left[-1, -\frac{\sqrt{3}}{2}\right]$ e $\left[\frac{\sqrt{3}}{2}, 1\right]$.

<u>Concavità e convessità di f e punti di flesso</u>.

Si ha che

$$f''(x) = -\frac{x}{(1-x^2)^{\frac{3}{2}}}, \qquad \forall x \in (-1, 1).$$

Si ha che

$$f''(x) = 0 \quad \Longrightarrow \quad x = 0$$

e

$$f''(x) > 0 \quad \Longrightarrow \quad x < 0.$$

Quindi $x = 0$ è un punto di flesso per f, f è convessa in $[-1, 0]$ ed è concava in $[0, 1]$.

<u>Grafico qualitativo di f</u>.

Si ha che

$$f(0) = 0, \qquad f(1) = 2 - \frac{\pi}{2}, \qquad f(-1) = -2 + \frac{\pi}{2},$$

$$f\left(\frac{\sqrt{3}}{2}\right)=\sqrt{3}-\frac{\pi}{3},\qquad f\left(-\frac{\sqrt{3}}{2}\right)=-\sqrt{3}+\frac{\pi}{3}.$$

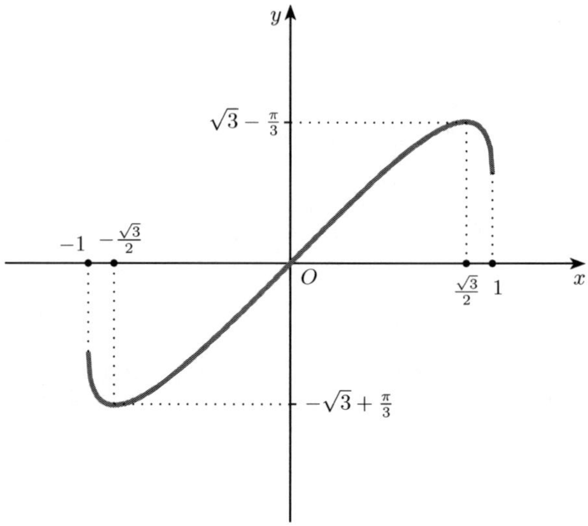

Figura **7.3-j:** Grafico di $f(x) = 2x - \arcsin x$.

k) Consideriamo la funzione

$$f(x)=\frac{\sqrt{|16x^5-x|}}{x^2}.$$

Dominio, limiti e asintoti di f.

Si ha che $\operatorname{dom}(f) = (-\infty, 0) \cup (0, +\infty)$, f è pari.

$$\lim_{x\to+\infty} f(x)=+\infty,\qquad \lim_{x\to-\infty} f(x)=+\infty,\qquad \lim_{x\to 0} f(x)=+\infty.$$

Quindi la retta $x = 0$ è un asintoto verticale per f. Osserviamo che per $x \to \pm\infty$

$$f(x)=\frac{\sqrt{|16x^5-x|}}{x^2}=\frac{4|x|^{\frac{5}{2}}\sqrt{1-\frac{1}{16x^4}}}{x^2}=4|x|^{\frac{1}{2}}\sqrt{1-\frac{1}{16x^4}}=$$

$$=4|x|^{\frac{1}{2}}\left(1-\frac{1}{16x^4}\right)^{\frac{1}{2}}=4|x|^{\frac{1}{2}}\left(1+o\left(\frac{1}{x^{\frac{1}{2}}}\right)\right)=4|x|^{\frac{1}{2}}+o(1).$$

Quindi f non ammette asintoti obliqui.

Monotonia di f e punti di massimo e di minimo locale e assoluto.

Essendo f pari, studiamo f' solo in $(0, +\infty)$. Osserviamo che

$$f(x)=\frac{\sqrt{|16x^5-x|}}{x^2}=\begin{cases}\dfrac{\sqrt{x-16x^5}}{x^2} & \text{se } 0<x<\frac{1}{2}\\[2ex] \dfrac{\sqrt{16x^5-x}}{x^2} & \text{se } x\geq\frac{1}{2}.\end{cases}$$

Si ha che

$$f'(x) = \begin{cases} -\dfrac{16x^4+3}{2x^2\sqrt{x-16x^5}} & \text{se } 0 < x < \frac{1}{2} \\[2ex] \dfrac{16x^4+3}{2x^2\sqrt{16x^5-x}} & \text{se } x > \frac{1}{2}. \end{cases}$$

Si ha che f non è derivabile in $x = \frac{1}{2}$, infatti

$$\lim_{x\to\left(\frac{1}{2}\right)^+} f'(x) = +\infty, \quad \lim_{x\to\left(\frac{1}{2}\right)^-} f'(x) = -\infty \quad \Longrightarrow \quad x = \frac{1}{2} \text{ è una cuspide per } f.$$

Per simmetria si ha che anche $x = -\frac{1}{2}$ è una cuspide per f. Si ha che

$$f'(x) > 0 \quad \Longrightarrow \quad x > \frac{1}{2}.$$

Quindi $x = \pm\frac{1}{2}$ sono due punti di minimo assoluto per f, f è crescente in $\left[-\frac{1}{2}, 0\right)$ e $\left[\frac{1}{2}, +\infty\right)$ ed è decrescente in $\left(-\infty, -\frac{1}{2}\right]$ e $\left(0, \frac{1}{2}\right]$.

Concavità e convessità di f e punti di flesso.

Tralasciamo lo studio della concavità di f. Poiché $x = \pm\frac{1}{2}$ sono cuspidi per f e $\lim_{x\to 0} f(x) = +\infty$, si ha che f ha almeno due punti di flesso, simmetrici, uno nell'intervallo $\left(-\frac{1}{2}, 0\right)$ e uno nell'intervallo $\left(0, \frac{1}{2}\right)$.

Grafico qualitativo di f.

Si ha che $f\left(\pm\frac{1}{2}\right) = 0$.

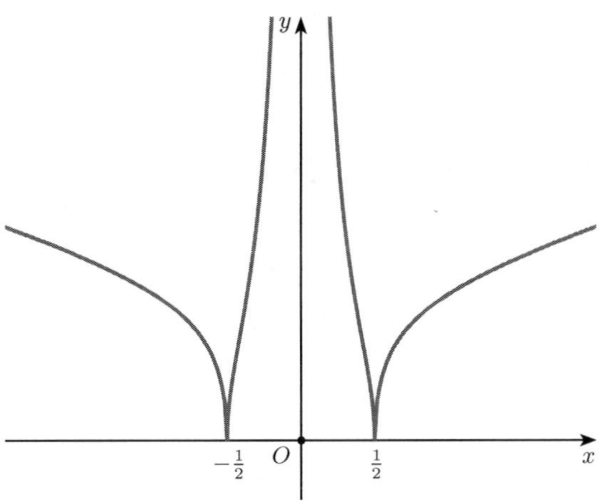

Figura **7.3-k:** Grafico[5] di $f(x) = \dfrac{\sqrt{|16x^5 - x|}}{x^2}$.

[5] Il grafico non è in scala

l) Consideriamo la funzione

$$f(x) = \log |e^{2x} - 3e^{x} - 4|.$$

Dominio, limiti e asintoti di f.

Si ha che $\operatorname{dom}(f) = (-\infty, \log 4) \cup (\log 4, +\infty)$ e

$$\lim_{x\to+\infty} f(x) = +\infty, \qquad \lim_{x\to-\infty} f(x) = \log 4, \qquad \lim_{x\to\log 4} f(x) = -\infty.$$

Quindi la retta $y = \log 4$ è un asintoto orizzontale sinistro per f e la retta $x = \log 4$ è un asintoto verticale per f. Osserviamo che per $x \to +\infty$

$$f(x) = \log |e^{2x} - 3e^{x} - 4| = \log\left(e^{2x}\left|1 - \frac{3}{e^{x}} - \frac{4}{e^{2x}}\right|\right) =$$

$$= \log e^{2x} + \log\left(1 - \frac{3}{e^{x}} - \frac{4}{e^{2x}}\right) = 2x + \log\left(1 - \frac{3}{e^{x}} - \frac{4}{e^{2x}}\right) = 2x + o(1).$$

Quindi la retta $y = 2x$ è un asintoto obliquo destro per f.

Monotonia di f e punti di massimo e di minimo locale e assoluto.

Si ha che

$$f'(x) = \frac{2e^{2x} - 3e^{x}}{e^{2x} - 3e^{x} - 4}, \qquad \forall x \in \mathbb{R},\ x \neq \log 4.$$

Si ha che

$$f'(x) = 0 \implies 2e^{2x} - 3e^{x} = 0 \implies e^{x} = \frac{3}{2} \implies x = \log\frac{3}{2}$$

e

$$f'(x) > 0 \implies 2e^{2x} - 3e^{x} > 0 \implies e^{x} > \frac{3}{2} \implies x < \log\frac{3}{2}, \quad x > \log 4.$$

Quindi $x = \log\frac{3}{2}$ è un punto di massimo locale per f, f è crescente in $\left(-\infty, \log\frac{3}{2}\right]$ e $(\log 4, +\infty)$ ed è decrescente in $\left[\log\frac{3}{2}, \log 4\right)$.

Concavità e convessità di f e punti di flesso.

Si ha che

$$f''(x) = -\frac{e^{x}(3e^{2x} + 16e^{x} - 12)}{(e^{2x} - 3e^{x} - 4)^2}, \qquad \forall x \in \mathbb{R},\ x \neq \log 4.$$

Si ha che

$$f''(x) = 0 \implies 3e^{2x} + 16e^{x} - 12 = 0 \implies e^{x} = \frac{2}{3} \implies x = \log\frac{2}{3}$$

e

$$f''(x) > 0 \implies 3e^{2x} + 16e^{x} - 12 < 0 \implies e^{x} < \frac{2}{3} \implies x < \log\frac{2}{3}.$$

Quindi $x = \log\frac{2}{3}$ è un punto di flesso per f, f è convessa in $\left(-\infty, \log\frac{2}{3}\right]$ ed è concava in $\left[\log\frac{2}{3}, \log 4\right)$ e $(\log 4, +\infty)$.

Grafico qualitativo di f.

Si ha che

$$f(x) = 0 \implies x = \frac{3+\sqrt{29}}{6}, \frac{3+\sqrt{21}}{6},$$

$$f(0) = \log 6, \qquad f\left(\log\frac{3}{2}\right) = \log\frac{25}{4}, \qquad f\left(\log\frac{2}{3}\right) = \log\frac{50}{9}.$$

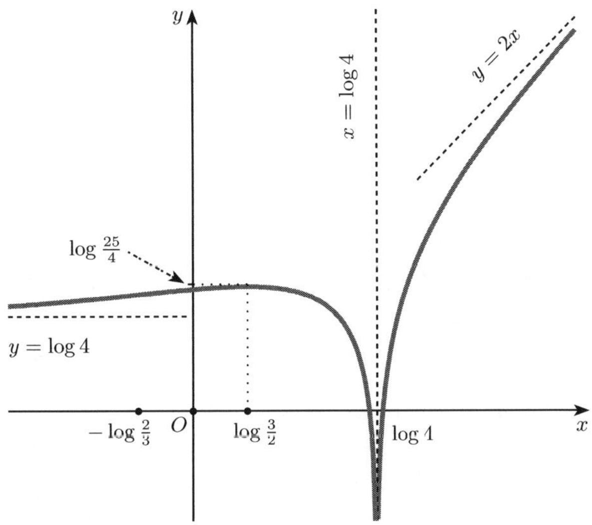

Figura **7.3-l:** Grafico[6] di $f(x) = \log|e^{2x} - 3e^{x} - 4|$.

[6]Il grafico non è in scala

m) Consideriamo la funzione

$$f(x) = \arctan \frac{|x^2 - 2x|}{x - 1}.$$

<u>Dominio, limiti e asintoti di f.</u>

Si ha che $\operatorname{dom}(f) = (-\infty, 1) \cup (1, +\infty)$,

$$\lim_{x\to+\infty} f(x) = \frac{\pi}{2}, \qquad \lim_{x\to-\infty} f(x) = -\frac{\pi}{2},$$

$$\lim_{x\to1^+} f(x) = \frac{\pi}{2}, \qquad \lim_{x\to1^-} f(x) = -\frac{\pi}{2}.$$

Quindi la retta $y = \frac{\pi}{2}$ è un asintoto orizzontale destro per f e la retta $y = -\frac{\pi}{2}$ è un asintoto orizzontale sinistro per f.

<u>Monotonia di f e punti di massimo e di minimo locale e assoluto.</u>

Osserviamo che

$$f(x) = \arctan \frac{|x^2 - 2x|}{x - 1} = \begin{cases} \arctan \dfrac{x^2 - 2x}{x - 1} & \text{se } \ x \le 0,\ x \ge 2 \\[2ex] -\arctan \dfrac{x^2 - 2x}{x - 1} & \text{se } \ 0 < x < 2. \end{cases}$$

Si ha che

$$f'(x) = \begin{cases} \dfrac{x^2 - 2x + 2}{(x-1)^2 + (x^2 - 2x)^2} & \text{se } \ x < 0,\ x > 2 \\[2ex] -\dfrac{x^2 - 2x + 2}{(x-1)^2 + (x^2 - 2x)^2} & \text{se } \ 0 < x < 2. \end{cases}$$

Si ha che f non è derivabile in $x = 0,\ 2$, infatti

$$\lim_{x\to0^\pm} f'(x) = \mp 2 \quad \Longrightarrow \quad x = 0 \ \text{ è un punto angoloso per } f,$$

$$\lim_{x\to2^\pm} f'(x) = \pm 2 \quad \Longrightarrow \quad x = 2 \ \text{ è un punto angoloso per } f,$$

Si ha che

$$f'(x) > 0 \quad \Longrightarrow \quad x < 0, \quad x > 2.$$

Quindi $x = 0$ è un punto di massimo locale per f e $x = 2$ è un punto di minimo locale per f, f è crescente in $(-\infty, 0]$ e $[2, +\infty)$ ed è decrescente in $[0, 1)$ e $(1, 2]$.

<u>Grafico qualitativo di f.</u>

Si ha che

$$f(x) = 0 \quad \Longrightarrow \quad x = 0,\ 2.$$

Infine osserviamo che $\lim_{x\to1^\pm} f'(x) = -1$.

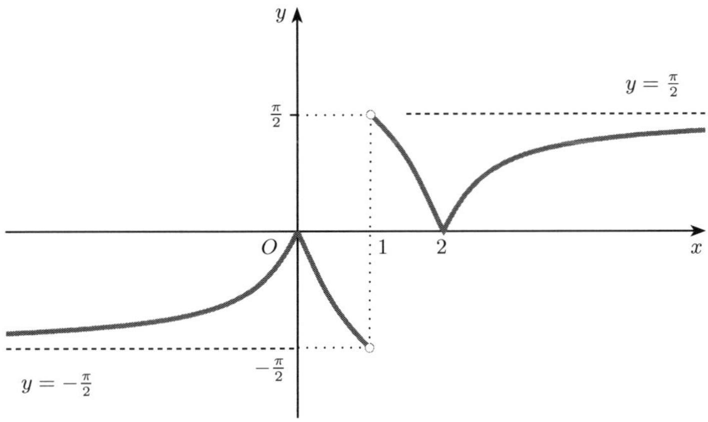

Figura **7.3-m:** Grafico di $f(x) = \arctan \frac{|x^2 - 2x|}{x-1}$.

n) Consideriamo la funzione

$$f(x) = \arctan 3x - \arcsin \frac{1}{\sqrt{1+9x^2}}.$$

<u>Dominio, limiti e asintoti di f</u>.

Si ha che $\mathrm{dom}\,(f) = \mathbb{R}$,

$$\lim_{x\to+\infty} f(x) = \frac{\pi}{2}, \qquad \lim_{x\to-\infty} f(x) = -\frac{\pi}{2}.$$

Quindi la retta $y = \frac{\pi}{2}$ è un asintoto orizzontale destro per f e la retta $y = -\frac{\pi}{2}$ è un asintoto orizzontale sinistro per f.

<u>Monotonia di f e punti di massimo e di minimo locale e assoluto</u>.

Si ha che

$$f'(x) = \begin{cases} 0 & \text{se } x < 0 \\ \dfrac{6}{1+9x^2} & \text{se } x > 0. \end{cases}$$

Si ha che f non è derivabile in $x = 0$, infatti

$$\lim_{x\to0^+} f'(x) = 6, \qquad \lim_{x\to0^-} f'(x) = 0 \quad \Longrightarrow \quad x = 0 \text{ è un punto angoloso per } f.$$

Si ha che

$$f'(x) > 0 \quad \Longrightarrow \quad x > 0.$$

Si ha che f è costante in $(-\infty, 0]$ e in particolare $f(x) = -\frac{\pi}{2}$ per ogni $x \in (-\infty, 0]$. Inoltre f è strettamente crescente in $[0, +\infty)$.

Concavità e convessità di f e punti di flesso.

Si ha che

$$f''(x) = \begin{cases} 0 & \text{se } x < 0 \\ -\dfrac{108x}{(1+9x^2)^2} & \text{se } x > 0. \end{cases}$$

Si ha che

$$f''(x) < 0 \quad \Longrightarrow \quad x > 0.$$

Quindi f è strettamente concava in $[0, +\infty)$.

Grafico qualitativo di f.

Poiché f è continua, $f(0) = -\frac{\pi}{2}$ e $\lim_{x \to +\infty} f(x) = \frac{\pi}{2} > 0$, per il Teorema degli zeri esiste $\alpha > 0$ tale che $f(\alpha) = 0$. Inoltre essendo f strettamente crescente su $(0, +\infty)$, si ha che questo zero di f è unico. Osserviamo che $\alpha \in]0, 1[$. Infatti si ha che

$$f(1) = \arctan 3 - \arcsin \frac{1}{\sqrt{10}} > \arctan 1 - \arcsin \frac{1}{\sqrt{10}} =$$

$$= \frac{\pi}{4} - \arcsin \frac{1}{\sqrt{10}} > \frac{\pi}{4} - \arcsin \frac{\sqrt{2}}{2} = \frac{\pi}{4} - \frac{\pi}{4} = 0.$$

Quindi essendo $f(1) > 0$ si ha che $\alpha < 1$.

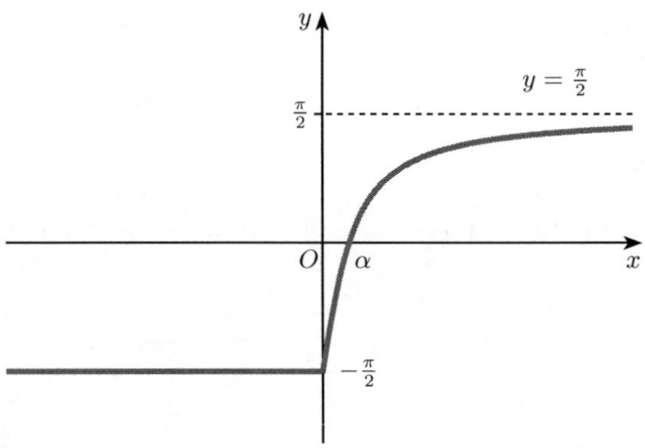

Figura **7.3-n:** Grafico di $f(x) = \arctan 3x - \arcsin \dfrac{1}{\sqrt{1+9x^2}}$.

$o)$ Consideriamo la funzione

$$f(x) = \frac{x^2}{|x|}\, e^{\frac{1-x}{2-x}}.$$

Dominio, limiti e asintoti di f.

Si ha che $\operatorname{dom}(f) = (-\infty, 0) \cup (0, 2) \cup (2, +\infty)$,

$$\lim_{x\to+\infty} f(x) = +\infty, \qquad \lim_{x\to-\infty} f(x) = +\infty,$$

$$\lim_{x\to 0} f(x) = 0, \qquad \lim_{x\to 2^+} f(x) = +\infty \qquad \lim_{x\to 2^-} f(x) = 0.$$

Quindi la retta $x = 2$ è un asintoto verticale destro per f. Osserviamo che per $x \to \pm\infty$

$$f(x) = \frac{x^2}{|x|}\, e^{\frac{1-x}{2-x}} = \frac{x^2}{|x|}\, e^{\frac{x-1}{x-2}} = |x|\, e^{\frac{x-1}{x-2}} =$$

$$= |x|\, e^{1+\frac{1}{x-2}} = e|x|\, e^{\frac{1}{x-2}} = e|x| \left[1 + \frac{1}{x-2} + o\left(\frac{1}{x-2}\right)\right] =$$

$$= e|x| + \frac{e|x|}{x-2} + o\left(\frac{|x|}{x-2}\right) = e|x| + \frac{e|x|}{x\left(1-\frac{2}{x}\right)} + o\left(\frac{|x|}{x\left(1-\frac{2}{x}\right)}\right) =$$

$$= e|x| + e\frac{|x|}{x}\left(1-\frac{2}{x}\right)^{-1} + o\left(\frac{|x|}{x}\left(1-\frac{2}{x}\right)^{-1}\right) =$$

$$= e|x| + e\frac{|x|}{x}(1 + o(1)) + o(1) = e|x| + e\frac{|x|}{x} + o(1).$$

Quindi la retta $y = ex + e$ è un asintoto obliquo destro per f e la retta $y = -ex - e$ è un asintoto obliquo sinistro per f.

Monotonia di f e punti di massimo e di minimo locale e assoluto.

Osserviamo che

$$f(x) = \begin{cases} x e^{\frac{x-1}{x-2}} & \text{se } 0 < x < 2,\ x > 2 \\ -x e^{\frac{x-1}{x-2}} & \text{se } x < 0. \end{cases}$$

Si ha che

$$f'(x) = \begin{cases} e^{\frac{x-1}{x-2}} \left[\dfrac{x^2 - 5x + 4}{(x-2)^2}\right] & \text{se } 0 < x < 2,\ x > 2 \\ -e^{\frac{x-1}{x-2}} \left[\dfrac{x^2 - 5x + 4}{(x-2)^2}\right] & \text{se } x < 0. \end{cases}$$

Si ha che

$$f'(x) = 0 \quad \Longrightarrow \quad x^2 - 5x + 4 = 0 \quad \Longrightarrow \quad x = 1, 4$$

e

$$f'(x) > 0 \Longrightarrow \begin{cases} x^2 - 5x + 4 > 0 & \text{se } 0 < x < 2,\ x > 2 \\ x^2 - 5x + 4 < 0 & \text{se } x < 0 \end{cases} \Longrightarrow 0 < x < 1,\ x > 4.$$

Quindi $x = 1$ è un punto di massimo locale per f e $x = 4$ è un punto di minimo locale per f, f è crescente in $(0, 1]$ e $[4, +\infty)$ ed è decrescente in $(-\infty, 0)$, $[1, 2)$ e $(2, 4]$.

Concavità e convessità di f e punti di flesso.

Si ha che

$$f''(x) = \begin{cases} e^{\frac{x-1}{x-2}} \left[\dfrac{5x-8}{(x-2)^4}\right] & \text{se } 0 < x < 2,\ x > 2 \\ -e^{\frac{x-1}{x-2}} \left[\dfrac{5x-8}{(x-2)^4}\right] & \text{se } x < 0. \end{cases}$$

Si ha che

$$f'(x) = 0 \quad \Longrightarrow \quad 5x - 8 = 0 \quad \Longrightarrow \quad x = \frac{8}{5}$$

e

$$f''(x) > 0 \Longrightarrow \begin{cases} 5x - 8 > 0 & \text{se } 0 < x < 2,\ x > 2 \\ 5x - 8 < 0 & \text{se } x < 0 \end{cases} \Longrightarrow x < 0,\ \frac{8}{5} < x < 2,\ x > 2.$$

Quindi $x = \frac{8}{5}$ è un punto di flesso per f, f è convessa in $(-\infty, 0)$, $\left[\frac{8}{5}, 2\right)$ e $(2, +\infty)$ ed è concava in $\left(0, \frac{8}{5}\right]$.

Grafico qualitativo di f.

Si ha che

$$f(1) = 1, \qquad f(4) = 4e^{\frac{3}{2}}, \qquad f\left(\frac{8}{5}\right) = \frac{8}{5}e^{-\frac{3}{2}}.$$

Inoltre osserviamo che

$$\lim_{x \to 0^\pm} f'(x) = \pm e^{\frac{1}{2}}, \qquad \lim_{x \to 2^-} f'(x) = 0.$$

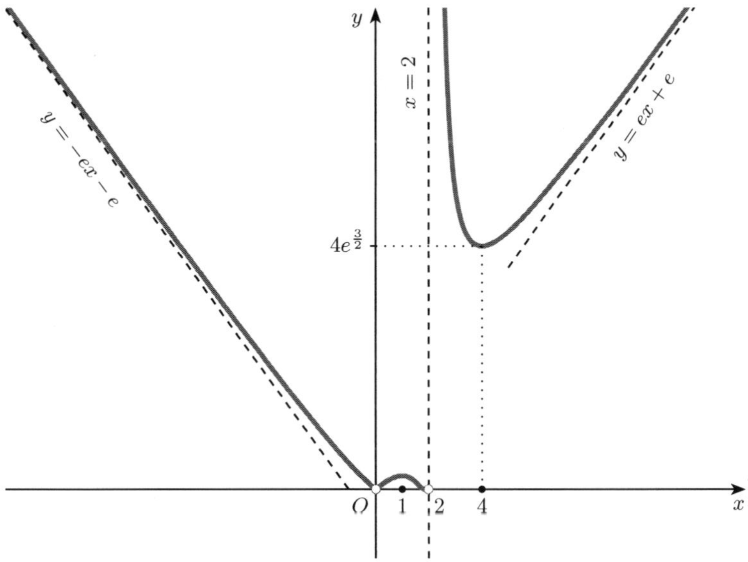

Figura **7.3-o:** Grafico[7] di $f(x) = \dfrac{x^2}{|x|}\, e^{\frac{1-x}{2-x}}$.

Ingrandendo il grafico di f nell'intervallo $(0, 2)$, si riesce ad evidenziare il flesso in corrispondenza di $x = \frac{8}{5}$.

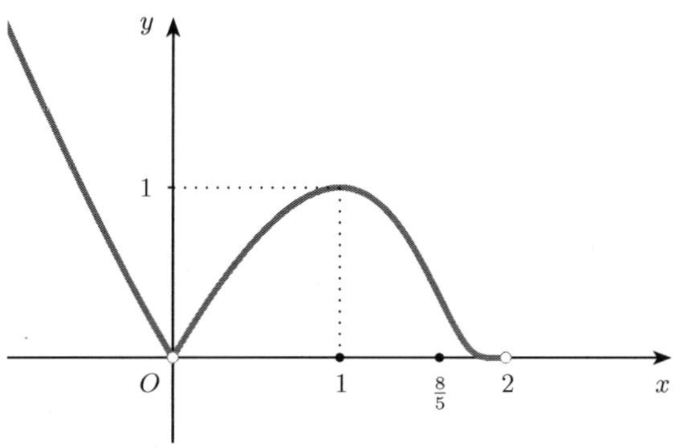

p) Consideriamo la funzione

$$f(x) = \arctan\left(\frac{|3x - x^3| + 3x - x^3}{2x^3}\right).$$

<u>Dominio, limiti e asintoti di f.</u>

[7] Il grafico non è in scala

Si ha che dom $(f) = (-\infty, 0) \cup (0, +\infty)$. Osserviamo che

$$f(x) = \begin{cases} \arctan\left(\dfrac{3-x^2}{x^2}\right) & \text{se } \ x \leq -\sqrt{3}, \ \ 0 < x \leq \sqrt{3} \\ 0 & \text{se } \ -\sqrt{3} < x < 0, \ \ x > \sqrt{3}. \end{cases}$$

Si ha che

$$\lim_{x\to -\infty} f(x) = -\frac{\pi}{4}, \qquad \lim_{x\to 0^+} f(x) = \frac{\pi}{2}.$$

Quindi la retta $y = -\frac{\pi}{4}$ è un asintoto orizzontale sinistro per f.

Monotonia di f e punti di massimo e di minimo locale e assoluto.

Si ha che

$$f'(x) = \begin{cases} -\dfrac{6x}{x^4 + (3-x^2)^2} & \text{se } \ x < -\sqrt{3}, \ \ 0 < x < \sqrt{3} \\ 0 & \text{se } \ -\sqrt{3} < x < 0, \ \ x > \sqrt{3}. \end{cases}$$

Osserviamo che f non è derivabile in $x = \pm\sqrt{3}$, infatti

$$\left.\begin{array}{l} \displaystyle\lim_{x\to(\sqrt{3})^+} f'(x) = 0 \\ \displaystyle\lim_{x\to(\sqrt{3})^-} f'(x) = -\frac{2}{3}\sqrt{3} \end{array}\right\} \implies x = \sqrt{3} \ \text{ è un punto angoloso per } f,$$

$$\left.\begin{array}{l} \displaystyle\lim_{x\to(-\sqrt{3})^+} f'(x) = 0 \\ \displaystyle\lim_{x\to(-\sqrt{3})^-} f'(x) = \frac{2}{3}\sqrt{3} \end{array}\right\} \implies x = -\sqrt{3} \text{ è un punto angoloso per } f.$$

Si ha che $f'(x) \neq 0$ per ogni $x \in \left(-\infty, -\sqrt{3}\right) \cup \left(0, \sqrt{3}\right)$ e $f'(x) > 0$ se e solo se $x < -\sqrt{3}$. Quindi f è strettamente crescente in $\left(-\infty, -\sqrt{3}\right]$ ed è strettamente decrescente in $\left(0, \sqrt{3}\right]$. Negli intervalli $\left[-\sqrt{3}, 0\right)$ e $\left[\sqrt{3}, +\infty\right)$ la funzione f è costante. Il punto $x = -\sqrt{3}$ è di massimo locale per f, mentre il punto $x = \sqrt{3}$ è di minimo locale per f.

Concavità e convessità di f e punti di flesso.

Si ha che per ogni $x \in \left(-\infty, -\sqrt{3}\right) \cup \left(0, \sqrt{3}\right)$

$$f''(x) = 18\frac{2x^4 - 2x^2 - 3}{[x^4 + (3-x^2)^2]^2}.$$

Si ha che in $\left(-\infty, -\sqrt{3}\right) \cup \left(0, \sqrt{3}\right)$

$$f''(x) = 0 \quad\implies\quad 2x^4 - 2x^2 - 3 = 0 \quad\implies\quad x = \sqrt{\frac{1+\sqrt{7}}{2}}$$

e

$$f'(x) > 0 \quad \Longrightarrow \quad 2x^4 - 2x^2 - 3 > 0 \quad \Longrightarrow \quad x < -\sqrt{3}, \quad \sqrt{\frac{1+\sqrt{7}}{2}} < x < \sqrt{3}.$$

Quindi $x = \sqrt{\frac{1+\sqrt{7}}{2}}$ è un punto di flesso per f, f è strettamente convessa in $\left(-\infty, -\sqrt{3}\right]$ e $\left[\sqrt{\frac{1+\sqrt{7}}{2}}, \sqrt{3}\right]$ ed è strettamente concava in $\left(0, \sqrt{\frac{1+\sqrt{7}}{2}}\right]$.

Grafico qualitativo di f.

Osserviamo che

$$\lim_{x \to 0^+} f'(x) = 0.$$

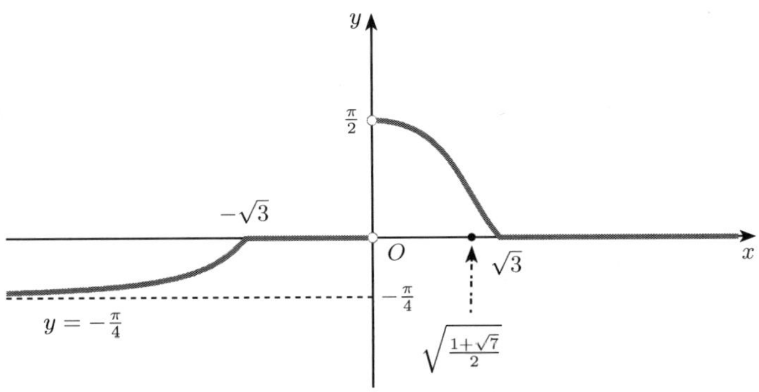

Figura **7.3-p:** Grafico di $f(x) = \arctan\left(\frac{|3x - x^3| + 3x - x^3}{2x^3}\right)$.

q) Consideriamo la funzione

$$f(x) = \frac{\sin x + \cos x}{\sin 2x}.$$

Dominio, limiti e asintoti di f.

La funzione f è periodica di periodo 2π. Pertanto possiamo limitarne lo studio all'intervallo $[0, 2\pi)$. Si ha che $\operatorname{dom}(f) = (0, \frac{\pi}{2}) \cup (\frac{\pi}{2}, \pi) \cup \left(\pi, \frac{3}{2}\pi\right) \cup \left(\frac{3}{2}\pi, 2\pi\right)$. Si ha che

$$\lim_{x \to 0^+} f(x) = +\infty, \qquad \lim_{x \to (2\pi)^-} f(x) = -\infty,$$

$$\lim_{x \to \left(\frac{\pi}{2}\right)^+} f(x) = -\infty, \qquad \lim_{x \to \left(\frac{\pi}{2}\right)^-} f(x) = +\infty,$$

$$\lim_{x \to \pi^+} f(x) = -\infty, \qquad \lim_{x \to \pi^-} f(x) = +\infty$$

$$\lim_{x \to \left(\frac{3}{2}\pi\right)^+} f(x) = +\infty, \qquad \lim_{x \to \left(\frac{3}{2}\pi\right)^-} f(x) = -\infty.$$

Quindi le rette $x = 0$, $x = \frac{\pi}{2}$, $x = \pi$, $x = \frac{3}{2}\pi$ sono asintoti verticali per f.

<u>Monotonia di f e punti di massimo e di minimo locale e assoluto</u>.

Si ha che

$$f'(x) = 2\frac{\sin^3 x - \cos^3 x}{\sin^2 2x}.$$

Si ha che

$$f'(x) = 0 \quad \Longrightarrow \quad \sin^3 x = \cos^3 x \quad \Longrightarrow \quad \sin x = \cos x \quad \Longrightarrow \quad x = \frac{\pi}{4}, \frac{5}{4}\pi$$

e

$$f'(x) > 0 \quad \Longrightarrow \quad \sin^3 x > \cos^3 x \quad \Longrightarrow \quad \frac{\pi}{4} < x < \frac{\pi}{2}, \frac{\pi}{2} < x < \pi, \pi < x < \frac{5}{4}\pi.$$

Quindi $x = \frac{\pi}{4}$ è un punto di minimo locale per f e $x = \frac{5}{4}\pi$ è un punto di massimo locale per f, f è crescente in $\left[\frac{\pi}{4}, \frac{\pi}{2}\right)$, $\left(\frac{\pi}{2}, \pi\right)$ e $\left(\pi, \frac{5}{4}\pi\right]$ ed è decrescente in $\left(0, \frac{\pi}{4}\right]$, $\left[\frac{5}{4}\pi, \frac{3}{2}\pi\right)$ e $\left(\frac{3}{2}\pi, 2\pi\right)$.

<u>Grafico qualitativo di f</u>.

Si ha che

$$f\left(\frac{\pi}{4}\right) = \sqrt{2}, \qquad f\left(\frac{5}{4}\pi\right) = -\sqrt{2}.$$

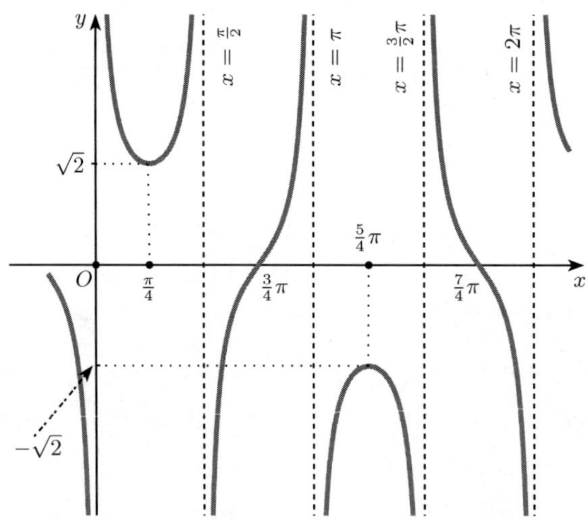

Figura **7.3-q:** Grafico di $f(x) = \dfrac{\sin x + \cos x}{\sin 2x}$.

r) Consideriamo la funzione

$$f(x) = \arctan(x - 1) - |x|.$$

Dominio, limiti e asintoti di f.

Si ha che $\operatorname{dom}(f) = \mathbb{R}$. Osserviamo che

$$f(x) = \arctan(x-1) - |x| = \begin{cases} \arctan(x-1) - x & \text{se } x \geq 0 \\ \arctan(x-1) + x & \text{se } x < 0. \end{cases}$$

Si ha che

$$\lim_{x\to+\infty} f(x) = -\infty, \qquad \lim_{x\to-\infty} f(x) = -\infty.$$

Poiché

$$\forall x > 1: \quad \arctan(x-1) + \arctan\frac{1}{x-1} = \frac{\pi}{2}$$

$$\forall x < 1: \quad \arctan(x-1) + \arctan\frac{1}{x-1} = -\frac{\pi}{2},$$

si osserva che, per $x > 1$

$$f(x) = \arctan(x-1) - x = -x + \frac{\pi}{2} - \arctan\frac{1}{x-1} = -x + \frac{\pi}{2} + o(1), \qquad x \to +\infty,$$

mentre per $x < 1$

$$f(x) = \arctan(x-1) + x = x - \frac{\pi}{2} - \arctan\frac{1}{x-1} = -x - \frac{\pi}{2} + o(1), \qquad x \to -\infty.$$

Quindi la retta $y = -x + \frac{\pi}{2}$ è un asintoto obliquo destro per f e la retta $y = x - \frac{\pi}{2}$ è un asintoto obliquo sinistro per f.

Monotonia di f e punti di massimo e di minimo locale e assoluto.

Si ha che

$$f'(x) = \begin{cases} -\dfrac{(x-1)^2}{1+(x-1)^2} & \text{se } x > 0 \\[2ex] \dfrac{2+(x-1)^2}{1+(x-1)^2} & \text{se } x < 0. \end{cases}$$

Osserviamo che f non è derivabile in $x = 0$, infatti

$$\lim_{x\to 0^+} f'(x) = -\frac{1}{2}, \qquad \lim_{x\to 0^-} f'(x) = \frac{3}{2} \quad \Longrightarrow \quad x = 0 \text{ è un punto angoloso per } f.$$

Si ha che

$$f'(x) = 0 \quad \Longrightarrow \quad x = 1$$

e

$$f'(x) > 0 \quad \Longrightarrow \quad x < 0.$$

Quindi $x = 0$ è un punto di massimo assoluto per f, f è crescente in $(-\infty, 0]$ ed è decrescente in $[0, +\infty)$.

Concavità e convessità di f e punti di flesso.

Si ha che

$$f''(x) = -\frac{2(x-1)}{[1+(x-1)^2]^2}, \qquad \forall x \in \mathbb{R},\ x \neq 0.$$

Si ha che

$$f''(x) = 0 \implies x = 1$$

e

$$f''(x) > 0 \implies x < 1, \quad x \neq 0.$$

Quindi $x = 1$ è un punto di flesso a tangente orizzontale per f, f è convessa in $(-\infty, 0]$ e $[0,1]$ ed è concava in $[1,+\infty)$.

Grafico qualitativo di f.

Si ha che

$$f(0) = -\frac{\pi}{4}, \qquad f(1) = -1.$$

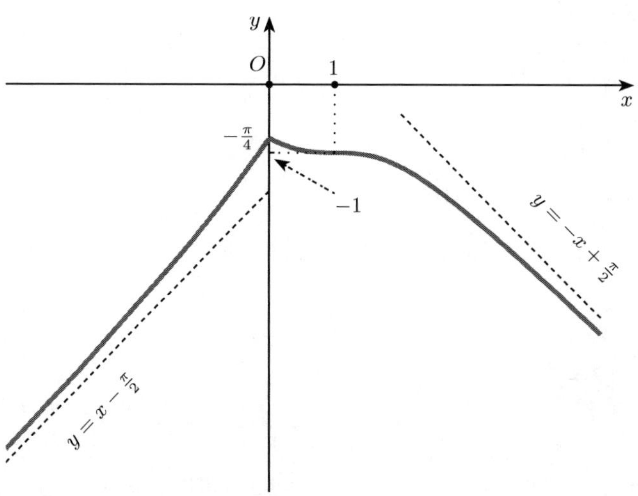

Figura **7.3-r:** Grafico di $f(x) = \arctan(x-1) - |x|$.

$s)$ Consideriamo la funzione

$$f(x) = \arctan \sqrt[3]{x^2 - 2|x| + 1}.$$

Dominio, limiti e asintoti di f.

Si ha che $\mathrm{dom}(f) = \mathbb{R}$ e $\lim_{x\to\pm\infty} f(x) = \frac{\pi}{2}$, quindi la retta $y = \frac{\pi}{2}$ è un asintoto orizzontale per f. Osserviamo che f è pari.

Monotonia di f e punti di massimo e di minimo locale e assoluto.

Essendo f pari, studiamo f' solo in $[0,+\infty)$. Si ha che per $x>0$

$$f(x) = \arctan \sqrt[3]{x^2-2x+1} = \arctan \sqrt[3]{(x-1)^2}.$$

Per ogni $x>0$, $x \neq 1$, si ha che

$$f'(x) = \frac{2}{3} \frac{1}{\left[1+\sqrt[3]{(x-1)^4}\right] \sqrt[3]{x-1}}.$$

Osserviamo che f non è derivabile in $x=0,\ 1$. Infatti, essendo f pari si ha che f' è dispari, quindi

$$\lim_{x\to 0^\pm} f'(x) = \mp\frac{1}{3} \quad \Longrightarrow \quad x=0 \text{ è un punto angoloso per } f,$$

$$\lim_{x\to 1^\pm} f'(x) = \pm\infty \quad \Longrightarrow \quad x=1 \text{ è una cuspide per } f.$$

Per simmetria si ha anche che f non è derivabile in $x=-1$ ed in particolare

$$\lim_{x\to (-1)^\pm} f'(x) = \pm\infty \quad \Longrightarrow \quad x=-1 \text{ è una cuspide per } f.$$

Si ha che in $(0,+\infty)$

$$f'(x) > 0 \quad \Longrightarrow \quad x > 1.$$

Quindi $x=0$ è un punto di massimo locale per f, $x=\pm 1$ sono punti di minimo assoluto per f, f è crescente in $[1,+\infty)$ (e per simmetria in $[-1,0]$) ed è decrescente in $[0,1]$ (e per simmetria in $(-\infty,-1]$).

Concavità e convessità di f e punti di flesso.

Si ha che

$$f''(x) = -\frac{2}{9} \frac{1+5\sqrt[3]{(x-1)^4}}{\left[1+\sqrt[3]{(x-1)^4}\right]^2 \sqrt[3]{(x-1)^4}}, \qquad \forall x \in \mathbb{R},\ x \neq 0,\ \pm 1.$$

Si ha che

$$f''(x) < 0 \quad \forall x \in \mathbb{R},\ x \neq 0,\ \pm 1.$$

Quindi f è concava in $(-\infty-1]$, $[-1,0]$, $[0,1]$ e $[1,+\infty)$.

Grafico qualitativo di f.

Si ha che

$$f(0) = \frac{\pi}{4}, \qquad f(\pm 1) = 0.$$

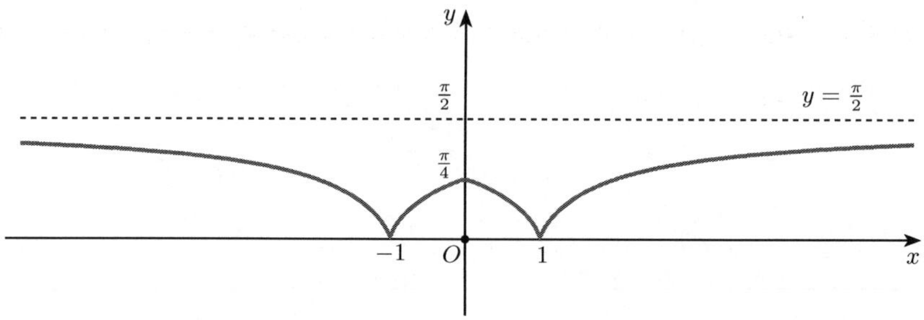

Figura **7.3-s:** Grafico di $f(x) = \arctan \sqrt[3]{x^2 - 2|x| + 1}$.

t) Consideriamo la funzione

$$f(x) = \frac{1}{\arcsin\left[(x^2-1)e^{-x^2-1}\right]}.$$

<u>Dominio, limiti e asintoti di f.</u>

Si ha che

$$\operatorname{dom}(f) = \left\{x \in \mathbb{R} : -1 \leq (x^2-1)e^{-x^2-1} \leq 1,\ x \neq \pm 1\right\}.$$

Osserviamo che

$$-1 \leq (x^2-1)e^{-x^2-1} \leq 1 \qquad \iff \qquad \begin{cases} x^2 - 1 \geq -e^{x^2+1} \\ x^2 - 1 \leq e^{x^2+1}. \end{cases}$$

Si ha che

$$x^2 - 1 \geq -e^{x^2+1} \quad \forall x \in \mathbb{R}.$$

Per studiare la disequazione $x^2 - 1 \leq e^{x^2+1}$ consideriamo la funzione $g : \mathbb{R} \to \mathbb{R}$ definita da $g(x) = x^2 - 1 - e^{x^2+1}$. Si ha che

$$\lim_{x \to \pm\infty} g(x) = -\infty$$

e per ogni $x \in \mathbb{R}$

$$g'(x) = 2x\left(1 - e^{x^2+1}\right).$$

Osserviamo che

$$g'(x) = 0 \quad \Longrightarrow \quad x = 0$$

e

$$g'(x) > 0 \quad \Longrightarrow \quad x < 0,$$

quindi $x = 0$ è un punto di massimo assoluto per g e $g(0) = -1 - e < 0$. Quindi $g(x) < 0$ per ogni $x \in \mathbb{R}$, cioè $x^2 - 1 - e^{x^2+1} < 0$ per ogni $x \in \mathbb{R}$, da cui

$$x^2 - 1 < e^{x^2+1} \quad \forall x \in \mathbb{R}.$$

Ne segue che $\mathrm{dom}\,(f) = (-\infty, -1) \cup (-1, 1) \cup (1, +\infty)$. Osserviamo che f è pari. Si ha che

$$\lim_{x\to+\infty} f(x) = +\infty, \qquad \lim_{x\to-\infty} f(x) = +\infty,$$

$$\lim_{x\to1^+} f(x) = +\infty, \qquad \lim_{x\to1^-} f(x) = -\infty,$$

$$\lim_{x\to(-1)^+} f(x) = -\infty, \qquad \lim_{x\to(-1)^-} f(x) = +\infty.$$

Quindi le rette $x = 1$ e $x = -1$ sono asintoti verticali per f. Osserviamo che per $x \to \pm\infty$

$$f(x) = \frac{1}{\arcsin\left(\dfrac{x^2-1}{e^{x^2+1}}\right)} \sim \frac{1}{\dfrac{x^2-1}{e^{x^2+1}}} = \frac{e^{x^2+1}}{x^2-1}.$$

Quindi f non ammette asintoti obliqui.

<u>Monotonia di f e punti di massimo e di minimo locale e assoluto.</u>

Si ha che

$$f'(x) = \frac{2x(x^2-2)e^{-x^2-1}}{\arcsin^2\left[(x^2-1)e^{-x^2-1}\right]\sqrt{1-\left[(x^2-1)e^{-x^2-1}\right]^2}}, \qquad \forall x \in \mathbb{R},\ x \neq \pm1.$$

Si ha che

$$f'(x) = 0 \quad \Longrightarrow \quad 2x(x^2-2) = 0 \quad \Longrightarrow \quad x = 0,\ \pm\sqrt{2}$$

e

$$f'(x) > 0 \quad \Longrightarrow \quad 2x(x^2-2) > 0 \quad \Longrightarrow \quad -\sqrt{2} < x < -1,\ -1 < x < 0,\ x > \sqrt{2}.$$

Quindi $x = 0$ è un punto di massimo locale per f, $x = \pm\sqrt{2}$ sono punti di minimo locale per f, f è crescente in $\left[-\sqrt{2}, -1\right)$, $(-1, 0]$ e $\left[\sqrt{2}, +\infty\right)$ ed è decrescente in $\left(-\infty, -\sqrt{2}\right]$, $[0, 1)$ e $\left(1, \sqrt{2}\right]$.

<u>Grafico qualitativo di f.</u>

Si ha che

$$f(0) = -\frac{1}{\arcsin\left(e^{-1}\right)}, \qquad f\left(\pm\sqrt{2}\right) = \frac{1}{\arcsin\left(e^{-3}\right)}.$$

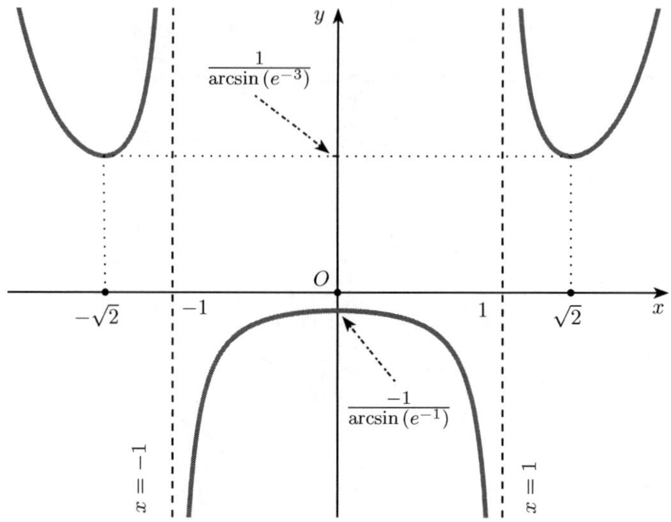

Figura **7.3-t:** Grafico[8] di $f(x) = \dfrac{1}{\arcsin\left[(x^2-1)e^{-x^2-1}\right]}$.

u) Consideriamo la funzione

$$f(x) = \frac{x+3}{x^2-4}.$$

<u>Dominio, limiti e asintoti di f.</u>

Si ha che dom $(f) = (-\infty, -2) \cup (-2, 2) \cup (2, +\infty)$,

$$\lim_{x\to\pm\infty} f(x) = 0,$$

$$\lim_{x\to 2^+} f(x) = +\infty, \qquad \lim_{x\to 2^-} f(x) = -\infty,$$

$$\lim_{x\to(-2)^+} f(x) = -\infty, \qquad \lim_{x\to(-2)^-} f(x) = +\infty.$$

Quindi la retta $y = 0$ è un asintoto orizzontale per f e le rette $x = 2$ e $x = -2$ sono due asintoti verticali per f.

<u>Monotonia di f e punti di massimo e di minimo locale e assoluto.</u>

Si ha che

$$f'(x) = -\frac{x^2+6x+4}{(x^2-4)^2}, \qquad \forall x \in \mathbb{R},\ x \neq \pm 2.$$

Si ha che

$$f'(x) = 0 \implies x^2+6x+4 = 0 \implies x = -3 \pm \sqrt{5}$$

[8]Il grafico non è in scala

e

$$f'(x) > 0 \quad \Longrightarrow \quad x^2 + 6x + 4 < 0 \quad \Longrightarrow \quad -3 - \sqrt{5} < x < -3 + \sqrt{5}.$$

Quindi $x = -3 - \sqrt{5}$ è un punto di minimo locale per f e $x = -3 + \sqrt{5}$ è un punto di massimo locale per f, f è crescente in $\left[-3 - \sqrt{5}, -2\right)$ e $\left(-2, -3 + \sqrt{5}\right]$ è decrescente in $\left(-\infty, -3 - \sqrt{5}\right]$, $\left[-3 + \sqrt{5}, 2\right)$ e $(2, +\infty)$.

<u>Concavità e convessità di f e punti di flesso</u>.

Si ha che

$$f''(x) = 2\frac{x^3 + 9x^2 + 12x + 12}{(x^2 - 4)^3}, \qquad \forall x \in \mathbb{R},\ x \neq \pm 2.$$

Si ha che

$$f''(x) = 0 \quad \Longrightarrow \quad x^3 + 9x^2 + 12x + 12 = 0.$$

Poiché non è possibile determinare elementarmente le soluzioni di questa equazione di terzo grado osserviamo che la funzione $g : \mathbb{R} \to \mathbb{R}$ definita da

$$g(x) = x^3 + 9x^2 + 12x + 12$$

è derivabile, quindi continua,

$$\lim_{x \to +\infty} g(x) = +\infty, \qquad \lim_{x \to -\infty} g(x) = -\infty$$

e che $g'(x) = 3(x^2 + 6x + 4)$. Inoltre

$$g'(x) = 0 \quad \Longrightarrow \quad x = -3 \pm \sqrt{5}, \quad g'(x) > 0 \quad \Longrightarrow \quad x < -3 - \sqrt{5}, \ \ x > -3 + \sqrt{5}.$$

Quindi $x = -3 - \sqrt{5}$ è un punto di massimo locale per g, $x = -3 + \sqrt{5}$ è un punto di minimo locale per g. Poiché $g\left(-3 - \sqrt{5}\right) = 30 + 10\sqrt{5} > 0$, $g\left(-3 + \sqrt{5}\right) = 30 - 10\sqrt{5} > 0$ e $\lim_{x \to -\infty} g(x) = -\infty$, per il Teorema degli zeri delle funzioni continue si ha che la funzione g ammette un solo zero $\alpha < -3 - \sqrt{5}$. Osserviamo che $\alpha \in (-8, -7)$, infatti

$$g(-8) = -20 < 0 \quad , \quad g(-7) = 26 > 0.$$

Quindi si ha che

$$f''(x) = 0 \quad \Longrightarrow \quad x^3 + 9x^2 + 12x + 12 = 0 \quad \Longrightarrow \quad x = \alpha$$

e

$$f''(x) > 0 \quad \Longrightarrow \quad x^3 + 9x^2 + 12x + 12 > 0 \quad \Longrightarrow \quad \alpha < x < -2, \quad x > 2.$$

Quindi $x = \alpha$ è un punto di flesso per f, f è convessa in $[\alpha, -2)$ e $(2, +\infty)$ ed è concava in $(-\infty, \alpha]$ e $(-2, 2)$.

<u>Grafico qualitativo di f</u>.

Si ha che

$$f(x) = 0 \implies x = -3,$$

$$f(0) = -\frac{3}{4}, \qquad f\left(-3-\sqrt{5}\right) = -\frac{3-\sqrt{5}}{8}, \qquad f\left(-3+\sqrt{5}\right) = -\frac{3+\sqrt{5}}{8}.$$

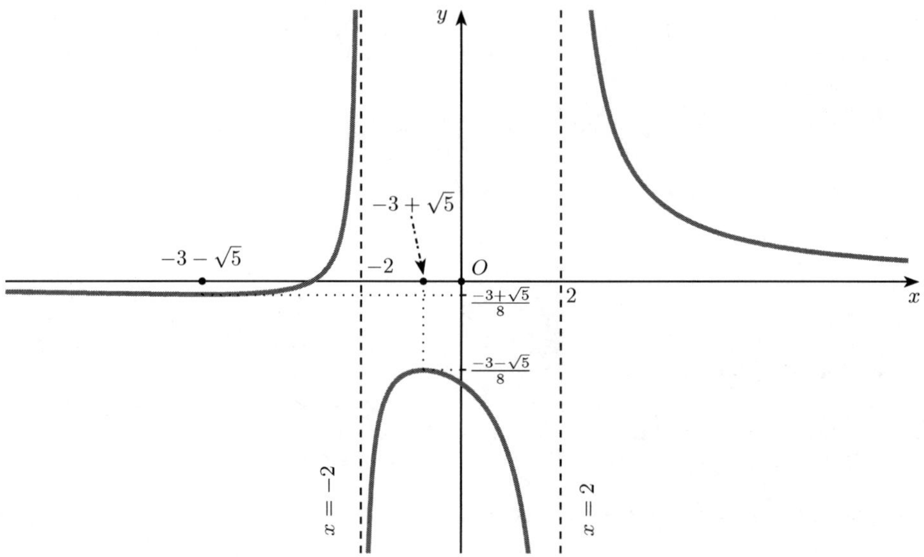

Figura **7.3-u:** Grafico[9] di $f(x) = \dfrac{x+3}{x^2-4}$.

Ingrandendo il grafico di f nell'intervallo $(-\infty, -2)$ si riesce ad evidenziare il flesso in corrispondenza di $x = \alpha$.

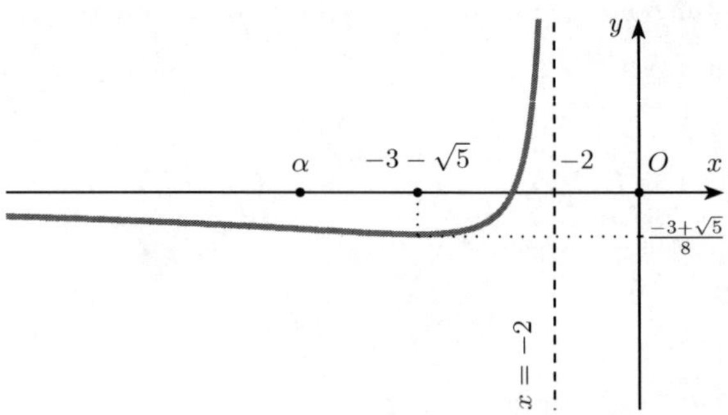

[9] Il grafico non è in scala

$v)$ Consideriamo la funzione

$$f(x) = \sqrt{x^2 - x^3}.$$

Dominio, limiti e asintoti di f.

Si ha che $\operatorname{dom}(f) = (-\infty, 1]$ e $\lim_{x \to -\infty} f(x) = +\infty$. Osserviamo che per $x \to -\infty$

$$f(x) = \sqrt{x^2 - x^3} = \sqrt{-x^3\left(1 - \frac{1}{x}\right)} = (-x)^{\frac{3}{2}}\left(1 - \frac{1}{x}\right)^{\frac{1}{2}} =$$

$$= (-x)^{\frac{3}{2}}(1 + o(1)) = (-x)^{\frac{3}{2}} + o\left((-x)^{\frac{3}{2}}\right).$$

Quindi f non ammette asintoto obliquo.

Monotonia di f e punti di massimo e di minimo locale e assoluto.

Si ha che

$$f'(x) = \frac{2x - 3x^2}{2\sqrt{x^2 - x^3}}, \qquad \forall x \in \operatorname{dom}(f),\ x \neq 0,\ 1.$$

Osserviamo che f non è derivabile in $x = 0$ e che non esiste $D^- f(1)$. Infatti

$$\lim_{x \to 0^{\pm}} f'(x) = \pm 1 \quad \Longrightarrow \quad x = 0 \ \text{ è un punto angoloso per } f,$$

$$\lim_{x \to 1^-} f'(x) = -\infty.$$

Si ha che

$$f'(x) = 0 \quad \Longrightarrow \quad x = \frac{2}{3}$$

e

$$f'(x) > 0 \quad \Longrightarrow \quad 0 < x < \frac{2}{3}.$$

Quindi $x = \frac{2}{3}$ è un punto di massimo locale per f e $x = 0, 1$ sono due punti di minimo assoluto per f, f è crescente in $\left[0, \frac{2}{3}\right)$ ed è decrescente in $(-\infty, 0]$ e $\left[\frac{2}{3}, 1\right]$.

Concavità e convessità di f e punti di flesso.

Si ha che

$$f''(x) = \frac{3x^4 - 4x^3}{4(x^2 - x^3)^{\frac{3}{2}}}, \qquad \forall x \in \operatorname{dom}(f),\ x \neq 0,\ 1.$$

Si ha che

$$f''(x) > 0 \quad \Longrightarrow \quad x < 0.$$

Quindi f è convessa in $(-\infty, 0]$ ed è concava in $[0, 1]$.

Grafico qualitativo di f.

Si ha che

$$f(x) = 0 \implies x = 0,\ 1$$

$$f\left(\frac{2}{3}\right) = \frac{2}{9}\sqrt{3}.$$

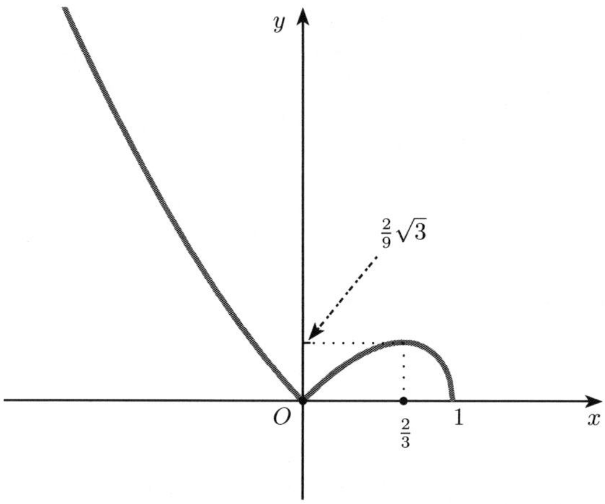

Figura **7.3-v:** Grafico di $f(x) = \sqrt{x^2 - x^3}$.

w) Consideriamo la funzione

$$f(x) = |\sqrt{x}(x^2 - 10x + 9)|.$$

Si ha che $\operatorname{dom}(f) = [0, +\infty)$. Inoltre

$$\lim_{x\to+\infty} f(x) = +\infty.$$

Si osserva che $f(x) \sim x^{\frac{5}{2}}$ per $x \to +\infty$, da cui segue che f non ammette asintoto obliquo per $x \to +\infty$.

<u>Monotonia di f e punti di massimo e di minimo locale e assoluto</u>.

Si ha che

$$f(x) = \begin{cases} \sqrt{x}(x^2 - 10x + 9) & \text{se } 0 \leq x \leq 1,\ x \geq 9 \\ -\sqrt{x}(x^2 - 10x + 9) & \text{se } 1 < x < 9. \end{cases}$$

Si ha che

$$f'(x) = \begin{cases} \dfrac{5x^2 - 30x + 9}{2\sqrt{x}} & \text{se } 0 < x < 1,\ x > 9 \\ -\dfrac{5x^2 - 30x + 9}{2\sqrt{x}} & \text{se } 1 < x < 9. \end{cases}$$

Osserviamo che f non è derivabile in $x = 0,\ 1,\ 9$. Infatti,

$$\lim_{x\to 0^+} f'(x) = +\infty,$$

$$\lim_{x\to 1^\pm} f'(x) = \pm 8 \quad \Longrightarrow \quad x = 1 \text{ è un punto angoloso per } f,$$

$$\lim_{x\to 9^\pm} f'(x) = \pm 24 \quad \Longrightarrow \quad x = 9 \text{ è un punto angoloso per } f.$$

Si ha che

$$f'(x) = 0 \quad \Longrightarrow \quad x = \frac{15 \pm 6\sqrt{5}}{5}$$

e

$$f'(x) > 0 \quad \Longrightarrow \quad 0 < x < \frac{15 - 6\sqrt{5}}{5}, \quad 1 < x < \frac{15 + 6\sqrt{5}}{5}, \quad x > 9.$$

I punti $x = 0, 1, 9$ sono di minimo assoluto per f con $f(0) = f(1) = f(9) = 0$, mentre i punti $x = \frac{15\pm6\sqrt{5}}{5}$ sono di massimo locale per f.

f è crescente in $\left[0, \frac{15-6\sqrt{5}}{5}\right)$, $\left[1, \frac{15+6\sqrt{5}}{5}\right]$ e $[9, +\infty)$ ed è decrescente in $\left[\frac{15-6\sqrt{5}}{5}, 1\right]$ e $\left[\frac{15+6\sqrt{5}}{5}, 9\right]$.

Grafico qualitativo di f.

Si ha che

$$f(x) = 0 \quad \Longrightarrow \quad x = 0,\ 1,\ 9.$$

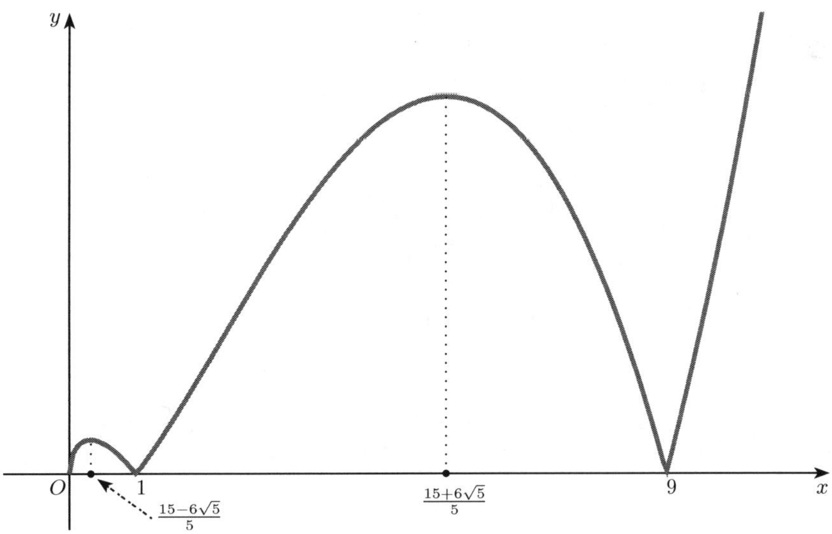

Figura **7.3-w:** Grafico[10] di $f(x) = |\sqrt{x}(x^2 - 10x + 9)|$.

[10] Il grafico non è in scala

x) Consideriamo la funzione

$$f(x) = -\frac{\log|2x+\pi|}{(\pi+2x)^2}.$$

Si ha che $\mathrm{dom}\,(f) = \left(-\infty, -\frac{\pi}{2}\right) \cup \left(-\frac{\pi}{2}, +\infty\right)$. Inoltre si ha che

$$\lim_{x\to -\frac{\pi}{2}} f(x) = +\infty, \qquad \lim_{x\to\pm\infty} f(x) = 0.$$

Quindi la retta $x = -\frac{\pi}{2}$ è un asintoto verticale per f e la retta $y = 0$ è un asintoto orizzontale per f.

Monotonia di f e punti di massimo e di minimo locale e assoluto.

Si ha che

$$f'(x) = -2\frac{1-2\log|2x+\pi|}{(\pi+2x)^3}, \qquad \forall x \in \mathbb{R},\ x \neq -\frac{\pi}{2}.$$

Si ha che $f'(x) = 0$ se e solo se $x = -\frac{\pi\pm e^{1/2}}{2}$ e $f'(x) > 0$ se e solo se $-\frac{\pi+e^{1/2}}{2} < x < -\frac{\pi}{2}$, $\quad x > -\frac{\pi-e^{1/2}}{2}$.

I punti $x = -\frac{\pi\pm e^{1/2}}{2}$ sono di minimo assoluto per f con $f\left(-\frac{\pi\pm e^{1/2}}{2}\right) = -\frac{1}{2e}$.

f è crescente in $\left[-\frac{\pi+e^{1/2}}{2}, -\frac{\pi}{2}\right)$ e $\left[-\frac{\pi-e^{1/2}}{2}, +\infty\right)$ ed è decrescente in $\left(-\infty, -\frac{\pi+e^{1/2}}{2}\right]$ e $\left(-\frac{\pi}{2}, -\frac{\pi-e^{1/2}}{2}\right]$.

Grafico qualitativo di f.

Si ha che $f(0) = -\frac{\log\pi}{\pi^2}$.

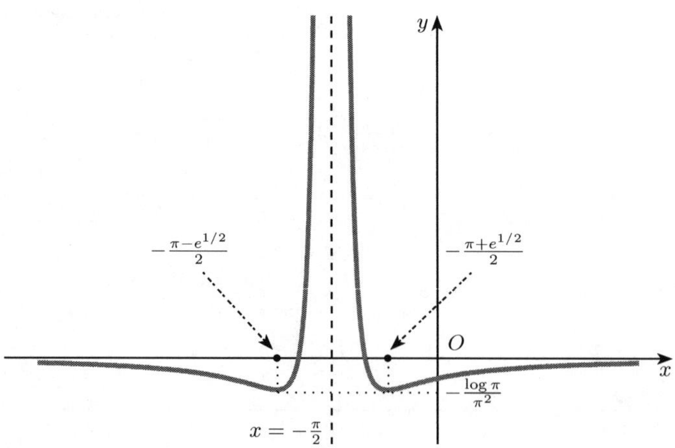

Figura **7.3-x:** Grafico[11] di $f(x) = -\dfrac{\log|2x+\pi|}{(\pi+2x)^2}$.

[11] Il grafico non è in scala

$y)$ Consideriamo la funzione

$$f(x) = \arcsin(3x) - 3\log(1+x).$$

Si ha che $\mathrm{dom}(f) = \left[-\frac{1}{3}, \frac{1}{3}\right]$.

Monotonia di f e punti di massimo e di minimo locale e assoluto.

Si ha che

$$f'(x) = \frac{3}{\sqrt{1-9x^2}} - \frac{3}{1+x}, \qquad \forall x \in \left(-\frac{1}{3}, \frac{1}{3}\right).$$

Inoltre si ha che

$$\lim_{x \to \left(-\frac{1}{3}\right)^+} f'(x) = +\infty, \qquad \lim_{x \to \left(\frac{1}{3}\right)^-} f'(x) = +\infty.$$

Quindi f non ammette derivata destra in $x = -\frac{1}{3}$ e derivata sinistra in $x = \frac{1}{3}$.

Si ha che

$$f'(x) = 0 \quad \Longrightarrow \quad x = -\frac{1}{5}, 0$$

e

$$f'(x) > 0 \quad \Longrightarrow \quad -\frac{1}{3} < x < -\frac{1}{5}, \quad 0 < x < \frac{1}{3}.$$

I punti $x = -\frac{1}{5}$ e $x = \frac{1}{3}$ sono di massimo locale per f, i punti $x = -\frac{1}{3}$ e $x = 0$ sono di minimo locale per f, f è crescente in $\left[-\frac{1}{3}, -\frac{1}{5}\right]$ e $\left[0, \frac{1}{3}\right]$ ed è decrescente in $\left[-\frac{1}{5}, 0\right]$.

Essendo

$$f\left(-\frac{1}{3}\right) = -\frac{\pi}{2} - 3\log\frac{2}{3}, \quad f\left(-\frac{1}{5}\right) = -\arcsin\frac{3}{5} - 3\log\frac{4}{5},$$

$$f(0) = 0, \quad f\left(\frac{1}{3}\right) = \frac{\pi}{2} - 3\log\frac{4}{3},$$

risulta che $x = -\frac{1}{3}$ è un punto di minimo assoluto per f e $x = \frac{1}{3}$ è un punto di massimo assoluto per f.

Grafico qualitativo di f.

Essendo f continua e strettamente crescente nell'intervallo $\left[-\frac{1}{3}, -\frac{1}{5}\right]$ con $f\left(-\frac{1}{3}\right) < 0$ e $f\left(-\frac{1}{5}\right) > 0$, per il Teorema degli zeri f ammette un solo punto $x_0 \in \left(-\frac{1}{3}, -\frac{1}{5}\right)$ tale che $f(x_0) = 0$.

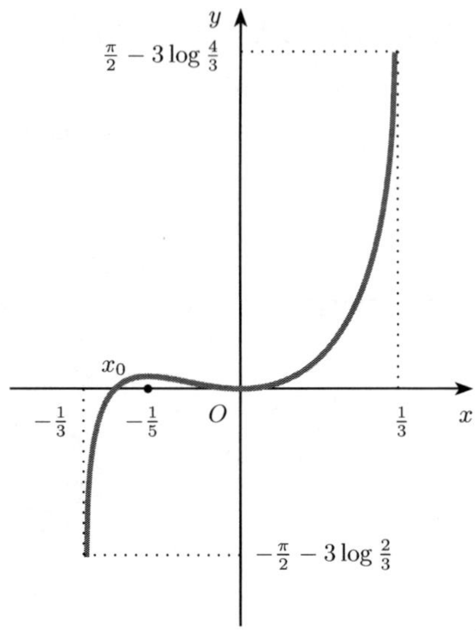

Figura **7.3-y:** Grafico di $f(x) = \arcsin(3x) - 3\log(1+x)$.

z) Consideriamo la funzione

$$f(x) = \log\left|e^{3x} - 4\right| + 5x.$$

Si ha che $\mathrm{dom}(f) = \left(-\infty, \frac{1}{3}\log 4\right) \cup \left(\frac{1}{3}\log 4, +\infty\right)$. Inoltre

$$\lim_{x\to+\infty} f(x) = +\infty, \qquad \lim_{x\to-\infty} f(x) = -\infty, \qquad \lim_{x\to\frac{1}{3}\log 4} f(x) = -\infty.$$

Ne segue che la retta $x = \frac{1}{3}\log 4$ è un asintoto verticale per f.

Osserviamo inoltre che, per $x \to +\infty$

$$f(x) = \log\left|e^{3x} - 4\right| + 5x = \log\left(e^{3x} - 4\right) + 5x = \log\left[e^{3x}\left(1 - 4e^{-3x}\right)\right] + 5x =$$

$$= 3x + \log\left(1 - 4e^{-3x}\right) + 5x = 8x + o(1),$$

mentre per $x \to -\infty$ si ha

$$f(x) = \log\left|e^{3x} - 4\right| + 5x = \log\left(4 - e^{3x}\right) + 5x = \log\left[4\left(1 - \frac{1}{4}e^{3x}\right)\right] + 5x =$$

$$= \log 4 + \log\left(1 - \frac{1}{4}e^{3x}\right) + 5x = 5x + \log 4 + o(1).$$

Quindi la retta $y = 8x$ è un asintoto obliquo destro per f, mentre la retta $y = 5x + \log 4$ è un asintoto obliquo sinistro per f.

Monotonia di f e punti di massimo e di minimo locale e assoluto.

Si ha che

$$f'(x) = \frac{8\,e^{3x} - 20}{e^{3x} - 4}, \qquad \forall x \in \mathbb{R},\ x \neq \frac{1}{3}\log 4.$$

Si ha che

$$f'(x) = 0 \quad \Longrightarrow \quad x = \frac{1}{3}\log\frac{5}{2}$$

e

$$f'(x) > 0 \quad \Longrightarrow \quad x < \frac{1}{3}\log\frac{5}{2}, \quad x > \frac{1}{3}\log 4.$$

Il punto $x = \frac{1}{3}\log\frac{5}{2}$ è di massimo locale per f con $f\left(\frac{1}{3}\log\frac{5}{2}\right) = \log\frac{3}{2} + \frac{5}{3}\log\frac{5}{2}$, f è crescente in $\left(-\infty, \frac{1}{3}\log\frac{5}{2}\right]$ e $\left(\frac{1}{3}\log 4, +\infty\right)$ ed è decrescente in $\left[\frac{1}{3}\log\frac{5}{2}, \frac{1}{3}\log 4\right)$.

Grafico qualitativo di f.

Si ha che $f(0) = \log 3$.

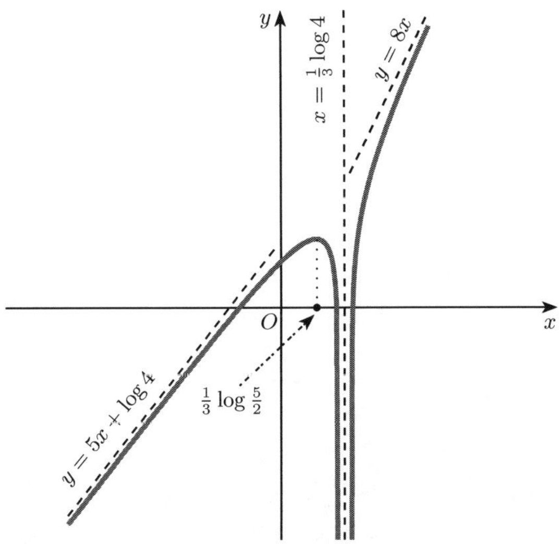

Figura **7.3-z:** Grafico[12] di $f(x) = \log\left|e^{3x} - 4\right| + 5x$.

[12]Il grafico non è in scala

Capitolo 8

Calcolo integrale

1 Alcuni richiami teorici

Di seguito vengono elencati alcuni risultati che sono utilizzati nello svolgimento degli esercizi sul calcolo integrale.

1.1 Integrali indefiniti delle funzioni elementari

Funzione	**Integrale indefinito**
$f(x) = k,\ k \in \mathbb{R}$	$\int f(x)\,dx = kx + c, \quad c \in \mathbb{R}$
$f(x) = x^\alpha,\ \alpha \in \mathbb{R},\ \alpha \neq -1$	$\int f(x)\,dx = \frac{1}{\alpha+1}x^{\alpha+1} + c, \quad c \in \mathbb{R}$
$f(x) - \frac{1}{x}$	$\int f(x)\,dx = \log\lvert x\rvert + c, \quad c \in \mathbb{R}$
$f(x) = a^x,\ a > 0,\ a \neq 1$	$\int f(x)\,dx = \frac{a^x}{\log a} + c, \quad c \in \mathbb{R}$
$f(x) = \sin x$	$\int f(x)\,dx = -\cos x + c, \quad c \in \mathbb{R}$
$f(x) = \cos x$	$\int f(x)\,dx = \sin x + c, \quad c \in \mathbb{R}$
$f(x) = \sinh x$	$\int f(x)\,dx = \cosh x + c, \quad c \in \mathbb{R}$
$f(x) = \cosh x$	$\int f(x)\,dx = \sinh x + c, \quad c \in \mathbb{R}$

Funzione	**Integrale indefinito**
$f(x) = \dfrac{1}{1+x^2}$	$\int f(x)\,dx = \arctan x + c = -\text{arccot}\, x + c, \quad c \in \mathbb{R}$
$f(x) = \dfrac{1}{\sqrt{1-x^2}}$	$\int f(x)\,dx = \arcsin x + c = -\arccos x + c, \quad c \in \mathbb{R}$
$f(x) = \dfrac{1}{\cos^2 x} = 1 + \tan^2 x$	$\int f(x)\,dx = \tan x + c, \quad c \in \mathbb{R}$
$f(x) = \dfrac{1}{\sin^2 x} = 1 + \cot^2 x$	$\int f(x)\,dx = -\cot x + c, \quad c \in \mathbb{R}$
$f(x) = \sin^2 x$	$\int f(x)\,dx = \frac{1}{2}(x - \sin x \cos x) + c, \quad c \in \mathbb{R}$
$f(x) = \cos^2 x$	$\int f(x)\,dx = \frac{1}{2}(x + \sin x \cos x) + c, \quad c \in \mathbb{R}$
$f(x) = \sinh^2 x$	$\int f(x)\,dx = \frac{1}{2}(\sinh x \cosh x - x) + c, \quad c \in \mathbb{R}$
$f(x) = \cosh^2 x$	$\int f(x)\,dx = \frac{1}{2}(\sinh x \cosh x + x) + c, \quad c \in \mathbb{R}$

1.2 Formule di integrazione per parti e per sostituzione negli integrali indefiniti

(1.1) Teorema (Formula di integrazione per parti) *Siano $I \subseteq \mathbb{R}$ un intervallo e $f, g : I \to \mathbb{R}$ due funzioni derivabili.*

Se la funzione $f'g$ ammette primitive su I, allora anche la funzione fg' ammette primitive su I e si ha che

$$\int f(x)g'(x)\,dx = f(x)g(x) - \int f'(x)g(x)\,dx.$$

(1.2) Teorema (Formula di integrazione per sostituzione) *Siano $I, J \subseteq \mathbb{R}$ due intervalli, $f : I \to \mathbb{R}$ una funzione che ammette primitive, $F : I \to \mathbb{R}$ una primitiva di f su I e $\varphi : J \to I$ una funzione derivabile.*

Allora la funzione $G : J \to \mathbb{R}$ definita da $G(t) = F(\varphi(t))$ è una primitiva su J della funzione $g : J \to \mathbb{R}$, $g(t) = f(\varphi(t))\varphi'(t)$.

In altri termini, posto $x = \varphi(t)$ si ha che

$$\int f(x)\,dx = \int f(\varphi(t))\varphi'(t)\,dt.$$

1.3 Integrazione delle funzioni razionali: metodi di decomposizione

Consideriamo l'integrale indefinito

$$\int \frac{P(x)}{Q(x)}\,dx,$$

dove P e Q sono due polinomi con grado $Q \geq 1$.

Se grado$(P) \geq$ grado(Q), allora operando la divisione fra i polinomi P e Q si ottiene

$$P(x) = S(x)Q(x) + R(x),$$

dove il polinomio S è il quoziente, quindi grado(S) = grado(P) − grado$(Q) \geq 0$, e il polinomio R è il resto, quindi grado$(R) <$ grado(Q). Ne segue che

$$\int \frac{P(x)}{Q(x)}\,dx = \int S(x)\,dx + \int \frac{R(x)}{Q(x)}\,dx.$$

Il primo dei due integrali è semplice, mentre il secondo è ancora un integrale del rapporto fra due polinomi, ma con il numeratore $R(x)$ che ha grado inferiore del denominatore $Q(x)$. Se anche questo integrale è semplice, allora lo si calcola, altrimenti si ricade nel caso successivo.

Consideriamo ora

$$\int \frac{P(x)}{Q(x)}\,dx,$$

nel caso in cui grado$(P) <$ grado(Q).

Supponiamo che il polinomio a denominatore Q sia così scomposto:

$$Q(x) = (x - x_1)^{n_1} \cdots (x - x_k)^{n_k} \cdot \left(a_1x^2 + b_1x + c_1\right)^{m_1} \cdots \left(a_hx^2 + b_hx + c_h\right)^{m_h},$$

dove $x_1, \ldots, x_k \in \mathbb{R}$ sono le radici reali a due a due distinte di Q, $n_1, \ldots, n_k \in \mathbb{N}$ sono le rispettive molteplicità, i trinomi $a_jx^2 + b_jx + c_j$ sono irriducibili come polinomi reali, cioè $b_j^2 - 4a_jc_j < 0$, per ogni $j = 1, \ldots, h$, e $m_1, \ldots, m_h \in \mathbb{N}$.

La funzione razionale fratta $\frac{P(x)}{Q(x)}$ si può decomporre nella somma di frazioni più semplici in vari modi. Ne proponiamo due, il metodo di decomposizione in fratti semplici di *Hermite* e un altro metodo di decomposizione "classico".

Metodo di decomposizione in fratti semplici di Hermite

Si ha che

$$
\begin{aligned}
\frac{P(x)}{Q(x)} &= \frac{A_1}{x-x_1} + \cdots + \frac{A_k}{x-x_k} + \\
&+ \frac{B_1 x + C_1}{a_1 x^2 + b_1 x + c_1} + \cdots + \frac{B_h x + C_h}{a_h x^2 + b_h x + c_h} + \frac{d}{dx}\left(\frac{N(x)}{M(x)}\right),
\end{aligned}
\tag{1.3}
$$

dove

$$
M(x) = (x-x_1)^{n_1-1} \cdots (x-x_k)^{n_k-1} \cdot \left(a_1 x^2 + b_1 x + c_1\right)^{m_1-1} \cdots \left(a_h x^2 + b_h x + c_h\right)^{m_h-1},
$$

N è un generico polinomio di grado uguale a grado$(M) - 1$ (con la convenzione che se grado$(M) = 0$, cioè se M è un polinomio costante, allora $N(x) = 0$) e $A_i, B_j, C_j \in \mathbb{R}$, per ogni $i = 1, \ldots, k$ e $j = 1, \ldots, h$ (A_i, B_j, C_j e il polinomio N sono da determinarsi in modo che sussista l'uguaglianza (1.3)). Ne segue che

$$
\begin{aligned}
\int \frac{P(x)}{Q(x)}\, dx &= \int \left[\frac{A_1}{x-x_1} + \cdots + \frac{A_k}{x-x_k} + \right. \\
&\left. + \frac{B_1 x + C_1}{a_1 x^2 + b_1 x + c_1} + \cdots + \frac{B_h x + C_h}{a_h x^2 + b_h x + c_h} + \frac{d}{dx}\left(\frac{N(x)}{M(x)}\right)\right] dx = \\
&= \int \frac{A_1}{x-x_1}\, dx + \cdots + \int \frac{A_k}{x-x_k}\, dx + \\
&+ \int \frac{B_1 x + C_1}{a_1 x^2 + b_1 x + c_1}\, dx + \cdots + \int \frac{B_h x + C_h}{a_h x^2 + b_h x + c_h}\, dx + \frac{N(x)}{M(x)}.
\end{aligned}
$$

Metodo di decomposizione in fratti semplici "classico"

Si ha che

$$
\begin{aligned}
\frac{P(x)}{Q(x)} &= \frac{A_{1,1}}{x-x_1} + \frac{A_{1,2}}{(x-x_1)^2} + \cdots + \frac{A_{1,n_1}}{(x-x_1)^{n_1}} + \\
&+ \cdots\cdots\cdots\cdots\cdots\cdots\cdots\cdots + \\
&+ \frac{A_{k,1}}{x-x_k} + \frac{A_{k,2}}{(x-x_k)^2} + \cdots + \frac{A_{k,n_k}}{(x-x_k)^{n_k}} + \\
&+ \frac{B_{1,1} x + C_{1,1}}{a_1 x^2 + b_1 x + c_1} + \frac{B_{1,2} x + C_{1,2}}{\left(a_1 x^2 + b_1 x + c_1\right)^2} + \cdots + \frac{B_{1,m_1} x + C_{1,m_1}}{\left(a_1 x^2 + b_1 x + c_1\right)^{m_1}} + \\
&+ \cdots\cdots\cdots\cdots\cdots\cdots\cdots\cdots\cdots\cdots\cdots\cdots + \\
&+ \frac{B_{h,1} x + C_{h,1}}{a_h x^2 + b_h x + c_h} + \frac{B_{h,2} x + C_{h,2}}{\left(a_h x^2 + b_h x + c_h\right)^2} + \cdots + \frac{B_{h,m_h} x + C_{h,m_h}}{\left(a_h x^2 + b_h x + c_h\right)^{m_h}},
\end{aligned}
\tag{1.4}
$$

dove i coefficienti $A_{i,j_i}, B_{p,q_p}, C_{p,q_p} \in \mathbb{R}$ per ogni $i = 1, \dots, k$, $j_i = 1, \dots, n_i$, $p = 1, \dots, h$ e $q_p = 1, \dots, m_p$ sono da determinarsi in modo che sussista l'uguaglianza (1.4). Ne segue che

$$\begin{aligned}
\int \frac{P(x)}{Q(x)}\,dx &= \int \left[\frac{A_{1,1}}{x-x_1} + \frac{A_{1,2}}{(x-x_1)^2} + \cdots + \frac{A_{1,n_1}}{(x-x_1)^{n_1}}\right] dx + \\
&+ \cdots\cdots\cdots\cdots\cdots\cdots + \\
&+ \int \left[\frac{A_{k,1}}{x-x_k} + \frac{A_{k,2}}{(x-x_k)^2} + \cdots + \frac{A_{k,n_k}}{(x-x_k)^{n_k}}\right] dx + \\
&+ \int \left[\frac{B_{1,1}x + C_{1,1}}{a_1x^2+b_1x+c_1} + \frac{B_{1,2}x + C_{1,2}}{(a_1x^2+b_1x+c_1)^2} + \cdots + \frac{B_{1,m_1}x + C_{1,m_1}}{(a_1x^2+b_1x+c_1)^{m_1}}\right] dx + \\
&+ \cdots\cdots\cdots\cdots\cdots\cdots + \\
&+ \int \left[\frac{B_{h,1}x + C_{h,1}}{a_hx^2+b_hx+c_h} + \frac{B_{h,2}x + C_{h,2}}{(a_hx^2+b_hx+c_h)^2} + \cdots + \frac{B_{h,m_h}x + C_{h,m_h}}{(a_hx^2+b_hx+c_h)^{m_h}}\right] dx.
\end{aligned}$$

1.4 Il teorema fondamentale del calcolo integrale

(1.5) Teorema (fondamentale del calcolo integrale)

Siano $I \subseteq \mathbb{R}$ un intervallo, $f : I \to \mathbb{R}$ continua, $x_0 \in I$ e $F(x) = \int_{x_0}^{x} f(t)\,dt$ la funzione integrale di f su I associata a x_0.

Allora F è derivabile su I con $F'(x) = f(x)$ per ogni $x \in I$. In particolare F è una primitiva di f su I. Inoltre F è di classe C^1 su I.

1.5 Formule di integrazione per parti e per sostituzione negli integrali definiti

(1.6) Teorema (Formula di integrazione per parti negli integrali definiti) *Siano $f, g : [a,b] \to \mathbb{R}$ due funzioni derivabili con derivate continue.*

Allora

$$\int_a^b f(x)g'(x)\,dx = \Big[f(x)g(x)\Big]_a^b - \int_a^b f'(x)g(x)\,dx.$$

(1.7) Teorema (Formula di integrazione per sostituzione negli integrali definiti) *Siano $f : [a,b] \to \mathbb{R}$ continua e $\varphi : [\alpha,\beta] \to [a,b]$ derivabile con derivata continua.*

Allora

$$\int_{\alpha}^{\beta} f(\varphi(t))\varphi'(t)\,dt = \int_{\varphi(\alpha)}^{\varphi(\beta)} f(x)\,dx.$$

2 Esercizi su integrali e primitive

2.1 Integrali semplici.

Calcolare i seguenti integrali indefiniti:

a) $\displaystyle\int (x+a)^\alpha \, dx$ $\quad \left[\begin{cases} \log|x+a| + c & \text{se } \alpha = -1 \\ \dfrac{1}{\alpha+1}(x+a)^{\alpha+1} + c & \text{se } \alpha \neq -1, \end{cases} \quad c \in \mathbb{R} \right]$

b) $\displaystyle\int \frac{1}{(x+a)^\alpha} \, dx$ $\quad \left[\begin{cases} \log|x+a| + c & \text{se } \alpha = 1 \\ \dfrac{1}{1-\alpha}(x+a)^{1-\alpha} + c & \text{se } \alpha \neq 1, \end{cases} \quad c \in \mathbb{R} \right]$

c) $\displaystyle\int \frac{1}{\sqrt{x+1}} \, dx$ $\quad \left[2\sqrt{x+1} + c, \quad c \in \mathbb{R} \right]$

d) $\displaystyle\int \frac{1}{2+x} \, dx$ $\quad \left[\log|2+x| + c, \quad c \in \mathbb{R} \right]$

e) $\displaystyle\int (a-x)^\alpha \, dx$ $\quad \left[\begin{cases} -\log|x-a| + c & \text{se } \alpha = -1 \\ -\dfrac{1}{\alpha+1}(a-x)^{\alpha+1} + c & \text{se } \alpha \neq -1, \end{cases} \quad c \in \mathbb{R} \right]$

f) $\displaystyle\int \frac{1}{2-x} \, dx$ $\quad \left[-\log|x-2| + c, \quad c \in \mathbb{R} \right]$

g) $\displaystyle\int \frac{1}{\sqrt{2-x}} \, dx$ $\quad \left[-2\sqrt{2-x} + c, \quad c \in \mathbb{R} \right]$

h) $\displaystyle\int (2x+3)^4 \, dx$ $\quad \left[\frac{1}{10}(2x+3)^5 + c, \quad c \in \mathbb{R} \right]$

i) $\displaystyle\int \sin 2x \, dx$ $\quad \left[-\frac{1}{2}\cos 2x + c, \quad c \in \mathbb{R} \right]$

j) $\displaystyle\int \frac{2x}{x^2+1} \, dx$ $\quad \left[\log\left(x^2+1\right) + c, \quad c \in \mathbb{R} \right]$

k) $\displaystyle\int \frac{2x}{x^2+7} \, dx$ $\quad \left[\log\left(x^2+7\right) + c, \quad c \in \mathbb{R} \right]$

l) $\displaystyle\int \frac{\sin x}{\cos x} \, dx$ $\quad \left[-\log|\cos x| + c, \quad c \in \mathbb{R} \right]$

m) $\displaystyle\int \frac{\sin x}{\cos x - 4} \, dx$ $\quad \left[-\log(4-\cos x) + c, \quad c \in \mathbb{R} \right]$

n) $\displaystyle\int \frac{\cos x + 2x}{\sin x + x^2 - \frac{1}{3}} \, dx$ $\quad \left[\log\left|\sin x + x^2 - \frac{1}{3}\right| + c, \quad c \in \mathbb{R} \right]$

o) $\displaystyle\int \frac{x^3 - 6x^2 + 7x + 4}{x}\,dx$ $\qquad \left[\frac{1}{3}x^3 - 3x^2 + 7x + 4\log|x| + c, \qquad c \in \mathbb{R}\right]$

p) $\displaystyle\int \frac{1 - x}{1 + x}\,dx$ $\qquad \left[2\log|1 + x| - x + c, \qquad c \in \mathbb{R}\right]$

q) $\displaystyle\int \frac{x}{1 - x^2}\,dx$ $\qquad \left[-\frac{1}{2}\log\left|1 - x^2\right| + c, \qquad c \in \mathbb{R}\right]$

r) $\displaystyle\int \frac{3x + 2}{x^2 + 1}\,dx$ $\qquad \left[\frac{3}{2}\log(x^2 + 1) + 2\arctan x + c, \qquad c \in \mathbb{R}\right]$

s) $\displaystyle\int \frac{x + 1}{x(x^2 + 1)}\,dx$ $\qquad \left[\arctan x + \log\frac{|x|}{\sqrt{x^2 + 1}} + c, \qquad c \in \mathbb{R}\right]$

t) $\displaystyle\int \frac{\sqrt{1 - x}}{\sqrt{1 + x}}\,dx$ $\qquad \left[\arcsin x + \sqrt{1 - x^2} + c, \qquad c \in \mathbb{R}\right]$

u) $\displaystyle\int \sin x \cos x\,dx$ $\qquad \left[\frac{1}{2}\sin^2 x + c, \qquad c \in \mathbb{R}\right]$

v) $\displaystyle\int \sin^2 x \cos x\,dx$ $\qquad \left[\frac{1}{3}\sin^3 x + c, \qquad c \in \mathbb{R}\right]$

w) $\displaystyle\int \sin x \cos^3 x\,dx$ $\qquad \left[-\frac{1}{4}\cos^4 x + c, \qquad c \in \mathbb{R}\right]$

z) $\displaystyle\int x\left(x^2 - 4\right)^5\,dx.$ $\qquad \left[\frac{1}{12}\left(x^2 - 4\right)^6 + c, \qquad c \in \mathbb{R}\right]$

2.2 Integrazione per parti

Calcolare i seguenti integrali indefiniti:

a) $\displaystyle\int \arctan x\,dx$ $\qquad \left[x\arctan x - \frac{1}{2}\log\left(1 + x^2\right) + c, \qquad c \in \mathbb{R}\right]$

b) $\displaystyle\int \cos^2 x\,dx$ $\qquad \left[\frac{1}{2}(x + \sin x \cos x) + c, \qquad c \in \mathbb{R}\right]$

c) $\displaystyle\int x^2\,e^x\,dx$ $\qquad \left[e^x\left(x^2 - 2x + 2\right) + c, \qquad c \in \mathbb{R}\right]$

d) $\displaystyle\int x^2\,e^{-2x}\,dx$ $\qquad \left[-\frac{1}{2}e^{-2x}\left(x^2 + x + \frac{1}{2}\right) + c, \qquad c \in \mathbb{R}\right]$

e) $\displaystyle\int \sin^3 x\,dx$ $\qquad \left[-\frac{1}{3}\cos x \sin^2 x - \frac{2}{3}\cos x + c, \qquad c \in \mathbb{R}\right]$

f) $\displaystyle\int \frac{\log x}{x^3}\,dx$ $\qquad \left[-\frac{\log x}{2x^2} - \frac{1}{4x^2} + c, \qquad c \in \mathbb{R}\right]$

g) $\displaystyle\int \sqrt{1 - x^2}\,dx$ $\qquad \left[\frac{1}{2}x\sqrt{1 - x^2} + \frac{1}{2}\arcsin x + c, \qquad c \in \mathbb{R}\right]$

$h)\ \displaystyle\int x^2 \log x\, dx$ $\left[\frac{1}{3}x^3 \log x - \frac{1}{9}x^3 + c, \qquad c \in \mathbb{R}\right]$

$i)\ \displaystyle\int x^2 \cos x\, dx$ $\left[x^2 \sin x + 2x \cos x - 2 \sin x + c, \qquad c \in \mathbb{R}\right]$

$l)\ \displaystyle\int x^2 \log^3 x\, dx$ $\left[\frac{1}{3}x^3 \left(\log^3 x - \log^2 x + \frac{2}{3}\log x - \frac{2}{9}\right) + c, \qquad c \in \mathbb{R}\right]$

$m)\ \displaystyle\int \log\left(x + \sqrt{1+x^2}\right) dx$ $\left[x \log\left(x + \sqrt{1+x^2}\right) - \sqrt{1+x^2} + c, \qquad c \in \mathbb{R}\right]$

$n)\ \displaystyle\int \sin(\log x)\, dx.$ $\left[\frac{1}{2}x[\sin(\log x) - \cos(\log x)] + c, \qquad c \in \mathbb{R}\right]$

2.3 Integrazione per sostituzione

Calcolare i seguenti integrali indefiniti:

$a)\ \displaystyle\int \frac{\log^2 x}{x}\, dx$ $\left[\frac{1}{3}\log^3 x + c, \qquad c \in \mathbb{R}\right]$

$b)\ \displaystyle\int x\sqrt{x-1}\, dx$ $\left[\frac{2}{5}(x-1)^{\frac{5}{2}} + \frac{2}{3}(x-1)^{\frac{3}{2}} + c, \qquad c \in \mathbb{R}\right]$

$c)\ \displaystyle\int \frac{2}{e^x + e^{-x}}\, dx$ $\left[2 \arctan e^x + c, \qquad c \in \mathbb{R}\right]$

$d)\ \displaystyle\int x(2x+5)^{10}\, dx$ $\left[\frac{1}{48}(2x+5)^{12} - \frac{5}{44}(2x+5)^{11} + c, \qquad c \in \mathbb{R}\right]$

$e)\ \displaystyle\int \frac{\arcsin^2 x}{\sqrt{1-x^2}}\, dx$ $\left[\frac{1}{3}\arcsin^3 x + c, \qquad c \in \mathbb{R}\right]$

$f)\ \displaystyle\int e^{\sqrt{x}}\, dx$ $\left[2e^{\sqrt{x}}\left(\sqrt{x} - 1\right) + c, \qquad c \in \mathbb{R}\right]$

$g)\ \displaystyle\int \frac{\log(\log x)}{x}\, dx$ $\left[\log x[\log(\log x) - 1] + c, \qquad c \in \mathbb{R}\right]$

$h)\ \displaystyle\int \frac{1}{x \log x}\, dx$ $\left[\log|\log x| + c, \qquad c \in \mathbb{R}\right]$

$i)\ \displaystyle\int \frac{1}{7x^2+1}\, dx.$ $\left[\frac{1}{\sqrt{7}}\arctan \sqrt{7}x + c, \qquad c \in \mathbb{R}\right]$

2.4 Integrazione delle funzioni razionali fratte

Calcolare i seguenti integrali indefiniti:

a) $\displaystyle\int \frac{3x+2}{x^2+x+1}\,dx$ $\quad\left[\frac{3}{2}\log\left(x^2+x+1\right)+\frac{\sqrt{3}}{3}\arctan\frac{2x+1}{\sqrt{3}}+c,\quad c\in\mathbb{R}\right]$

b) $\displaystyle\int \frac{1}{3x^2-2x+1}\,dx$ $\quad\left[\frac{\sqrt{2}}{2}\arctan\frac{3x-1}{\sqrt{2}}+c,\quad c\in\mathbb{R}\right]$

c) $\displaystyle\int \frac{dx}{x^2(x^2+1)}$ $\quad\left[-\frac{1}{x}-\arctan x+c,\quad c\in\mathbb{R}\right]$

d) $\displaystyle\int \frac{dx}{(x+1)(x+2)(x+3)}$ $\quad\left[\log\frac{\sqrt{|(x+1)(x+3)|}}{|x+2|}+c,\quad c\in\mathbb{R}\right]$

e) $\displaystyle\int \frac{x}{x^3-1}\,dx$ $\quad\left[\log\sqrt[6]{\frac{(x-1)^2}{x^2+x+1}}+\frac{\sqrt{3}}{3}\arctan\frac{2x+1}{\sqrt{3}}+c,\quad c\in\mathbb{R}\right]$

f) $\displaystyle\int \frac{x^5+4}{x^2+3x+2}\,dx$

$$\left[\frac{1}{4}x^4-x^3+\frac{7}{2}x^2-15x+\log\left[|x+1|^3(x+2)^{28}\right]+c,\quad c\in\mathbb{R}\right]$$

g) $\displaystyle\int \frac{x^2-1}{x^2(x^2+1)}\,dx$ $\quad\left[\frac{1}{x}+2\arctan x+c,\quad c\in\mathbb{R}\right]$

h) $\displaystyle\int \frac{dx}{x(x^2+2x+3)}$ $\quad\left[\log\sqrt[6]{\frac{x^2}{x^2+2x+3}}-\frac{\sqrt{2}}{6}\arctan\frac{x+1}{\sqrt{2}}+c,\quad c\in\mathbb{R}\right]$

i) $\displaystyle\int \frac{1}{(x^2+1)^2}\,dx.$ $\quad\left[\frac{1}{2}\arctan x+\frac{x}{2(x^2+1)}+c,\quad c\in\mathbb{R}\right]$

2.5 Integrazione delle funzioni irrazionali

Calcolare i seguenti integrali indefiniti:

a) $\displaystyle\int \frac{1+\sqrt{x}}{1+x+\sqrt{x}}\,dx$ $\quad\left[2\sqrt{x}-\frac{4}{3}\sqrt{3}\arctan\frac{2\sqrt{x}+1}{\sqrt{3}}+c,\quad c\in\mathbb{R}\right]$

b) $\displaystyle\int \frac{1+\sqrt{x}}{x\,(1+\sqrt[3]{x})}\,dx$ $\quad\left[6\sqrt[6]{x}+\log\frac{x}{(\sqrt[3]{x}+1)^3}-6\arctan\sqrt[6]{x}+c,\quad c\in\mathbb{R}\right]$

c) $\displaystyle\int \sqrt{x^2+1}\,dx$ $\quad\left[\frac{1}{2}\left[\log\left(x+\sqrt{x^2+1}\right)+x\sqrt{x^2+1}\right]+c,\quad c\in\mathbb{R}\right]$

d) $\displaystyle\int \frac{\sqrt{x^2-1}}{x}\,dx$ $\quad\left[\sqrt{x^2-1}-2\arctan\left(x+\sqrt{x^2-1}\right)+c,\quad c\in\mathbb{R}\right]$

e) $\displaystyle\int \frac{1}{x\sqrt{x^2+4}}\,dx$ $\left[\frac{1}{2}\log\left|\frac{x+\sqrt{x^2+4}-2}{x+\sqrt{x^2+4}+2}\right|+c, \qquad c\in\mathbb{R}\right]$

f) $\displaystyle\int \sqrt{1-x^2}\,dx$ $\left[\frac{1}{2}x\sqrt{1-x^2}+\frac{1}{2}\arcsin x+c, \qquad c\in\mathbb{R}\right]$

g) $\displaystyle\int \frac{x}{8-5\sqrt{4-x^2}}\,dx$ $\left[\frac{1}{5}\sqrt{4-x^2}+\frac{8}{25}\log\left|5\sqrt{4-x^2}-8\right|+c, \qquad c\in\mathbb{R}\right]$

h) $\displaystyle\int \frac{dx}{x+\sqrt{x^2+2x+2}}$

$$\left[\log\frac{\left|x+\sqrt{x^2+2x+2}\right|}{\sqrt{x+1+\sqrt{x^2+2x+2}}}+\frac{1}{2}\left(\sqrt{x^2+2x+2}-x-1\right)+c, \qquad c\in\mathbb{R}\right]$$

i) $\displaystyle\int \frac{1}{\sqrt{3+2x-x^2}}\,dx.$ $\left[\arcsin\frac{x-1}{2}+c, \qquad c\in\mathbb{R}\right]$

2.6 Integrazione delle funzioni trigonometriche

Calcolare i seguenti integrali indefiniti:

a) $\displaystyle\int \frac{\sin x\cos x}{\sin^2 x-3\sin x+2}\,dx$ $\left[-\log(1-\sin x)+2\log(2-\sin x)+c, \qquad c\in\mathbb{R}\right]$

b) $\displaystyle\int \frac{\sin x}{\cos^2 x-1}\,dx$ $\left[\frac{1}{2}\log(1+\cos x)-\frac{1}{2}\log(1-\cos x)+c, \qquad c\in\mathbb{R}\right]$

c) $\displaystyle\int \frac{1}{\cos x}\,dx$ $\left[-\log\left|1-\tan\frac{x}{2}\right|+\log\left|1+\tan\frac{x}{2}\right|+c, \qquad c\in\mathbb{R}\right]$

d) $\displaystyle\int \frac{dx}{\sin x+\cos x}$ $\left[\frac{\sqrt{2}}{2}\log\left|\frac{\tan\frac{x}{2}-1+\sqrt{2}}{\tan\frac{x}{2}-1-\sqrt{2}}\right|+c, \qquad c\in\mathbb{R}\right]$

e) $\displaystyle\int \tan^3 x\,dx$ $\left[\frac{1}{2}\tan^2 x-\frac{1}{2}\log\left(1+\tan^2 x\right)+c, \qquad c\in\mathbb{R}\right]$

f) $\displaystyle\int \frac{\tan x}{1+\sin^2 x}\,dx.$ $\left[\frac{1}{4}\log\left(1+2\tan^2 x\right)+c, \qquad c\in\mathbb{R}\right]$

2.7 Primitive di funzioni definite a tratti

a) Si consideri la funzione

$$f(x) = \begin{cases} xe^x & x \leq 0 \\ \sin x & x > 0. \end{cases}$$

Determinare le primitive F e G di f in $\mathbb{R}$ tali che $F(0) = 0$ e $G(0) = 1$.

[pag. 211]

b) Si consideri la funzione

$$f(x) = \begin{cases} e^x - 1 & x < 0 \\ 5 & x = 0 \\ x \log x & x > 0. \end{cases}$$

Determinare una generica primitiva di f in $\mathbb{R}$. [pag. 211]

c) Si consideri la funzione

$$f(x) = \begin{cases} x^2 & x \leq 0 \\ 2 \arctan \left| \dfrac{x}{x-1} \right| & x > 0,\ x \neq 1 \\ \pi & x = 1. \end{cases}$$

Determinare una generica primitiva di f in $\mathbb{R}$. [pag. 212]

d) Si consideri la funzione

$$f(x) = \begin{cases} -\dfrac{x^2}{x^2+1} & x < 0 \\ \log\left(x + \sqrt{x^2+1}\right) & 0 \leq x \leq 2 \\ 8 - x & x > 2. \end{cases}$$

Calcolare $F(x) = \displaystyle\int_0^x f(t)\, dt$. [pag. 214]

2.8 Esercizi di riepilogo

Esercizio 1. Calcolare i seguenti integrali indefiniti:

1) $\displaystyle\int \frac{1+\cos x}{x+\sin x}\,dx$ $\quad\left[\log|x+\sin x|+c, \qquad c\in\mathbb{R}\right]$

2) $\displaystyle\int \frac{dx}{x\log^3 x}$ $\quad\left[-\frac{1}{2\log^2 x}+c, \qquad c\in\mathbb{R}\right]$

3) $\displaystyle\int \frac{dx}{\sqrt[3]{x^2}\cos^2\sqrt[3]{x}}$ $\quad\left[3\tan\sqrt[3]{x}+c, \qquad c\in\mathbb{R}\right]$

4) $\displaystyle\int \frac{\sin 2x}{1+\sin^2 x}\,dx$ $\quad\left[\log\left(1+\sin^2 x\right)+c, \qquad c\in\mathbb{R}\right]$

5) $\displaystyle\int \frac{x+1}{x\,(1+x^2)}\,dx$ $\quad\left[\log\frac{|x|}{\sqrt{1+x^2}}+\arctan x+c, \qquad c\in\mathbb{R}\right]$

6) $\displaystyle\int \frac{1}{x^2\,(x^2+2)}\,dx$ $\quad\left[-\frac{\sqrt{2}}{4}\arctan\frac{x}{\sqrt{2}}-\frac{1}{2x}+c, \qquad c\in\mathbb{R}\right]$

7) $\displaystyle\int \frac{1}{x^3\,(1+x^2)}\,dx$ $\quad\left[\log\frac{\sqrt{1+x^2}}{|x|}-\frac{1}{2x^2}+c, \qquad c\in\mathbb{R}\right]$

8) $\displaystyle\int \frac{1}{\sin x}\,dx$ $\quad\left[\log\left|\tan\frac{x}{2}\right|+c, \qquad c\in\mathbb{R}\right]$

9) $\displaystyle\int \frac{dx}{\sin^2 x\cos^2 x}$ $\quad\left[\tan x-\cot x+c, \qquad c\in\mathbb{R}\right]$

10) $\displaystyle\int \arcsin x\,dx$ $\quad\left[x\arcsin x+\sqrt{1-x^2}+c, \qquad c\in\mathbb{R}\right]$

11) $\displaystyle\int \frac{dx}{x^2\,(x^2+3)}$ $\quad\left[-\frac{\sqrt{3}}{9}\arctan\frac{x}{\sqrt{3}}-\frac{1}{3x}+c, \qquad c\in\mathbb{R}\right]$

12) $\displaystyle\int \frac{x^3}{x^2+7x+12}\,dx$ $\quad\left[\frac{1}{2}x^2-7x-27\log|x+3|+64\log|x+4|+c, \qquad c\in\mathbb{R}\right]$

13) $\displaystyle\int \frac{x^3+x^2-x}{x^2+x-6}\,dx$ $\quad\left[\frac{1}{2}x^2+2\log|x-2|+3\log|x+3|+c, \qquad c\in\mathbb{R}\right]$

14) $\displaystyle\int \frac{x^2+x+2}{x^2+4}\,dx$ $\quad\left[x+\frac{1}{2}\log\left(x^2+4\right)-\arctan\frac{x}{2}+c, \qquad c\in\mathbb{R}\right]$

15) $\displaystyle\int \frac{x^2-2x-1}{x^2-4x+4}\,dx$ $\quad\left[x+2\log|x-2|+\frac{1}{x-2}+c, \qquad c\in\mathbb{R}\right]$

16) $\displaystyle\int \frac{dx}{x^4-1}$ $\quad\left[\frac{1}{4}\log\left|\frac{x-1}{x+1}\right|-\frac{1}{2}\arctan x+c, \qquad c\in\mathbb{R}\right]$

17) $\displaystyle\int \frac{x^2}{(1+x^2)^2}\,dx$ $\qquad\left[\frac{1}{2}\arctan x - \frac{x}{2(x^2+1)} + c, \qquad c\in\mathbb{R}\right]$

18) $\displaystyle\int \frac{x^2-10x+10}{x^3+2x^2+5x}\,dx$ $\qquad\left[\log\frac{x^2}{\sqrt{x^2+2x+5}} - \frac{13}{2}\arctan\frac{x+1}{2} + c, \qquad c\in\mathbb{R}\right]$

19) $\displaystyle\int (x\log x)^2\,dx$ $\qquad\left[\frac{1}{3}x^3\left(\log^2 x - \frac{2}{3}\log x + \frac{2}{9}\right) + c, \qquad c\in\mathbb{R}\right]$

20) $\displaystyle\int (1+\cos x)^2\,dx$ $\qquad\left[\frac{3}{2}x + 2\sin x + \frac{1}{2}\sin x\cos x + c, \qquad c\in\mathbb{R}\right]$

21) $\displaystyle\int \frac{\cos x}{e^x}\,dx$ $\qquad\left[\frac{1}{2}e^{-x}(\sin x - \cos x) + c, \qquad c\in\mathbb{R}\right]$

22) $\displaystyle\int x\arcsin x\,dx$ $\qquad\left[\frac{1}{2}x^2\arcsin x + \frac{1}{4}x\sqrt{1-x^2} - \frac{1}{4}\arcsin x + c, \qquad c\in\mathbb{R}\right]$

23) $\displaystyle\int \frac{dx}{x^{\frac{5}{4}} - x}$ $\qquad\left[4\log\left|\frac{x^{\frac{1}{4}}-1}{x^{\frac{1}{4}}}\right| + c, \qquad c\in\mathbb{R}\right]$

24) $\displaystyle\int \frac{e^x}{e^{2x}-5e^x+6}\,dx$ $\qquad\left[\log\left|\frac{e^x-3}{e^x-2}\right| + c, \qquad c\in\mathbb{R}\right]$

25) $\displaystyle\int \cot^5 x\,dx$ $\qquad\left[-\frac{1}{4}\cot^4 x + \frac{1}{2}\cot^2 x - \frac{1}{2}\log\left(\cot^2 x + 1\right) + c, \qquad c\in\mathbb{R}\right]$

26) $\displaystyle\int x^3\sqrt{2-x^2}\,dx$ $\qquad\left[-\frac{1}{3}x^2\left(2-x^2\right)^{\frac{3}{2}} - \frac{2}{15}\left(2-x^2\right)^{\frac{5}{2}} + c, \qquad c\in\mathbb{R}\right]$

27) $\displaystyle\int \frac{dx}{\sqrt{x}+\sqrt[3]{x}}$ $\qquad\left[2\sqrt{x} - 3\sqrt[3]{x} + 6\sqrt[6]{x} - 6\log\left(\sqrt[6]{x}+1\right) + c, \qquad c\in\mathbb{R}\right]$

28) $\displaystyle\int \frac{dx}{x^2\sqrt{4+x^2}}$ $\qquad\left[-\frac{1}{x^2+x\sqrt{4+x^2}} + c, \qquad c\in\mathbb{R}\right]$

29) $\displaystyle\int \frac{x^2}{\sqrt{x^2-4}}\,dx$ $\qquad\left[\frac{1}{2}x\sqrt{x^2-4} + 2\log\left(x+\sqrt{x^2-4}\right) + c, \qquad c\in\mathbb{R}\right]$

30) $\displaystyle\int \frac{dx}{1+e^{2x}}$ $\qquad\left[x - \frac{1}{2}\log\left(1+e^{2x}\right) + c, \qquad c\in\mathbb{R}\right]$

31) $\displaystyle\int \sqrt{\frac{e^x}{e^x-1}}\,dx$ $\qquad\left[2\log\left(\sqrt{e^x}+\sqrt{e^x-1}\right) + c, \qquad c\in\mathbb{R}\right]$

32) $\displaystyle\int \frac{1+\cos x}{1+\sin x}\,dx$ $\qquad\left[-\frac{2}{1+\tan\frac{x}{2}} + \log\frac{(1+\tan\frac{x}{2})^2}{1+\tan^2\frac{x}{2}} + c, \qquad c\in\mathbb{R}\right]$

33) $\displaystyle\int \frac{\tan x}{\sin^2 x + 1}\,d$ $\qquad\left[\frac{1}{4}\log\left(2\tan^2 x + 1\right) + c, \qquad c\in\mathbb{R}\right]$

34) $\displaystyle\int \frac{\tan^3 x + \tan x}{\tan x + 4}\,dx$ $\qquad\left[\tan x - 4\log|\tan x + 4| + c, \qquad c\in\mathbb{R}\right]$

35) $\displaystyle\int \frac{\tan^2 x}{\tan x + 1}\,dx$ $\left[-\frac{1}{2}x + \log\sqrt[4]{(\tan^2 x + 1)(\tan x + 1)^2} + c, \qquad c \in \mathbb{R}\right]$

36) $\displaystyle\int \frac{x^5}{\sqrt{x^3 - 1}}\,dx$ $\left[\frac{2}{9}\left(x^3 + 2\right)\sqrt{x^3 - 1} + c, \qquad c \in \mathbb{R}\right]$

37) $\displaystyle\int \frac{dx}{x\,(1 + \sqrt{x})^2}$ $\left[\log\frac{x}{(1 + \sqrt{x})^2} + \frac{2}{1 + \sqrt{x}} + c, \qquad c \in \mathbb{R}\right]$

38) $\displaystyle\int \frac{e^{3x} + 2e^{2x} + 3e^x}{e^x + 1}\,dx$ $\left[\frac{1}{2}\,e^{2x} + e^x + 2\log(1 + e^x) + c, \qquad c \in \mathbb{R}\right]$

39) $\displaystyle\int e^x \sin x\,dx$ $\left[\frac{1}{2}\,e^x(\sin x - \cos x) + c, \qquad c \in \mathbb{R}\right]$

40) $\displaystyle\int \frac{dx}{\sqrt{1 + 2x - x^2}}$ $\left[\arcsin\frac{x - 1}{\sqrt{2}} + c, \qquad c \in \mathbb{R}\right]$

41) $\displaystyle\int \frac{dx}{2\sin x + \cos x - 1}$ $\left[\frac{1}{2}\log\left|\tan\frac{x}{2}\right| - \frac{1}{2}\log\left|\tan\frac{x}{2} - 2\right| + c, \qquad c \in \mathbb{R}\right]$

42) $\displaystyle\int \frac{\sin 2x\,dx}{6\sin x - \cos 2x + 5}.$ $\left[-\log(\sin x + 1) + 2\log(\sin x + 2) + c, \qquad c \in \mathbb{R}\right]$

Esercizio 2. Risolvere i seguenti quesiti.

a) Sia

$$f(x) = \begin{cases} \sqrt{|x|} & x < 1 \\ \frac{1}{4+x^2} + \beta & x \geq 1. \end{cases}$$

Determinare la primitiva F di f in $\mathbb{R}$, al variare del parametro reale β, che si annulla in $x = 0$. [pag. 233]

b) Sia $f(x) = \dfrac{1 - 3x}{\sqrt{x} - 2}$. Determinare tutte le primitive di f nell'intervallo $[5, 10]$.

[pag. 234]

c) Sia

$$f(x) = \begin{cases} -x^3 \sin(\pi + \pi x^2) & x \leq 1 \\ x^2 - 8x + 16 & x > 1. \end{cases}$$

Determinare la primitiva di f in $\mathbb{R}$ che si annulla in $x_0 = 0$. [pag. 235]

d) Data la funzione

$$f(x) = \begin{cases} x|6x - 2| + 1 & x \leq 0 \\ (x + 1)\,e^{\frac{x}{2}} & x > 0, \end{cases}$$

1) calcolare $F(x)=\int_{-1}^{x} f(t)\,dt$ al variare di $x\in\mathbb{R}$;

2) calcolare $I_1=\int_{-2}^{1} f(t)\,dt$; [pag. 236]

3) calcolare $I_2=\int_{-\frac{1}{3}}^{2} f(3t)\,dt$.

Esercizio 3. Calcolare i seguenti integrali definiti:

a) $\displaystyle\int_0^{\log 2} \frac{e^x}{\sqrt{2-e^x}+e^x}\,dx$ $\left[\frac{2}{3}\log 2\right]$

b) $\displaystyle\int_0^{\frac{\pi}{4}} \sin 2x \arctan\sqrt{\cos 2x}\,dx$ $\left[\frac{\pi}{4}-\frac{1}{2}\right]$

c) $\displaystyle\int_1^4 \frac{\sqrt{x-1}}{x+8}\,dx$ $\left[2\sqrt{3}-\pi\right]$

d) $\displaystyle\int_{e^{\frac{1}{\sqrt{2}}}}^{e} \frac{\arcsin\left(1-\log^2 x\right)}{x}\,dx$ $\left[2\left(\sqrt{\frac{3}{2}}-1\right)-\frac{\pi}{12}\sqrt{2}\right]$

e) $\displaystyle\int_{e^{-1}}^{e} \Big(|\log x|-\log^2 x\Big)\,dx$ $\left[3e^{-1}-e+2\right]$

f) $\displaystyle\int_0^8 \arctan\sqrt[4]{1+x}\,dx$ $\left[\frac{8}{3}\pi-\frac{2}{3}\right]$

g) $\displaystyle\int_0^1 x^3\sqrt{4+x^2}\,dx$ $\left[\frac{64-5\sqrt{5}}{3}\right]$

h) $\displaystyle\int_0^1 x^2\sqrt{4+x^2}\,dx.$ $\left[\frac{5}{3}\sqrt{5}-\frac{1}{12}\left(\frac{5+\sqrt{5}}{1+\sqrt{5}}\right)^3-4\log\left(\frac{1+\sqrt{5}}{2}\right)\right]$

Esercizio 4. Calcolare le derivate delle seguenti funzioni:

a) $\displaystyle F(x)=\int_8^x e^{t^4}\,dt$ $\left[F'(x)=e^{x^4},\quad \forall x\in\mathbb{R}\right]$

b) $\displaystyle F(x)=\int_1^{\frac{1}{x}} \log^9\left(1+|t|\right)dt$ $\left[F'(x)=-\frac{1}{x^2}\log^9\left(1+\frac{1}{|x|}\right),\quad \forall x\neq 0\right]$

c) $\displaystyle F(x)=\int_{-x}^{x} \left[10+\cos^{12}\left(t^3\right)\right]dt$ $\left[F'(x)=20+2\cos^{12}\left(x^3\right),\quad \forall x\in\mathbb{R}\right]$

d) $\displaystyle F(x)=\int_{x^2}^{\frac{1}{2}x} \sqrt{9+4t^4+12t^6}\,dt$

$$\left[F'(x)=\frac{1}{2}\sqrt{9+\frac{1}{4}x^4+\frac{3}{16}x^6}-2x\sqrt{9+4x^8+12x^{12}},\quad \forall x\in\mathbb{R}\right]$$

e) $\displaystyle F(x)=\int_x^{\cos x} \frac{\sin t}{t+2}\,dt.$ $\left[F'(x)=-\sin x\frac{\sin\left(\cos x\right)}{\cos x+2}-\frac{\sin x}{x+2},\quad \forall x\neq -2\right]$

3 Svolgimento degli esercizi su integrali e primitive

3.1 Integrali semplici

a) Consideriamo l'integrale indefinito

$$\int (x+a)^{\alpha}\, dx\,, \qquad a, \alpha \in \mathbb{R}.$$

Per $\alpha = -1$ si ha che

$$\int (x+a)^{-1}\, dx = \int \frac{1}{x+a}\, dx = \log|x+a| + c, \qquad c \in \mathbb{R}.$$

Per $\alpha \neq -1$ si ha che

$$\int (x+a)^{\alpha}\, dx = \frac{1}{\alpha+1}(x+a)^{\alpha+1} + c, \qquad c \in \mathbb{R}.$$

b) Consideriamo l'integrale indefinito

$$\int \frac{1}{(x+a)^{\alpha}}\, dx\,, \qquad a, \alpha \in \mathbb{R}.$$

Per $\alpha = 1$ si ha che

$$\int \frac{1}{x+a}\, dx = \log|x+a| + c, \qquad c \in \mathbb{R}.$$

Per $\alpha \neq 1$ si ha che

$$\int \frac{1}{(x+a)^{\alpha}}\, dx = \int (x+a)^{-\alpha}\, dx = \frac{1}{1-\alpha}(x+a)^{1-\alpha} + c, \qquad c \in \mathbb{R}.$$

c) Consideriamo l'integrale indefinito

$$\int \frac{1}{\sqrt{x+1}}\, dx.$$

Si ha che

$$\int \frac{1}{\sqrt{x+1}}\, dx = \int \frac{1}{(x+1)^{\frac{1}{2}}}\, dx = 2(x+1)^{\frac{1}{2}} + c = 2\sqrt{x+1} + c, \qquad c \in \mathbb{R}.$$

d) Consideriamo l'integrale indefinito

$$\int \frac{1}{2+x}\, dx.$$

Si ha che

$$\int \frac{1}{2+x}\, dx = \log|2+x| + c, \qquad c \in \mathbb{R}.$$

e) Consideriamo l'integrale indefinito

$$\int (a-x)^\alpha \, dx\,, \qquad a, \alpha \in \mathbb{R}.$$

Per $\alpha = -1$ si ha che

$$\int (a-x)^{-1} \, dx = \int \frac{1}{a-x} \, dx = -\int \frac{1}{x-a} \, dx = -\log|x-a| + c, \qquad c \in \mathbb{R}.$$

Per $\alpha \neq -1$ si ha che

$$\int (a-x)^\alpha \, dx = -\int [-(a-x)^\alpha] \, dx = -\frac{1}{\alpha+1}(a-x)^{\alpha+1} + c, \qquad c \in \mathbb{R}.$$

f) Consideriamo l'integrale indefinito

$$\int \frac{1}{2-x} \, dx.$$

Si ha che

$$\int \frac{1}{2-x} \, dx = -\int \frac{1}{x-2} \, dx = -\log|x-2| + c, \qquad c \in \mathbb{R}.$$

g) Consideriamo l'integrale indefinito

$$\int \frac{1}{\sqrt{2-x}} \, dx.$$

Si ha che

$$\begin{aligned} \int \frac{1}{\sqrt{2-x}} \, dx &= \int \frac{1}{(2-x)^{\frac{1}{2}}} \, dx = -\int \left[\frac{-1}{(2-x)^{\frac{1}{2}}}\right] dx = \\ &= -2(2-x)^{\frac{1}{2}} + c = -2\sqrt{2-x} + c, \qquad c \in \mathbb{R}. \end{aligned}$$

h) Consideriamo l'integrale indefinito

$$\int (2x+3)^4 \, dx.$$

Si ha che

$$\int (2x+3)^4 \, dx = \frac{1}{2}\int 2\,(2x+3)^4 \, dx = \frac{1}{10}(2x+3)^5, \qquad c \in \mathbb{R}.$$

i) Consideriamo l'integrale indefinito

$$\int \sin 2x \, dx.$$

Si ha che

$$\int \sin 2x \, dx = -\frac{1}{2}\int (-2\sin 2x) \, dx = -\frac{1}{2}\cos 2x + c, \qquad c \in \mathbb{R}.$$

j) Si ha che

$$\int \frac{2x}{x^2+1}\,dx = \log\left(x^2+1\right) + c, \qquad c \in \mathbb{R}.$$

k) Si ha che

$$\int \frac{2x}{x^2+7}\,dx = \log\left(x^2+7\right) + c, \qquad c \in \mathbb{R}.$$

l) Si ha che

$$\int \frac{\sin x}{\cos x}\,dx = -\int \frac{-\sin x}{\cos x}\,dx = -\log|\cos x| + c, \qquad c \in \mathbb{R}.$$

m) Si ha che

$$\int \frac{\sin x}{\cos x - 4}\,dx = -\int \frac{-\sin x}{\cos x - 4}\,dx = -\log(4-\cos x) + c, \qquad c \in \mathbb{R}.$$

n) Si ha che

$$\int \frac{\cos x + 2x}{\sin x + x^2 - \frac{1}{3}}\,dx = \log\left|\sin x + x^2 - \frac{1}{3}\right| + c, \qquad c \in \mathbb{R}.$$

o) Consideriamo l'integrale indefinito

$$\int \frac{x^3 - 6x^2 + 7x + 4}{x}\,dx.$$

Si ha che

$$\begin{aligned}\int \frac{x^3 - 6x^2 + 7x + 4}{x}\,dx &= \int \left(x^2 - 6x + 7 + \frac{4}{x}\right) dx = \\ &= \frac{1}{3}x^3 - 3x^2 + 7x + 4\log|x| + c, \qquad c \in \mathbb{R}.\end{aligned}$$

p) Consideriamo l'integrale indefinito

$$\int \frac{1-x}{1+x}\,dx.$$

Si ha che

$$\int \frac{1-x}{1+x}\,dx = \int \left(\frac{2}{1+x} - 1\right) dx = 2\log|1+x| - x + c, \qquad c \in \mathbb{R}.$$

q) Consideriamo l'integrale indefinito

$$\int \frac{x}{1-x^2}\,dx.$$

Si ha che

$$\int \frac{x}{1-x^2}\,dx = -\frac{1}{2}\int \frac{-2x}{1-x^2}\,dx = -\frac{1}{2}\log\left|1-x^2\right| + c, \qquad c \in \mathbb{R}.$$

r) Consideriamo l'integrale indefinito

$$\int \frac{3x+2}{x^2+1}\,dx.$$

Si ha che

$$\begin{aligned}\int \frac{3x+2}{x^2+1}\,dx &= \int \left(\frac{3x}{x^2+1} + \frac{2}{x^2+1}\right) dx = \frac{3}{2}\int \frac{2x}{x^2+1}\,dx + 2\int \frac{1}{x^2+1}\,dx = \\ &= \frac{3}{2}\log\left(x^2+1\right) + 2\arctan x + c, \qquad c \in \mathbb{R}.\end{aligned}$$

s) Consideriamo l'integrale indefinito

$$\int \frac{x+1}{x(x^2+1)}\,dx.$$

Si ha che

$$\begin{aligned}\int \frac{x+1}{x(x^2+1)}\,dx &= \int \left(\frac{1}{x^2+1} + \frac{1}{x(x^2+1)}\right) dx = \\ &= \int \frac{1}{x^2+1}\,dx + \int \frac{1+x^2-x^2}{x(x^2+1)}\,dx = \\ &= \arctan x + \int \left(\frac{1}{x} - \frac{x}{x^2+1}\right) dx = \\ &= \arctan x + \log|x| - \frac{1}{2}\int \frac{2x}{x^2+1}\,dx = \\ &= \arctan x + \log|x| - \frac{1}{2}\log\left(x^2+1\right) + c = \\ &= \arctan x + \log\frac{|x|}{\sqrt{x^2+1}} + c, \qquad c \in \mathbb{R}.\end{aligned}$$

t) Consideriamo l'integrale indefinito

$$\int \frac{\sqrt{1-x}}{\sqrt{1+x}}\,dx.$$

Si ha che

$$\begin{aligned}\int \frac{\sqrt{1-x}}{\sqrt{1+x}}\,dx &= \int \frac{\sqrt{1-x}}{\sqrt{1+x}}\,\frac{\sqrt{1-x}}{\sqrt{1-x}}\,dx = \int \frac{1-x}{\sqrt{1-x^2}}\,dx = \\ &= \int \left(\frac{1}{\sqrt{1-x^2}} + \frac{-x}{\sqrt{1-x^2}}\right) dx = \\ &= \arcsin x + \sqrt{1-x^2} + c, \qquad c \in \mathbb{R}.\end{aligned}$$

u) Consideriamo l'integrale indefinito

$$\int \sin x \cos x \, dx.$$

Si ha che

$$\int \sin x \cos x \, dx = \frac{1}{2} \int 2 \sin x \cos x \, dx = \frac{1}{2} \sin^2 x + c, \qquad c \in \mathbb{R}.$$

Oppure

$$\int \sin x \cos x \, dx = -\frac{1}{2} \int (-2 \sin x \cos x) \, dx = -\frac{1}{2} \cos^2 x + c, \qquad c \in \mathbb{R}.$$

v) Consideriamo l'integrale indefinito

$$\int \sin^2 x \cos x \, dx.$$

Si ha che

$$\int \sin^2 x \cos x \, dx = \frac{1}{3} \int 3 \sin^2 x \cos x \, dx = \frac{1}{3} \sin^3 x + c, \qquad c \in \mathbb{R}.$$

w) Consideriamo l'integrale indefinito

$$\int \sin x \cos^3 x \, dx.$$

Si ha che

$$\int \sin x \cos^3 x \, dx = -\frac{1}{4} \int (-4 \sin x \cos^3 x) \, dx = -\frac{1}{4} \cos^4 x + c, \qquad c \in \mathbb{R}.$$

z) Consideriamo l'integrale indefinito

$$\int x \left(x^2 - 4\right)^5 dx.$$

Si ha che

$$\int x \left(x^2 - 4\right)^5 dx = \frac{1}{2} \int 2x \left(x^2 - 4\right)^5 dx = \frac{1}{12} \left(x^2 - 4\right)^6 + c, \qquad c \in \mathbb{R}.$$

3.2 Integrazione per parti

a) Consideriamo l'integrale indefinito

$$\int \arctan x \, dx.$$

Integrando per parti si ha che

$$\begin{aligned}\int \arctan x \, dx &= x \arctan x - \int \frac{x}{1+x^2}\, dx = \\ &= x \arctan x - \frac{1}{2}\int \frac{2x}{1+x^2}\, dx = \\ &= x \arctan x - \frac{1}{2}\log\left(1+x^2\right) + c, \qquad c \in \mathbb{R}.\end{aligned}$$

b) Consideriamo l'integrale indefinito

$$\int \cos^2 x \, dx.$$

Integrando per parti si ha che

$$\begin{aligned}\int \cos^2 x \, dx &= \int \cos x \cos x \, dx = \sin x \cos x + \int \sin^2 x \, dx = \\ &= \sin x \cos x + \int \left(1 - \cos^2 x\right) dx = \\ &= \sin x \cos x + x - \int \cos^2 x \, dx.\end{aligned}$$

Quindi

$$2\int \cos^2 x \, dx = x + \sin x \cos x + c, \qquad c \in \mathbb{R}$$

da cui segue che

$$\int \cos^2 x \, dx = \frac{1}{2}(x + \sin x \cos x) + c, \qquad c \in \mathbb{R}.$$

c) Consideriamo l'integrale indefinito

$$\int x^2 e^x \, dx.$$

Integrando due volte per parti si ha che

$$\begin{aligned}\int x^2 e^x \, dx &= x^2 e^x - 2\int x e^x \, dx = \\ &= x^2 e^x - 2x e^x + 2\int e^x \, dx = \\ &= x^2 e^x - 2x e^x + 2e^x + c = e^x \left(x^2 - 2x + 2\right) + c, \qquad c \in \mathbb{R}.\end{aligned}$$

d) Consideriamo l'integrale indefinito

$$\int x^2 e^{-2x}\, dx.$$

Integrando due volte per parti si ha che

$$\begin{aligned}\int x^2 e^{-2x}\, dx &= -\frac{1}{2}x^2 e^{-2x} + \int x\, e^{-2x}\, dx = \\ &= -\frac{1}{2}x^2 e^{-2x} - \frac{1}{2}x\, e^{-2x} + \frac{1}{2}\int e^{-2x}\, dx = \\ &= -\frac{1}{2}x^2 e^{-2x} - \frac{1}{2}x\, e^{-2x} - \frac{1}{4}e^{-2x} + c = \\ &= -\frac{1}{2}e^{-2x}\left(x^2 + x + \frac{1}{2}\right) + c, \qquad c \in \mathbb{R}.\end{aligned}$$

e) Consideriamo l'integrale indefinito

$$\int \sin^3 x\, dx.$$

Integrando per parti si ha che

$$\begin{aligned}\int \sin^3 x\, dx &= \int \sin^2 x \sin x\, dx = -\cos x \sin^2 x + 2\int \sin x \cos^2 x\, dx = \\ &= -\cos x \sin^2 x + 2\int \sin x\left(1 - \sin^2 x\right) dx = \\ &= -\cos x \sin^2 x + 2\int \sin x\, dx - 2\int \sin^3 x\, dx.\end{aligned}$$

Quindi

$$3\int \sin^3 x\, dx = -\cos x \sin^2 x - 2\cos x + c, \qquad c \in \mathbb{R},$$

da cui segue che

$$\int \sin^3 x\, dx = -\frac{1}{3}\cos x \sin^2 x - \frac{2}{3}\cos x + c, \qquad c \in \mathbb{R}.$$

f) Consideriamo l'integrale indefinito

$$\int \frac{\log x}{x^3}\, dx.$$

Integrando per parti si ha che

$$\begin{aligned}\int \frac{\log x}{x^3}\, dx &= -\frac{\log x}{2x^2} + \frac{1}{2}\int \frac{1}{x^3}\, dx = \\ &= -\frac{\log x}{2x^2} - \frac{1}{4x^2} + c, \qquad c \in \mathbb{R}.\end{aligned}$$

g) Consideriamo l'integrale indefinito

$$\int \sqrt{1-x^2}\,dx.$$

Integrando per parti si ha che

$$\begin{aligned}\int \sqrt{1-x^2}\,dx &= x\sqrt{1-x^2} + \int \frac{x^2}{\sqrt{1-x^2}}\,dx = \\ &= x\sqrt{1-x^2} + \int \frac{x^2-1+1}{\sqrt{1-x^2}}\,dx = \\ &= x\sqrt{1-x^2} + \int \left(\frac{x^2-1}{\sqrt{1-x^2}} + \frac{1}{\sqrt{1-x^2}}\right) dx = \\ &= x\sqrt{1-x^2} - \int \sqrt{1-x^2}\,dx + \int \frac{1}{\sqrt{1-x^2}}\,dx \\ &= x\sqrt{1-x^2} + \arcsin x - \int \sqrt{1-x^2}\,dx.\end{aligned}$$

Quindi

$$2\int \sqrt{1-x^2}\,dx = x\sqrt{1-x^2} + \arcsin x + c, \qquad c \in \mathbb{R},$$

da cui segue che

$$\int \sqrt{1-x^2}\,dx = \frac{1}{2}x\sqrt{1-x^2} + \frac{1}{2}\arcsin x + c, \qquad c \in \mathbb{R}.$$

h) Consideriamo l'integrale indefinito

$$\int x^2 \log x\,dx.$$

Integrando per parti si ha che

$$\begin{aligned}\int x^2 \log x\,dx &= \frac{1}{3}x^3 \log x - \frac{1}{3}\int x^2\,dx = \\ &= \frac{1}{3}x^3 \log x - \frac{1}{9}x^3 + c, \qquad c \in \mathbb{R}.\end{aligned}$$

i) Consideriamo l'integrale indefinito

$$\int x^2 \cos x\,dx.$$

Integrando due volte per parti si ha che

$$\begin{aligned}\int x^2 \cos x\,dx &= x^2 \sin x - 2\int x \sin x\,dx = \\ &= x^2 \sin x + 2x\cos x - 2\int \cos x\,dx = \\ &= x^2 \sin x + 2x\cos x - 2\sin x + c, \qquad c \in \mathbb{R}.\end{aligned}$$

l) Consideriamo l'integrale indefinito

$$\int x^2 \log^3 x \, dx.$$

Integrando tre volte per parti si ha che

$$\begin{aligned}\int x^2 \log^3 x \, dx &= \frac{1}{3}x^3 \log^3 x - \int x^2 \log^2 x \, dx = \\ &= \frac{1}{3}x^3 \log^3 x - \frac{1}{3}x^3 \log^2 x + \frac{2}{3}\int x^2 \log x \, dx = \\ &= \frac{1}{3}x^3 \log^3 x - \frac{1}{3}x^3 \log^2 x + \frac{2}{9}x^2 \log x - \frac{2}{9}\int x^2 \, dx = \\ &= \frac{1}{3}x^3 \log^3 x - \frac{1}{3}x^3 \log^2 x + \frac{2}{9}x^3 \log x - \frac{2}{27}x^3 + c = \\ &= \frac{1}{3}x^3 \left(\log^3 x - \log^2 x + \frac{2}{3}\log x - \frac{2}{9}\right) + c, \qquad c \in \mathbb{R}.\end{aligned}$$

m) Consideriamo l'integrale indefinito

$$\int \log\left(x + \sqrt{1+x^2}\right) dx.$$

Integrando per parti si ha che

$$\begin{aligned}\int \log\left(x + \sqrt{1+x^2}\right) dx &= x \log\left(x + \sqrt{1+x^2}\right) - \int \frac{x}{\sqrt{1+x^2}} \, dx \\ &= x \log\left(x + \sqrt{1+x^2}\right) - \sqrt{1+x^2} + c, \qquad c \in \mathbb{R}.\end{aligned}$$

n) Consideriamo l'integrale indefinito

$$\int \sin(\log x) \, dx.$$

Integrando due volte per parti si ha che

$$\begin{aligned}\int \sin(\log x) \, dx &= x \sin(\log x) - \int \cos(\log x) \, dx = \\ &= x \sin(\log x) - x \cos(\log x) - \int \sin(\log x) \, dx.\end{aligned}$$

Quindi

$$2\int \sin(\log x) \, dx = x \sin(\log x) - x \cos(\log x) + c, \qquad c \in \mathbb{R},$$

da cui segue che

$$\int \sin(\log x) \, dx = \frac{1}{2}x[\sin(\log x) - \cos(\log x)] + c, \qquad c \in \mathbb{R}.$$

3.3 Integrazione per sostituzione

a) Consideriamo l'integrale indefinito

$$\int \frac{\log^2 x}{x}\,dx.$$

Posto $t = \log x$ si ha che $dt = \frac{1}{x}\,dx$. Quindi

$$\int \frac{\log^2 x}{x}\,dx = \int t^2\,dt = \frac{1}{3}t^3 + c = \frac{1}{3}\log^3 x + c, \qquad c \in \mathbb{R}.$$

b) Consideriamo l'integrale indefinito

$$\int x\sqrt{x-1}\,dx.$$

Posto $t = \sqrt{x-1}$, quindi $x = t^2 + 1$, si ha che $dx = 2t\,dt$. Ne segue che

$$\begin{aligned}\int x\sqrt{x-1}\,dx &= 2\int t^2\left(t^2+1\right)dt = 2\int\left(t^4+t^2\right)dt = \\ &= \frac{2}{5}t^5 + \frac{2}{3}t^3 + c = \frac{2}{5}(x-1)^{\frac{5}{2}} + \frac{2}{3}(x-1)^{\frac{3}{2}} + c, \qquad c \in \mathbb{R}.\end{aligned}$$

c) Consideriamo l'integrale indefinito

$$\int \frac{2}{e^x + e^{-x}}\,dx = \int \frac{2e^x}{e^{2x}+1}\,dx.$$

Posto $t = e^x$ si ha che $dt = e^x\,dx$. Ne segue che

$$\int \frac{2e^x}{e^{2x}+1}\,dx = 2\int \frac{1}{t^2+1}\,dt = 2\arctan t + c = 2\arctan e^x + c, \qquad c \in \mathbb{R}.$$

d) Consideriamo l'integrale indefinito

$$\int x(2x+5)^{10}\,dx.$$

Posto $t = 2x+5$, cioè $x = \frac{t-5}{2}$, si ha che $dt = 2\,dx$. Ne segue che

$$\begin{aligned}\int x(2x+5)^{10}\,dx &= \frac{1}{4}\int (t-5)t^{10}\,dt = \frac{1}{4}\int\left(t^{11} - 5t^{10}\right)dt = \\ &= \frac{1}{48}t^{12} - \frac{5}{44}t^{11} + c = \\ &= \frac{1}{48}(2x+5)^{12} - \frac{5}{44}(2x+5)^{11} + c, \qquad c \in \mathbb{R}.\end{aligned}$$

e) Consideriamo l'integrale indefinito

$$\int \frac{\arcsin^2 x}{\sqrt{1-x^2}}\,dx.$$

Posto $t = \arcsin x$ si ha che $dt = \frac{1}{\sqrt{1-x^2}}\,dx$. Ne segue che

$$\int \frac{\arcsin^2 x}{\sqrt{1-x^2}}\,dx = \int t^2\,dt = \frac{1}{3}t^3 + c = \frac{1}{3}\arcsin^3 x + c, \qquad c \in \mathbb{R}.$$

f) Consideriamo l'integrale indefinito

$$\int e^{\sqrt{x}}\,dx.$$

Posto $t = \sqrt{x}$, quindi $x = t^2$, si ha che $dx = 2t\,dt$. Ne segue che

$$\begin{aligned}\int e^{\sqrt{x}}\,dx &= \int 2te^t\,dt = \qquad \text{integrando per parti}\\ &= 2te^t - 2\int e^t\,dt = 2te^t - 2e^t + c =\\ &= 2\sqrt{x}e^{\sqrt{x}} - 2e^{\sqrt{x}} + c = 2e^{\sqrt{x}}(\sqrt{x}-1) + c, \qquad c \in \mathbb{R}.\end{aligned}$$

g) Consideriamo l'integrale indefinito

$$\int \frac{\log(\log x)}{x}\,dx.$$

Posto $t = \log x$ si ha che $dt = \frac{1}{x}\,dx$. Quindi

$$\begin{aligned}\int \frac{\log(\log x)}{x}\,dx &= \int \log t\,dt = \qquad \text{integrando per parti}\\ &= t\log t - \int dt = t(\log t - 1) + c =\\ &= \log x[\log(\log x) - 1] + c, \qquad c \in \mathbb{R}.\end{aligned}$$

h) Consideriamo l'integrale indefinito

$$\int \frac{1}{x\log x}\,dx.$$

Posto $t = \log x$ si ha che $dt = \frac{1}{x}\,dx$. Quindi

$$\int \frac{1}{x\log x}\,dx = \int \frac{1}{t}\,dt = \log|t| + c = \log|\log x| + c, \qquad c \in \mathbb{R}.$$

i) Consideriamo l'integrale indefinito

$$\int \frac{1}{7x^2+1}\,dx.$$

Posto $t = \sqrt{7}x$ si ha che $dt = \sqrt{7}\,dx$. Quindi

$$\int \frac{1}{7x^2+1}\,dx = \frac{1}{\sqrt{7}}\int \frac{1}{t^2+1}\,dt = \frac{1}{\sqrt{7}}\arctan t + c = \frac{1}{\sqrt{7}}\arctan\sqrt{7}x + c, \quad c \in \mathbb{R}.$$

3.4 Integrazione delle funzioni razionali

a) Consideriamo l'integrale indefinito

$$\int \frac{3x+2}{x^2+x+1}\,dx.$$

Si ha che

$$\begin{aligned}\int \frac{3x+2}{x^2+x+1}\,dx &= \int \frac{3x}{x^2+x+1}\,dx + \int \frac{2}{x^2+x+1}\,dx = \\ &= 3\int \frac{x}{x^2+x+1}\,dx + \int \frac{2}{x^2+x+1}\,dx = \\ &= \frac{3}{2}\int \frac{2x+1-1}{x^2+x+1}\,dx + 2\int \frac{1}{x^2+x+1}\,dx = \\ &= \frac{3}{2}\int \frac{2x+1}{x^2+x+1}\,dx + \frac{1}{2}\int \frac{1}{x^2+x+1}\,dx =\end{aligned}$$

essendo $x^2+x+1 = \left(x+\frac{1}{2}\right)^2 + \frac{3}{4} = \frac{3}{4}\left[\left(\frac{2x+1}{\sqrt{3}}\right)^2+1\right]$, si ottiene

$$= \frac{3}{2}\log\left(x^2+x+1\right) + \frac{2}{3}\int \frac{1}{\left[\left(\frac{2x+1}{\sqrt{3}}\right)^2+1\right]}\,dx =$$

posto $t = \frac{2x+1}{\sqrt{3}}$ si ha che $dt = \frac{2}{\sqrt{3}}\,dx$,

$$= \frac{3}{2}\log\left(x^2+x+1\right) + \frac{\sqrt{3}}{3}\int \frac{1}{t^2+1}\,dt =$$

$$= \frac{3}{2}\log\left(x^2+x+1\right) + \frac{\sqrt{3}}{3}\arctan t + c =$$

$$= \frac{3}{2}\log\left(x^2+x+1\right) + \frac{\sqrt{3}}{3}\arctan\frac{2x+1}{\sqrt{3}} + c, \qquad c \in \mathbb{R}.$$

b) Consideriamo l'integrale indefinito

$$\int \frac{1}{3x^2-2x+1}\,dx.$$

Essendo $3x^2-2x+1 = \left(\sqrt{3}x - \frac{1}{\sqrt{3}}\right)^2 + \frac{2}{3} = \frac{2}{3}\left[\left(\frac{3x-1}{\sqrt{2}}\right)^2+1\right]$, si ha che

$$\int \frac{1}{3x^2-2x+1}\,dx = \frac{3}{2}\int \frac{1}{\left[\left(\frac{3x-1}{\sqrt{2}}\right)^2+1\right]}\,dx.$$

Posto $t = \dfrac{3x-1}{\sqrt{2}}$ si ha che $dt = \dfrac{3}{\sqrt{2}}\,dx$. Quindi

$$\begin{aligned}\int \frac{1}{3x^2-2x+1}\,dx &= \frac{3}{2}\int \frac{1}{\left[\left(\frac{3x-1}{\sqrt{2}}\right)^2+1\right]}\,dx = \\ &= \frac{\sqrt{2}}{2}\int \frac{1}{t^2+1}\,dt = \frac{\sqrt{2}}{2}\arctan t + c = \\ &= \frac{\sqrt{2}}{2}\arctan\frac{3x-1}{\sqrt{2}} + c, \qquad c \in \mathbb{R}.\end{aligned}$$

c) Consideriamo l'integrale indefinito

$$\int \frac{dx}{x^2(x^2+1)}.$$

Si ha che[1]

$$\begin{aligned}\frac{1}{x^2\,(x^2+1)} &= \frac{A}{x} + \frac{Bx+C}{x^2+1} + \frac{d}{dx}\left(\frac{D}{x}\right) = \frac{A}{x} + \frac{Bx+C}{x^2+1} - \frac{D}{x^2} = \\ &= \frac{(A+B)x^3+(C-D)x^2+Ax-D}{x^2(x^2+1)} \quad\Longrightarrow\quad \begin{cases} A = B = 0 \\ C = D = -1. \end{cases}\end{aligned}$$

Quindi

$$\begin{aligned}\int \frac{dx}{x^2(x^2+1)} &= \int \left[-\frac{1}{x^2+1} + \frac{d}{dx}\left(-\frac{1}{x}\right)\right]dx = \\ &= -\frac{1}{x} - \arctan x + c, \qquad c \in \mathbb{R}.\end{aligned}$$

d) Consideriamo l'integrale indefinito

$$\int \frac{dx}{(x+1)(x+2)(x+3)}.$$

Si ha che

$$\begin{aligned}\frac{1}{(x+1)(x+2)(x+3)} &= \frac{A}{x+1} + \frac{B}{x+2} + \frac{C}{x+3} = \\ &= \frac{(A+B+C)x^2+(5A+4B+3C)x+6A+3B+2C}{(x+1)(x+2)(x+3)} \quad\Longrightarrow\quad \begin{cases} A = C = \dfrac{1}{2} \\ B = -1. \end{cases}\end{aligned}$$

Quindi

$$\begin{aligned}\int \frac{dx}{(x+1)(x+2)(x+3)} &= \int \left(\frac{1}{2}\frac{1}{x+1} - \frac{1}{x+2} + \frac{1}{2}\frac{1}{x+3}\right)dx = \\ &= \frac{1}{2}\log|x+1| - \log|x+2| + \frac{1}{2}\log|x+3| + c = \\ &= \log\frac{\sqrt{|(x+1)(x+3)|}}{|x+2|} + c, \qquad c \in \mathbb{R}.\end{aligned}$$

[1] Si può procedere anche con il metodo di decomposizione "classico" (vedi pag. 174).

e) Consideriamo l'integrale indefinito

$$\int \frac{x}{x^3-1}\,dx = \int \frac{x}{(x-1)(x^2+x+1)}\,dx.$$

Si ha che

$$\frac{x}{(x-1)(x^2+x+1)} = \frac{A}{x-1} + \frac{Bx+C}{x^2+x+1} =$$

$$= \frac{(A+B)x^2+(A-B+C)x+A-C}{(x-1)(x^2+x+1)} \quad \Longrightarrow \quad \begin{cases} A = C = \dfrac{1}{3} \\ B = -\dfrac{1}{3}. \end{cases}$$

Quindi

$$\int \frac{x}{(x-1)(x^2+x+1)} = \int \left(\frac{1}{3}\frac{1}{x-1} - \frac{1}{3}\frac{x-1}{x^2+x+1}\right) dx =$$

$$= \frac{1}{3}\int \frac{1}{x-1}\,dx - \frac{1}{6}\int \frac{2x+1}{x^2+x+1}\,dx + \frac{1}{2}\int \frac{1}{x^2+x+1}\,dx =$$

essendo $\frac{1}{2}\int \frac{1}{x^2+x+1}\,dx = \frac{\sqrt{3}}{3}\arctan\frac{2x+1}{\sqrt{3}} + c,\ c \in \mathbb{R}$ (vedi esercizio *a*))

$$= \frac{1}{3}\log|x-1| - \frac{1}{6}\log\left(x^2+x+1\right) + \frac{\sqrt{3}}{3}\arctan\frac{2x+1}{\sqrt{3}} + c =$$

$$= \log\sqrt[6]{\frac{(x-1)^2}{x^2+x+1}} + \frac{\sqrt{3}}{3}\arctan\frac{2x+1}{\sqrt{3}} + c, \qquad c \in \mathbb{R}.$$

f) Consideriamo l'integrale indefinito

$$\int \frac{x^5+4}{x^2+3x+2}\,dx.$$

Eseguendo la divisione fra i polinomi si ha che

$$\frac{x^5+4}{x^2+3x+2} = x^3-3x^2+7x-15+\frac{31x+34}{x^2+3x+2}.$$

Quindi

$$\begin{aligned}\int \frac{x^5+4}{x^2+3x+2}\,dx &= \int \left(x^3-3x^2+7x-15+\frac{31x+34}{x^2+3x+2}\right) dx = \\ &= \frac{1}{4}x^4 - x^3 + \frac{7}{2}x^2 - 15x + \int \frac{31x+34}{x^2+3x+2}\,dx = \\ &= \frac{1}{4}x^4 - x^3 + \frac{7}{2}x^2 - 15x + \int \frac{31x+34}{(x+1)(x+2)}\,dx.\end{aligned}$$

Si ha che

$$\frac{31x+34}{(x+1)(x+2)} = \frac{A}{x+1} + \frac{B}{x+2} = \frac{(A+B)x+2A+B}{(x+1)(x+2)} \quad \Longrightarrow \quad \begin{cases} A = 3 \\ B = 28. \end{cases}$$

Quindi

$$\begin{aligned}\int \frac{x^5+4}{x^2+3x+2}\,dx &= \frac{1}{4}x^4 - x^3 + \frac{7}{2}x^2 - 15x + \int \frac{31x+34}{(x+1)(x+2)}\,dx = \\ &= \frac{1}{4}x^4 - x^3 + \frac{7}{2}x^2 - 15x + \int \left(\frac{3}{x+1} + \frac{28}{x+2}\right) dx = \\ &= \frac{1}{4}x^4 - x^3 + \frac{7}{2}x^2 - 15x + 3\log|x+1| + 28\log|x+2| + c = \\ &= \frac{1}{4}x^4 - x^3 + \frac{7}{2}x^2 - 15x + \log\left[|x+1|^3(x+2)^{28}\right] + c, \quad c\in\mathbb{R}.\end{aligned}$$

g) Consideriamo l'integrale indefinito

$$\int \frac{x^2-1}{x^2(x^2+1)}\,dx.$$

Si ha che[2]

$$\begin{aligned}\frac{x^2-1}{x^2(x^2+1)} &= \frac{A}{x} + \frac{Bx+C}{x^2+1} + \frac{d}{dx}\left(\frac{D}{x}\right) = \frac{A}{x} + \frac{Bx+C}{x^2+1} - \frac{D}{x^2} = \\ &= \frac{(A+B)x^3 + (C-D)x^2 + Ax - D}{x^2(x^2+1)} \quad \Longrightarrow \quad \begin{cases} A = B = 0 \\ C = 2 \\ D = 1. \end{cases}\end{aligned}$$

Quindi

$$\begin{aligned}\int \frac{x^2-1}{x^2(x^2+1)}\,dx &= \int \left[\frac{2}{x^2+1} + \frac{d}{dx}\left(\frac{1}{x}\right)\right] dx = \\ &= \frac{1}{x} + 2\arctan x + c, \qquad c\in\mathbb{R}.\end{aligned}$$

h) Consideriamo l'integrale indefinito

$$\int \frac{dx}{x(x^2+2x+3)}.$$

Si ha che

$$\begin{aligned}\frac{1}{x(x^2+2x+3)} &= \frac{A}{x} + \frac{Bx+C}{x^2+2x+3} = \\ &= \frac{(A+B)x^2 + (2A+C)x + 3A}{x(x^2+2x+3)} \quad \Longrightarrow \quad \begin{cases} A = \dfrac{1}{3} \\ B = -\dfrac{1}{3} \\ C = -\dfrac{2}{3}. \end{cases}\end{aligned}$$

[2]Si può procedere anche con il metodo di decomposizione "classico" (vedi pag. 174).

Quindi si ha che

$$\begin{aligned}\int \frac{dx}{x(x^2+2x+3)} &= \int \left(\frac{1}{3x} - \frac{1}{3}\frac{x+2}{x^2+2x+3}\right) dx = \\ &= \frac{1}{3}\log|x| - \frac{1}{6}\int \frac{2x+2}{x^2+2x+3}\,dx - \frac{1}{3}\int \frac{1}{x^2+2x+3}\,dx = \\ &= \frac{1}{3}\log|x| - \frac{1}{6}\log\left(x^2+2x+3\right) - \frac{1}{3}\int \frac{1}{x^2+2x+3}\,dx =\end{aligned}$$

essendo $x^2+2x+3 = (x+1)^2+2 = 2\left[\left(\frac{x+1}{\sqrt{2}}\right)^2+1\right]$, si ha che

$$= \frac{1}{3}\log|x| - \frac{1}{6}\log\left(x^2+2x+3\right) - \frac{1}{6}\int \frac{1}{\left[\left(\frac{x+1}{\sqrt{2}}\right)^2+1\right]}\,dx =$$

posto $t = \frac{x+1}{\sqrt{2}}$, si ha che $dt = \frac{1}{\sqrt{2}}\,dx$, quindi

$$\begin{aligned}&= \frac{1}{3}\log|x| - \frac{1}{6}\log\left(x^2+2x+3\right) - \frac{\sqrt{2}}{6}\int \frac{1}{t^2+1}\,dt = \\ &= \frac{1}{3}\log|x| - \frac{1}{6}\log\left(x^2+2x+3\right) - \frac{\sqrt{2}}{6}\arctan t + c = \\ &= \frac{1}{3}\log|x| - \frac{1}{6}\log\left(x^2+2x+3\right) - \frac{\sqrt{2}}{6}\arctan\frac{x+1}{\sqrt{2}} + c = \\ &= \log\sqrt[6]{\frac{x^2}{x^2+2x+3}} - \frac{\sqrt{2}}{6}\arctan\frac{x+1}{\sqrt{2}} + c, \qquad c \in \mathbb{R}.\end{aligned}$$

$i)$ Consideriamo l'integrale indefinito

$$\int \frac{1}{(x^2+1)^2}\,dx.$$

Si ha che[3]

$$\begin{aligned}\frac{1}{(x^2+1)^2} &= \frac{Ax+B}{x^2+1} + \frac{d}{dx}\left(\frac{Cx+D}{x^2+1}\right) = \\ &= \frac{Ax^3+(B-C)x^2+(A-2D)x+B+C}{(x^2+1)^2} \quad\Longrightarrow\quad \begin{cases} A=D=0 \\ B=C=\frac{1}{2}.\end{cases}\end{aligned}$$

Quindi si ha che

$$\begin{aligned}\int \frac{1}{(x^2+1)^2}\,dx &= \int \left[\frac{1}{2}\frac{1}{x^2+1} + \frac{d}{dx}\left(\frac{\frac{1}{2}x}{x^2+1}\right)\right] dx = \\ &= \frac{1}{2}\arctan x + \frac{x}{2(x^2+1)} + c, \qquad c \in \mathbb{R}.\end{aligned}$$

[3]Si può procedere anche con il metodo di decomposizione "classico" (vedi pag. 174).

3.5 Integrazione delle funzioni irrazionali

a) Consideriamo l'integrale indefinito

$$\int \frac{1+\sqrt{x}}{1+x+\sqrt{x}}\,dx.$$

Posto $t=\sqrt{x}$, quindi $x=t^2$, si ha che $dx = 2t\,dt$. Ne segue che

$$\int \frac{1+\sqrt{x}}{1+x+\sqrt{x}}\,dx = 2\int \frac{t^2+t}{t^2+t+1}\,dt = 2\int \left(1-\frac{1}{t^2+t+1}\right)dt =$$

essendo $\displaystyle\int \frac{1}{t^2+t+1}\,dt = \frac{2}{3}\sqrt{3}\arctan\frac{2t+1}{\sqrt{3}} + c,\ c\in\mathbb{R}$ (vedi **8.3.4** esercizio *a*))

$$= 2t - \frac{4}{3}\sqrt{3}\arctan\frac{2t+1}{\sqrt{3}} + c = 2\sqrt{x} - \frac{4}{3}\sqrt{3}\arctan\frac{2\sqrt{x}+1}{\sqrt{3}} + c, \qquad c\in\mathbb{R}.$$

b) Consideriamo l'integrale indefinito

$$\int \frac{1+\sqrt{x}}{x\,(1+\sqrt[3]{x})}\,dx.$$

Posto $x=t^6$, quindi $t=\sqrt[6]{x}$, si ha che $dx = 6t^5\,dt$. Ne segue che

$$\int \frac{1+\sqrt{x}}{x\,(1+\sqrt[3]{x})}\,dx = 6\int \frac{t^3+1}{t^3+t}\,dt = 6\int\left(1+\frac{1-t}{t^3+t}\right)dt = 6t + 6\int \frac{1-t}{t(t^2+1)}\,dt.$$

Si ha che

$$\frac{1-t}{t(t^2+1)} = \frac{A}{t} + \frac{Bt+C}{t^2+1} = \frac{(A+B)t^2+Ct+A}{t(t^2+1)} \quad\Longrightarrow\quad \begin{cases} A=1 \\ B=C=-1. \end{cases}$$

Quindi si ha che

$$\begin{aligned}\int \frac{1+\sqrt{x}}{x\,(1+\sqrt[3]{x})}\,dx &= 6t + 6\int \frac{1-t}{t(t^2+1)}\,dt = 6t + 6\int\left(\frac{1}{t}-\frac{t+1}{t^2+1}\right)dt = \\ &= 6t + 6\log|t| - 3\int \frac{2t}{t^2+1}\,dt - 6\int\frac{1}{t^2+1}\,dt = \\ &= 6t + 6\log|t| - 3\log\left(t^2+1\right) - 6\arctan t + c = \\ &= 6\sqrt[6]{x} + \log x - 3\log\left(\sqrt[3]{x}+1\right) - 6\arctan\sqrt[6]{x} + c = \\ &= 6\sqrt[6]{x} + \log\frac{x}{(\sqrt[3]{x}+1)^3} - 6\arctan\sqrt[6]{x} + c, \quad c\in\mathbb{R}.\end{aligned}$$

c) Consideriamo l'integrale indefinito
$$\int \sqrt{x^2+1}\,dx.$$
Posto $x = \sinh t$, quindi $t = \operatorname{settsinh} x = \log\left(x+\sqrt{x^2+1}\right)$, da cui $dx = \cosh t\,dt$, si ha che
$$\int \sqrt{x^2+1}\,dx = \int \cosh^2 t\,dt.$$
Integrando per parti si ottiene
$$\int \cosh^2 t\,dt = \int \cosh t \cosh t\,dt = \cosh t \sinh t - \int \sinh^2 t\,dt =$$
essendo $\cosh^2 t - \sinh^2 t = 1$
$$= \cosh t \sinh t - \int (\cosh^2 t - 1)\,dt = \cosh t \sinh t + t - \int \cosh^2 t\,dt.$$
Quindi
$$2\int \cosh^2 t\,dt = t + \cosh t \sinh t + c, \qquad c \in \mathbb{R}$$
da cui segue che
$$\int \cosh^2 t\,dt = \frac{1}{2}(t + \cosh t \sinh t) + c, \qquad c \in \mathbb{R}.$$
Ne segue che
$$\int \sqrt{x^2+1}\,dx = \int \cosh^2 t\,dt = \frac{1}{2}(t + \cosh t \sinh t) + c =$$
essendo $\cosh t = \sqrt{\sinh^2 t + 1}$
$$= \frac{1}{2}\left[\log\left(x+\sqrt{x^2+1}\right) + x\sqrt{x^2+1}\right] + c, \qquad c \in \mathbb{R}.$$

d) Consideriamo l'integrale indefinito
$$\int \frac{\sqrt{x^2-1}}{x}\,dx.$$
Posto $x = \cosh t$ per $t \geq 0$, quindi $t = \operatorname{settcosh} x = \log\left(x+\sqrt{x^2-1}\right)$, da cui $dx = \sinh t\,dt$, si ha che
$$\int \frac{\sqrt{x^2-1}}{x}\,dx = \int \frac{\sinh^2 t}{\cosh t}\,dt = \int \frac{\cosh^2 t - 1}{\cosh t}\,dt = \int \left(\cosh t - \frac{1}{\cosh t}\right)dt =$$
essendo $D \sinh t = \cosh t$ e $\cosh t = \frac{e^t+e^{-t}}{2}$ si ha
$$= \sinh t - 2\int \frac{e^t}{e^{2t}+1}\,dt = \sinh t - 2\arctan e^t + c =$$
$$= \sqrt{x^2-1} - 2\arctan\left(x+\sqrt{x^2-1}\right) + c, \qquad c \in \mathbb{R}.$$

e) Consideriamo l'integrale indefinito

$$\int \frac{1}{x\sqrt{x^2+4}}\,dx.$$

Posto $x = 2\sinh t$, quindi $t = \operatorname{settsinh}\frac{x}{2} = \log\left(\frac{x}{2} + \frac{1}{2}\sqrt{x^2+4}\right)$, da cui $dx = \cosh t\,dt$, si ha che

$$\int \frac{1}{x\sqrt{x^2+4}}\,dx = \frac{1}{2}\int \frac{1}{\sinh t}\,dt =$$

essendo $\sinh t = \frac{e^t - e^{-t}}{2}$

$$= \int \frac{e^t}{e^{2t}-1}\,dt =$$

posto $z = e^t$, cioè $z = \frac{x}{2} + \frac{1}{2}\sqrt{x^2+4}$, da cui $dz = e^t\,dt$ si ottiene

$$= \int \frac{1}{z^2-1}\,dz = \int \frac{1}{(z-1)(z+1)}\,dz.$$

Si ha che

$$\frac{1}{(z-1)(z+1)} = \frac{A}{z-1} + \frac{B}{z+1} = \frac{(A+B)z + A - B}{(z-1)(z+1)} \quad \Longrightarrow \quad \begin{cases} A = \dfrac{1}{2} \\ B = -\dfrac{1}{2}. \end{cases}$$

Quindi

$$\begin{aligned} \int \frac{1}{x\sqrt{x^2+4}}\,dx &= \int \left(\frac{1}{2}\frac{1}{z-1} - \frac{1}{2}\frac{1}{z+1}\right) dz = \\ &= \frac{1}{2}\log|z-1| - \frac{1}{2}\log|z+1| + c = \frac{1}{2}\log\left|\frac{z-1}{z+1}\right| + c = \\ &= \frac{1}{2}\log\left|\frac{x+\sqrt{x^2+4}-2}{x+\sqrt{x^2+4}+2}\right| + c, \qquad c \in \mathbb{R}. \end{aligned}$$

f) Consideriamo l'integrale indefinito

$$\int \sqrt{1-x^2}\,dx.$$

Posto $x = \sin t$, per $t \in \left[-\frac{\pi}{2}, \frac{\pi}{2}\right]$, si ha che $t = \arcsin x$, $\cos t = \sqrt{1-\sin^2 t}$ e $dx = \cos t\,dt$. Quindi

$$\begin{aligned} \int \sqrt{1-x^2}\,dx &= \int \sqrt{1-\sin^2 t}\,\cos t\,dt = \int \cos^2 t\,dt = \\ \text{(vedi } \mathbf{8.2.2} \text{ esercizio } b)) \quad &= \frac{1}{2}(t + \sin t\cos t) + c = \frac{1}{2}\left(t + \sin t\sqrt{1-\sin^2 t}\right) + c = \\ &= \frac{1}{2}x\sqrt{1-x^2} + \frac{1}{2}\arcsin x + c, \qquad c \in \mathbb{R}. \end{aligned}$$

g) Consideriamo l'integrale indefinito

$$\int \frac{x}{8-5\sqrt{4-x^2}}\,dx.$$

Posto $x = 2\sin t$, per $t \in [-\frac{\pi}{2}, \frac{\pi}{2}]$, si ha che $t = \arcsin \frac{x}{2}$, $\cos t = \sqrt{1-\sin^2 t}$ e $dx = 2\cos t\,dt$. Quindi

$$\int \frac{x}{8-5\sqrt{4-x^2}}\,dx \quad = 2\int \frac{\sin t\cos t}{4-5\cos t}\,dt =$$

posto $y = \cos t$ si ha $dy = -\sin t\,dt$, quindi

$$= 2\int \frac{y}{5y-4}\,dy = 2\int \left(\frac{1}{5}+\frac{4}{5}\frac{1}{5y-4}\right)dy =$$

$$= \frac{2}{5}y + \frac{8}{25}\log|5y-4| + c =$$

$$= \frac{2}{5}\cos t + \frac{8}{25}\log|5\cos t - 4| + c =$$

$$= \frac{2}{5}\sqrt{1-\sin^2 t} + \frac{8}{25}\log\left|5\sqrt{1-\sin^2 t} - 4\right| + c =$$

$$= \frac{2}{5}\sqrt{1-\left(\frac{x}{2}\right)^2} + \frac{8}{25}\log\left|5\sqrt{1-\left(\frac{x}{2}\right)^2} - 4\right| + c =$$

$$= \frac{1}{5}\sqrt{4-x^2} + \frac{8}{25}\log\left|5\sqrt{4-x^2} - 8\right| + c, \qquad c \in \mathbb{R}.$$

h) Consideriamo l'integrale indefinito

$$\int \frac{dx}{x+\sqrt{x^2+2x+2}}.$$

Essendo $x^2+2x+2 = (x+1)^2+1$, poniamo $y = x+1$, cioè $x = y-1$, da cui $dy = dx$. Quindi

$$\int \frac{dx}{x+\sqrt{x^2+2x+2}} = \int \frac{dy}{y-1+\sqrt{y^2+1}}.$$

Posto $y = \sinh t$, quindi $t = \operatorname{settsinh} y = \log(y+\sqrt{y^2+1})$, da cui $dy = \cosh t\,dt$, si ha che

$$\int \frac{dy}{y-1+\sqrt{y^2+1}} = \int \frac{\cosh t}{\sinh t + \cosh t - 1}\,dt =$$

essendo $\sinh t = \frac{e^t-e^{-t}}{2}$ e $\cosh t = \frac{e^t+e^{-t}}{2}$ si ottiene

$$= \frac{1}{2}\int \frac{e^{2t}+1}{e^{2t}-e^t}\,dt.$$

Posto $z = e^t$, cioè $z = y + \sqrt{y^2+1}$, da cui $dz = e^t\,dt$, si ha che

$$\int \frac{dy}{y-1+\sqrt{y^2+1}} = \frac{1}{2}\int \frac{e^{2t}+1}{e^{2t}-e^t}\,dt = \frac{1}{2}\int \frac{z^2+1}{z^2(z-1)}\,dz.$$

Si ha che[4]

$$\frac{z^2+1}{z^2(z-1)} = \frac{A}{z} + \frac{B}{z-1} + \frac{d}{dz}\left(\frac{C}{z}\right) = \frac{(A+B)z^2-(A+C)z+C}{z^2(z-1)} \implies \begin{cases} A = -1 \\ B = 2 \\ C = 1. \end{cases}$$

Quindi

$$\int \frac{dy}{y-1+\sqrt{y^2+1}} = \frac{1}{2}\int \frac{z^2+1}{z^2(z-1)}\,dz = \frac{1}{2}\int \left[-\frac{1}{z} + \frac{2}{z-1} + \frac{d}{dz}\left(\frac{1}{z}\right)\right] dz =$$

$$= -\frac{1}{2}\log|z| + \log|z-1| + \frac{1}{2z} + c =$$

$$= \log\frac{\left|y+\sqrt{y^2+1}-1\right|}{\sqrt{y+\sqrt{y^2+1}}} + \frac{1}{2}\frac{1}{y+\sqrt{y^2+1}} + c =$$

$$= \log\frac{\left|y+\sqrt{y^2+1}-1\right|}{\sqrt{y+\sqrt{y^2+1}}} + \frac{1}{2}\left(\sqrt{y^2+1}-y\right) + c =$$

$$= \log\frac{\left|x+\sqrt{x^2+2x+2}\right|}{\sqrt{x+1+\sqrt{x^2+2x+2}}} + \frac{1}{2}\left(\sqrt{x^2+2x+2}-x-1\right) + c, \qquad c \in \mathbb{R}.$$

i) Consideriamo l'integrale indefinito

$$\int \frac{1}{\sqrt{3+2x-x^2}}\,dx.$$

Essendo $3+2x-x^2 = 4-(x-1)^2$, poniamo $y = x-1$, cioè $x = y+1$, da cui $dy = dx$. Quindi

$$\int \frac{1}{\sqrt{3+2x-x^2}}\,dx = \int \frac{dy}{\sqrt{4-y^2}}.$$

Posto $y = 2\sin t$, per $t \in \left[-\frac{\pi}{2}, \frac{\pi}{2}\right]$, si ha che $t = \arcsin\frac{y}{2}$, $\cos t = \sqrt{1-\sin^2 t}$ e $dy = 2\cos t\,dt$. Quindi

$$\int \frac{1}{\sqrt{3+2x-x^2}}\,dx = \int \frac{dy}{\sqrt{4-y^2}} = \int dt = t + c = \arcsin\frac{y}{2} + c =$$

$$= \arcsin\frac{x-1}{2} + c, \qquad c \in \mathbb{R}.$$

[4]Si può procedere anche con il metodo di decomposizione "classico" (vedi pag. 174).

3.6 Integrazione delle funzioni trigonometriche

a) Consideriamo l'integrale indefinito

$$\int \frac{\sin x \cos x}{\sin^2 x - 3\sin x + 2}\, dx.$$

Posto $t = \sin x$ si ha che $dt = \cos x\, dx$. Quindi

$$\int \frac{\sin x \cos x}{\sin^2 x - 3\sin x + 2}\, dx = \int \frac{t}{t^2 - 3t + 2}\, dt = \int \frac{t}{(t-1)(t-2)}\, dt.$$

Si ha che

$$\frac{t}{(t-1)(t-2)} = \frac{A}{t-1} + \frac{B}{t-2} = \frac{(A+B)t - 2A - B}{(t-1)(t-2)} \quad \Longrightarrow \quad \begin{cases} A = -1 \\ B = 2. \end{cases}$$

Quindi

$$\begin{aligned} \int \frac{\sin x \cos x}{\sin^2 x - 3\sin x + 2}\, dx &= \int \frac{t}{(t-1)(t-2)}\, dt = \int \left(-\frac{1}{t-1} + \frac{2}{t-2} \right) dt = \\ &= -\log|t-1| + 2\log|t-2| + c = \\ &= -\log(1 - \sin x) + 2\log(2 - \sin x) + c, \qquad c \in \mathbb{R}. \end{aligned}$$

b) Consideriamo l'integrale indefinito

$$\int \frac{\sin x}{\cos^2 x - 1}\, dx.$$

Posto $t = \cos x$ si ha che $dt = -\sin x\, dx$. Quindi

$$\int \frac{\sin x}{\cos^2 x - 1}\, dx = -\int \frac{1}{t^2 - 1}\, dt = -\int \frac{1}{(t-1)(t+1)}\, dt.$$

Si ha che

$$\frac{1}{(t-1)(t+1)} = \frac{A}{t-1} + \frac{B}{t+1} = \frac{(A+B)t + A - B}{(t-1)(t+1)} \quad \Longrightarrow \quad \begin{cases} A = \dfrac{1}{2} \\ B = -\dfrac{1}{2}. \end{cases}$$

Quindi

$$\begin{aligned} \int \frac{\sin x}{\cos^2 x - 1}\, dx &= -\int \frac{1}{(t-1)(t+1)}\, dt = -\int \left(\frac{1}{2}\frac{1}{t-1} - \frac{1}{2}\frac{1}{t+1} \right) dt = \\ &= -\frac{1}{2}\log|t-1| + \frac{1}{2}\log|t+1| + c = \\ &= \frac{1}{2}\log(1 + \cos x) - \frac{1}{2}\log(1 - \cos x) + c, \qquad c \in \mathbb{R}. \end{aligned}$$

c) Consideriamo l'integrale indefinito

$$\int \frac{1}{\cos x}\, dx\,.$$

Posto $t = \tan\frac{x}{2}$ si ha che $dx = \frac{2}{1+t^2}\, dt$. Poiché $\cos x = \frac{1-t^2}{1+t^2}$, si ha che

$$\int \frac{1}{\cos x}\, dx = 2\int \frac{1}{1-t^2}\, dt = 2\int \frac{1}{(1-t)(1+t)}\, dt.$$

Si ha che

$$\frac{1}{(1-t)(1+t)} = \frac{A}{1-t} + \frac{B}{1+t} = \frac{(A-B)t + A + B}{(1-t)(1+t)} \qquad \Longrightarrow \qquad A = B = \frac{1}{2}.$$

Quindi

$$\begin{aligned}\int \frac{1}{\cos x}\, dx &= \int \frac{2}{(1-t)(1+t)}\, dt = \int \left(\frac{1}{1-t} + \frac{1}{1+t}\right) dt = \\ &= -\log|1-t| + \log|1+t| + c = \\ &= -\log\left|1 - \tan\frac{x}{2}\right| + \log\left|1 + \tan\frac{x}{2}\right| + c, \qquad c \in \mathbb{R}.\end{aligned}$$

d) Consideriamo l'integrale indefinito

$$\int \frac{dx}{\sin x + \cos x}.$$

Posto $t = \tan\frac{x}{2}$ si ha che $dx = \frac{2}{1+t^2}\, dt$. Poiché $\sin x = \frac{2t}{1+t^2}$ e $\cos x = \frac{1-t^2}{1+t^2}$, si ha che

$$\int \frac{dx}{\sin x + \cos x} = -2\int \frac{1}{t^2 - 2t - 1}\, dt = -2\int \frac{1}{\left(t-1-\sqrt{2}\right)\left(t-1+\sqrt{2}\right)}\, dt.$$

Si ha che

$$\frac{1}{\left(t-1-\sqrt{2}\right)\left(t-1+\sqrt{2}\right)} = \frac{A}{t-1-\sqrt{2}} + \frac{B}{t-1+\sqrt{2}} =$$

$$= \frac{(A+B)t + A(\sqrt{2}-1) - B(\sqrt{2}+1)}{\left(t-1-\sqrt{2}\right)\left(t-1+\sqrt{2}\right)} \qquad \Longrightarrow \qquad \begin{cases} A = \dfrac{\sqrt{2}}{4} \\ B = -\dfrac{\sqrt{2}}{4}. \end{cases}$$

Quindi

$$\begin{aligned}\int \frac{dx}{\sin x + \cos x} &= -2\int \frac{1}{\left(t-1-\sqrt{2}\right)\left(t-1+\sqrt{2}\right)}\,dt = \\ &= -2\int \left(\frac{\frac{\sqrt{2}}{4}}{t-1-\sqrt{2}} - \frac{\frac{\sqrt{2}}{4}}{t-1+\sqrt{2}}\right) dt = \\ &= -\frac{\sqrt{2}}{2}\log\left|t-1-\sqrt{2}\right| + \frac{\sqrt{2}}{2}\log\left|t-1+\sqrt{2}\right| + c = \\ &= \frac{\sqrt{2}}{2}\log\left|\frac{t-1+\sqrt{2}}{t-1-\sqrt{2}}\right| + c = \\ &= \frac{\sqrt{2}}{2}\log\left|\frac{\tan\frac{x}{2}-1+\sqrt{2}}{\tan\frac{x}{2}-1-\sqrt{2}}\right| + c, \qquad c \in \mathbb{R}.\end{aligned}$$

e) Consideriamo l'integrale indefinito

$$\int \tan^3 x\,dx.$$

Posto $t = \tan x$ si ha che $dx = \frac{1}{1+t^2}\,dt$. Quindi

$$\begin{aligned}\int \tan^3 x\,dx &= \int \frac{t^3}{1+t^2}\,dt = \int \left(t - \frac{t}{1+t^2}\right) dt = \frac{1}{2}t^2 - \frac{1}{2}\int \frac{2t}{1+t^2}\,dt = \\ &= \frac{1}{2}t^2 - \frac{1}{2}\log\left(1+t^2\right) + c = \\ &= \frac{1}{2}\tan^2 x - \frac{1}{2}\log\left(1+\tan^2 x\right) + c, \qquad c \in \mathbb{R}.\end{aligned}$$

f) Consideriamo l'integrale indefinito

$$\int \frac{\tan x}{1+\sin^2 x}\,dx.$$

Posto $t = \tan x$ si ha che $dx = \frac{1}{1+t^2}\,dt$. Poiché $\sin^2 x = \frac{t^2}{1+t^2}$, si ha che

$$\begin{aligned}\int \frac{\tan x}{1+\sin^2 x}\,dx &= \int \frac{t}{1+2t^2}\,dt = \frac{1}{4}\int \frac{4t}{1+2t^2}\,dt = \\ &= \frac{1}{4}\log\left(1+2t^2\right) + c = \frac{1}{4}\log\left(1+2\tan^2 x\right) + c, \qquad c \in \mathbb{R}.\end{aligned}$$

3.7 Primitive di funzioni definite a tratti

a) Consideriamo la funzione

$$f(x) = \begin{cases} xe^x & x \leq 0 \\ \sin x & x > 0. \end{cases}$$

Determiniamo una generica primitiva H di f su $\mathbb{R}$. Si ha che

$$\int xe^x\, dx = xe^x - \int e^x\, dx = xe^x - e^x + c_1 = e^x(x-1) + c_1\,, \qquad c_1 \in \mathbb{R}\,,$$

$$\int \sin x\, dx = -\cos x + c_2, \qquad c_2 \in \mathbb{R}.$$

Quindi

$$H(x) = \begin{cases} e^x(x-1) + c_1 & x \leq 0 \\ -\cos x + c_2 & x > 0, \end{cases}$$

dove $c_1, c_2 \in \mathbb{R}$ sono tali che la generica primitiva H sia continua in 0. Quindi deve essere

$$H(0) = \lim_{x\to 0^+} H(x).$$

Poiché

$$H(0) = c_1 - 1, \qquad \lim_{x\to 0^+} H(x) = c_2 - 1,$$

si ha che $c_1 = c_2$. Quindi una generica primitiva di f è

$$H(x) = \begin{cases} e^x(x-1) + c & x \leq 0 \\ -\cos x + c & x > 0, \end{cases} \qquad c \in \mathbb{R}.$$

Dovendo essere $F(0) = 0$ si ha che $c = 1$. Quindi la primitiva F è

$$F(x) = \begin{cases} e^x(x-1) + 1 & x \leq 0 \\ 1 - \cos x & x > 0. \end{cases}$$

Dovendo essere $G(0) = 1$ si ha che $c = 2$. Quindi la primitiva G è

$$G(x) = \begin{cases} e^x(x-1) + 2 & x \leq 0 \\ 2 - \cos x & x > 0. \end{cases}$$

b) Consideriamo la funzione

$$f(x) = \begin{cases} e^x - 1 & x < 0 \\ 5 & x = 0 \\ x\log x & x > 0. \end{cases}$$

Determiniamo una generica primitiva F di f su $\mathbb{R}$. Si ha che

$$\begin{aligned}\int (e^x - 1)\,dx &= e^x - x + c_1, \qquad c_1 \in \mathbb{R},\\ \int x \log x\,dx &= \frac{1}{2}x^2 \log x - \frac{1}{2}\int x\,dx = \frac{1}{2}x^2\log x - \frac{1}{4}x^2 + c_2, \qquad c_2 \in \mathbb{R}.\end{aligned}$$

Quindi

$$F(x) = \begin{cases} e^x - x + c_1 & x < 0 \\ a & x = 0 \\ \frac{1}{2}x^2 \log x - \frac{1}{4}x^2 + c_2 & x > 0, \end{cases}$$

dove $a, c_1, c_2 \in \mathbb{R}$ sono tali che la generica primitiva F sia continua in 0. Quindi deve essere

$$a = \lim_{x\to 0^-} F(x) = \lim_{x\to 0^+} F(x).$$

Poiché

$$\lim_{x\to 0^-} F(x) = c_1 + 1, \qquad \lim_{x\to 0^+} F(x) = c_2,$$

si ha che $a = c_2 = c_1 + 1$. Quindi una generica primitiva di f è

$$F(x) = \begin{cases} e^x - x + c & x \leq 0 \\ \frac{1}{2}x^2 \log x - \frac{1}{4}x^2 + c + 1 & x > 0, \end{cases} \qquad c \in \mathbb{R}.$$

c) Consideriamo la funzione

$$f(x) = \begin{cases} x^2 & x \leq 0 \\ 2 \arctan \left| \frac{x}{x-1} \right| & x > 0,\ x \neq 1 \\ \pi & x = 1. \end{cases}$$

Si ha che

$$f(x) = \begin{cases} x^2 & x \leq 0 \\ 2 \arctan \frac{x}{1-x} & 0 < x < 1 \\ \pi & x = 1 \\ 2 \arctan \frac{x}{x-1} & x > 1. \end{cases}$$

Determiniamo una generica primitiva F di f su $\mathbb{R}$. Si ha che

$$\int x^2\,dx = \frac{1}{3}x^3 + c_1, \qquad c_1 \in \mathbb{R},$$

$$2\int \arctan\frac{x}{x-1}\,dx = 2x\arctan\frac{x}{x-1} + 2\int \frac{x}{2x^2-2x+1}\,dx =$$

$$= 2x\arctan\frac{x}{x-1} + \frac{1}{2}\int \frac{4x-2}{2x^2-2x+1}\,dx + \int \frac{1}{2x^2-2x+1}\,dx =$$

essendo $2x^2-2x+1 = \frac{1}{2}\left[(2x-1)^2+1\right]$ si ha che

$$= 2x\arctan\frac{x}{x-1} + \frac{1}{2}\log\left(2x^2-2x+1\right) + \int \frac{2}{(2x-1)^2+1}\,dx =$$

$$= 2x\arctan\frac{x}{x-1} + \frac{1}{2}\log\left(2x^2-2x+1\right) + \arctan(2x-1) + c_2, \qquad c_2 \in \mathbb{R},$$

$$2\int \arctan\frac{x}{1-x}\,dx = -2\int \arctan\frac{x}{x-1}\,dx =$$

$$= 2x\arctan\frac{x}{1-x} - \frac{1}{2}\log\left(2x^2-2x+1\right) + \arctan(1-2x) + c_3, \qquad c_3 \in \mathbb{R}.$$

Quindi

$$F(x) = \begin{cases} \frac{1}{3}x^3 + c_1 & x \le 0 \\ 2x\arctan\frac{x}{1-x} - \frac{1}{2}\log\left(2x^2-2x+1\right) + \\ + \arctan(1-2x) + c_2 & 0 < x < 1 \\ a & x = 1 \\ 2x\arctan\frac{x}{x-1} + \frac{1}{2}\log\left(2x^2-2x+1\right) + \\ + \arctan(2x-1) + c_3 & x > 1, \end{cases}$$

dove $a, c_1, c_2, c_3 \in \mathbb{R}$ sono tali che la generica primitiva F sia continua in 0 e 1. Quindi deve essere

$$F(0) = \lim_{x\to 0^+} F(x), \qquad a = \lim_{x\to 1^-} F(x) = \lim_{x\to 1^+} F(x).$$

Poiché

$$F(0) = c_1, \qquad \lim_{x\to 0^+} F(x) = c_2 + \frac{\pi}{4},$$

$$\lim_{x\to 1^-} F(x) = c_2 + \frac{3}{4}\pi, \qquad \lim_{x\to 1^+} F(x) = c_3 + \frac{5}{4}\pi,$$

si ha che

$$c_2 = c_1 - \frac{\pi}{4}, \qquad c_3 = c_1 - \frac{3}{4}\pi, \qquad a = c_1 + \frac{\pi}{2}.$$

Quindi una generica primitiva di f è

$$F(x)=\begin{cases}\dfrac{1}{3}x^3+c & x\le 0\\[2ex] 2x\arctan\dfrac{x}{1-x}-\dfrac{1}{2}\log\left(2x^2-2x+1\right)+\\ +\arctan(1-2x)+c-\frac{\pi}{4} & 0<x\le 1\\[2ex] 2x\arctan\dfrac{x}{x-1}+\dfrac{1}{2}\log\left(2x^2-2x+1\right)+\\ +\arctan(2x-1)+c-\frac{3}{4}\pi & x>1,\end{cases}\qquad c\in\mathbb{R}.$$

d) Consideriamo la funzione

$$f(x)=\begin{cases}-\dfrac{x^2}{x^2+1} & x<0\\[2ex] \log\left(x+\sqrt{x^2+1}\right) & 0\le x\le 2\\[2ex] 8-x & x>2.\end{cases}$$

Calcoliamo $F(x)=\displaystyle\int_0^x f(t)\,dt$ al variare di $x\in\mathbb{R}$. Si ha che

$$F(x)=\begin{cases}\displaystyle\int_0^x f(t)\,dt=-\int_0^x\frac{t^2}{t^2+1}\,dt & x<0\\[2ex] \displaystyle\int_0^x f(t)\,dt=\int_0^x\log\left(t+\sqrt{t^2+1}\right)dt & 0\le x\le 2\\[2ex] \displaystyle\int_0^x f(t)\,dt=\int_0^2 f(t)\,dt+\int_2^x f(t)\,dt=\\[2ex] \displaystyle=\int_0^2\log\left(t+\sqrt{t^2+1}\right)dt+\int_2^x(8-t)\,dt & x>2.\end{cases}$$

Se $x<0$ si ha che

$$\begin{aligned}F(x)&=-\int_0^x\frac{t^2}{t^2+1}\,dt=-\int_0^x\left(1-\frac{1}{t^2+1}\right)dt=\\&=-\Big[t-\arctan t\Big]_0^x=\arctan x-x.\end{aligned}$$

Se $0\le x\le 2$ si ha che (vedi **8.2.2** esercizio *m*))

$$\begin{aligned}F(x)&=\int_0^x\log\left(t+\sqrt{t^2+1}\right)dt=\left[t\log\left(t+\sqrt{t^2+1}\right)-\sqrt{t^2+1}\right]_0^x=\\&=x\log\left(x+\sqrt{x^2+1}\right)-\sqrt{x^2+1}+1.\end{aligned}$$

Se $x > 2$ si ha che

$$F(x) = \int_0^2 \log\left(t + \sqrt{t^2+1}\right) dt + \int_2^x (8-t)\, dt.$$

Dal passo precedente si ha che

$$\int_0^2 \log\left(t + \sqrt{t^2+1}\right) dt = 2\log\left(2+\sqrt{5}\right) - \sqrt{5} + 1.$$

Inoltre

$$\int_2^x (8-t)\, dt = \left[8t - \frac{1}{2}t^2\right]_2^x = -\frac{1}{2}x^2 + 8x - 14.$$

Quindi per $x > 2$ si ha che

$$F(x) = -\frac{1}{2}x^2 + 8x - 13 + 2\log\left(2+\sqrt{5}\right) - \sqrt{5}.$$

Ne segue che

$$F(x) = \begin{cases} \arctan x - x & x < 0 \\ x\log\left(x + \sqrt{x^2+1}\right) - \sqrt{x^2+1} + 1 & 0 \le x \le 2 \\ -\frac{1}{2}x^2 + 8x - 13 + 2\log\left(2+\sqrt{5}\right) - \sqrt{5} & x > 2. \end{cases}$$

3.8 Esercizi di riepilogo

1) Consideriamo l'integrale indefinito

$$\int \frac{1+\cos x}{x + \sin x}\, dx.$$

Poiché $1 + \cos x$ è la derivata di $x + \sin x$, si ha che

$$\int \frac{1+\cos x}{x+\sin x}\, dx = \log|x + \sin x| + c, \qquad c \in \mathbb{R}.$$

2) Consideriamo l'integrale indefinito

$$\int \frac{dx}{x\log^3 x}.$$

Posto $t = \log x$ si ha che $dt = \frac{1}{x}\, dx$. Quindi

$$\int \frac{dx}{x\log^3 x} = \int \frac{1}{t^3}\, dt = -\frac{1}{2t^2} + c = -\frac{1}{2\log^2 x} + c, \qquad c \in \mathbb{R}.$$

3) Consideriamo l'integrale indefinito

$$\int \frac{dx}{\sqrt[3]{x^2}\cos^2\sqrt[3]{x}}.$$

Posto $t = \sqrt[3]{x}$, cioè $x = t^3$, si ha che $dx = 3t^2\,dt$. Quindi

$$\int \frac{dx}{\sqrt[3]{x^2}\cos^2\sqrt[3]{x}} = 3\int \frac{1}{\cos^2 t}\,dt = 3\tan t + c = 3\tan\sqrt[3]{x} + c, \qquad c \in \mathbb{R}.$$

4) Consideriamo l'integrale indefinito

$$\int \frac{\sin 2x}{1+\sin^2 x}\,dx = \int \frac{2\sin x\cos x}{1+\sin^2 x}\,dx.$$

Posto $t = \sin x$ si ha che $dt = \cos x\,dx$. Quindi

$$\int \frac{2\sin x\cos x}{1+\sin^2 x}\,dx = \int \frac{2t}{1+t^2}\,dt = \log\left(1+t^2\right) + c = \log\left(1+\sin^2 x\right) + c, \quad c \in \mathbb{R}.$$

5) Consideriamo l'integrale indefinito

$$\int \frac{x+1}{x\,(1+x^2)}\,dx.$$

Si ha che

$$\frac{x+1}{x\,(1+x^2)} = \frac{A}{x} + \frac{Bx+C}{1+x^2} = \frac{(A+B)x^2+Cx+A}{x(1+x^2)} \qquad \Longrightarrow \qquad \begin{cases} A = C = 1 \\ B = -1. \end{cases}$$

Quindi

$$\begin{aligned}
\int \frac{x+1}{x\,(1+x^2)}\,dx &= \int \left(\frac{1}{x} + \frac{1-x}{1+x^2}\right) dx = \\
&= \int \frac{1}{x}\,dx + \int \frac{1}{1+x^2}\,dx - \int \frac{x}{1+x^2}\,dx = \\
&= \log|x| + \arctan x - \frac{1}{2}\int \frac{2x}{1+x^2}\,dx = \\
&= \log|x| + \arctan x - \frac{1}{2}\log\left(1+x^2\right) + c = \\
&= \log\frac{|x|}{\sqrt{1+x^2}} + \arctan x + c, \qquad c \in \mathbb{R}.
\end{aligned}$$

6) Consideriamo l'integrale indefinito

$$\int \frac{1}{x^2\,(x^2+2)}\,dx.$$

Si ha che[5]

$$\frac{1}{x^2(x^2+2)} = \frac{A}{x} + \frac{Bx+C}{x^2+2} + \frac{d}{dx}\left(\frac{D}{x}\right) = \frac{A}{x} + \frac{Bx+C}{x^2+2} - \frac{D}{x^2} =$$

$$= \frac{(A+B)x^3 + (C-D)x^2 + 2Ax - 2D}{x^2(x^2+2)} \implies \begin{cases} A = B = 0 \\ C = D = -\frac{1}{2}. \end{cases}$$

Quindi

$$\int \frac{1}{x^2(x^2+2)}\,dx = \int \left[-\frac{1}{2}\frac{1}{x^2+2} + \frac{d}{dx}\left(-\frac{1}{2x}\right)\right] dx =$$

$$= -\frac{\sqrt{2}}{4}\int \frac{\frac{1}{\sqrt{2}}}{\left(\frac{x}{\sqrt{2}}\right)^2+1}\,dx + \int \frac{d}{dx}\left(-\frac{1}{2x}\right) dx =$$

$$= -\frac{\sqrt{2}}{4}\arctan\frac{x}{\sqrt{2}} - \frac{1}{2x} + c, \qquad c \in \mathbb{R}.$$

7) Consideriamo l'integrale indefinito

$$\int \frac{1}{x^3(1+x^2)}\,dx.$$

Si ha che[5]

$$\frac{1}{x^3(1+x^2)} = \frac{A}{x} + \frac{Bx+C}{1+x^2} + \frac{d}{dx}\left(\frac{Dx+E}{x^2}\right) = \frac{A}{x} + \frac{Bx+C}{1+x^2} - \frac{Dx+2E}{x^3} =$$

$$= \frac{(A+B)x^4 + (C-D)x^3 + (A-2E)x^2 - Dx - 2E}{x^3(1+x^2)} \implies \begin{cases} A = -1 \\ B = 1 \\ C = D = 0 \\ E = -\frac{1}{2}. \end{cases}$$

Quindi

$$\int \frac{1}{x^3(1+x^2)}\,dx = \int \left[-\frac{1}{x} + \frac{x}{1+x^2} + \frac{d}{dx}\left(-\frac{1}{2x^2}\right)\right] dx =$$

$$= -\int \frac{1}{x}\,dx + \frac{1}{2}\int \frac{2x}{1+x^2}\,dx + \int \frac{d}{dx}\left(-\frac{1}{2x^2}\right) dx =$$

$$= -\log|x| + \frac{1}{2}\log\left(1+x^2\right) - \frac{1}{2x^2} + c =$$

$$= \log\frac{\sqrt{1+x^2}}{|x|} - \frac{1}{2x^2} + c, \qquad c \in \mathbb{R}.$$

[5]Si può procedere anche con il metodo di decomposizione "classico" (vedi pag. 174).

8) Consideriamo l'integrale indefinito

$$\int \frac{1}{\sin x}\, dx.$$

Posto $t = \tan\frac{x}{2}$ si ha che $dx = \frac{2}{1+t^2}\, dt$. Poiché $\sin x = \frac{2t}{1+t^2}$, si ha che

$$\int \frac{1}{\sin x}\, dx = \int \frac{1}{t}\, dt = \log|t| + c = \log\left|\tan\frac{x}{2}\right| + c, \qquad c \in \mathbb{R}.$$

9) Consideriamo l'integrale indefinito

$$\int \frac{dx}{\sin^2 x \cos^2 x}.$$

Poiché $\sin^2 x + \cos^2 x = 1$, si ha che

$$\int \frac{1}{\sin^2 x \cos^2 x}\, dx = \int \frac{\sin^2 x + \cos^2 x}{\sin^2 x \cos^2 x}\, dx = \int \frac{1}{\cos^2 x}\, dx + \int \frac{1}{\sin^2 x}\, dx =$$
$$= \tan x - \cot x + c, \qquad c \in \mathbb{R}.$$

10) Consideriamo l'integrale indefinito

$$\int \arcsin x\, dx.$$

Integrando per parti si ha che

$$\int \arcsin x\, dx = x \arcsin x - \int \frac{x}{\sqrt{1-x^2}}\, dx = x \arcsin x + \sqrt{1-x^2} + c, \qquad c \in \mathbb{R}.$$

11) Consideriamo l'integrale indefinito

$$\int \frac{dx}{x^2\,(x^2+3)}.$$

Si ha che[6]

$$\frac{1}{x^2\,(x^2+3)} = \frac{A}{x} + \frac{Bx+C}{x^2+3} + \frac{d}{dx}\left(\frac{D}{x}\right) = \frac{A}{x} + \frac{Bx+C}{x^2+3} - \frac{D}{x^2} =$$

$$= \frac{(A+B)x^3 + (C-D)x^2 + 3Ax - 3D}{x^2(x^2+3)} \quad \Longrightarrow \quad \begin{cases} A = B = 0 \\ C = D = -\frac{1}{3}. \end{cases}$$

Quindi

$$\int \frac{1}{x^2\,(x^2+3)}\, dx = \int \left[-\frac{1}{3}\frac{1}{x^2+3} + \frac{d}{dx}\left(-\frac{1}{3x}\right)\right] dx =$$

$$= -\frac{\sqrt{3}}{9} \int \frac{\frac{1}{\sqrt{3}}}{\left(\frac{x}{\sqrt{3}}\right)^2 + 1}\, dx + \int \frac{d}{dx}\left(-\frac{1}{3x}\right) dx =$$

$$= -\frac{\sqrt{3}}{9} \arctan\frac{x}{\sqrt{3}} - \frac{1}{3x} + c, \qquad c \in \mathbb{R}.$$

[6] Si può procedere anche con il metodo di decomposizione "classico" (vedi pag. 174).

12) Consideriamo l'integrale indefinito

$$\int \frac{x^3}{x^2+7x+12}\,dx.$$

Eseguendo la divisione fra i polinomi si ha che

$$\frac{x^3}{x^2+7x+12} = x-7+\frac{37x+84}{x^2+7x+12}.$$

Quindi

$$\begin{aligned}\int \frac{x^3}{x^2+7x+12}\,dx &= \int \left(x-7+\frac{37x+84}{x^2+7x+12}\right)dx = \\ &= \frac{1}{2}x^2-7x+\int \frac{37x+84}{(x+3)(x+4)}\,dx.\end{aligned}$$

Si ha che

$$\frac{37x+84}{(x+3)(x+4)} = \frac{A}{x+3}+\frac{B}{x+4} = \frac{(A+B)x+4A+3B}{(x+3)(x+4)} \implies \begin{cases} A=-27 \\ B=64. \end{cases}$$

Quindi

$$\begin{aligned}\int \frac{x^3}{x^2+7x+12}\,dx &= \frac{1}{2}x^2-7x+\int \frac{37x+84}{x^2+7x+12}\,dx = \\ &= \frac{1}{2}x^2-7x+\int \left(-\frac{27}{x+3}+\frac{64}{x+4}\right)dx = \\ &= \frac{1}{2}x^2-7x-27\int \frac{1}{x+3}\,dx+64\int \frac{1}{x+4}\,dx = \\ &= \frac{1}{2}x^2-7x-27\log|x+3|+64\log|x+4|+c, \qquad c\in\mathbb{R}.\end{aligned}$$

13) Consideriamo l'integrale indefinito

$$\int \frac{x^3+x^2-x}{x^2+x-6}\,dx.$$

Eseguendo la divisione fra i polinomi si ha che

$$\frac{x^3+x^2-x}{x^2+x-6} = x+\frac{5x}{x^2+x-6}.$$

Quindi

$$\int \frac{x^3+x^2-x}{x^2+x-6}\,dx = \int \left(x+\frac{5x}{x^2+x-6}\right)dx = \frac{1}{2}x^2+\int \frac{5x}{(x-2)(x+3)}\,dx.$$

Si ha che

$$\frac{5x}{(x-2)(x+3)} = \frac{A}{x-2}+\frac{B}{x+3} = \frac{(A+B)x+3A-2B}{(x-2)(x+3)} \implies \begin{cases} A=2 \\ B=3. \end{cases}$$

Quindi

$$\begin{aligned}\int \frac{x^3+x^2-x}{x^2+x-6}\,dx &= \frac{1}{2}x^2 + \int \frac{5x}{(x-2)(x+3)}\,dx = \\ &= \frac{1}{2}x^2 + \int \left(\frac{2}{x-2} + \frac{3}{x+3}\right) dx = \\ &= \frac{1}{2}x^2 + 2\int \frac{1}{x-2}\,dx + 3\int \frac{1}{x+3}\,dx = \\ &= \frac{1}{2}x^2 + 2\log|x-2| + 3\log|x+3| + c, \qquad c \in \mathbb{R}.\end{aligned}$$

14) Consideriamo l'integrale indefinito

$$\int \frac{x^2+x+2}{x^2+4}\,dx.$$

Si ha che

$$\begin{aligned}\int \frac{x^2+x+2}{x^2+4}\,dx &= \int \frac{x^2+4+x-2}{x^2+4}\,dx = \int \left(1 + \frac{x}{x^2+4} - \frac{2}{x^2+4}\right) dx = \\ &= x + \frac{1}{2}\int \frac{2x}{x^2+4}\,dx - \int \frac{\frac{1}{2}}{\left(\frac{x}{2}\right)^2+1}\,dx = \\ &= x + \frac{1}{2}\log\left(x^2+4\right) - \arctan\frac{x}{2} + c, \qquad c \in \mathbb{R}.\end{aligned}$$

15) Consideriamo l'integrale indefinito

$$\int \frac{x^2-2x-1}{x^2-4x+4}\,dx.$$

Si ha che

$$\begin{aligned}\int \frac{x^2-2x-1}{x^2-4x+4}\,dx &= \int \frac{x^2-4x+4+2x-5}{x^2-4x+4}\,dx = \int \left[1 + \frac{2x-5}{(x-2)^2}\right] dx = \\ &= \int \left[1 + \frac{2(x-2)-1}{(x-2)^2}\right] dx = \\ &= \int \left(1 + \frac{2}{x-2} - \frac{1}{(x-2)^2}\right) dx = \\ &= x + 2\log|x-2| + \frac{1}{x-2} + c, \qquad c \in \mathbb{R}.\end{aligned}$$

16) Consideriamo l'integrale indefinito

$$\int \frac{dx}{x^4-1} = \int \frac{1}{(x-1)(x+1)(x^2+1)}\,dx.$$

Si ha che

$$\frac{1}{(x-1)(x+1)(x^2+1)} = \frac{A}{x-1} + \frac{B}{x+1} + \frac{Cx+D}{x^2+1} =$$

$$= \frac{(A+B+C)x^3 + (A-B+D)x^2 + (A+B-C)x + A - B - D}{(x-1)(x+1)(x^2+1)}$$

$$\Longrightarrow \quad A = \frac{1}{4}, \qquad B = -\frac{1}{4}, \qquad C = 0, \qquad D = -\frac{1}{2}.$$

Quindi

$$\begin{aligned}\int \frac{dx}{x^4-1} &= \int \left(\frac{1}{4}\frac{1}{x-1} - \frac{1}{4}\frac{1}{x+1} - \frac{1}{2}\frac{1}{x^2+1}\right) dx = \\ &= \frac{1}{4}\int \frac{1}{x-1}\,dx - \frac{1}{4}\int \frac{1}{x+1}\,dx - \frac{1}{2}\int \frac{1}{x^2+1}\,dx = \\ &= \frac{1}{4}\log|x-1| - \frac{1}{4}\log|x+1| - \frac{1}{2}\arctan x + c = \\ &= \frac{1}{4}\log\left|\frac{x-1}{x+1}\right| - \frac{1}{2}\arctan x + c, \qquad c \in \mathbb{R}.\end{aligned}$$

17) Consideriamo l'integrale indefinito

$$\int \frac{x^2}{(1+x^2)^2}\,dx.$$

Si ha che[7]

$$\begin{aligned}\frac{x^2}{(1+x^2)^2} &= \frac{Ax+B}{1+x^2} + \frac{d}{dx}\left(\frac{Cx+D}{1+x^2}\right) = \frac{Ax+B}{1+x^2} + \frac{C-2Dx-Cx^2}{(1+x^2)^2} = \\ &= \frac{Ax^3 + (B-C)x^2 + (A-2D)x + B + C}{(1+x^2)^2} \quad \Longrightarrow \quad \begin{cases} A = D = 0 \\ B = \dfrac{1}{2} \\ C = -\dfrac{1}{2}. \end{cases}\end{aligned}$$

Quindi

$$\begin{aligned}\int \frac{x^2}{(1+x^2)^2}\,dx &= \int \left[\frac{1}{2}\frac{1}{1+x^2} + \frac{d}{dx}\left(-\frac{x}{2(1+x^2)}\right)\right] dx = \\ &= \frac{1}{2}\arctan x - \frac{x}{2(1+x^2)} + c, \qquad c \in \mathbb{R}.\end{aligned}$$

18) Consideriamo l'integrale indefinito

$$\int \frac{x^2-10x+10}{x^3+2x^2+5x}\,dx = \int \frac{x^2-10x+10}{x(x^2+2x+5)}\,dx.$$

Si ha che

$$\begin{aligned}\frac{x^2-10x+10}{x(x^2+2x+5)} &= \frac{A}{x} + \frac{Bx+C}{x^2+2x+5} = \\ &= \frac{(A+B)x^2 + (2A+C)x + 5A}{x(x^2+2x+5)} \quad \Longrightarrow \quad \begin{cases} A = 2 \\ B = -1 \\ C = -14. \end{cases}\end{aligned}$$

[7]Si può procedere anche con il metodo di decomposizione "classico" (vedi pag. 174).

Quindi

$$\begin{aligned}\int \frac{x^2-10x+10}{x(x^2+2x+5)}\,dx &= \int \left(\frac{2}{x} - \frac{x+14}{x^2+2x+5}\right) dx = \\ &= \int \left(\frac{2}{x} - \frac{x+1}{x^2+2x+5} - \frac{13}{x^2+2x+5}\right) dx = \\ &= 2\log|x| - \frac{1}{2}\int \frac{2x+2}{x^2+2x+5}\,dx - 13\int \frac{1}{x^2+2x+5}\,dx = \\ &= 2\log|x| - \frac{1}{2}\log\left(x^2+2x+5\right) - 13\int \frac{1}{x^2+2x+5}\,dx.\end{aligned}$$

Poiché

$$x^2+2x+5 = (x+1)^2+4 = 4\left[\left(\frac{x+1}{2}\right)^2+1\right],$$

si ha che

$$\begin{aligned}\int \frac{1}{x^2+2x+5}\,dx &= \int \frac{1}{4\left[\left(\frac{x+1}{2}\right)^2+1\right]}\,dx = \frac{1}{2}\int \frac{\frac{1}{2}}{\left(\frac{x+1}{2}\right)^2+1}\,dx \\ &= \frac{1}{2}\arctan\frac{x+1}{2} + c, \qquad c \in \mathbb{R}.\end{aligned}$$

Quindi

$$\begin{aligned}\int \frac{x^2-10x+10}{x(x^2+2x+5)}\,dx &= 2\log|x| - \frac{1}{2}\log\left(x^2+2x+5\right) - 13\int \frac{1}{x^2+2x+5}\,dx = \\ &= 2\log|x| - \frac{1}{2}\log\left(x^2+2x+5\right) - \frac{13}{2}\arctan\frac{x+1}{2} + c = \\ &= \log\frac{x^2}{\sqrt{x^2+2x+5}} - \frac{13}{2}\arctan\frac{x+1}{2} + c, \qquad c \in \mathbb{R}.\end{aligned}$$

19) Consideriamo l'integrale indefinito

$$\int (x\,\log x)^2\,dx = \int x^2\log^2 x\,dx.$$

Integrando due volte per parti si ha che

$$\begin{aligned}\int x^2\log^2 x\,dx &= \frac{1}{3}x^3\log^2 x - \frac{2}{3}\int x^2\log x\,dx = \\ &= \frac{1}{3}x^3\log^2 x - \frac{2}{9}x^3\log x + \frac{2}{9}\int x^2\,dx = \\ &= \frac{1}{3}x^3\log^2 x - \frac{2}{9}x^3\log x + \frac{2}{27}x^3 + c = \\ &= \frac{1}{3}x^3\left(\log^2 x - \frac{2}{3}\log x + \frac{2}{9}\right) + c, \qquad c \in \mathbb{R}.\end{aligned}$$

20) Consideriamo l'integrale indefinito

$$\int (1+\cos x)^2\,dx = \int (1+2\cos x+\cos^2 x)\,dx = x+2\sin x+\int \cos^2 x\,dx.$$

Essendo (vedi **8.2.2** esercizio *b*))

$$\int \cos^2 x\,dx = \frac{1}{2}(x+\sin x\cos x)+c, \qquad c\in\mathbb{R},$$

si ha che

$$\begin{aligned}\int (1+\cos x)^2\,dx &= x+2\sin x+\frac{1}{2}(x+\sin x\cos x)+c = \\ &= \frac{3}{2}x+2\sin x+\frac{1}{2}\sin x\cos x+c, \qquad c\in\mathbb{R}.\end{aligned}$$

21) Consideriamo l'integrale indefinito

$$\int \frac{\cos x}{e^x}\,dx = \int e^{-x}\cos x\,dx.$$

Integrando due volte per parti si ha che

$$\begin{aligned}\int e^{-x}\cos x\,dx &= -e^{-x}\cos x-\int e^{-x}\sin x\,dx = \\ &= -e^{-x}\cos x+e^{-x}\sin x-\int e^{-x}\cos x\,dx.\end{aligned}$$

Quindi

$$2\int e^{-x}\cos x\,dx = e^{-x}(\sin x-\cos x)+c, \qquad c\in\mathbb{R},$$

da cui segue che

$$\int e^{-x}\cos x\,dx = \frac{1}{2}e^{-x}(\sin x-\cos x)+c, \qquad c\in\mathbb{R}.$$

22) Consideriamo l'integrale indefinito

$$\int x\ \arcsin x\,dx.$$

Integrando per parti si ha che

$$\begin{aligned}\int x\ \arcsin x\,dx &= \frac{1}{2}x^2\arcsin x-\frac{1}{2}\int \frac{x^2}{\sqrt{1-x^2}}\,dx = \\ &= \frac{1}{2}x^2\arcsin x+\frac{1}{2}\int \frac{1-x^2}{\sqrt{1-x^2}}\,dx-\frac{1}{2}\int \frac{1}{\sqrt{1-x^2}}\,dx = \\ &= \frac{1}{2}x^2\arcsin x+\frac{1}{2}\int \sqrt{1-x^2}\,dx-\frac{1}{2}\arcsin x.\end{aligned}$$

Essendo (vedi **8.2.2** esercizio g) e **8.2.5** esercizio f))

$$\int \sqrt{1-x^2}\,dx = \frac{1}{2}x\sqrt{1-x^2} + \frac{1}{2}\arcsin x + c, \qquad c \in \mathbb{R},$$

si ha che

$$\int x \arcsin x\,dx = \frac{1}{2}x^2 \arcsin x + \frac{1}{4}x\sqrt{1-x^2} - \frac{1}{4}\arcsin x + c, \qquad c \in \mathbb{R}.$$

23) Consideriamo l'integrale indefinito

$$\int \frac{dx}{x^{\frac{5}{4}} - x} = \int \frac{dx}{x\left(x^{\frac{1}{4}} - 1\right)}.$$

Posto $t = x^{\frac{1}{4}}$, quindi $x = t^4$, si ha che $dx = 4t^3\,dt$. Ne segue che

$$\int \frac{dx}{x\left(x^{\frac{1}{4}} - 1\right)} = 4\int \frac{1}{t(t-1)}\,dt.$$

Si ha che

$$\frac{1}{t(t-1)} = \frac{A}{t} + \frac{B}{t-1} = \frac{(A+B)t - A}{t(t-1)} \qquad \Longrightarrow \qquad \begin{cases} A = -1 \\ B = 1. \end{cases}$$

Quindi

$$\int \frac{dx}{x\left(x^{\frac{1}{4}} - 1\right)} = 4\int \frac{1}{t(t-1)}\,dt = 4\int \left(-\frac{1}{t} + \frac{1}{t-1}\right)dt =$$

$$= -4\log t + 4\log|t-1| + c = -4\log x^{\frac{1}{4}} + 4\log\left|x^{\frac{1}{4}} - 1\right| + c =$$

$$= 4\log\left|\frac{x^{\frac{1}{4}} - 1}{x^{\frac{1}{4}}}\right| + c, \qquad c \in \mathbb{R}.$$

24) Consideriamo l'integrale indefinito

$$\int \frac{e^x}{e^{2x} - 5e^x + 6}\,dx.$$

Posto $t = e^x$ si ha che $dt = e^x\,dx$. Quindi

$$\int \frac{e^x}{e^{2x} - 5e^x + 6}\,dx = \int \frac{1}{t^2 - 5t + 6}\,dt = \int \frac{1}{(t-2)(t-3)}\,dt.$$

Si ha che

$$\frac{1}{(t-2)(t-3)} = \frac{A}{t-2} + \frac{B}{t-3} = \frac{(A+B)t - 3A - 2B}{(t-2)(t-3)} \qquad \Longrightarrow \qquad \begin{cases} A = -1 \\ B = 1. \end{cases}$$

Quindi

$$\int \frac{e^x}{e^{2x} - 5e^x + 6}\,dx = \int \frac{1}{(t-2)(t-3)}\,dt = \int \left(-\frac{1}{t-2} + \frac{1}{t-3}\right)dt =$$

$$= -\log|t-2| + \log|t-3| + c = -\log|e^x - 2| + \log|e^x - 3| + c =$$

$$= \log\left|\frac{e^x - 3}{e^x - 2}\right| + c, \qquad c \in \mathbb{R}.$$

25) Consideriamo l'integrale indefinito

$$\int \cot^5 x \, dx.$$

Posto $t = \cot x$ si ha che $dt = -(1 + \cot^2 x)\, dx$. Quindi

$$\begin{aligned}
\int \cot^5 x \, dx &= -\int \frac{t^5}{t^2+1}\, dt = -\int \left(t^3 - t + \frac{t}{t^2+1} \right) dt = \\
&= -\frac{1}{4}t^4 + \frac{1}{2}t^2 - \frac{1}{2}\int \frac{2t}{t^2+1}\, dt = \\
&= -\frac{1}{4}t^4 + \frac{1}{2}t^2 - \frac{1}{2}\log\left(t^2+1\right) + c = \\
&= -\frac{1}{4}\cot^4 x + \frac{1}{2}\cot^2 x - \frac{1}{2}\log\left(\cot^2 x + 1\right) + c, \qquad c \in \mathbb{R}.
\end{aligned}$$

26) Consideriamo l'integrale indefinito

$$\int x^3 \sqrt{2 - x^2}\, dx = \int x^2 \left(x\sqrt{2-x^2} \right) dx.$$

Integrando per parti si ha che

$$\begin{aligned}
\int x^2 \left(x\sqrt{2-x^2} \right) dx &= -\frac{1}{3}x^2 \left(2 - x^2\right)^{\frac{3}{2}} + \frac{2}{3}\int x \left(2-x^2\right)^{\frac{3}{2}} dx = \\
&= -\frac{1}{3}x^2 \left(2 - x^2\right)^{\frac{3}{2}} - \frac{2}{15}\left(2-x^2\right)^{\frac{5}{2}} + c, \qquad c \in \mathbb{R}.
\end{aligned}$$

Osservazione. L'integrale $\int x^3 \sqrt{2-x^2}\, dx$ si può calcolare anche nel seguente modo: posto $x = \sqrt{2}\sin t$, per $t \in \left[-\frac{\pi}{2}, \frac{\pi}{2}\right]$, si ha che $t = \arcsin \frac{x}{\sqrt{2}}$, $\cos t =$

$\sqrt{1-\sin^2 t}$ e $dx = \sqrt{2}\cos t\,dt$. Quindi

$$\begin{aligned}\int x^3\sqrt{2-x^2}\,dx &= 4\sqrt{2}\int \sin^3 t\,\cos^2 t\,dt = \\ &= 4\sqrt{2}\int \sin t\left(\cos^2 t - \cos^4 t\right)\,dt =\end{aligned}$$

posto $y = \cos t$ si ha $dy = -\sin t\,dt$ e si ottiene

$$\begin{aligned}&= -4\sqrt{2}\int \left(y^2 - y^4\right)\,dy = \\ &= -\frac{4}{3}\sqrt{2}y^3 + \frac{4}{5}\sqrt{2}y^5 + c = \\ &= -\frac{4}{3}\sqrt{2}\cos^3 t + \frac{4}{5}\sqrt{2}\cos^5 t + c = \\ &= -\frac{4}{3}\sqrt{2}\left(\sqrt{1-\sin^2 t}\right)^3 + \frac{4}{5}\sqrt{2}\left(\sqrt{1-\sin^2 t}\right)^5 + c = \\ &= -\frac{4}{3}\sqrt{2}\left(\sqrt{1-\frac{x^2}{2}}\right)^3 + \frac{4}{5}\sqrt{2}\left(\sqrt{1-\frac{x^2}{2}}\right)^5 + c = \\ &= -\frac{2}{3}\left(2-x^2\right)^{\frac{3}{2}} + \frac{1}{5}\left(2-x^2\right)^{\frac{5}{2}} + c, \qquad c \in \mathbb{R}.\end{aligned}$$

Con semplici calcoli si dimostra che questo risultato coincide con quello ottenuto precedentemente.

27) Consideriamo l'integrale indefinito

$$\int \frac{dx}{\sqrt{x}+\sqrt[3]{x}}.$$

Posto $x = t^6$, si ha che $dx = 6t^5\,dt$. Quindi

$$\int \frac{dx}{\sqrt{x}+\sqrt[3]{x}} = 6\int \frac{t^3}{t+1}\,dt = 6\int \left(t^2 - t + 1 - \frac{1}{t+1}\right)\,dt =$$

$$= 2t^3 - 3t^2 + 6t - 6\log|t+1| + c = 2\sqrt{x} - 3\sqrt[3]{x} + 6\sqrt[6]{x} - 6\log\left(\sqrt[6]{x}+1\right) + c, \qquad c \in \mathbb{R}.$$

28) Consideriamo l'integrale indefinito

$$\int \frac{dx}{x^2\sqrt{4+x^2}}.$$

Posto $x = 2\sinh t$, quindi $t = \operatorname{settsinh}\frac{x}{2} = \log\left(\frac{x}{2} + \frac{1}{2}\sqrt{x^2+4}\right)$, da cui $dx = 2\cosh t\,dt$, si ha che

$$\int \frac{dx}{x^2\sqrt{4+x^2}} = \frac{1}{4}\int \frac{1}{\sinh^2 t}\,dt = \int \frac{e^{2t}}{(e^{2t}-1)^2}\,dt.$$

Posto $z = e^t$, cioè $z = \frac{x}{2} + \frac{1}{2}\sqrt{x^2+4}$, da cui $dz = e^t\,dt$, si ha che

$$\int \frac{dx}{x^2\sqrt{4+x^2}} = \int \frac{e^{2t}}{(e^{2t}-1)^2}\,dt = \int \frac{z}{(z^2-1)^2}\,dz = -\frac{1}{2}\frac{1}{z^2-1} + c =$$
$$= -\frac{1}{x^2 + x\sqrt{x^2+4}} + c, \qquad c \in \mathbb{R}.$$

29) Consideriamo l'integrale indefinito

$$\int \frac{x^2}{\sqrt{x^2-4}}\,dx.$$

Posto $x = 2\cosh t$, quindi $t = \operatorname{settcosh}\frac{x}{2} = \log\left(\frac{x}{2} + \frac{1}{2}\sqrt{x^2-4}\right)$, da cui $dx = 2\sinh t\,dt$, si ha che

$$\int \frac{x^2}{\sqrt{x^2-4}}\,dx = 4\int \cosh^2 t\,dt.$$

Essendo (vedi **8.3.5** esercizio *c*))

$$\int \cosh^2 t\,dt = \frac{1}{2}(t + \cosh t \sinh t) + c, \qquad c \in \mathbb{R},$$

si ha

$$\int \frac{x^2}{\sqrt{x^2-4}}\,dx = 4\int \cosh^2 t\,dt = 2(t + \cosh t \sinh t) + c =$$
$$= \frac{1}{2}x\sqrt{x^2-4} + 2\log\left(x + \sqrt{x^2-4}\right) + c, \qquad c \in \mathbb{R}.$$

30) Consideriamo l'integrale indefinito

$$\int \frac{dx}{1+e^{2x}}.$$

Posto $t = e^x$ si ha che $dt = e^x\,dx$. Quindi

$$\int \frac{dx}{1+e^{2x}} = \int \frac{1}{t(1+t^2)}\,dt.$$

Si ha che

$$\frac{1}{t(1+t^2)} = \frac{A}{t} + \frac{Bt+C}{1+t^2} = \frac{(A+B)t^2 + Ct + A}{t(1+t^2)} \quad \Longrightarrow \quad \begin{cases} A = 1 \\ B = -1 \\ C = 0. \end{cases}$$

Quindi

$$\int \frac{dx}{1+e^{2x}} = \int \frac{1}{t(1+t^2)}\,dt = \int \left(\frac{1}{t} - \frac{t}{1+t^2}\right)dt = \int \frac{1}{t}\,dt - \frac{1}{2}\int \frac{2t}{1+t^2}\,dt =$$
$$= \log|t| - \frac{1}{2}\log\left(1+t^2\right) + c = \log e^x - \frac{1}{2}\log\left(1+e^{2x}\right) + c =$$
$$= x - \frac{1}{2}\log\left(1+e^{2x}\right) + c, \qquad c \in \mathbb{R}.$$

31) Consideriamo l'integrale indefinito

$$\int \sqrt{\frac{e^x}{e^x - 1}}\, dx.$$

Posto $t = e^x$ si ha che $dt = e^x\, dx$. Quindi

$$\int \sqrt{\frac{e^x}{e^x - 1}}\, dx = \int \frac{1}{\sqrt{t}\sqrt{t-1}}\, dt.$$

Posto $y = \sqrt{t}$, quindi $t = y^2$, si ha che $dt = 2y\, dy$. Quindi

$$\int \frac{1}{\sqrt{t}\sqrt{t-1}}\, dt = 2\int \frac{1}{\sqrt{y^2-1}}\, dy.$$

Calcoliamo $\displaystyle\int \frac{1}{\sqrt{y^2-1}}\, dy$.

Posto $y = \cosh z$, quindi $z = \operatorname{settcosh} y = \log\left(y + \sqrt{y^2-1}\right)$, da cui $dy = \sinh z\, dz$, si ha che

$$\int \frac{1}{\sqrt{y^2-1}}\, dy = \int dz = z + c = \log\left(y + \sqrt{y^2-1}\right) + c, \qquad c \in \mathbb{R}.$$

Ne segue che

$$\begin{aligned}
\int \sqrt{\frac{e^x}{e^x - 1}}\, dx &= \int \frac{1}{\sqrt{t}\sqrt{t-1}}\, dt = 2\int \frac{1}{\sqrt{y^2-1}}\, dy = \\
&= 2\log\left(y + \sqrt{y^2-1}\right) + c = \\
&= 2\log\left|\sqrt{t} + \sqrt{t-1}\right| + c = \\
&= 2\log\left(\sqrt{e^x} + \sqrt{e^x-1}\right) + c, \qquad c \in \mathbb{R}.
\end{aligned}$$

32) Consideriamo l'integrale indefinito

$$\int \frac{1+\cos x}{1+\sin x}\, dx.$$

Posto $t = \tan\frac{x}{2}$ si ha che $dx = \frac{2}{1+t^2}\, dt$. Poiché $\sin x = \frac{2t}{1+t^2}$ e $\cos x = \frac{1-t^2}{1+t^2}$, si ha che

$$\int \frac{1+\cos x}{1+\sin x}\, dx = 4\int \frac{1}{(t+1)^2(1+t^2)}\, dt.$$

Si ha che[8]

$$\frac{1}{(t+1)^2(1+t^2)} = \frac{A}{t+1} + \frac{Bt+C}{1+t^2} + \frac{d}{dt}\left(\frac{D}{t+1}\right) = \frac{A}{t+1} + \frac{Bt+C}{1+t^2} - \frac{D}{(t+1)^2} =$$

[8]Si può procedere anche con il metodo di decomposizione "classico" (vedi pag. 174).

$$= \frac{(A+B)t^3 + (A+2B+c-D)t^2 + (A+B+2C)t + A + C - D}{(t+1)^2(1+t^2)}$$

$$\Longrightarrow \qquad A = \frac{1}{2}, \qquad B = D = -\frac{1}{2}, \qquad C = 0.$$

Quindi

$$\begin{aligned}
\int \frac{1+\cos x}{1+\sin x}\,dx &= 4\int \frac{1}{(t+1)^2(1+t^2)}\,dt = \\
&= 4\int \left[\frac{1}{2}\frac{1}{t+1} - \frac{1}{2}\frac{t}{1+t^2} + \frac{d}{dt}\left(-\frac{1}{2}\frac{1}{t+1}\right)\right] dt = \\
&= 2\int \frac{1}{t+1}\,dt - \int \frac{2t}{1+t^2}\,dt + \int \frac{d}{dt}\left(-\frac{1}{2}\frac{1}{t+1}\right) dt = \\
&= 2\log|t+1| - \log\left(1+t^2\right) - \frac{2}{t+1} + c = \\
&= 2\log\left|\tan\frac{x}{2}+1\right| - \log\left(1+\tan^2\frac{x}{2}\right) - \frac{2}{\tan\frac{x}{2}+1} + c = \\
&= -\frac{2}{1+\tan\frac{x}{2}} + \log\frac{\left(1+\tan\frac{x}{2}\right)^2}{1+\tan^2\frac{x}{2}} + c, \qquad c \in \mathbb{R}.
\end{aligned}$$

33) Consideriamo l'integrale indefinito

$$\int \frac{\tan x}{\sin^2 x + 1}\,dx.$$

Posto $t = \tan x$ si ha che $dx = \frac{1}{1+t^2}\,dt$. Poiché $\sin^2 x = \frac{t^2}{1+t^2}$, si ha che

$$\begin{aligned}
\int \frac{\tan x}{\sin^2 x + 1}\,dx &= \int \frac{t}{2t^2+1}\,dt = \frac{1}{4}\int \frac{4t}{2t^2+1}\,dt = \\
&= \frac{1}{4}\log\left(2t^2+1\right) + c = \frac{1}{4}\log\left(2\tan^2 x + 1\right) + c, \qquad c \in \mathbb{R}.
\end{aligned}$$

34) Consideriamo l'integrale indefinito

$$\int \frac{\tan^3 x + \tan x}{\tan x + 4}\,dx.$$

Posto $t = \tan x$ si ha che $dx = \frac{1}{1+t^2}\,dt$. Quindi

$$\begin{aligned}
\int \frac{\tan^3 x + \tan x}{\tan x + 4}\,dx &= \int \frac{t}{t+4}\,dt = \int \left(1 - \frac{4}{t+4}\right) dt = t - 4\log|t+4| + c = \\
&= \tan x - 4\log|\tan x + 4| + c, \qquad c \in \mathbb{R}.
\end{aligned}$$

35) Consideriamo l'integrale indefinito

$$\int \frac{\tan^2 x}{\tan x + 1}\, dx.$$

Posto $t = \tan x$ si ha che $dx = \frac{1}{1+t^2}\, dt$. Quindi

$$\int \frac{\tan^2 x}{\tan x + 1}\, dx = \int \frac{t^2}{(t+1)(1+t^2)}\, dt.$$

Si ha che

$$\frac{t^2}{(t+1)(1+t^2)} = \frac{A}{t+1} + \frac{Bt + C}{1+t^2} = \frac{(A+B)t^2 + (B+C)t + A + C}{(t+1)(1+t^2)}$$

$$\Longrightarrow \qquad A = B = \frac{1}{2}, \qquad C = -\frac{1}{2}.$$

Quindi

$$\begin{aligned}\int \frac{\tan^2 x}{\tan x + 1}\, dx &= \int \frac{t^2}{(t+1)(1+t^2)}\, dt = \int \left(\frac{1}{2}\frac{1}{t+1} + \frac{1}{2}\frac{t-1}{1+t^2}\right) dt = \\ &= \frac{1}{2}\int \frac{1}{t+1}\, dt + \frac{1}{4}\int \frac{2t}{1+t^2}\, dt - \frac{1}{2}\int \frac{1}{1+t^2}\, dt = \\ &= \frac{1}{2}\log|t+1| + \frac{1}{4}\log\left(1+t^2\right) - \frac{1}{2}\arctan t + c = \\ &= \frac{1}{2}\log|\tan x + 1| + \frac{1}{4}\log\left(1 + \tan^2 x\right) - \frac{1}{2}x + c = \\ &= -\frac{1}{2}x + \log \sqrt[4]{\left(\tan^2 x + 1\right)\left(\tan x + 1\right)^2} + c, \quad c \in \mathbb{R}.\end{aligned}$$

36) Consideriamo l'integrale indefinito

$$\int \frac{x^5}{\sqrt{x^3 - 1}}\, dx.$$

Posto $t = \sqrt{x^3 - 1}$, si ha che $2t\, dt = 3x^2\, dx$. Quindi

$$\begin{aligned}\int \frac{x^5}{\sqrt{x^3-1}}\, dx &= \frac{2}{3}\int (t^2+1)\, dt = \frac{2}{9}t^3 + \frac{2}{3}t + c = \frac{2}{3}t\left(\frac{1}{3}t^2 + 1\right) + c = \\ &= \frac{2}{3}\sqrt{x^3-1}\left(\frac{1}{3}x^3 + \frac{2}{3}\right) + c = \frac{2}{9}\left(x^3 + 2\right)\sqrt{x^3-1} + c, \quad c \in \mathbb{R}.\end{aligned}$$

37) Consideriamo l'integrale indefinito

$$\int \frac{dx}{x\,(1+\sqrt{x})^2}.$$

Posto $t = \sqrt{x}$, quindi $x = t^2$, si ha che $dx = 2t\,dt$. Ne segue che

$$\int \frac{dx}{x\,(1+\sqrt{x})^2} = 2\int \frac{1}{t(1+t)^2}\,dt.$$

Si ha che[9]

$$\begin{aligned}\frac{1}{t(1+t)^2} &= \frac{A}{t} + \frac{B}{1+t} + \frac{d}{dt}\left(\frac{C}{1+t}\right) = \frac{A}{t} + \frac{B}{1+t} - \frac{C}{(1+t)^2} = \\ &= \frac{(A+B)t^2 + (2A+B-C)t + A}{t(1+t)^2} \quad \Longrightarrow \quad \begin{cases} A = C = 1 \\ B = -1. \end{cases}\end{aligned}$$

Quindi

$$\begin{aligned}\int \frac{dx}{x\,(1+\sqrt{x})^2} &= 2\int \frac{1}{t(1+t)^2}\,dt = 2\int \left[\frac{1}{t} - \frac{1}{1+t} + \frac{d}{dt}\left(\frac{1}{1+t}\right)\right] dt = \\ &= 2\log|t| - 2\log|1+t| + \frac{2}{1+t} + c = \\ &= 2\log\sqrt{x} - 2\log\left(1+\sqrt{x}\right) + \frac{2}{1+\sqrt{x}} + c = \\ &= \log\frac{x}{\left(1+\sqrt{x}\right)^2} + \frac{2}{1+\sqrt{x}} + c, \qquad c \in \mathbb{R}.\end{aligned}$$

38) Consideriamo l'integrale indefinito

$$\int \frac{e^{3x} + 2e^{2x} + 3e^x}{e^x + 1}\,dx = \int \frac{(e^{2x} + 2e^x + 3)e^x}{e^x + 1}\,dx.$$

Posto $t = e^x$ si ha che $dt = e^x\,dx$. Quindi

$$\int \frac{(e^{2x} + 2e^x + 3)e^x}{e^x + 1}\,dx = \int \frac{t^2 + 2t + 3}{t+1}\,dt = \int \left(t + 1 + \frac{2}{t+1}\right) dt =$$

$$= \frac{1}{2}t^2 + t + 2\log|1+t| + c = \frac{1}{2}e^{2x} + e^x + 2\log\left(1+e^x\right) + c, \qquad c \in \mathbb{R}.$$

39) Consideriamo l'integrale indefinito

$$\int e^x \sin x\,dx.$$

Integrando due volte per parti si ha che

$$\begin{aligned}\int e^x \sin x\,dx &= e^x \sin x - \int e^x \cos x\,dx = \\ &= e^x \sin x - e^x \cos x - \int e^x \sin x\,dx.\end{aligned}$$

[9] Si può procedere anche con il metodo di decomposizione "classico" (vedi pag. 174).

Quindi

$$2\int e^x \sin x\,dx = e^x(\sin x - \cos x) + c, \qquad c \in \mathbb{R},$$

da cui segue che

$$\int e^x \sin x\,dx = \frac{1}{2}e^x(\sin x - \cos x) + c, \qquad c \in \mathbb{R}.$$

40) Consideriamo l'integrale indefinito

$$\int \frac{dx}{\sqrt{1+2x-x^2}} = \int \frac{dx}{\sqrt{2-(x-1)^2}}.$$

Posto $x-1 = \sqrt{2}\sin t$, per $t \in \left[-\frac{\pi}{2}, \frac{\pi}{2}\right]$, si ha che $t = \arcsin\frac{x-1}{\sqrt{2}}$, $\cos t = \sqrt{1-\sin^2 t}$ e $dx = \sqrt{2}\cos t\,dt$. Quindi

$$\int \frac{dx}{\sqrt{2-(x-1)^2}} = \int dt = t + c = \arcsin\frac{x-1}{\sqrt{2}} + c, \qquad c \in \mathbb{R}.$$

41) Consideriamo l'integrale indefinito

$$\int \frac{1}{2\sin x + \cos x - 1}\,dx.$$

Posto $t = \tan\frac{x}{2}$ si ha che $dx = \frac{2}{1+t^2}\,dt$. Poiché $\sin x = \frac{2t}{1+t^2}$ e $\cos x = \frac{1-t^2}{1+t^2}$, si ha che

$$\int \frac{1}{2\sin x + \cos x - 1}\,dx = \int \frac{1}{t(2-t)}\,dt.$$

Si ha che

$$\frac{1}{t(2-t)} = \frac{A}{t} + \frac{B}{2-t} = \frac{(B-A)t + 2A}{t(2-t)} \qquad \Longrightarrow \qquad A = B = \frac{1}{2}.$$

Quindi

$$\begin{aligned}\int \frac{1}{2\sin x + \cos x - 1}\,dx &= \int \frac{1}{t(2-t)}\,dt = \frac{1}{2}\int\left(\frac{1}{t} + \frac{1}{2-t}\right)dt = \\ &= \frac{1}{2}\log|t| - \frac{1}{2}\log|t-2| + c = \\ &= \frac{1}{2}\log\left|\tan\frac{x}{2}\right| - \frac{1}{2}\log\left|\tan\frac{x}{2} - 2\right| + c, \quad c \in \mathbb{R}.\end{aligned}$$

42) Consideriamo l'integrale indefinito

$$\int \frac{\sin 2x}{6\sin x - \cos 2x + 5}\,dx = \int \frac{\sin x\cos x}{\sin^2 x + 3\sin x + 2}\,dx.$$

Posto $t = \sin x$ si ha che $dt = \cos x\, dx$. Quindi

$$\int \frac{\sin x \cos x}{\sin^2 x + 3\sin x + 2}\, dx = \int \frac{t}{t^2 + 3t + 2}\, dt = \int \frac{t}{(t+1)(t+2)}\, dt.$$

Si ha che

$$\frac{t}{(t+1)(t+2)} = \frac{A}{t+1} + \frac{B}{t+2} = \frac{(A+B)t + 2A + B}{(t+1)(t+2)} \implies \begin{cases} A = -1 \\ B = 2. \end{cases}$$

Quindi

$$\begin{aligned} \int \frac{\sin x \cos x}{\sin^2 x + 3\sin x + 2}\, dx &= \int \frac{t}{(t+1)(t+2)}\, dt = \int \left(-\frac{1}{t+1} + \frac{2}{t+2} \right) dt = \\ &= -\log|t+1| + 2\log|t+2| + c = \\ &= -\log(\sin x + 1) + 2\log(\sin x + 2) + c, \quad c \in \mathbb{R}. \end{aligned}$$

Esercizio 2.

a) Consideriamo la funzione

$$f(x) = \begin{cases} \sqrt{|x|} & x < 1 \\ \dfrac{1}{4+x^2} + \beta & x \geq 1. \end{cases}$$

Si ha che

$$f(x) = \begin{cases} \sqrt{-x} & x < 0 \\ \sqrt{x} & 0 \leq x < 1 \\ \dfrac{1}{4+x^2} + \beta & x \geq 1. \end{cases}$$

Determiniamo una generica primitiva G di f su $\mathbb{R}$. Si ha che

$$\begin{aligned} \int \sqrt{-x}\, dx &= \int (-x)^{\frac{1}{2}}\, dx = -\frac{2}{3}(-x)^{\frac{3}{2}} + c_1, \qquad c_1 \in \mathbb{R}, \\ \int \sqrt{x}\, dx &= \int x^{\frac{1}{2}}\, dx = \frac{2}{3}x^{\frac{3}{2}} + c_2, \qquad c_2 \in \mathbb{R}, \\ \int \left(\frac{1}{4+x^2} + \beta \right) dx &= \frac{1}{2} \int \frac{\frac{1}{2}}{1 + \left(\frac{x}{2}\right)^2}\, dx + \beta x = \frac{1}{2}\arctan\frac{x}{2} + \beta x + c_3, \; c_3 \in \mathbb{R}. \end{aligned}$$

Quindi

$$G(x) = \begin{cases} -\dfrac{2}{3}(-x)^{\frac{3}{2}} + c_1 & x < 0 \\ \dfrac{2}{3}x^{\frac{3}{2}} + c_2 & 0 \leq x < 1 \\ \dfrac{1}{2}\arctan\dfrac{x}{2} + \beta x + c_3 & x \geq 1, \end{cases}$$

dove $c_1, c_2, c_3 \in \mathbb{R}$ sono tali che la generica primitiva G sia continua in 0 e 1. Quindi deve essere

$$\lim_{x\to 0^-} G(x) = G(0), \qquad \lim_{x\to 1^-} G(x) = G(1).$$

Poiché

$$\lim_{x\to 0^-} G(x) = c_1, \qquad G(0) = c_2,$$

$$\lim_{x\to 1^-} G(x) = c_2 + \frac{2}{3}, \qquad G(1) = c_3 + \frac{1}{2}\arctan\frac{1}{2} + \beta,$$

si ha che

$$c_1 = c_2, \qquad c_3 = \frac{2}{3} - \frac{1}{2}\arctan\frac{1}{2} - \beta - c_1.$$

Quindi una generica primitiva di f è

$$G(x) = \begin{cases} -\frac{2}{3}(-x)^{\frac{3}{2}} + c & x < 0 \\ \frac{2}{3}x^{\frac{3}{2}} + c & 0 \le x < 1 \\ \frac{1}{2}\arctan\frac{x}{2} + \beta x + \frac{2}{3} - \frac{1}{2}\arctan\frac{1}{2} - \beta - c & x \ge 1, \end{cases} \qquad c \in \mathbb{R}.$$

Dovendo essere $F(0) = 0$ si ha che $c = 0$. Quindi la primitiva cercata è

$$F(x) = \begin{cases} -\frac{2}{3}(-x)^{\frac{3}{2}} & x < 0 \\ \frac{2}{3}x^{\frac{3}{2}} & 0 \le x < 1 \\ \frac{1}{2}\arctan\frac{x}{2} + \beta x + \frac{2}{3} - \frac{1}{2}\arctan\frac{1}{2} - \beta & x \ge 1. \end{cases}$$

b) Consideriamo la funzione

$$f(x) = \frac{1-3x}{\sqrt{x}-2}.$$

Calcoliamo $\int f(x)\,dx$. Posto $t = \sqrt{x}$, quindi $x = t^2$, si ha che $dx = 2t\,dt$. Poiché $x \in [5, 10]$, si ha che $t \in [\sqrt{5}, \sqrt{10}]$. Si ha che

$$\begin{aligned} \int f(x)\,dx &= \int \frac{1-3x}{\sqrt{x}-2} = 2\int \frac{t-3t^3}{t-2}\,dt = 2\int \left(-3t^2 - 6t - 11 - \frac{22}{t-2}\right) dt = \\ &= -2t^3 - 6t^2 - 22t - 44\log(t-2) + c = \\ &= -2x\sqrt{x} - 6x - 22\sqrt{x} - 44\log(\sqrt{x}-2) + c, \quad c \in \mathbb{R}. \end{aligned}$$

c) Consideriamo la funzione

$$f(x) = \begin{cases} -x^3 \sin(\pi + \pi x^2) & x \leq 1 \\ x^2 - 8x + 16 & x > 1. \end{cases}$$

Determiniamo una generica primitiva G di f su $\mathbb{R}$. Si ha che

$$-\int x^3 \sin\left(\pi + \pi x^2\right) dx = \int x^3 \sin\left(\pi x^2\right) dx = \int x \left[x^2 \sin\left(\pi x^2\right)\right] dx =$$

integrando per parti

$$= -\frac{1}{2\pi} x^2 \cos\left(\pi x^2\right) + \frac{1}{\pi} \int x \cos\left(\pi x^2\right) dx =$$

$$= -\frac{1}{2\pi} x^2 \cos\left(\pi x^2\right) + \frac{1}{2\pi^2} \sin\left(\pi x^2\right) + c_1, \qquad c_1 \in \mathbb{R},$$

$$\int \left(x^2 - 8x + 16\right) dx = \frac{1}{3} x^3 - 4x^2 + 16x + c_2, \qquad c_2 \in \mathbb{R}.$$

Quindi

$$G(x) = \begin{cases} -\frac{1}{2\pi} x^2 \cos\left(\pi x^2\right) + \frac{1}{2\pi^2} \sin\left(\pi x^2\right) + c_1 & x \leq 1 \\ \frac{1}{3} x^3 - 4x^2 + 16x + c_2 & x > 1, \end{cases}$$

dove $c_1, c_2 \in \mathbb{R}$ sono tali che la generica primitiva G sia continua in 1. Quindi deve essere

$$G(1) = \lim_{x \to 1^+} G(x).$$

Poiché

$$G(1) = c_1 + \frac{1}{2\pi}, \qquad \lim_{x \to 1^+} G(x) = c_2 + \frac{37}{3},$$

si ha che

$$c_2 = c_1 + \frac{1}{2\pi} - \frac{37}{3}.$$

Quindi una generica primitiva di f è

$$G(x) = \begin{cases} -\frac{1}{2\pi} x^2 \cos\left(\pi x^2\right) + \frac{1}{2\pi^2} \sin\left(\pi x^2\right) + c & x \leq 1 \\ \frac{1}{3} x^3 - 4x^2 + 16x + c + \frac{1}{2\pi} - \frac{37}{3} & x > 1, \end{cases} \qquad c \in \mathbb{R}.$$

Dovendo essere $F(0) = 0$ si ha che $c = 0$. Quindi la primitiva cercata è

$$F(x) = \begin{cases} -\frac{1}{2\pi} x^2 \cos\left(\pi x^2\right) + \frac{1}{2\pi^2} \sin\left(\pi x^2\right) & x \leq 1 \\ \frac{1}{3} x^3 - 4x^2 + 16x + \frac{1}{2\pi} - \frac{37}{3} & x > 1. \end{cases}$$

d) Consideriamo la funzione

$$f(x) = \begin{cases} x|6x-2|+1 & x \leq 0 \\ \\ (x+1)\, e^{\frac{x}{2}} & x > 0. \end{cases}$$

Si ha che

$$f(x) = \begin{cases} 1+2x-6x^2 & x \leq 0 \\ \\ (x+1)\, e^{\frac{x}{2}} & x > 0. \end{cases}$$

1) Calcoliamo $F(x) = \int_{-1}^{x} f(t)\, dt$ al variare di $x \in \mathbb{R}$. Si ha che

$$F(x) = \begin{cases} \int_{-1}^{x} f(t)\, dt = \int_{-1}^{x} (1+2t-6t^2)\, dt & x \leq 0 \\ \\ \int_{-1}^{x} f(t)\, dt = \int_{-1}^{0} f(t)\, dt + \int_{0}^{x} f(t)\, dt = \\ = \int_{-1}^{0} (1+2t-6t^2)\, dt + \int_{0}^{x} (t+1)e^{\frac{t}{2}}\, dt & x > 0. \end{cases}$$

Se $x \leq 0$ si ha che

$$F(x) = \int_{-1}^{x} \left(1+2t-6t^2\right)\, dt = \left[t + t^2 - 2t^3\right]_{-1}^{x} = -2x^3 + x^2 + x - 2.$$

Se $x > 0$ si ha che

$$F(x) = \int_{-1}^{0} \left(1+2t-6t^2\right)\, dt + \int_{0}^{x} (t+1)e^{\frac{t}{2}}\, dt.$$

Dal passo precedente si ha che $\int_{-1}^{0} \left(1+2t-6t^2\right)\, dt = -2$. Inoltre integrando per parti si ha che

$$\begin{aligned} \int_{0}^{x} (t+1)e^{\frac{t}{2}}\, dt &= \left[2(t+1)e^{\frac{t}{2}}\right]_{0}^{x} - 2\int_{0}^{x} e^{\frac{t}{2}}\, dt = \\ &= 2(x+1)e^{\frac{x}{2}} - 2 - 2\left[2e^{\frac{t}{2}}\right]_{0}^{x} = \\ &= 2(x+1)e^{\frac{x}{2}} - 2 - 4e^{\frac{x}{2}} + 4 = \\ &= 2(x-1)e^{\frac{x}{2}} + 2. \end{aligned}$$

Quindi per $x > 0$ si ha che

$$F(x) = 2(x-1)e^{\frac{x}{2}}.$$

Ne segue che

$$F(x) = \begin{cases} -2x^3 + x^2 + x - 2 & x \leq 0 \\ \\ 2(x-1)e^{\frac{x}{2}} & x > 0. \end{cases}$$

2) Calcoliamo $I_1 = \int_{-2}^{1} f(t)\,dt$. Si ha che

$$\begin{aligned} I_1 &= \int_{-2}^{1} f(t)\,dt = \int_{-2}^{-1} f(t)\,dt + \int_{-1}^{1} f(t)\,dt = \\ &= -\int_{-1}^{-2} f(t)\,dt + \int_{-1}^{1} f(t)\,dt = -F(-2) + F(1) = -16. \end{aligned}$$

3) Calcoliamo $I_2 = \int_{-\frac{1}{3}}^{2} f(3t)\,dt$. Posto $y = 3t$ si ha che $dy = 3\,dt$. Quindi

$$I_2 = \int_{-\frac{1}{3}}^{2} f(3t)\,dt = \frac{1}{3}\int_{-1}^{6} f(y)\,dy = \frac{1}{3}F(6) = \frac{10}{3}e^3.$$

Esercizio 3.

a) Consideriamo l'integrale definito

$$\int_0^{\log 2} \frac{e^x}{\sqrt{2-e^x}+e^x}\,dx.$$

Posto $t = \sqrt{2-e^x}$ si ha che $e^x\,dx = -2t\,dt$. Quindi

$$\int_0^{\log 2} \frac{e^x}{\sqrt{2-e^x}+e^x}\,dx = 2\int_1^0 \frac{t}{t^2-t-2}\,dt = 2\int_1^0 \frac{t}{(t+1)(t-2)}\,dt.$$

Si ha che

$$\frac{t}{(t+1)(t-2)} = \frac{A}{t+1} + \frac{B}{t-2} = \frac{(A+B)t-2A+B}{(t+1)(t+2)} \quad \Longrightarrow \quad \begin{cases} A = \dfrac{1}{3} \\ B = \dfrac{2}{3}. \end{cases}$$

Quindi

$$\begin{aligned} \int_0^{\log 2} \frac{e^x}{\sqrt{2-e^x}+e^x}\,dx &= 2\int_1^0 \frac{t}{(t+1)(t-2)}\,dt = \\ &= 2\int_1^0 \left(\frac{1}{3}\frac{1}{t+1} + \frac{2}{3}\frac{1}{t-2}\right)dt = \\ &= 2\left[\frac{1}{3}\log|t+1| + \frac{2}{3}\log|t-2|\right]_1^0 = \frac{2}{3}\log 2. \end{aligned}$$

b) Consideriamo l'integrale definito

$$\int_0^{\frac{\pi}{4}} \sin 2x \arctan\sqrt{\cos 2x}\,dx.$$

Posto $t = \sqrt{\cos 2x}$ si ha che $t\,dt = -\sin 2x\,dx$. Quindi

$$\int_0^{\frac{\pi}{4}} \sin 2x \arctan\sqrt{\cos 2x}\,dx = \int_0^1 t\arctan t\,dt = \quad \text{integrando per parti}$$

$$= \left[\frac{1}{2}t^2 \arctan t\right]_0^1 - \frac{1}{2}\int_0^1 \frac{t^2}{1+t^2}\,dt =$$

$$= \frac{\pi}{8} - \frac{1}{2}\int_0^1 \left(1 - \frac{1}{1+t^2}\right)dt =$$

$$= \frac{\pi}{8} - \frac{1}{2}\Big[t - \arctan t\Big]_0^1 = \frac{\pi}{4} - \frac{1}{2}.$$

c) Consideriamo l'integrale definito

$$\int_1^4 \frac{\sqrt{x-1}}{x+8}\,dx.$$

Posto $t = \sqrt{x-1}$, quindi $x = t^2+1$, si ha che $dx = 2t\,dt$. Quindi

$$\int_1^4 \frac{\sqrt{x-1}}{x+8}\,dx = 2\int_0^{\sqrt{3}} \frac{t^2}{t^2+9}\,dt = 2\int_0^{\sqrt{3}} \left(1 - \frac{9}{t^2+9}\right)dt =$$

$$= 2\Big[t\Big]_0^{\sqrt{3}} - 6\int_0^{\sqrt{3}} \frac{\frac{1}{3}}{\left(\frac{t}{3}\right)^2 + 1}\,dt =$$

$$= 2\sqrt{3} - 6\left[\arctan\frac{t}{3}\right]_0^{\sqrt{3}} = 2\sqrt{3} - \pi.$$

d) Consideriamo l'integrale definito

$$\int_{e^{\frac{1}{\sqrt{2}}}}^{e} \frac{\arcsin\left(1-\log^2 x\right)}{x}\,dx.$$

Posto $t = \log x$ si ha che $dt = \frac{1}{x}\,dx$. Quindi

$$\int_{e^{\frac{1}{\sqrt{2}}}}^{e} \frac{\arcsin\left(1-\log^2 x\right)}{x}\,dx = \int_{\frac{1}{\sqrt{2}}}^1 \arcsin\left(1-t^2\right)dt = \quad \text{integrando per parti}$$

$$= \Big[t\arcsin\left(1-t^2\right)\Big]_{\frac{1}{\sqrt{2}}}^1 + 2\int_{\frac{1}{\sqrt{2}}}^1 \frac{t^2}{\sqrt{2t^2-t^4}}\,dt =$$

$$= -\frac{\pi}{12}\sqrt{2} + 2\int_{\frac{1}{\sqrt{2}}}^1 \frac{t}{\sqrt{2-t^2}}\,dt =$$

$$= -\frac{\pi}{12}\sqrt{2} + 2\Big[-\sqrt{2-t^2}\Big]_{\frac{1}{\sqrt{2}}}^1 =$$

$$= -\frac{\pi}{12}\sqrt{2} + 2\left(\sqrt{\frac{3}{2}} - 1\right).$$

e) Consideriamo l'integrale definito

$$\int_{e^{-1}}^{e} \left(|\log x| - \log^2 x \right) dx.$$

Si ha che

$$\int_{e^{-1}}^{e} \left(|\log x| - \log^2 x \right) dx = -\int_{e^{-1}}^{1} \log x \, dx + \int_{1}^{e} \log x \, dx - \int_{e^{-1}}^{e} \log^2 x \, dx =$$

integrando per parti il terzo integrale

$$= -\int_{e^{-1}}^{1} \log x \, dx + \int_{1}^{e} \log x \, dx - \left[x \log^2 x \right]_{e^{-1}}^{e} + 2\int_{e^{-1}}^{e} \log x \, dx =$$

$$= \int_{e^{-1}}^{1} \log x \, dx + 3\int_{1}^{e} \log x \, dx - e + e^{-1} =$$

essendo $\displaystyle\int \log x \, dx = x(\log x - 1) + c, \quad c \in \mathbb{R}$ (vedi **8.2.3** esercizio *g*))

$$= \left[x(\log x - 1) \right]_{e^{-1}}^{1} + 3\left[x(\log x - 1) \right]_{1}^{e} - e + e^{-1} = 3e^{-1} - e + 2.$$

f) Consideriamo l'integrale definito

$$\int_{0}^{8} \arctan \sqrt[4]{1+x} \, dx.$$

Posto $t = \sqrt[4]{1+x}$, quindi $x = t^4 - 1$, si ha che $dx = 4t^3 \, dt$. Quindi

$$\int_{0}^{8} \arctan \sqrt[4]{1+x} \, dx = \int_{1}^{\sqrt{3}} 4t^3 \arctan t \, dt = \quad \text{integrando per parti}$$

$$= \left[t^4 \arctan t \right]_{1}^{\sqrt{3}} - \int_{1}^{\sqrt{3}} \frac{t^4}{1+t^2} \, dt =$$

$$= 3\pi - \frac{\pi}{4} - \int_{1}^{\sqrt{3}} \left(t^2 - 1 + \frac{1}{1+t^2} \right) dt =$$

$$= 3\pi - \frac{\pi}{4} - \left[\frac{1}{3}t^3 - t + \arctan t \right]_{1}^{\sqrt{3}} = \frac{8}{3}\pi - \frac{2}{3}.$$

g) Consideriamo l'integrale definito

$$\int_{0}^{1} x^3 \sqrt{4+x^2} \, dx.$$

Integrando per parti si ottiene

$$\int_{0}^{1} x^3 \sqrt{4+x^2} \, dx = \int_{0}^{1} x^2 \left(x\sqrt{4+x^2} \right) dx =$$

$$= \left[\frac{1}{3} x^2 \left(4+x^2 \right)^{\frac{3}{2}} \right]_{0}^{1} - \frac{2}{3} \int_{0}^{1} x \left(4+x^2 \right)^{\frac{3}{2}} dx = \frac{5}{3}\sqrt{5} - \frac{2}{3} \left[\frac{1}{5} \left(4+x^2 \right)^{\frac{5}{2}} \right]_{0}^{1} =$$

$$= \frac{5}{3}\sqrt{5} - \frac{2}{15} \left[5^{\frac{5}{2}} - 4^{\frac{5}{2}} \right] = \frac{64 - 5\sqrt{5}}{3}.$$

h) Consideriamo l'integrale definito

$$\int_0^1 x^2\sqrt{4+x^2}\,dx.$$

Integrando per parti si ottiene

$$\int_0^1 x^2\sqrt{4+x^2}\,dx = \int_0^1 x\left(x\sqrt{4+x^2}\right)\,dx = \left[\frac{1}{3}x\left(4+x^2\right)^{\frac{3}{2}}\right]_0^1 - \frac{1}{3}\int_0^1 \left(4+x^2\right)^{\frac{3}{2}}\,dx =$$

posto $x = 2\sinh t$, quindi $t = \operatorname{settsinh}\frac{x}{2} = \log\left(\frac{x}{2}+\frac{1}{2}\sqrt{x^2+4}\right)$, da cui $dx = 2\cosh t\,dt$, si ottiene

$$= \frac{5}{3}\sqrt{5} - \frac{16}{3}\int_0^{\log\left(\frac{1+\sqrt{5}}{2}\right)} \cosh^4 t\,dt.$$

Integrando per parti si ha che

$$\int \cosh^4 t\,dt = \int \cosh t\cosh^3 t\,dt = \sinh t\cosh^3 t - 3\int \sinh^2 t\cosh^2 t\,dt =$$

essendo $\cosh^2 t - \sinh^2 t = 1$ si ottiene

$$= \sinh t\cosh^3 t + 3\int dt - 3\int \cosh^4 t\,dt.$$

Quindi si ottiene

$$4\int \cosh^4 t\,dt = \sinh t\cosh^3 t + 3t + c, \qquad c\in\mathbb{R}$$

da cui segue che

$$\int \cosh^4 t\,dt = \frac{1}{4}\sinh t\cosh^3 t + \frac{3}{4}t + c, \qquad c\in\mathbb{R}.$$

Ne segue che

$$\int_0^1 x^2\sqrt{4+x^2}\,dx = \frac{5}{3}\sqrt{5} - \frac{16}{3}\int_0^{\log\left(\frac{1+\sqrt{5}}{2}\right)} \cosh^4 t\,dt =$$

$$= \frac{5}{3}\sqrt{5} - \frac{16}{3}\left[\frac{1}{4}\sinh t\cosh^3 t + \frac{3}{4}t\right]_0^{\log\left(\frac{1+\sqrt{5}}{2}\right)} =$$

$$= \frac{5}{3}\sqrt{5} - \frac{16}{3}\left[\frac{1}{64}\left(\frac{5+\sqrt{5}}{1+\sqrt{5}}\right)^3 + \frac{3}{4}\log\left(\frac{1+\sqrt{5}}{2}\right)\right] =$$

$$= \frac{5}{3}\sqrt{5} - \frac{1}{12}\left(\frac{5+\sqrt{5}}{1+\sqrt{5}}\right)^3 - 4\log\left(\frac{1+\sqrt{5}}{2}\right).$$

Esercizio 4.

a) Consideriamo la funzione $F(x) = \int_8^x e^{t^4}\, dt$.

Si ha che $\operatorname{dom}(F) = \mathbb{R}$. Osserviamo che F è la funzione integrale di $f(x) = e^{x^4}$ associata a $x_0 = 8$. Poiché f è continua su $\mathbb{R}$, per il Teorema fondamentale del calcolo integrale si ha che F è derivabile su $\mathbb{R}$ con

$$F'(x) = f(x) = e^{x^4}, \quad \forall x \in \mathbb{R}.$$

b) Consideriamo la funzione $F(x) = \int_1^{\frac{1}{x}} \log^9(1 + |t|)\, dt$.

Si ha che $\operatorname{dom}(F) = (-\infty, 0) \cup (0, +\infty)$. Sia $G(x) = \int_1^x \log^9(1 + |t|)\, dt$ la funzione integrale di $f(x) = \log^9(1 + |x|)$ associata a $x_0 = 1$. Osserviamo che per ogni $x \neq 0$ si ha

$$F(x) = G\left(\frac{1}{x}\right).$$

Poiché la funzione integranda f è continua su $\mathbb{R}$ e la funzione $\varphi(x) = \frac{1}{x}$ è derivabile su $(-\infty, 0) \cup (0, +\infty)$, per il Teorema fondamentale del calcolo integrale e la formula di derivazione delle funzioni composte si ha che

$$F'(x) = -\frac{1}{x^2} G'\left(\frac{1}{x}\right) = -\frac{1}{x^2} \log^9\left(1 + \frac{1}{|x|}\right), \quad \forall x \neq 0.$$

c) Consideriamo la funzione $F(x) = \int_{-x}^x \left[10 + \cos^{12}\left(t^3\right)\right] dt$

Si ha che $\operatorname{dom}(F) = \mathbb{R}$. Siano $x_0 \in \mathbb{R}$ qualunque e $G(x) = \int_{x_0}^x \left[10 + \cos^{12}\left(t^3\right)\right] dt$ la funzione integrale di $f(x) = 10 + \cos^{12}(x^3)$ associata a x_0. Si ha che

$$F(x) = \int_{-x}^x \left[10 + \cos^{12}\left(t^3\right)\right] dt =$$

$$= \int_{-x}^{x_0} \left[10 + \cos^{12}\left(t^3\right)\right] dt + \int_{x_0}^x \left[10 + \cos^{12}\left(t^3\right)\right] dt =$$

$$= -\int_{x_0}^{-x} \left[10 + \cos^{12}\left(t^3\right)\right] dt + \int_{x_0}^x \left[10 + \cos^{12}\left(t^3\right)\right] dt = G(x) - G(-x).$$

Poiché la funzione integranda f è continua su $\mathbb{R}$ e la funzione $\varphi(x) = -x$ è derivabile su $\mathbb{R}$, per il Teorema fondamentale del calcolo integrale e la formula di derivazione delle funzioni composte si ha che

$$F'(x) = G'(x) + G'(-x) = 20 + 2\cos^{12}\left(x^3\right), \quad \forall x \in \mathbb{R}.$$

d) Consideriamo la funzione $F(x) = \displaystyle\int_{x^2}^{\frac{1}{2}x} \sqrt{9+4t^4+12t^6}\,dt.$

Si ha che $\mathrm{dom}\,(F) = \mathbb{R}$. Siano $x_0 \in \mathbb{R}$ qualunque e $G(x) = \displaystyle\int_{x_0}^{x} \sqrt{9+4t^4+12t^6}\,dt$ la funzione integrale di $f(x) = \sqrt{9+4x^4+12x^6}$ associata a x_0. Si ha che

$$F(x) = \int_{x^2}^{\frac{1}{2}x} \sqrt{9+4t^4+12t^6}\,dt =$$

$$= \int_{x^2}^{x_0} \sqrt{9+4t^4+12t^6}\,dt + \int_{x_0}^{\frac{1}{2}x} \sqrt{9+4t^4+12t^6}\,dt =$$

$$= -\int_{x_0}^{x^2} \sqrt{9+4t^4+12t^6}\,dt + \int_{x_0}^{\frac{1}{2}x} \sqrt{9+4t^4+12t^6}\,dt = G\left(\frac{1}{2}x\right) - G\left(x^2\right).$$

Poiché la funzione integranda f è continua su $\mathbb{R}$ e le funzioni $\varphi(x) = \frac{1}{2}x$ e $\psi(x) = x^2$ sono derivabili su $\mathbb{R}$, per il Teorema fondamentale del calcolo integrale e la formula di derivazione delle funzioni composte si ha che per ogni $x \in \mathbb{R}$

$$F'(x) = \frac{1}{2}G'\left(\frac{1}{2}x\right) - 2xG'\left(x^2\right) = \frac{1}{2}\sqrt{9+\frac{1}{4}x^4+\frac{3}{16}x^6} - 2x\sqrt{9+4x^8+12x^{12}}.$$

e) Consideriamo la funzione $F(x) = \displaystyle\int_{x}^{\cos x} \frac{\sin t}{t+2}\,dt.$

Si ha che $\mathrm{dom}\,(F) = (-\infty,-2)\cup(-2,+\infty)$. Consideriamo inizialmente F ristretta all'intervallo $(-\infty,-2)$. Siano $x_0 \in (-\infty,-2)$ qualunque e $G(x) = \displaystyle\int_{x_0}^{x} \frac{\sin t}{t+2}\,dt$ la funzione integrale di $f(x) = \frac{\sin x}{x+2}$ su $(-\infty,-2)$ associata a x_0. Si ha che

$$F(x) = \int_{x}^{\cos x} \frac{\sin t}{t+2}\,dt = \int_{x}^{x_0} \frac{\sin t}{t+2}\,dt + \int_{x_0}^{\cos x} \frac{\sin t}{t+2}\,dt =$$

$$= -\int_{x_0}^{x} \frac{\sin t}{t+2}\,dt + \int_{x_0}^{\cos x} \frac{\sin t}{t+2}\,dt = G(\cos x) - G(x).$$

Poiché la funzione integranda f è continua su $(-\infty,-2)$ e la funzione $\varphi(x) = \cos x$ è derivabile su $(-\infty,-2)$, per il Teorema fondamentale del calcolo integrale e la formula di derivazione delle funzioni composte si ha che

$$F'(x) = -\sin x\, G'(\cos x) - G'(x) = -\sin x \frac{\sin(\cos x)}{\cos x + 2} - \frac{\sin x}{x+2}, \quad \forall x < -2.$$

Con un ragionamento analogo si procede sull'intervallo $(-2,+\infty)$ pervenendo al medesimo risultato.

Capitolo 9

Integrali impropri

1 Alcuni richiami teorici

Di seguito vengono elencati alcuni risultati che sono utilizzati nello svolgimento degli esercizi sugli integrali impropri (o generalizzati).

Nel seguito con il termine "*integrabile*" si intenderà "integrabile secondo Riemann".

1.1 Integrali impropri su un intervallo illimitato

(1.1) Definizione Sia $f : [a, +\infty) \to \mathbb{R}$ una funzione integrabile su $[a, c]$ per ogni $c \in \mathbb{R}$, $c > a$. Diciamo che *l'integrale improprio (o generalizzato) di f tra a e $+\infty$ converge* se esiste finito il limite

$$\lim_{c \to +\infty} \int_a^c f(x)\, dx.$$

In tal caso poniamo $\int_a^{+\infty} f(x)\, dx = \lim_{c \to +\infty} \int_a^c f(x)\, dx$ e lo chiamiamo *l'integrale improprio (o generalizzato) di f tra a e $+\infty$ (o su $[a, +\infty)$)*.
Diciamo che *l'integrale improprio (o generalizzato) di f tra a e $+\infty$ diverge* se

$$\lim_{c \to +\infty} \int_a^c f(x)\, dx = +\infty \ (-\infty).$$

Infine diciamo che *l'integrale improprio (o generalizzato) di f tra a e $+\infty$ è indeterminato* se non esiste il limite

$$\lim_{c \to +\infty} \int_a^c f(x)\, dx.$$

(1.2) Definizione Sia $f : [a, +\infty) \to \mathbb{R}$ una funzione integrabile su $[a, c]$ per ogni $c \in \mathbb{R}$, $c > a$. Diciamo che *l'integrale improprio (o generalizzato) di f tra a e $+\infty$ converge assolutamente* se converge l'integrale improprio $\int_a^{+\infty} |f(x)|\, dx$.

(1.3) Esempio Sia $\alpha > 0$. L'integrale improprio $\displaystyle\int_1^{+\infty} \frac{1}{x^\alpha}\, dx$ converge a $\frac{1}{\alpha-1}$ se $\alpha > 1$ e diverge se $0 < \alpha \leq 1$.

Criteri di convergenza

(1.4) Lemma *Sia $f : [a, +\infty) \to \mathbb{R}$ una funzione non negativa e integrabile su $[a, c]$ per ogni $c \in \mathbb{R}$, $c > a$.*

Allora l'integrale improprio di f tra a e $+\infty$ converge o diverge (quindi non può essere indeterminato).

(1.5) Teorema (Criterio del confronto) *Siano $f, g : [a, +\infty) \to \mathbb{R}$ due funzioni integrabili su $[a, c]$ per ogni $c \in \mathbb{R}$, $c > a$ tali che $0 \leq f(x) \leq g(x)$ per ogni $x \in [a, +\infty)$.*

Valgono i seguenti fatti:

(*i*) *se l'integrale improprio di g tra a e $+\infty$ converge, allora anche l'integrale improprio di f tra a e $+\infty$ converge e si ha*

$$\int_a^{+\infty} f(x)\, dx \leq \int_a^{+\infty} g(x)\, dx;$$

(*ii*) *se l'integrale improprio di f tra a e $+\infty$ diverge, allora anche l'integrale improprio di g tra a e $+\infty$ diverge.*

(1.6) Teorema (Criterio della convergenza assoluta) *Sia $f : [a, +\infty) \to \mathbb{R}$ una funzione integrabile su $[a, c]$ per ogni $c \in \mathbb{R}$, $c > a$.*

Se l'integrale improprio di f tra a e $+\infty$ converge assolutamente, allora l'integrale improprio di f tra a e $+\infty$ converge e si ha

$$\left| \int_a^{+\infty} f(x)\, dx \right| \leq \int_a^{+\infty} |f(x)|\, dx.$$

(1.7) Teorema (Criterio del confronto asintotico) *Siano $f, g : [a, +\infty) \to \mathbb{R}$ due funzioni integrabili su $[a, c]$ per ogni $c \in \mathbb{R}$, $c > a$ tali che $g(x) \geq 0$ per ogni $x \in [a, +\infty)$. Supponiamo inoltre che esista finito il limite*

$$\lim_{x \to +\infty} \frac{f(x)}{g(x)} = l.$$

Valgono i seguenti fatti:

(*i*) *se* $l \neq 0$, *allora l'integrale improprio di* f *tra* a *e* $+\infty$ *converge se e solo se l'integrale improprio di* g *tra* a *e* $+\infty$ *converge;*

(*ii*) *se* $l = 0$ *e l'integrale improprio di* g *tra* a *e* $+\infty$ *converge, allora anche l'integrale improprio di* f *tra* a *e* $+\infty$ *converge;*

(*iii*) *se* $l = 0$ *e l'integrale improprio di* f *tra* a *e* $+\infty$ *non converge, allora l'integrale improprio di* g *tra* a *e* $+\infty$ *diverge.*

(1.8) Osservazione Le tre affermazioni del teorema precedente possono essere così riformulate:

(*i*) se $f(x) \sim l\,g(x)$ con $l \neq 0$ per $x \to +\infty$, allora l'integrale improprio di f tra a e $+\infty$ converge se e solo se l'integrale improprio di g tra a e $+\infty$ converge;

(*ii*) se $f(x) = o(g(x))$ per $x \to +\infty$ e l'integrale improprio di g tra a e $+\infty$ converge, allora anche l'integrale improprio di f tra a e $+\infty$ converge;

(*iii*) se $f(x) = o(g(x))$ per $x \to +\infty$ e l'integrale improprio di f tra a e $+\infty$ non converge, allora l'integrale improprio di g tra a e $+\infty$ diverge.

(1.9) Teorema *Sia* $f : [a, +\infty) \to \mathbb{R}$ *una funzione integrabile su* $[a, c]$ *per ogni* $c \in \mathbb{R}$, $c > a$.

Valgono i seguenti fatti:

(*i*) *se* f *è un infinitesimo di ordine superiore o uguale a* $\frac{1}{x^\alpha}$ *con* $\alpha > 1$ *per* $x \to +\infty$, *allora l'integrale improprio di* f *tra* a *e* $+\infty$ *converge;*

(*ii*) *se* f *è non negativa ed è un infinitesimo di ordine inferiore o uguale a* $\frac{1}{x^\alpha}$ *con* $\alpha \leq 1$ *per* $x \to +\infty$, *allora l'integrale improprio di* f *tra* a *e* $+\infty$ *diverge.*

(1.10) Teorema *Sia* $f : [a, +\infty) \to \mathbb{R}$ *una funzione integrabile su* $[a, c]$ *per ogni* $c \in \mathbb{R}$, $c > a$ *tale che* $\lim_{x \to +\infty} f(x) = l \neq 0$.

Allora l'integrale improprio di f *tra* a *e* $+\infty$ *non converge.*

(1.11) Osservazione In modo del tutto analogo si introducono le nozioni e i risultati per gli integrali impropri sull'intervallo $(-\infty, a]$ di funzioni integrabili su $[c, a]$ per ogni $c \in \mathbb{R}$, $c < a$.

1.2 Integrali impropri di funzioni illimitate su un intervallo limitato

(1.12) Definizione Sia $f : (a,b] \to \mathbb{R}$ una funzione integrabile su $[c,b]$ per ogni $a < c < b$ tale che $\lim_{x\to a^+} |f(x)| = +\infty$. Diciamo che *l'integrale improprio (o generalizzato) di f tra a e b converge* se esiste finito il limite

$$\lim_{c\to a^+} \int_c^b f(x)\,dx.$$

In tal caso poniamo $\int_a^b f(x)\,dx = \lim_{c\to a^+} \int_c^b f(x)\,dx$ e lo chiamiamo *l'integrale improprio (o generalizzato) di f tra a e b.*

Diciamo che *l'integrale improprio (o generalizzato) di f tra a e b diverge* se

$$\lim_{c\to a^+} \int_c^b f(x)\,dx = +\infty \ (-\infty).$$

Infine diciamo che *l'integrale improprio (o generalizzato) di f tra a e b è indeterminato* se non esiste il limite

$$\lim_{c\to a^+} \int_c^b f(x)\,dx.$$

(1.13) Definizione Sia $f : (a,b] \to \mathbb{R}$ una funzione integrabile su $[c,b]$ per ogni $a < c < b$ tale che $\lim_{x\to a^+} |f(x)| = +\infty$. Diciamo che *l'integrale improprio (o generalizzato) di f tra a e b converge assolutamente* se converge l'integrale improprio $\int_a^b |f(x)|\,dx$.

(1.14) Esempio Siano $a, b \in \mathbb{R}$ con $a < b$, $\alpha > 0$. L'integrale improprio $\int_a^b \frac{1}{(x-a)^\alpha}\,dx$ converge a $\frac{1}{1-\alpha}(b-a)^{1-\alpha}$ se $0 < \alpha < 1$ e diverge se $\alpha \geq 1$. In particolare, l'integrale improprio $\int_0^1 \frac{1}{x^\alpha}\,dx$ converge a $\frac{1}{1-\alpha}$ se $0 < \alpha < 1$ e diverge se $\alpha \geq 1$.

Criteri di convergenza

(1.15) Lemma *Sia $f : (a,b] \to \mathbb{R}$ una funzione non negativa e integrabile su $[c,b]$ per ogni $a < c < b$ tale che $\lim_{x\to a^+} |f(x)| = +\infty$.*

Allora l'integrale improprio di f tra a e b converge o diverge (quindi non può essere indeterminato).

(1.16) Teorema (Criterio del confronto) *Siano $f, g : (a,b] \to \mathbb{R}$ due funzioni integrabili su $[c,b]$ per ogni $a < c < b$, tali che $0 \leq f(x) \leq g(x)$ per ogni $x \in (a,b]$ e $\lim_{x\to a^+} f(x) = \lim_{x\to a^+} g(x) = +\infty$.*

Valgono i seguenti fatti:

(i) *se l'integrale improprio di g tra a e b converge, allora anche l'integrale improprio di f tra a e b converge e si ha*

$$\int_a^b f(x)\,dx \leq \int_a^b g(x)\,dx;$$

(ii) *se l'integrale improprio di f tra a e b diverge, allora anche l'integrale improprio di g tra a e b diverge.*

(1.17) Teorema (Criterio della convergenza assoluta) *Sia $f : (a, b] \to \mathbb{R}$ una funzione integrabile su $[c, b]$ per ogni $a < c < b$ tale che $\lim_{x\to a^+} |f(x)| = +\infty$.*

Se l'integrale improprio di f tra a e b converge assolutamente, allora l'integrale improprio di f tra a e b converge e si ha

$$\left|\int_a^b f(x)\,dx\right| \leq \int_a^b |f(x)|\,dx.$$

(1.18) Teorema (Criterio del confronto asintotico) *Siano $f, g : (a, b] \to \mathbb{R}$ due funzioni integrabili su $[c, b]$ per ogni $a < c < b$, con $g(x) \geq 0$ per ogni $x \in (a, b]$ e tali che $\lim_{x\to a^+} |f(x)| = +\infty$, $\lim_{x\to a^+} g(x) = +\infty$. Supponiamo inoltre che esista finito il limite*

$$\lim_{x\to a^+} \frac{f(x)}{g(x)} = l.$$

Valgono i seguenti fatti:

(i) *se $l \neq 0$, allora l'integrale improprio di f tra a e b converge se e solo se l'integrale improprio di g tra a e b converge;*

(ii) *se $l = 0$ e l'integrale improprio di g tra a e b converge, allora anche l'integrale improprio di f tra a e b converge;*

(iii) *se $l = 0$ e l'integrale improprio di f tra a e b non converge, allora l'integrale improprio di g tra a e b diverge.*

(1.19) Osservazione Le tre affermazioni del teorema precedente possono essere così riformulate:

(i) se $f(x) \sim l\,g(x)$ con $l \neq 0$ per $x \to a^+$, allora l'integrale improprio di f tra a e b converge se e solo se l'integrale improprio di g tra a e b converge;

(*ii*) se $f(x) = o(g(x))$ per $x \to a^+$ e l'integrale improprio di g tra a e b converge, allora anche l'integrale improprio di f tra a e b converge;

(*iii*) se $f(x) = o(g(x))$ per $x \to a^+$ e l'integrale improprio di f tra a e b non converge, allora l'integrale improprio di g tra a e b diverge.

(1.20) Teorema *Sia $f : (a, b] \to \mathbb{R}$ una funzione integrabile su $[c, b]$ per ogni $a < c < b$ tale che $\lim_{x \to a^+} |f(x)| = +\infty$.*

Valgono i seguenti fatti:

(*i*) *se f è un infinito di ordine inferiore o uguale a $\frac{1}{(x-a)^\alpha}$ con $\alpha < 1$ per $x \to a^+$, allora l'integrale improprio di f tra a e b converge;*

(*ii*) *se f è non negativa ed è un infinito di ordine superiore o uguale a $\frac{1}{(x-a)^\alpha}$ con $\alpha \geq 1$ per $x \to a^+$, allora l'integrale improprio di f tra a e b diverge.*

(1.21) Osservazione In modo del tutto analogo si introducono le nozioni e i risultati per gli integrali impropri di funzioni $f : [a, b) \to \mathbb{R}$ integrabili su $[a, c]$ per ogni $a < c < b$ tali che $\lim_{x \to b^-} |f(x)| = +\infty$.

In generale può succedere di dover discutere la convergenza dell'integrale improprio di una funzione f in un intervallo limitato o illimitato I che sia suddiviso in un numero finito di intervalli $I_1, \ldots, I_n$ su ciascuno dei quali si presenta una delle situazioni indicate in precedenza. In queste condizioni diciamo che *l'integrale improprio (o generalizzato) di f su I converge* se convergono tutti gli integrali impropri di f su ciascun intervallo I_j, con $j = 1, \ldots, n$, e in tal caso poniamo

$$\int_I f(x)\,dx = \int_{I_1} f(x)\,dx + \cdots + \int_{I_n} f(x)\,dx\,.$$

2 Esercizi sugli integrali impropri

Esercizio 1. Dopo aver discusso la convergenza dei seguenti integrali impropri, calcolarne il valore.

a) $\displaystyle\int_0^1 \frac{x-1}{(x+2)\sqrt{x}}\,dx$ $\left[2-3\sqrt{2}\arctan\frac{\sqrt{2}}{2}\right]$

b) $\displaystyle\int_0^{+\infty} \left(x^2-x\right)e^{-x}\,dx$ $[1]$

c) $\displaystyle\int_0^{+\infty} x^{-2}e^{-\frac{1}{x}}\,dx$ $[1]$

d) $\displaystyle\int_0^{+\infty} \frac{\arctan x}{x\sqrt{x}}\,dx.$ $\left[\sqrt{2}\pi\right]$

Esercizio 2. Discutere la convergenza dei seguenti integrali impropri.

a) $\displaystyle\int_1^{+\infty} \frac{\arctan\frac{1}{x}}{x}\,dx$ [converge]

b) $\displaystyle\int_0^{+\infty} x^n e^{-x}\,dx\,, \quad \forall n\in\mathbb{N}$ [converge]

c) $\displaystyle\int_0^{+\infty} x^n\,dx\,, \quad \forall n\in\mathbb{N}$ [diverge]

d) $\displaystyle\int_2^{+\infty} \frac{1}{x^2\log x}\,dx$ [converge]

e) $\displaystyle\int_1^{+\infty} \frac{\log x}{x}\,dx$ [diverge]

f) $\displaystyle\int_0^1 \frac{\log x}{\sqrt{x}}\,dx$ [converge]

g) $\displaystyle\int_0^{\frac{1}{2}} \frac{1}{\sqrt[3]{x}\log x}\,dx$ [converge]

h) $\displaystyle\int_0^1 \frac{1}{\log(1+x)}\,dx$ [diverge]

i) $\displaystyle\int_1^{+\infty} \frac{1}{x\log^2 x}\,dx$ [diverge]

j) $\displaystyle\int_0^1 \log x\,dx$ [converge]

k) $\displaystyle\int_0^{+\infty} \frac{1}{\sqrt[3]{x(x^2-1)^2}}\,dx$ [converge] *l)* $\displaystyle\int_{-\infty}^{-1} \frac{e^x}{x^2}\, dx$ [converge]

m) $\displaystyle\int_{0}^{1} \frac{\sin\sqrt{1-x}}{x-1}\, dx$ [converge]

n) $\displaystyle\int_{0}^{2} \frac{e^{\sqrt{x}}-1}{\sin x}\, dx$ [converge]

o) $\displaystyle\int_{0}^{1} \frac{\sqrt{x}}{x-\sin x}\, dx$ [diverge]

p) $\displaystyle\int_{0}^{1} \frac{e^{x\log x}-1}{\tan x}\, dx$ [converge]

q) $\displaystyle\int_{-\infty}^{+\infty} \frac{1}{\sqrt[3]{x}(1+16x^2)}\, dx$ [converge]

r) $\displaystyle\int_{0}^{+\infty} \frac{1}{\sqrt{x}\sqrt[3]{4-x^2}}\, dx$ [converge]

s) $\displaystyle\int_{0}^{+\infty} \sqrt{x}e^{-x}\, dx$ [converge]

t) $\displaystyle\int_{0}^{1} \frac{1-\cos x}{x^3}\, dx$ [diverge]

u) $\displaystyle\int_{1}^{+\infty} \sin^2\frac{1}{x}\, dx$ [converge]

v) $\displaystyle\int_{-\infty}^{0} \arctan\frac{1}{x}\, dx$ [diverge]

w) $\displaystyle\int_{0}^{1} \frac{1}{e^x-1-x}\, dx$ [diverge]

z) $\displaystyle\int_{0}^{+\infty} \frac{e^{\sqrt[3]{x^2}}-1}{xe^x}\, dx.$ [converge]

3 Svolgimento degli esercizi sugli integrali impropri

Esercizio 1.

a) Consideriamo l'integrale improprio

$$\int_0^1 \frac{x-1}{(x+2)\sqrt{x}}\,dx.$$

La funzione $f(x) = \dfrac{x-1}{(x+2)\sqrt{x}}$ è continua su $(0,1]$ ed è un infinito per $x \to 0^+$.
Per $x \to 0^+$ si ha che

$$f(x) \sim -\frac{1}{2x^{\frac{1}{2}}}.$$

Quindi per il Teorema (1.20) l'integrale improprio $\displaystyle\int_0^1 f(x)\,dx$ converge.

Calcoliamone il valore. Posto $t = \sqrt{x}$, quindi $x = t^2$ da cui $dx = 2tdt$, si ha

$$\int_0^1 \frac{x-1}{(x+2)\sqrt{x}}\,dx = 2\int_0^1 \frac{t^2-1}{t^2+2}\,dt = 2\int_0^1 \left(1 - \frac{3}{t^2+2}\right)dt =$$

$$= 2\Big[t\Big]_0^1 - 3\sqrt{2}\int_0^1 \frac{\frac{1}{\sqrt{2}}}{\left(\frac{t}{\sqrt{2}}\right)^2+1}\,dt = 2 - 3\sqrt{2}\left[\arctan\frac{t}{\sqrt{2}}\right]_0^1 = 2 - 3\sqrt{2}\arctan\frac{\sqrt{2}}{2}.$$

b) Consideriamo l'integrale improprio

$$\int_0^{+\infty} \left(x^2 - x\right)e^{-x}\,dx.$$

La funzione $f(x) = \left(x^2 - x\right)e^{-x}$ è continua su $[0,+\infty)$. Per $x \to +\infty$ si ha che

$$f(x) = \frac{x^2-x}{e^x} = o\left(\frac{1}{x^2}\right).$$

Quindi per il Teorema (1.9) l'integrale improprio $\displaystyle\int_0^{+\infty} f(x)\,dx$ converge.

Calcoliamone il valore. Integrando due volte per parti, si ha

$$\int_0^{+\infty} \left(x^2 - x\right)e^{-x}\,dx = \lim_{c\to+\infty}\left[\left(x^2-x\right)e^{-x}\right]_0^c + \int_0^{+\infty}(2x-1)e^{-x}\,dx =$$

$$= \lim_{c\to+\infty}\left[\left(c-c^2\right)e^{-c}\right] + \int_0^{+\infty}(2x-1)e^{-x}\,dx =$$

$$= \lim_{c\to+\infty}\Big[(1-2x)e^{-x}\Big]_0^c + 2\int_0^{+\infty} e^{-x}\,dx =$$

$$= \lim_{c\to+\infty}\Big[(1-2c)e^{-c} - 1\Big] + 2\int_0^{+\infty} e^{-x}\,dx = -1 + \lim_{c\to+\infty}\Big[-2e^{-x}\Big]_0^c =$$

$$= -1 + \lim_{c\to+\infty}\Big[-2e^{-c}+2\Big] = 1.$$

c) Consideriamo l'integrale improprio

$$\int_0^{+\infty} x^{-2}e^{-\frac{1}{x}}\,dx.$$

La funzione $f(x) = x^{-2}e^{-\frac{1}{x}}$ è continua e limitata su $(0, +\infty)$. Per $x \to +\infty$ si ha che

$$f(x) = \frac{1}{x^2 e^{\frac{1}{x}}} \sim \frac{1}{x^2}.$$

Quindi per il Teorema (1.9) l'integrale improprio $\int_0^{+\infty} f(x)\,dx$ converge.

Calcoliamone il valore. Pur non essendo f illimitata in un intorno destro di 0, per calcolare il valore di questo integrale improprio conviene procedere in questo modo:

$$\int_0^{+\infty} x^{-2}e^{-\frac{1}{x}}\,dx = \int_0^1 x^{-2}e^{-\frac{1}{x}}\,dx + \int_1^{+\infty} x^{-2}e^{-\frac{1}{x}}\,dx =$$

$$= \lim_{c\to 0^+}\left[e^{-\frac{1}{x}}\right]_c^1 + \lim_{c\to+\infty}\left[e^{-\frac{1}{x}}\right]_1^c = \lim_{c\to 0^+}\left[e^{-1} - e^{\frac{1}{c}}\right] + \lim_{c\to+\infty}\left[e^{-\frac{1}{c}} - e^{-1}\right] = 1.$$

d) Consideriamo l'integrale improprio

$$\int_0^{+\infty} \frac{\arctan x}{x\sqrt{x}}\,dx.$$

La funzione $f(x) = \dfrac{\arctan x}{x\sqrt{x}}$ è continua su $(0, +\infty)$ ed è un infinito per $x \to 0^+$. Quindi si ha che

$$\int_0^{+\infty} \frac{\arctan x}{x\sqrt{x}}\,dx = \int_0^1 \frac{\arctan x}{x\sqrt{x}}\,dx + \int_1^{+\infty} \frac{\arctan x}{x\sqrt{x}}\,dx.$$

Per $x \to 0^+$ si ha che

$$f(x) \sim \frac{1}{x^{\frac{1}{2}}}.$$

Quindi per il Teorema (1.20) l'integrale improprio $\int_0^1 f(x)\,dx$ converge.

Per $x \to +\infty$ si ha che

$$f(x) \sim \frac{\frac{\pi}{2}}{x^{\frac{3}{2}}}.$$

Quindi per il Teorema (1.9) l'integrale improprio $\int_1^{+\infty} f(x)\,dx$ converge. Ne segue che $\int_0^{+\infty} f(x)\,dx$ converge.

Calcoliamone il valore. Posto $t = \sqrt{x}$, quindi $x = t^2$ da cui $dx = 2tdt$, si ha

$$\int_0^{+\infty} \frac{\arctan x}{x\sqrt{x}}\,dx = 2\int_0^{+\infty} \frac{\arctan t^2}{t^2}\,dt = 2\int_0^1 \frac{\arctan t^2}{t^2}\,dt + 2\int_1^{+\infty} \frac{\arctan t^2}{t^2}\,dt =$$

integrando per parti

$$= \lim_{c\to 0^+}\left[-2\frac{\arctan t^2}{t}\right]_c^1 + 4\int_0^1 \frac{1}{t^4+1}\,dt + \lim_{c\to+\infty}\left[-2\frac{\arctan t^2}{t}\right]_1^c + 4\int_1^{+\infty}\frac{1}{t^4+1}\,dt =$$

$$= 4\int_0^{+\infty}\frac{1}{t^4+1}\,dt = 4\int_0^{+\infty}\frac{1}{(t^2-\sqrt{2}t+1)(t^2+\sqrt{2}t+1)}\,dt.$$

Si ha che

$$\frac{1}{(t^2-\sqrt{2}t+1)(t^2+\sqrt{2}t+1)} = \frac{At+B}{t^2-\sqrt{2}t+1} + \frac{Ct+D}{t^2+\sqrt{2}t+1} =$$

$$= \frac{(A+C)t^3 + (\sqrt{2}A+B-\sqrt{2}C+D)t^2 + (A+\sqrt{2}B+C-\sqrt{2}D)t + B + D}{t^4+1}$$

$$\Longrightarrow \begin{cases} A - -\dfrac{1}{2\sqrt{2}} \\ B = D = \dfrac{1}{2} \\ C = \dfrac{1}{2\sqrt{2}}. \end{cases}$$

Quindi

$$4\int_0^{+\infty}\frac{1}{(t^2-\sqrt{2}t+1)(t^2+\sqrt{2}t+1)}\,dt =$$

$$= 4\left[\int_0^{+\infty}\frac{-\frac{1}{2\sqrt{2}}t+\frac{1}{2}}{t^2-\sqrt{2}t+1}\,dt + \int_0^{+\infty}\frac{\frac{1}{2\sqrt{2}}t+\frac{1}{2}}{t^2+\sqrt{2}t+1}\,dt\right] =$$

$$= 4\left[-\frac{1}{4\sqrt{2}}\int_0^{+\infty}\frac{2t-\sqrt{2}}{t^2-\sqrt{2}t+1}\,dt + \frac{1}{4}\int_0^{+\infty}\frac{1}{t^2-\sqrt{2}t+1}\,dt + \right.$$

$$\left. + \frac{1}{4\sqrt{2}}\int_0^{+\infty}\frac{2t+\sqrt{2}}{t^2+\sqrt{2}t+1}\,dt + \frac{1}{4}\int_0^{+\infty}\frac{1}{t^2+\sqrt{2}t+1}\,dt\right] =$$

$$= -\frac{1}{\sqrt{2}}\lim_{c\to+\infty}\left[\log\left(t^2-\sqrt{2}t+1\right)\right]_0^c + \int_0^{+\infty}\frac{1}{t^2-\sqrt{2}t+1}\,dt +$$

$$+ \frac{1}{\sqrt{2}}\lim_{c\to+\infty}\left[\log\left(t^2+\sqrt{2}t+1\right)\right]_0^c + \int_0^{+\infty}\frac{1}{t^2+\sqrt{2}t+1}\,dt =$$

$$= \lim_{c\to+\infty}\left[\log\left(\frac{t^2+\sqrt{2}t+1}{t^2+\sqrt{2}t+1}\right)\right]_0^c + \int_0^{+\infty}\frac{1}{t^2-\sqrt{2}t+1}\,dt + \int_0^{+\infty}\frac{1}{t^2+\sqrt{2}t+1}\,dt =$$

$$= \int_0^{+\infty}\frac{1}{t^2-\sqrt{2}t+1}\,dt + \int_0^{+\infty}\frac{1}{t^2+\sqrt{2}t+1}\,dt.$$

Essendo

$$t^2-\sqrt{2}t+1 = \frac{1}{2}\left[\left(\frac{2t-\sqrt{2}}{\sqrt{2}}\right)^2+1\right]$$

e

$$t^2 + \sqrt{2}t + 1 = \frac{1}{2}\left[\left(\frac{2t + \sqrt{2}}{\sqrt{2}}\right)^2 + 1\right]$$

si ha che

$$\int_0^{+\infty} \frac{1}{t^2 - \sqrt{2}t + 1}\, dt + \int_0^{+\infty} \frac{1}{t^2 + \sqrt{2}t + 1}\, dt =$$

$$= 2\int_0^{+\infty} \frac{1}{\left(\frac{2t-\sqrt{2}}{\sqrt{2}}\right)^2 + 1}\, dt + 2\int_0^{+\infty} \frac{1}{\left(\frac{2t+\sqrt{2}}{\sqrt{2}}\right)^2 + 1}\, dt =$$

$$= \sqrt{2}\int_0^{+\infty} \frac{\frac{2}{\sqrt{2}}}{\left(\frac{2t-\sqrt{2}}{\sqrt{2}}\right)^2 + 1}\, dt + \sqrt{2}\int_0^{+\infty} \frac{\frac{2}{\sqrt{2}}}{\left(\frac{2t+\sqrt{2}}{\sqrt{2}}\right)^2 + 1}\, dt =$$

$$= \sqrt{2}\lim_{c\to+\infty}\left[\arctan\left(\frac{2t - \sqrt{2}}{\sqrt{2}}\right)\right]_0^c + \sqrt{2}\lim_{c\to+\infty}\left[\arctan\left(\frac{2t + \sqrt{2}}{\sqrt{2}}\right)\right]_0^c =$$

$$= \sqrt{2}\lim_{c\to+\infty}\left[\arctan\left(\frac{2c - \sqrt{2}}{\sqrt{2}}\right) - \frac{\pi}{4}\right] + \sqrt{2}\lim_{c\to+\infty}\left[\arctan\left(\frac{2c + \sqrt{2}}{\sqrt{2}}\right) - \frac{\pi}{4}\right] = \sqrt{2}\pi.$$

Quindi

$$\int_0^{+\infty} \frac{\arctan x}{x\sqrt{x}}\, dx = \sqrt{2}\pi.$$

Esercizio 2.

a) Consideriamo l'integrale improprio

$$\int_1^{+\infty} \frac{\arctan \frac{1}{x}}{x}\, dx.$$

La funzione $f(x) = \dfrac{\arctan \frac{1}{x}}{x}$ è continua su $[1, +\infty)$. Per $x \to +\infty$ si ha che

$$f(x) \sim \frac{1}{x^2}.$$

Quindi per il Teorema (1.9) l'integrale improprio $\displaystyle\int_1^{+\infty} f(x)\, dx$ converge.

b) Consideriamo l'integrale improprio

$$\int_0^{+\infty} x^n e^{-x}\, dx, \quad \forall n \in \mathbb{N}.$$

Per ogni $n \in \mathbb{N}$ la funzione $f(x) = x^n\, e^{-x}$ è continua su $[0, +\infty)$. Poiché $x^p = o(e^x)$ per $x \to +\infty$ per ogni $p \in \mathbb{R}$, si ha che $e^{-x} = o\left(\frac{1}{x^p}\right)$ per $x \to +\infty$. Quindi per ogni $n \in \mathbb{N}$, preso $p > n + 1$, si ha che

$$f(x) = x^n\, e^{-x} = o\left(\frac{1}{x^{p-n}}\right) = o\left(\frac{1}{x^\alpha}\right), \quad \alpha = p - n > 1, \quad x \to +\infty.$$

Quindi per il Teorema (1.9) l'integrale improprio $\displaystyle\int_1^{+\infty} f(x)\, dx$ converge.

c) Consideriamo l'integrale improprio

$$\int_0^{+\infty} x^n \, dx, \quad \forall n \in \mathbb{N}.$$

Per ogni $n \in \mathbb{N}$ la funzione $f(x) = x^n$ è continua su $[0, +\infty)$. Poiché per ogni $n \in \mathbb{N}$

$$\lim_{x \to +\infty} f(x) \neq 0,$$

per il Teorema (1.10) l'integrale improprio diverge.

d) Consideriamo l'integrale improprio

$$\int_2^{+\infty} \frac{1}{x^2 \log x} \, dx.$$

La funzione $f(x) = \dfrac{1}{x^2 \log x}$ è continua su $[2, +\infty)$. Per $x \to +\infty$ si ha che

$$f(x) = o\left(\frac{1}{x^2}\right).$$

Quindi per il Teorema (1.9) l'integrale improprio $\displaystyle\int_1^{+\infty} f(x) \, dx$ converge.

e) Consideriamo l'integrale improprio

$$\int_1^{+\infty} \frac{\log x}{x} \, dx.$$

La funzione $f(x) = \dfrac{\log x}{x}$ è continua su $[1, +\infty)$. Per $x \to +\infty$ si ha che

$$\frac{1}{x} = o(f(x)).$$

Quindi f è un infinitesimo di ordine inferiore a $\frac{1}{x}$ per $x \to +\infty$. Per il Teorema (1.9) l'integrale improprio $\displaystyle\int_1^{+\infty} f(x) \, dx$ diverge.

f) Consideriamo l'integrale improprio

$$\int_0^1 \frac{\log x}{\sqrt{x}} \, dx.$$

La funzione $f(x) = \dfrac{\log x}{\sqrt{x}}$ è continua su $(0, 1]$ ed è un infinito per $x \to 0^+$. Poiché per $x \to 0^+$ si ha che $\log x = o\left(\frac{1}{x^p}\right)$ per ogni $p > 0$, allora

$$f(x) = \frac{\log x}{x^{\frac{1}{2}}} = o\left(\frac{1}{x^{p+\frac{1}{2}}}\right), \quad \forall p > 0, \quad x \to 0^+.$$

In particolare per $p + \frac{1}{2} < 1$

$$f(x) = \frac{\log x}{x^{\frac{1}{2}}} = o\left(\frac{1}{x^{p+\frac{1}{2}}}\right), \quad x \to 0^+.$$

Quindi per il Teorema (1.20) l'integrale improprio $\int_1^{+\infty} f(x)\,dx$ converge.

g) Consideriamo l'integrale improprio

$$\int_0^{\frac{1}{2}} \frac{1}{\sqrt[3]{x}\log x}\,dx.$$

La funzione $f(x) = \dfrac{1}{\sqrt[3]{x}\log x}$ è continua su $\left(0, \frac{1}{2}\right]$ ed è un infinito per $x \to 0^+$. Per $x \to 0^+$ si ha che

$$f(x) = o\left(\frac{1}{x^{\frac{1}{3}}}\right).$$

Quindi per il Teorema (1.20) l'integrale improprio $\int_1^{+\infty} f(x)\,dx$ converge.

h) Consideriamo l'integrale improprio

$$\int_0^1 \frac{1}{\log(1+x)}\,dx.$$

La funzione $f(x) = \dfrac{1}{\log(1+x)}$ è continua su $(0, 1]$. Per $x \to 0^+$ si ha che

$$f(x) \sim \frac{1}{x}.$$

Quindi per il Teorema (1.20) l'integrale improprio $\int_1^{+\infty} f(x)\,dx$ diverge.

i) Consideriamo l'integrale improprio

$$\int_1^{+\infty} \frac{1}{x\log^2 x}\,dx\,.$$

La funzione $f(x) = \dfrac{1}{x\log^2 x}$ è continua su $(1, +\infty)$ ed è un infinito per $x \to 1^+$. Quindi si ha che

$$\int_1^{+\infty} \frac{1}{x\log^2 x}\,dx = \int_1^{2} \frac{1}{x\log^2 x}\,dx + \int_2^{+\infty} \frac{1}{x\log^2 x}\,dx.$$

Per $x \to 1^+$ si ha che

$$f(x) = \frac{1}{x\log^2 x} = \frac{1}{x\log^2[1+(x-1)]} \sim \frac{1}{(x-1)^2}.$$

Quindi per il Teorema (1.20) l'integrale improprio $\int_1^2 f(x)\,dx$ diverge. Essendo $f(x) > 0$ su $(1, +\infty)$, ne segue che $\int_1^{+\infty} f(x)\,dx$ diverge.

Si osservi che l'integrale improprio $\int_2^{+\infty} f(x)\,dx$ converge. I criteri di convergenza studiati non si possono applicare per determinare la convergenza di questo integrale improprio. Infatti, essendo $\log^2 x = o(x^p)$ per ogni $p > 0$ per $x \to +\infty$ si ha che

$$\frac{1}{x^{p+1}} = o(f(x)), \quad \forall p > 0, \quad x \to +\infty,$$

cioè f è un infinitesimo di ordine inferiore a $\frac{1}{x^\alpha}$ per ogni $\alpha > 1$ (si è posto $\alpha = p+1$). Questo fatto non ci consente di concludere nulla a proposito della convergenza dell'integrale improprio di f tra 2 e $+\infty$ (vedi Teorema (1.9)). Tuttavia si può procedere molto più semplicemente con un cambiamento di variabile. Posto $t = \log x$, da cui $dt = \frac{1}{x}dx$, si ha

$$\int_2^{+\infty} f(x)\,dx = \int_2^{+\infty} \frac{1}{x\log^2 x}\,dx = \int_{\log 2}^{+\infty} \frac{1}{t^2}\,dt$$

da cui segue che l'integrale improprio converge.

j) Consideriamo l'integrale improprio

$$\int_0^1 \log x\,dx.$$

La funzione $f(x) = \log x$ è continua su $(0, 1]$ ed è un infinito per $x \to 0^+$. Poiché

$$f(x) = \log x = o\left(\frac{1}{x^\alpha}\right), \quad \forall \alpha > 0, \quad x \to 0^+,$$

cioè f è un infinito di ordine inferiore a $\frac{1}{x^\alpha}$ per ogni $\alpha > 0$, e quindi in particolare per $\alpha < 1$, per il Teorema (1.20) si ha che l'integrale improprio converge.

Si osservi che in questo caso si può procedere molto più semplicemente con il calcolo diretto. Infatti, integrando per parti si ha che

$$\int_0^1 \log x dx = \lim_{c\to 0^+} \int_c^1 \log x dx = \lim_{c\to 0^+} \Big[x(\log x - 1)\Big]_c^1 = \lim_{c\to 0^+} \Big[-1 - c(\log c - 1)\Big] = -1.$$

k) Consideriamo l'integrale improprio

$$\int_0^{+\infty} \frac{1}{\sqrt[3]{x(x^2-1)^2}}\,dx.$$

La funzione $f(x) = \dfrac{1}{\sqrt[3]{x(x^2-1)^2}}$ è continua su $(0,1) \cup (1,+\infty)$ ed è un infinito per $x \to 0^+$ e per $x \to 1$. Quindi si ha che

$$\int_0^{+\infty} \frac{1}{\sqrt[3]{x(x^2-1)^2}}\,dx = \int_0^{\frac{1}{2}} \frac{1}{\sqrt[3]{x(x^2-1)^2}}\,dx + \int_{\frac{1}{2}}^{1} \frac{1}{\sqrt[3]{x(x^2-1)^2}}\,dx + \int_1^{2} \frac{1}{\sqrt[3]{x(x^2-1)^2}}\,dx + \int_2^{+\infty} \frac{1}{\sqrt[3]{x(x^2-1)^2}}\,dx.$$

Per $x \to 0^+$ si ha che

$$f(x) \sim \frac{1}{x^{\frac{1}{3}}}.$$

Quindi per il Teorema (1.20) l'integrale improprio $\int_0^{\frac{1}{2}} f(x)\,dx$ converge.

Per $x \to 1$ si ha che

$$f(x) \sim \frac{1}{[2(x-1)]^{\frac{2}{3}}}.$$

Quindi per il Teorema (1.20) gli integrali impropri $\int_{\frac{1}{2}}^{1} f(x)\,dx$ e $\int_1^2 f(x)\,dx$ convergono.

Per $x \to +\infty$ si ha che

$$f(x) \sim \frac{1}{x^{\frac{5}{3}}}.$$

Quindi per il Teorema (1.9) l'integrale improprio $\int_2^{+\infty} f(x)\,dx$ converge. Ne segue che $\int_0^{+\infty} f(x)\,dx$ converge.

l) Consideriamo l'integrale improprio

$$\int_{-\infty}^{-1} \frac{e^x}{x^2}\,dx.$$

La funzione $f(x) = \dfrac{e^x}{x^2}$ è continua su $(-\infty, -1]$. Per $x \to -\infty$ si ha che

$$f(x) = o\left(\frac{1}{x^2}\right).$$

Per il Teorema (1.9) l'integrale improprio $\int_{-\infty}^{-1} f(x)\,dx$ converge.

m) Consideriamo l'integrale improprio

$$\int_0^1 \frac{\sin\sqrt{1-x}}{x-1}\,dx.$$

La funzione $f(x) = \dfrac{\sin\sqrt{1-x}}{x-1}$ è continua su $[0,1)$ ed è un infinito per $x \to 1^-$. Per $x \to 1^-$ si ha che

$$f(x) = \frac{\sin\sqrt{1-x}}{x-1} \sim -\frac{1}{(1-x)^{\frac{1}{2}}}.$$

Per il Teorema (1.20) l'integrale improprio $\displaystyle\int_0^1 f(x)\,dx$ converge.

n) Consideriamo l'integrale improprio

$$\int_0^2 \frac{e^{\sqrt{x}}-1}{\sin x}\,dx.$$

La funzione $f(x) = \dfrac{e^{\sqrt{x}}-1}{\sin x}$ è continua su $(0,2]$ ed è un infinito per $x \to 0^+$. Per $x \to 0^+$ si ha che

$$f(x) = \frac{e^{\sqrt{x}}-1}{\sin x} \sim \frac{1}{x^{\frac{1}{2}}}.$$

Per il Teorema (1.20) l'integrale improprio $\displaystyle\int_0^2 f(x)\,dx$ converge.

o) Consideriamo l'integrale improprio

$$\int_0^1 \frac{\sqrt{x}}{x-\sin x}\,dx.$$

La funzione $f(x) = \dfrac{\sqrt{x}}{x-\sin x}$ è continua su $(0,1]$ ed è un infinito per $x \to 0^+$. Per $x \to 0^+$ si ha che

$$f(x) = \frac{\sqrt{x}}{x-\sin x} \sim \frac{6}{x^{\frac{5}{2}}}.$$

Per il Teorema (1.20) l'integrale improprio $\displaystyle\int_0^1 f(x)\,dx$ diverge.

p) Consideriamo l'integrale improprio

$$\int_0^1 \frac{e^{x\log x}-1}{\tan x}\,dx.$$

La funzione $f(x) = \dfrac{e^{x\log x}-1}{\tan x}$ è continua su $(0,1]$ ed è un infinito per $x \to 0^+$. Per $x \to 0^+$ si ha che

$$f(x) = \frac{e^{x\log x}-1}{\tan x} \sim \log x.$$

Per l'esercizio *j*) l'integrale improprio $\displaystyle\int_0^1 f(x)\,dx$ converge.

q) Consideriamo l'integrale improprio

$$\int_{-\infty}^{+\infty} \frac{1}{\sqrt[3]{x}(1+16x^2)}\,dx.$$

La funzione $f(x) = \dfrac{1}{\sqrt[3]{x}(1+16x^2)}$ è continua su $(-\infty,0)\cup(0,+\infty)$ ed è un infinito per $x \to 0$. Quindi si ha che

$$\begin{aligned}\int_{-\infty}^{+\infty} \frac{1}{\sqrt[3]{x}(1+16x^2)}\,dx &= \int_{-\infty}^{-1} \frac{1}{\sqrt[3]{x}(1+16x^2)}\,dx + \int_{-1}^{0} \frac{1}{\sqrt[3]{x}(1+16x^2)}\,dx+\\ &+\int_{0}^{1} \frac{1}{\sqrt[3]{x}(1+16x^2)}\,dx + \int_{1}^{+\infty} \frac{1}{\sqrt[3]{x}(1+16x^2)}\,dx.\end{aligned}$$

Per $x \to 0$ si ha che

$$f(x) \sim \frac{1}{x^{\frac{1}{3}}}.$$

Quindi per il Teorema (1.20) gli integrali impropri $\int_{-1}^{0} f(x)\,dx$ e $\int_{0}^{1} f(x)\,dx$ convergono.

Per $x \to \pm\infty$ si ha che

$$f(x) \sim \frac{1}{16x^{\frac{7}{3}}}.$$

Quindi per il Teorema (1.9) gli integrali impropri $\int_{-\infty}^{-1} f(x)\,dx$ e $\int_{1}^{+\infty} f(x)\,dx$ convergono. Ne segue che $\int_{-\infty}^{+\infty} f(x)\,dx$ converge.

r) Consideriamo l'integrale improprio

$$\int_{0}^{+\infty} \frac{1}{\sqrt{x}\sqrt[3]{4-x^2}}\,dx.$$

La funzione $f(x) = \dfrac{1}{\sqrt{x}\sqrt[3]{4-x^2}}$ è continua su $(0,2)\cup(2,+\infty)$ ed è un infinito per $x \to 0^+$ e per $x \to 2$. Quindi si ha che

$$\begin{aligned}\int_{0}^{+\infty} \frac{1}{\sqrt{x}\sqrt[3]{4-x^2}}\,dx &= \int_{0}^{1} \frac{1}{\sqrt{x}\sqrt[3]{4-x^2}}\,dx + \int_{1}^{2} \frac{1}{\sqrt{x}\sqrt[3]{4-x^2}}+\\ &+\int_{2}^{3} \frac{1}{\sqrt{x}\sqrt[3]{4-x^2}}\,dx + \int_{3}^{+\infty} \frac{1}{\sqrt{x}\sqrt[3]{4-x^2}}\,dx.\end{aligned}$$

Per $x \to 0^+$ si ha che

$$f(x) \sim \frac{1}{\sqrt[3]{4}x^{\frac{1}{2}}}.$$

Quindi per il Teorema (1.20) l'integrale improprio $\int_{0}^{1} f(x)\,dx$ converge.

Per $x \to 2^{\pm}$ si ha che

$$f(x) \sim \mp \frac{1}{\sqrt{2}\sqrt[3]{4}|2-x|^{\frac{1}{3}}}.$$

Quindi per il Teorema (1.20) gli integrali impropri $\int_1^2 f(x)\,dx$ e $\int_2^3 f(x)\,dx$ convergono.

Per $x \to +\infty$ si ha che

$$f(x) \sim -\frac{1}{x^{\frac{7}{6}}}.$$

Quindi per il Teorema (1.9) l'integrale improprio $\int_3^{+\infty} f(x)\,dx$ converge. Ne segue che $\int_0^{+\infty} f(x)\,dx$ converge.

s) Consideriamo l'integrale improprio

$$\int_0^{+\infty} \sqrt{x}e^{-x}\,dx.$$

La funzione $f(x) = \sqrt{x}e^{-x}$ è continua su $[0,+\infty)$. Poiché $x^\alpha = o(e^x)$ per ogni $\alpha > 0$ (in particolare per $\alpha > 1$) per $x \to +\infty$, si ha che

$$f(x) = \frac{\sqrt{x}}{e^x} = o\left(\frac{1}{x^\alpha}\right), \quad \forall \alpha > 1, \quad x \to +\infty.$$

Quindi per il Teorema (1.9) l'integrale improprio $\int_0^{+\infty} f(x)\,dx$ converge.

t) Consideriamo l'integrale improprio

$$\int_0^1 \frac{1-\cos x}{x^3}\,dx.$$

La funzione $f(x) = \dfrac{1-\cos x}{x^3}$ è continua su $(0,1]$ ed è un infinito per $x \to 0^+$. Per $x \to 0^+$ si ha che

$$f(x) \sim \frac{1}{2x}.$$

Quindi per il Teorema (1.20) l'integrale improprio $\int_0^1 f(x)\,dx$ diverge.

u) Consideriamo l'integrale improprio

$$\int_1^{+\infty} \sin^2\frac{1}{x}\,dx.$$

La funzione $f(x) = \sin^2\dfrac{1}{x}$ è continua su $[1,+\infty)$. Per $x \to +\infty$ si ha che

$$f(x) \sim \frac{1}{x^2}.$$

Quindi per il Teorema (1.9) l'integrale improprio $\int_1^{+\infty} f(x)\,dx$ converge.

v) Consideriamo l'integrale improprio

$$\int_{-\infty}^{0} \arctan\frac{1}{x}\,dx.$$

La funzione $f(x) = \arctan\frac{1}{x}$ è continua e limitata su $(-\infty, 0)$. Per $x \to -\infty$ si ha che

$$f(x) \sim \frac{1}{x}.$$

Quindi per il Teorema (1.9) l'integrale improprio $\int_{-\infty}^{0} f(x)\,dx$ diverge.

w) Consideriamo l'integrale improprio

$$\int_{0}^{1} \frac{1}{e^x - 1 - x}\,dx.$$

La funzione $f(x) = \frac{1}{e^x - 1 - x}$ è continua su $(0, 1]$ ed è un infinito per $x \to 0^+$. Per $x \to 0^+$ si ha che

$$f(x) \sim \frac{2}{x^2}.$$

Quindi per il Teorema (1.20) l'integrale improprio $\int_{0}^{1} f(x)\,dx$ diverge.

z) Consideriamo l'integrale improprio

$$\int_{0}^{+\infty} \frac{e^{\sqrt[3]{x^2}} - 1}{xe^x}\,dx.$$

La funzione $f(x) = \frac{e^{\sqrt[3]{x^2}} - 1}{xe^x}$ è continua su $(0, +\infty)$ ed è un infinito per $x \to 0^+$. Quindi si ha che

$$\int_{0}^{+\infty} \frac{e^{\sqrt[3]{x^2}} - 1}{xe^x}\,dx = \int_{0}^{1} \frac{e^{\sqrt[3]{x^2}} - 1}{xe^x}\,dx + \int_{1}^{+\infty} \frac{e^{\sqrt[3]{x^2}} - 1}{xe^x}\,dx.$$

Per $x \to 0^+$ si ha che

$$f(x) \sim \frac{1}{x^{\frac{1}{3}}}.$$

Quindi per il Teorema (1.20) l'integrale improprio $\int_{0}^{1} f(x)\,dx$ converge.

Per $x \to +\infty$ si ha che

$$f(x) \sim \frac{1}{xe^{x - x^{\frac{2}{3}}}} = o\left(\frac{1}{e^{x - x^{\frac{2}{3}}}}\right) = o\left(\frac{1}{x^2}\right).$$

Quindi per il Teorema (1.9) l'integrale improprio $\int_{1}^{+\infty} f(x)\,dx$ converge. Ne segue che $\int_{0}^{+\infty} f(x)\,dx$ converge.

Capitolo 10

Numeri complessi

1 Alcuni richiami teorici

Di seguito vengono elencati alcuni risultati che sono utilizzati nello svolgimento degli esercizi sui numeri complessi.

1.1 Nozioni e risultati preliminari

(1.1) Definizione Un *numero complesso* è un'espressione algebrica della forma

$$a + ib,$$

dove $a, b \in \mathbb{R}$ e i è tale che $i^2 = -1$. Ne segue che l'entità matematica i non è un numero reale. Posto $z = a + ib$, a è detto *parte reale* di z e si scrive $a = \mathrm{Re}\,(z)$, b è detto *parte immaginaria* di z e si scrive $b = \mathrm{Im}\,(z)$, i è detto *unità immaginaria.* L'espressione $z = a + ib$ è detta *forma cartesiana (o algebrica) di* z.

Se $b = 0$ si ha $z = a + i0 = a$, quindi un numero reale. Ne segue che i numeri reali sono i numeri complessi con parte immaginaria nulla.
Se $z = a + ib$, si chiama *modulo di* z il numero reale $|z| = \sqrt{a^2 + b^2}$.
Se $z = a + ib$, si chiama *complesso coniugato di* z il numero complesso $\overline{z} = a - ib$.
L'espressione $z = \rho(\cos\vartheta + i\sin\vartheta)$, con $\rho \geq 0$ e $\vartheta \in \mathbb{R}$, è detta *una forma trigonometrica di* z.
L'espressione $z = \rho\, e^{i\vartheta}$, con $\rho \geq 0$ e $\vartheta \in \mathbb{R}$, è detta *una forma esponenziale di* z.

Se $z = a + ib = \rho(\cos\vartheta + i\sin\vartheta) = \rho\, e^{i\vartheta}$, allora si ha che

$$\begin{cases} a = \rho\cos\vartheta \\ b = \rho\sin\vartheta, \end{cases} \qquad \begin{cases} \rho = \sqrt{a^2 + b^2} \\ \cos\vartheta = \frac{a}{\sqrt{a^2+b^2}} \\ \sin\vartheta = \frac{b}{\sqrt{a^2+b^2}}, \end{cases} \quad \text{se } a^2 + b^2 \neq 0.$$

(1.2) Proposizione *Siano $w, z \in \mathbb{C}$. Allora valgono i seguenti fatti:*

a) $|z| \geq 0$;

b) $|z| = 0$ *se e solo se* $z = 0$;

c) $|wz| = |w||z|$;

d) $|w + z| \leq |w| + |z|$ *(disuguaglianza triangolare del modulo);*

e) $|z| = |\overline{z}|$;

f) $|z| \leq |\mathrm{Re}\,(z)\,| + |\mathrm{Im}\,(z)\,|$;

g) $|\mathrm{Re}\,(z)\,| \leq |z|$, $|\mathrm{Im}\,(z)\,| \leq |z|$.

(1.3) Proposizione *Siano $w, z \in \mathbb{C}$. Allora valgono i seguenti fatti:*

a) $\overline{w + z} = \overline{w} + \overline{z}$;

b) $\overline{wz} = \overline{w}\;\overline{z}$;

c) $\overline{\overline{z}} = z$;

d) $z = \overline{z}$ *se e solo se* $z \in \mathbb{R}$;

e) $z + \overline{z} = 2\mathrm{Re}\,(z)$;

f) $z - \overline{z} = 2i\mathrm{Im}\,(z)$;

g) $z\overline{z} = |z|^2$.

1.2 Equazioni algebriche complesse

(1.4) Definizione Siano $f(X)$ un polinomio complesso con grado$f(X) = n \in \mathbb{N}$, $z \in \mathbb{C}$ e $m \in \mathbb{N}$.

Diciamo che z è una radice di *molteplicità (algebrica) m del polinomio $f(X)$* se

$$f(X) = (X - z)^m q(X),$$

con $q(X)$ polinomio complesso tale che $q(z) \neq 0$.

In altri termini, z è una radice di molteplicità m se $(X - z)^m$ è un divisore di $f(X)$ e $(X - z)^k$ non è un divisore di $f(X)$, per ogni $k \geq m + 1$.

Talvolta si parla di molteplicità della soluzione z dell'equazione $f(X) = 0$ anzichè della radice del polinomio $f(X)$.

(1.5) Teorema (Fondamentale dell'algebra) *Sia $f(X)$ un polinomio complesso con* grado $f(X) \geq 1$. *Allora $f(X)$ ammette almeno una radice in $\mathbb{C}$.*

(1.6) Proposizione (Proprietà delle radici di un polinomio reale) *Siano $f(X)$ un polinomio reale e $z \in \mathbb{C}$ una radice di $f(X)$ di molteplicità $m \geq 1$.*

Allora anche $\overline{z}$ è una radice di $f(X)$ di molteplicità m.

(1.7) Teorema (Radici n-esime di un numero complesso)
Siano $z = \rho\, e^{i\vartheta}$ un numero complesso non nullo (quindi $\rho > 0$) e $n \in \mathbb{N}$, $n \geq 1$.

Allora l'equazione $X^n - z = 0$ ammette n soluzioni distinte in $\mathbb{C}$ della forma

$$X_k = \sqrt[n]{\rho}\, e^{i\varphi_k},$$

dove $\varphi_k = \frac{\vartheta + 2k\pi}{n}$, per ogni $k = 0, 1, \cdots, n-1$.

(1.8) Osservazione Se $z = 0$, allora per ogni $n \in \mathbb{N}$ con $n \geq 1$ l'equazione $X^n = 0$ ammette solo la soluzione $X = 0$.

(1.9) Osservazione (Formula risolvente per le equazioni di secondo grado complesse) Siano $a, b, c \in \mathbb{C}$ con $a \neq 0$. Allora le soluzioni complesse dell'equazione di secondo grado

$$ax^2 + bx + c = 0$$

sono date da

$$x_{1,2} = \frac{-b \pm \sqrt{b^2 - 4ac}}{2a},$$

dove $\sqrt{b^2 - 4ac}$ indica una delle due radici quadrate del numero complesso $b^2 - 4ac$.

2 Esercizi sui numeri complessi

Esercizio 1. Scrivere in forma trigonometrica ed esponenziale i seguenti numeri complessi:

$$z_1 = 1 - i, \quad z_2 = \sqrt{3} + i, \quad z_3 = -1 - i\sqrt{3}, \quad z_4 = -10, \quad z_5 = 6i, \quad z_6 = -9i.$$

[pag. 269]

Esercizio 2. Scrivere in forma cartesiana (o algebrica) ed esponenziale i seguenti numeri complessi:

$$z_1 = 4\left(\cos\frac{\pi}{4} + i\sin\frac{\pi}{4}\right), \quad z_2 = 6\left(\cos\frac{\pi}{6} + i\sin\frac{\pi}{6}\right), \quad z_3 = 2\left(\cos\frac{\pi}{3} + i\sin\frac{\pi}{3}\right),$$

$$z_4 = 7i\sin\frac{\pi}{2}, \quad z_5 = 2\cos\pi, \quad z_6 = 9\left(\cos\frac{3}{4}\pi + i\sin\frac{3}{4}\pi\right).$$

[pag. 271]

Esercizio 3. Risolvere nell'insieme $\mathbb{C}$ dei numeri complessi le seguenti equazioni, scrivendo le soluzioni in forma cartesiana (o algebrica):

a) $z^3 = 1$ [pag. 273]

b) $z^3 = -4$ [pag. 273]

c) $z^2 = -6$ [pag. 273]

d) $z^3 = i$ [pag. 273]

e) $z^6 = 16$ [pag. 274]

f) $z^4 = 24.$ [pag. 274]

Esercizio 4. Risolvere nell'insieme $\mathbb{C}$ dei numeri complessi le seguenti equazioni, scrivendo le soluzioni in forma cartesiana (o algebrica):

a) $z^2 - 6z + 5 = 0$ $\left[z_1 = 1,\ z_2 = 5\right]$

b) $z^2 + 7iz + 4 = 0$ $\left[z_{1,2} = \frac{-7 \pm \sqrt{65}}{2} i\right]$

c) $z^3(z - i) - 1 - 2z^2 - z^4 = 0$ $\left[z_1 = i,\ z_{2,3} = \frac{1 \pm \sqrt{5}}{2} i\right]$

d) $iz^6 - 3z^3 + 4i = 0$

$$\left[\begin{array}{l} z_1 = \frac{\sqrt{3}}{2} + i\frac{1}{2}, \quad z_2 = -\frac{\sqrt{3}}{2} + i\frac{1}{2}, \quad z_3 = -i, \\ z_4 = \sqrt[3]{4}\left(\frac{\sqrt{3}}{2} - i\frac{1}{2}\right), \quad z_5 = i\sqrt[3]{4}, \quad z_6 = -\sqrt[3]{4}\left(\frac{\sqrt{3}}{2} + i\frac{1}{2}\right) \end{array}\right]$$

e) $z^5(z - 1) = z^3(z - 1)(z + 1)$ $\left[z_1 = 0,\ z_2 = 1,\ z_{3,4} = \frac{1 \pm \sqrt{5}}{2}\right]$

f) $iz^3 - z^2 = z + i.$ $\left[z_1 = -i,\ z_{2,3} = \pm\left(\frac{\sqrt{2}}{2} - i\frac{\sqrt{2}}{2}\right)\right]$

Esercizio 5. Risolvere i seguenti quesiti.

a) Sapendo che $z = \rho e^{i\vartheta}$, calcolare $z|z|^2$. $\left[z|z|^2 = \rho^3 e^{i\vartheta}\right]$

b) Sapendo che $z = a + ib$, con $b \neq 0$, calcolare $\frac{z}{\overline{z}^2 - |z|^2}$.

$$\left[\frac{z}{\overline{z}^2 - |z|^2} = -\frac{2ab + i(b^2 - a^2)}{2b(a^2 + b^2)}\right]$$

c) Sapendo che $z = \rho e^{i\vartheta}$, determinare per quali $\rho \geq 0$ e $\vartheta \in \mathbb{R}$ risulta

$$\mathrm{Re}\left(z^2\right) - \left(\mathrm{Re}\,(z)\right)^2 \geq 0.$$

$$\left[\rho = 0,\ \forall\vartheta \in \mathbb{R}, \quad \forall\rho \geq 0,\ \vartheta = k\pi,\ \forall k \in \mathbb{Z}\right]$$

d) Sapendo che $z^4 = 2 + 4i$, calcolare z^8. $\left[z^8 = -12 + 16i\right]$

e) Determinare per quali $z \in \mathbb{C}$ risulta

$$\frac{z^2 - |\overline{z}|^2}{z - \overline{z}} = 1.$$

$$\left[\nexists z \in \mathbb{C}\right]$$

f) Determinare per quali $z \in \mathbb{C}$ risulta

$$\Big(\mathrm{Re}\,(z) + \mathrm{Im}\,(z)\Big)^2 = \Big(\mathrm{Re}\,(\overline{z}) + \mathrm{Im}\,(\overline{z})\Big)^2.$$

$$\Big[z \in \mathbb{R},\ \ z = ib,\ b \in \mathbb{R}\Big]$$

3 Svolgimento degli esercizi sui numeri complessi

Esercizio 1. Consideriamo il numero complesso $z_1 = 1 - i$. Si ha che $|z_1| = \sqrt{2}$ e, denotato con ϑ_1 un argomento di z_1, risulta che

$$\begin{cases} \cos\vartheta_1 = \dfrac{\sqrt{2}}{2} \\[2ex] \sin\vartheta_1 = -\dfrac{\sqrt{2}}{2} \end{cases} \quad\Longrightarrow\quad \vartheta_1 = -\frac{\pi}{4}.$$

Quindi una forma trigonometrica di z_1 è

$$z_1 = \sqrt{2}\left[\cos\left(-\frac{\pi}{4}\right) + i\sin\left(-\frac{\pi}{4}\right)\right].$$

Ne segue che una forma esponenziale di z_1 è

$$z_1 = \sqrt{2}\, e^{-i\frac{\pi}{4}}.$$

Consideriamo il numero complesso $z_2 = \sqrt{3} + i$. Si ha che $|z_2| = 2$ e, denotato con ϑ_2 un argomento di z_2, risulta che

$$\begin{cases} \cos\vartheta_2 = \dfrac{\sqrt{3}}{2} \\[2ex] \sin\vartheta_2 = \dfrac{1}{2} \end{cases} \quad\Longrightarrow\quad \vartheta_2 = \frac{\pi}{6}.$$

Quindi una forma trigonometrica di z_2 è

$$z_2 = 2\left(\cos\frac{\pi}{6} + i\sin\frac{\pi}{6}\right).$$

Ne segue che una forma esponenziale di z_2 è

$$z_2 = 2\, e^{i\frac{\pi}{6}}.$$

Consideriamo il numero complesso $z_3 = -1 - i\sqrt{3}$. Si ha che $|z_3| = 2$ e, denotato con ϑ_3 un argomento di z_3, risulta che

$$\begin{cases} \cos\vartheta_3 = -\dfrac{1}{2} \\[2ex] \sin\vartheta_3 = -\dfrac{\sqrt{3}}{2} \end{cases} \quad\Longrightarrow\quad \vartheta_3 = \frac{4}{3}\pi.$$

Quindi una forma trigonometrica di z_3 è

$$z_3 = 2\left(\cos\frac{4}{3}\pi + i\sin\frac{4}{3}\pi\right).$$

Ne segue che una forma esponenziale di z_3 è

$$z_3 = 2\, e^{i\frac{4}{3}\pi}.$$

Consideriamo il numero complesso $z_4 = -10$. Si ha che $|z_4| = 10$ e, denotato con ϑ_4 un argomento di z_4, risulta che

$$\begin{cases} \cos\vartheta_4 = -1 \\ \sin\vartheta_4 = 0 \end{cases} \Longrightarrow \quad \vartheta_4 = \pi.$$

Quindi una forma trigonometrica di z_4 è

$$z_4 = 10\,(\cos\pi + i\sin\pi)\,.$$

Ne segue che una forma esponenziale di z_4 è

$$z_4 = 10\, e^{i\pi}.$$

Consideriamo il numero complesso $z_5 = 6i$. Si ha che $|z_5| = 6$ e, denotato con ϑ_5 un argomento di z_5, risulta che

$$\begin{cases} \cos\vartheta_5 = 0 \\ \sin\vartheta_5 = 1 \end{cases} \Longrightarrow \quad \vartheta_5 = \frac{\pi}{2}.$$

Quindi una forma trigonometrica di z_5 è

$$z_5 = 6\left(\cos\frac{\pi}{2} + i\sin\frac{\pi}{2}\right).$$

Ne segue che una forma esponenziale di z_5 è

$$z_5 = 6\, e^{i\frac{\pi}{2}}.$$

Consideriamo il numero complesso $z_6 = -9i$. Si ha che $|z_6| = 9$ e, denotato con ϑ_6 un argomento di z_6, risulta che

$$\begin{cases} \cos\vartheta_6 = 0 \\ \sin\vartheta_6 = -1 \end{cases} \Longrightarrow \quad \vartheta_6 = -\frac{\pi}{2}.$$

Quindi una forma trigonometrica di z_6 è

$$z_6 = 9\left[\cos\left(-\frac{\pi}{2}\right) + i\sin\left(-\frac{\pi}{2}\right)\right].$$

Ne segue che una forma esponenziale di z_6 è

$$z_6 = 9\, e^{-i\frac{\pi}{2}}.$$

Esercizio 2. Consideriamo il numero complesso $z_1 = 4\left(\cos\frac{\pi}{4} + i\sin\frac{\pi}{4}\right)$. Essendo

$$\cos\frac{\pi}{4} = \sin\frac{\pi}{4} = \frac{\sqrt{2}}{2},$$

risulta che una forma cartesiana di z_1 è

$$z_1 = 2\sqrt{2}(1+i).$$

Inoltre una forma esponenziale di z_1 è

$$z_1 = 4\, e^{i\frac{\pi}{4}}.$$

Consideriamo il numero complesso $z_2 = 6\left(\cos\frac{\pi}{6} + i\sin\frac{\pi}{6}\right)$. Essendo

$$\cos\frac{\pi}{6} = \frac{\sqrt{3}}{2}, \quad \sin\frac{\pi}{6} = \frac{1}{2},$$

risulta che una forma cartesiana di z_2 è

$$z_2 = 3\left(\sqrt{3} + i\right).$$

Inoltre una forma esponenziale di z_2 è

$$z_2 = 6\, e^{i\frac{\pi}{6}}.$$

Consideriamo il numero complesso $z_3 = 2\left(\cos\frac{\pi}{3} + i\sin\frac{\pi}{3}\right)$. Essendo

$$\cos\frac{\pi}{3} = \frac{1}{2}, \quad \sin\frac{\pi}{3} = \frac{\sqrt{3}}{2},$$

risulta che una forma cartesiana di z_3 è

$$z_3 = 1 + i\sqrt{3}.$$

Inoltre una forma esponenziale di z_3 è

$$z_3 = 2\, e^{i\frac{\pi}{3}}.$$

Consideriamo il numero complesso $z_4 = 7i \sin \frac{\pi}{2}$. Essendo

$$\sin \frac{\pi}{2} = 1,$$

risulta che una forma cartesiana di z_4 è

$$z_4 = 7i.$$

Inoltre una forma esponenziale di z_4 è

$$z_4 = 7\, e^{i\frac{\pi}{2}}.$$

Consideriamo il numero complesso $z_5 = 2 \cos \pi$. Essendo

$$\cos \pi = -1,$$

risulta che una forma cartesiana di z_5 è

$$z_5 = -2.$$

Inoltre una forma esponenziale di z_5 è

$$z_5 = 2\, e^{i\pi}.$$

Consideriamo il numero complesso $z_6 = 9 \left(\cos \frac{3}{4}\pi + i \sin \frac{3}{4}\pi \right)$. Essendo

$$\cos \frac{3}{4}\pi = -\frac{\sqrt{2}}{2}, \quad \sin \frac{3}{4}\pi = \frac{\sqrt{2}}{2},$$

risulta che una forma cartesiana di z_6 è

$$z_6 = \frac{9}{2}\sqrt{2}(-1 + i).$$

Inoltre una forma esponenziale di z_6 è

$$z_6 = 9\, e^{i\frac{3}{4}\pi}.$$

Esercizio 3.

a) Le soluzioni in $\mathbb{C}$ dell'equazione $z^3 = 1$ sono le radici cubiche complesse di 1. Essendo $1 = 1\,e^{i0}$, si ha che le radici cubiche di 1 sono i numeri complessi

$$X_k = \sqrt[3]{1}\,e^{i\varphi_k}, \qquad \varphi_k = \frac{0+2k\pi}{3}, \quad k = 0,1,2.$$

Quindi le soluzioni sono

$$X_0 = e^{i0} = 1, \quad X_1 = e^{i\frac{2}{3}\pi} = -\frac{1}{2} + i\frac{\sqrt{3}}{2}, \quad X_2 = e^{i\frac{4}{3}\pi} = -\frac{1}{2} - i\frac{\sqrt{3}}{2}.$$

b) Le soluzioni in $\mathbb{C}$ dell'equazione $z^3 = -4$ sono le radici cubiche complesse di -4. Essendo $-4 = 4\,e^{i\pi}$, si ha che le radici cubiche di -4 sono i numeri complessi

$$X_k = \sqrt[3]{4}\,e^{i\varphi_k}, \qquad \varphi_k = \frac{\pi+2k\pi}{3}, \quad k = 0,1,2.$$

Quindi le soluzioni sono

$$X_0 = \sqrt[3]{4}\,e^{i\frac{\pi}{3}} = \sqrt[3]{4}\left(\frac{1}{2} + i\frac{\sqrt{3}}{2}\right), \quad X_1 = \sqrt[3]{4}\,e^{i\pi} = -\sqrt[3]{4},$$

$$X_2 = \sqrt[3]{4}\,e^{i\frac{5}{3}\pi} = \sqrt[3]{4}\left(\frac{1}{2} - i\frac{\sqrt{3}}{2}\right).$$

c) Le soluzioni in $\mathbb{C}$ dell'equazione $z^2 = -6$ sono le radici quadrate complesse di -6. Essendo $-6 = 6\,e^{i\pi}$, si ha che le radici quadrate di -6 sono i numeri complessi

$$X_k = \sqrt{6}\,e^{i\varphi_k}, \qquad \varphi_k = \frac{\pi+2k\pi}{2}, \quad k = 0,1.$$

Quindi le soluzioni sono

$$X_0 = \sqrt{6}\,e^{i\frac{\pi}{2}} = i\sqrt{6}, \quad X_1 = -X_0 = \sqrt{6}\,e^{i\pi} = -i\sqrt{6}.$$

d) Le soluzioni in $\mathbb{C}$ dell'equazione $z^3 = i$ sono le radici cubiche complesse di i. Essendo $i = 1\,e^{i\frac{\pi}{2}}$, si ha che le radici cubiche di i sono i numeri complessi

$$X_k = \sqrt[3]{1}\,e^{i\varphi_k}, \qquad \varphi_k = \frac{\frac{\pi}{2}+2k\pi}{3}, \quad k = 0,1,2.$$

Quindi le soluzioni sono

$$X_0 = e^{i\frac{\pi}{6}} = \frac{\sqrt{3}}{2} + i\frac{1}{2}, \quad X_1 = e^{i\frac{5}{6}\pi} = -\frac{\sqrt{3}}{2} + i\frac{1}{2}, \quad X_2 = e^{i\frac{3}{2}\pi} = -i.$$

e) Le soluzioni in $\mathbb{C}$ dell'equazione $z^6 = 16$ sono le radici seste complesse di 16. Essendo $16 = 16\, e^{i0}$, si ha che le radici seste di 16 sono i numeri complessi

$$X_k = \sqrt[6]{16}\, e^{i\varphi_k}, \qquad \varphi_k = \frac{0 + 2k\pi}{6}, \quad k = 0, 1, 2, 3, 4, 5.$$

Quindi le soluzioni sono

$$X_0 = \sqrt[3]{4}\, e^{i0} = \sqrt[3]{4}, \quad X_1 = \sqrt[3]{4}\, e^{i\frac{\pi}{3}} = \sqrt[3]{4}\left(\frac{1}{2} + i\frac{\sqrt{3}}{2}\right),$$

$$X_2 = \sqrt[3]{4}\, e^{i\frac{2}{3}\pi} = \sqrt[3]{4}\left(-\frac{1}{2} + i\frac{\sqrt{3}}{2}\right), \quad X_3 = -X_0 = -\sqrt[3]{4},$$

$$X_4 = -X_1 = -\sqrt[3]{4}\left(\frac{1}{2} + i\frac{\sqrt{3}}{2}\right), \quad X_5 = -X_2 = \sqrt[3]{4}\left(\frac{1}{2} - i\frac{\sqrt{3}}{2}\right).$$

f) Le soluzioni in $\mathbb{C}$ dell'equazione $z^4 = 24$ sono le radici quarte complesse di 24. Essendo $24 = 24\, e^{i0}$, si ha che le radici quarte di 24 sono i numeri complessi

$$X_k = \sqrt[4]{24}\, e^{i\varphi_k}, \qquad \varphi_k = \frac{0 + 2k\pi}{4}, \quad k = 0, 1, 2, 3.$$

Quindi le soluzioni sono

$$X_0 = \sqrt[4]{24}\, e^{i0} = \sqrt[4]{24}, \quad X_1 = \sqrt[4]{24}\, e^{i\frac{\pi}{2}} = i\sqrt[4]{24},$$

$$X_2 = -X_0 = -\sqrt[4]{24}, \quad X_3 = -X_1 = -i\sqrt[4]{24}.$$

Esercizio 4.

a) Le soluzioni dell'equazione $z^2 - 6z + 5 = 0$ sono date da

$$z_{1,2} = \frac{6 \pm \sqrt{16}}{2} = \frac{6 \pm 4}{2} = \begin{cases} 1 \\ 5. \end{cases}$$

b) Le soluzioni dell'equazione $z^2 + 7iz + 4 = 0$ sono date da

$$z_{1,2} = \frac{-7i \pm \sqrt{-65}}{2} = \frac{-7i \pm i\sqrt{65}}{2} = \frac{-7 \pm \sqrt{65}}{2} i.$$

c) Consideriamo l'equazione $z^3(z-i)-1-2z^2-z^4=0$. Si ha che

$$z^3(z-i)-1-2z^2-z^4=0 \iff z^3(z-i)-\left(z^2+1\right)^2=0 \iff$$
$$z^3(z-i)-(z-i)^2(z+i)^2=0 \iff (z-i)\left[z^3-(z-i)(z+i)^2\right]=0$$
$$\iff -(z-i)\left(iz^2+z+i\right)=0 \iff z=i, \qquad iz^2+z+i=0.$$

Quindi una soluzione è $z_1=i$. Le altre soluzioni sono date da

$$z_{2,3}=\frac{-1\pm\sqrt{5}}{2i}=\frac{1\pm\sqrt{5}}{2}i.$$

d) Consideriamo l'equazione $iz^6-3z^3+4i=0$. Posto $w=z^3$ si ottiene l'equazione $iw^2-3w+4i=0$ le cui soluzioni sono date da

$$w_{1,2}=\frac{3\pm\sqrt{25}}{2i}=\frac{3\pm5}{2i}=-\frac{3\pm5}{2}i=\begin{cases} i \\ -4i. \end{cases}$$

Quindi le soluzioni dell'equazione di partenza sono le radice cubiche di i e di $-4i$. Pertanto sono

$$z_1=\frac{\sqrt{3}}{2}+i\frac{1}{2}, \quad z_2=-\frac{\sqrt{3}}{2}+i\frac{1}{2}, \quad z_3=-i,$$
$$z_4=\sqrt[3]{4}\left(\frac{\sqrt{3}}{2}-i\frac{1}{2}\right), \quad z_5=i\sqrt[3]{4}, \quad z_6=-\sqrt[3]{4}\left(\frac{\sqrt{3}}{2}+i\frac{1}{2}\right).$$

e) Consideriamo l'equazione $z^5(z-1)=z^3(z-1)(z+1)$. Si ha che

$$z^5(z-1)=z^3(z-1)(z+1) \iff z^5(z-1)-z^3(z-1)(z+1)=0 \iff$$
$$z^3(z-1)\left(z^2-z-1\right)=0 \iff z=0, \quad z=1, \quad z^2-z-1=0.$$

Quindi due soluzioni dell'equazione sono $z_1=0$ (con molteplicità 3) e $z_2=1$. Le altre soluzioni sono date da

$$z_{3,4}=\frac{1\pm\sqrt{5}}{2}.$$

f) Consideriamo l'equazione $iz^3-z^2=z+i$. Si ha che

$$iz^3-z^2=z+i \iff z^2(iz-1)=z+i \iff z^2\left(iz+i^2\right)=z+i$$
$$\iff iz^2(z+i)=z+i \iff (z+i)\left(iz^2-1\right)=0$$
$$\iff i(z+i)\left(z^2+i\right)=0 \iff z+i=0, \quad z^2+i=0.$$

Quindi una soluzione è $z_1=-i$. Le altre sono le due radici quadrate di $-i$, cioè

$$z_2=\frac{\sqrt{2}}{2}-i\frac{\sqrt{2}}{2}, \quad z_3=-\frac{\sqrt{2}}{2}+i\frac{\sqrt{2}}{2}.$$

Esercizio 5. Risolvere i seguenti quesiti:

a) Se $z = \rho e^{i\vartheta}$, allora
$$z|z|^2 = \rho^3 e^{i\vartheta}.$$

b) Se $z = a + ib$, con $b \neq 0$, allora
$$\frac{z}{\overline{z}^2 - |z|^2} = \frac{a+ib}{(a-ib)^2 - (a^2+b^2)} = -\frac{a+ib}{2b(b+ia)} = -\frac{(a+ib)(b-ia)}{2b(a^2+b^2)} =$$
$$= -\frac{2ab + i(b^2-a^2)}{2b(a^2+b^2)}.$$

c) Se $z = \rho e^{i\vartheta}$, allora
$$\operatorname{Re}\left(z^2\right) - \left(\operatorname{Re}(z)\right)^2 \geq 0 \iff \rho^2 \cos 2\vartheta - \rho^2 \cos^2\vartheta \geq 0 \iff$$
$$\rho^2\left(\cos 2\vartheta - \cos^2\vartheta\right) \geq 0 \iff \rho = 0, \quad \cos 2\vartheta - \cos^2\vartheta \geq 0 \iff$$
$$\rho = 0, \quad \cos^2\vartheta - 1 \geq 0 \iff \rho = 0, \quad \cos^2\vartheta \geq 1 \iff$$
$$\rho = 0, \quad \vartheta = k\pi, \ \forall k \in \mathbb{Z}.$$

Quindi la disuguaglianza è soddisfatta se $\rho = 0$ con ϑ qualunque e da ρ qualunque con $\vartheta = k\pi$, per ogni $k \in \mathbb{Z}$.

d) Se $z^4 = 2 + 4i$, allora $z^8 = (2+4i)^2 = -12 + 16i$.

e) Posto $z = a + ib$, con $a, b \in \mathbb{R}$ si ha che
$$\frac{z^2 - |\overline{z}|^2}{z - \overline{z}} = 1 \iff \frac{a^2 - b^2 + 2iab - a^2 - b^2}{2ib} = 1 \iff \frac{-b + ia}{i} = 1 \iff$$
$$a + ib = 1 \iff z = 1.$$

Poiché se $z = 1$ risulta $z = \overline{z}$, ne segue che non esiste alcun $z \in \mathbb{C}$ per cui è soddisfatta l'uguaglianza di partenza.

f) Posto $z = a + ib$, con $a, b \in \mathbb{R}$ si ha che
$$\left(\operatorname{Re}(z) + \operatorname{Im}(z)\right)^2 = \left(\operatorname{Re}(\overline{z}) + \operatorname{Im}(\overline{z})\right)^2 \iff (a+b)^2 = (a-b)^2 \iff$$
$$a^2 + 2ab + b^2 = a^2 - 2ab + b^2 \iff 4ab = 0 \iff a = 0, \quad b = 0.$$

Quindi l'uguaglianza di partenza è soddisfatta da tutti i numeri complessi con parte reale nulla e da tutti i numeri complessi con parte immaginaria nulla.

Capitolo 11

Equazioni differenziali ordinarie

1 Alcuni richiami teorici

Di seguito vengono elencati alcuni risultati che sono utilizzati nello svolgimento degli esercizi sulle equazioni differenziali.

1.1 Equazioni differenziali ordinarie del primo ordine in forma normale

(1.1) Definizione Siano $A \subseteq \mathbb{R}^2$ non vuoto, $I \subseteq \mathbb{R}$ un intervallo e $f : A \to \mathbb{R}$ una funzione. Una *equazione differenziale ordinaria del primo ordine in forma normale* è un'equazione del tipo

$$y' = f(x, y).$$

Diciamo che $y : I \to \mathbb{R}$ è una *soluzione (o un integrale)* dell'equazione differenziale ordinaria del primo ordine $y' = f(x, y)$ se y è derivabile in I, $(x, y(x)) \in A$ per ogni $x \in I$ e $y'(x) = f(x, y(x))$ per ogni $x \in I$.

(1.2) Definizione Siano $A \subseteq \mathbb{R}^2$ non vuoto, $I \subseteq \mathbb{R}$ un intervallo, $f : A \to \mathbb{R}$ una funzione e $(x_0, y_0) \in A$. Diciamo che $y : I \to \mathbb{R}$ è una *soluzione del problema di Cauchy*

$$\begin{cases} y' = f(x, y) \\ y(x_0) = y_0, \end{cases}$$

se y è una soluzione dell'equazione differenziale $y' = f(x, y)$, $x_0 \in I$ e $y(x_0) = y_0$.

Diciamo che $y : I \to \mathbb{R}$ è una soluzione massimale del problema di Cauchy

$$\begin{cases} y' = f(x, y) \\ y(x_0) = y_0, \end{cases}$$

se y è soluzione del problema di Cauchy e se non esiste un'altra soluzione $u : J \to \mathbb{R}$ dello stesso problema di Cauchy tale che $I \subseteq J$, $I \neq J$ e $u(x) = y(x)$ per ogni $x \in I$.

Equazioni differenziali a variabili separabili

(1.3) Definizione Siano $I, J \subseteq \mathbb{R}$ due intervalli, $f : I \to \mathbb{R}$ e $g : J \to \mathbb{R}$ due funzioni continue. Un'equazione differenziale *a variabili separabili* è un'equazione differenziale del primo ordine del tipo

$$y' = f(x)g(y).$$

Ricerca delle soluzioni

Si cercano in primo luogo gli zeri della funzione g. Se $u_0 \in \mathbb{R}$ è tale che $g(u_0) = 0$, allora la funzione $u : I \to \mathbb{R}$ definita da $u(x) = u_0$ è una soluzione dell'equazione differenziale $y' = f(x)g(y)$ (è anche detta *soluzione costante*).

Supposto ora $g(y) \neq 0$, si ha che tutte le altre soluzioni dell'equazione differenziale sono date da

$$\int \frac{1}{g(y)}\, dy = \int f(x)\, dx.$$

Risolti i due integrali è possibile, in molti casi, determinare esplicitamente la soluzione $y = y(x)$ (piú precisamente si tratta di una famiglia di soluzioni dipendenti da una costante). L'insieme delle soluzioni dell'equazione differenziale è dato da questa soluzione e da tutte le soluzioni costanti.

(1.4) Teorema *Siano $I, J \subseteq \mathbb{R}$ due intervalli aperti, $f : I \to \mathbb{R}$ e $g : J \to \mathbb{R}$ due funzioni, $x_0 \in I$ e $y_0 \in J$. Supponiamo che f sia continua in I e g sia derivabile con derivata continua in J.*

Allora esiste una e una sola soluzione massimale del problema di Cauchy

$$\begin{cases} y' = f(x)g(y) \\ y(x_0) = y_0 \end{cases}$$

definita in un intervallo contenente x_0 e contenuto in I.

Equazioni differenziali lineari del primo ordine

(1.5) Definizione Siano $I \subseteq \mathbb{R}$ un intervallo e $a, b : I \to \mathbb{R}$ due funzioni continue. Un'equazione differenziale *lineare* del primo ordine in forma normale è un'equazione del tipo

$$y' = a(x)y + b(x).$$

Se $b = 0$ l'equazione è detta *omogenea*, altrimenti *non omogenea*. Si osserva che se $b = 0$ l'equazione è, in particolare, a variabili separabili.

<u>Ricerca dell'integrale generale</u>

L'integrale generale dell'equazione lineare del primo ordine in forma normale

$$y' = a(x)y + b(x)$$

è dato da

$$y(x) = e^{A(x)} \left(\int e^{-A(x)}\, b(x)\, dx \right),$$

dove A è una qualunque primitiva di a. Poiché l'integrale indefinito $\int b(x)\, e^{-A(x)}\, dx$ contiene una costante additiva arbitraria, si ha che l'integrale generale dell'equazione lineare dipende da questa costante arbitraria.

(1.6) Teorema *Siano $I \subseteq \mathbb{R}$ un intervallo, $a, b : I \to \mathbb{R}$ due funzioni continue, $x_0 \in I$ e $y_0 \in \mathbb{R}$.*

Allora esiste una e una sola soluzione massimale del problema di Cauchy

$$\begin{cases} y' = a(x)y + b(x) \\ y(x_0) = y_0 \end{cases}$$

definita nell'intervallo I.

1.2 Equazioni lineari del secondo ordine a coefficienti costanti

(1.7) Definizione Siano $I \subseteq \mathbb{R}$ un intervallo, $a_0, a_1 \in \mathbb{R}$ e $b : I \to \mathbb{R}$ una funzione continua. Un'equazione differenziale *lineare del secondo ordine a coefficienti costanti* è un'equazione del tipo

$$y'' + a_1\, y' + a_0\, y = b(x).$$

Se $b = 0$ l'equazione è detta *omogenea*, altrimenti *non omogenea.*

<u>Ricerca dell'integrale generale: caso omogeneo</u>

Data l'equazione differenziale lineare del secondo ordine a coefficienti costanti omogenea

$$y'' + a_1\, y' + a_0\, y = 0$$

si considera l'*equazione caratteristica* associata

$$\lambda^2 + a_1\, \lambda + a_0 = 0.$$

Determiniamo le soluzioni di questa equazione algebrica. Sussistono tre casi:

1) $\Delta = a_1^2 - 4a_0 > 0$. In tal caso l'equazione caratteristica $\lambda^2 + a_1\lambda + a_0 = 0$ ammette due soluzioni reali distinte λ_1, λ_2. L'equazione differenziale omogenea $y'' + a_1 y' + a_0 y = 0$ ammette le soluzioni linearmente indipendenti $y_1(x) = e^{\lambda_1 x}$ e $y_2(x) = e^{\lambda_2 x}$. L'integrale generale dell'equazione differenziale omogenea è dato da

$$y(x) = c_1 e^{\lambda_1 x} + c_2 e^{\lambda_2 x}, \qquad c_1, c_2 \in \mathbb{R};$$

2) $\Delta = a_1^2 - 4a_0 = 0$. In tal caso l'equazione caratteristica $\lambda^2 + a_1\lambda + a_0 = 0$ ammette la soluzione reale $\lambda = -\frac{a_1}{2}$ con molteplicità $m = 2$. L'equazione differenziale omogenea $y'' + a_1 y' + a_0 y = 0$ ammette le soluzioni linearmente indipendenti $y_1(x) = e^{\lambda x}$ e $y_2(x) = x\, e^{\lambda x}$. L'integrale generale dell'equazione differenziale omogenea è dato da

$$y(x) = c_1 e^{\lambda x} + c_2\, x\, e^{\lambda x}, \qquad c_1, c_2 \in \mathbb{R};$$

3) $\Delta = a_1^2 - 4a_0 < 0$. In tal caso l'equazione caratteristica $\lambda^2 + a_1\lambda + a_0 = 0$ ammette soluzioni complesse coniugate $\lambda_{1,2} = \alpha \pm i\beta$, con $\alpha, \beta \in \mathbb{R}$. L'equazione differenziale omogenea $y'' + a_1 y' + a_0 y = 0$ ammette le soluzioni linearmente indipendenti $y_1(x) = e^{\alpha x}\cos\beta x$ e $y_2(x) = e^{\alpha x}\sin\beta x$. L'integrale generale dell' equazione differenziale omogenea è dato da

$$y(x) = e^{\alpha x}(c_1 \cos\beta x + c_2 \sin\beta x), \qquad c_1, c_2 \in \mathbb{R}.$$

(1.8) Teorema *Siano $a_0, a_1, x_0, y_0, y_1 \in \mathbb{R}$.*

Allora esiste una e una sola soluzione massimale del problema di Cauchy

$$\begin{cases} y'' + a_1 y' + a_0 y = 0 \\ y(x_0) = y_0 \\ y'(x_0) = y_1 \end{cases}$$

definita in $\mathbb{R}$.

<u>Ricerca dell'integrale generale: caso non omogeneo</u>

(1.9) Teorema *Siano $I \subseteq \mathbb{R}$ un intervallo, $a_0, a_1 \in \mathbb{R}$ e $b : I \to \mathbb{R}$ una funzione continua.*

Allora l'integrale generale dell'equazione differenziale lineare del secondo ordine a coefficienti costanti non omogenea $y'' + a_1 y' + a_0 y = b(x)$ è dato da

$$y = y_o + y_p,$$

dove y_o è l'integrale generale dell'equazione omogenea associata $y'' + a_1 y' + a_0 y = 0$ e y_p è un integrale particolare dell'equazione non omogenea $y'' + a_1 y' + a_0 y = b(x)$.

Ricerca di un integrale particolare dell'equazione non omogenea

Consideriamo l'equazione non omogenea $y'' + a_1 y' + a_0 y = b(x)$. Determiniamo un integrale particolare nei seguenti casi, a seconda della forma del termine noto b:

(i) $b(x) = P(x)\, e^{\alpha x}$ con P polinomio e $\alpha \in \mathbb{R}$;

(ii) $b(x) = e^{\alpha x}(P(x)\cos\beta x + Q(x)\sin\beta x)$ con P e Q polinomi e $\alpha, \beta \in \mathbb{R}$.

Osserviamo che (i) è un caso particolare di (ii).

Caso (i). Sia $b(x) = P(x)\, e^{\alpha x}$ con P polinomio e $\alpha \in \mathbb{R}$. Abbiamo due sottocasi:

a) se α non è una soluzione dell'equazione caratteristica $\lambda^2 + a_1 \lambda + a_0 = 0$, o equivalentemente se $y(x) = e^{\alpha x}$ non è una soluzione particolare dell'equazione omogenea $y'' + a_1 y' + a_0 y = 0$, allora una soluzione particolare dell'equazione non omogenea è della forma

$$y_p(x) = Q(x)\, e^{\alpha x},$$

dove Q è un polinomio dello stesso grado di P;

b) se α è una soluzione dell'equazione caratteristica $\lambda^2 + a_1 \lambda + a_0 = 0$ con molteplicità m $(1 \leq m \leq 2)$, cioè α è una soluzione singola $(m = 1)$ o doppia $(m = 2)$, allora una soluzione particolare dell'equazione non omogenea è della forma

$$y_p(x) = x^m\, Q(x)\, e^{\alpha x},$$

dove Q è un polinomio dello stesso grado di P.

Caso (ii). Sia $b(x) = e^{\alpha x}(P(x)\cos\beta x + Q(x)\sin\beta x)$ con P e Q polinomi e $\alpha, \beta \in \mathbb{R}$. Abbiamo due sottocasi:

c) se $\alpha \pm i\beta$ non sono soluzioni dell'equazione caratteristica $\lambda^2 + a_1 \lambda + a_0 = 0$, o equivalentemente se $y(x) = e^{\alpha x}\cos\beta x$ e $y(x) = e^{\alpha x}\sin\beta x$ non sono soluzioni particolari dell'equazione omogenea $y'' + a_1 y' + a_0 y = 0$, allora una soluzione particolare dell'equazione non omogenea è della forma

$$y_p(x) = e^{\alpha x}(P_1(x)\cos\beta x + Q_1(x)\sin\beta x),$$

dove P_1 e Q_1 sono due polinomi di grado uguale al massimo dei gradi di P e Q;

d) se $\alpha \pm i\beta$ sono soluzioni dell'equazione caratteristica $\lambda^2 + a_1 \lambda + a_0 = 0$, o equivalentemente se $y(x) = e^{\alpha x} \cos \beta x$ e $y(x) = e^{\alpha x} \sin \beta x$ sono soluzioni particolari dell'equazione omogenea $y'' + a_1 y' + a_0 y = 0$, allora una soluzione particolare dell'equazione non omogenea è della forma

$$y_p(x) = x\, e^{\alpha x}(P_1(x) \cos \beta x + Q_1(x) \sin \beta x),$$

dove P_1 e Q_1 sono due polinomi di grado uguale al massimo dei gradi di P e Q.

(1.10) Osservazione Individuata la forma dell'integrale particolare y_p dell'equazione non omogenea, lo si determina imponendo che y_p verifichi l'equazione non omogenea $y'' + a_1 y' + a_0 y = b(x)$ per ogni $x \in I$.

(1.11) Teorema (Principio della sovrapposizione degli effetti) *Siano $I \subseteq \mathbb{R}$ un intervallo, $a_0, a_1 \in \mathbb{R}$, $n \in \mathbb{N}$, $n \geq 1$ e $b_1, \ldots, b_n : I \to \mathbb{R}$ funzioni continue.*

Allora un integrale particolare dell'equazione differenziale lineare del secondo ordine a coefficienti costanti non omogenea $y'' + a_1 y' + a_0 y = b_1(x) + \cdots + b_n(x)$ è dato da

$$y = y_1 + \cdots + y_n,$$

dove y_k è un integrale particolare dell'equazione non omogenea $y'' + a_1 y' + a_0 y = b_k(x)$, per ogni $k = 1, \ldots n$.

(1.12) Teorema *Siano $I \subseteq \mathbb{R}$ un intervallo, $a_0, a_1 \in \mathbb{R}$, $b : I \to \mathbb{R}$ una funzione continua, $x_0 \in I$ e $y_0, y_1 \in \mathbb{R}$.*

Allora esiste una e una sola soluzione massimale del problema di Cauchy

$$\begin{cases} y'' + a_1 y' + a_0 y = b(x) \\ y(x_0) = y_0 \\ y'(x_0) = y_1 \end{cases}$$

definita in I.

2 Esercizi sulle equazioni differenziali

2.1 Equazioni differenziali a variabili separabili

Esercizio 1. Determinare le soluzioni delle seguenti equazioni differenziali:

a) $y' = y + 1$ $\left[y(x) = ce^x - 1, \quad c \in \mathbb{R}\right]$

b) $y' = \left(1 - y^2\right)\sin^2 x$ $\left[y(x) = 1,\ y(x) = \dfrac{ce^{x - \sin x \cos x} - 1}{ce^{x - \sin x \cos x} + 1}, \quad c \in \mathbb{R}\right]$

c) $y' = \dfrac{2xy}{x^2 - 1}$ $\left[y(x) = c\left(x^2 - 1\right), \quad c \in \mathbb{R}\right]$

d) $(x-3)^2 y' = x(y-1)$ $\left[y(x) = c(x-3)e^{-\frac{3}{x-3}} + 1, \quad c \in \mathbb{R}\right]$

e) $y' = y(1+y)$ $\left[y(x) = -1,\ y(x) = \dfrac{ce^x}{1 - ce^x}, \quad c \in \mathbb{R}\right]$

f) $y' = e^{x+y}$ $\left[y(x) = -\log\left(c - e^x\right), \quad c > 0\right]$

g) $xy' = y\left(1 + y^2\right)$ $\left[y(x) = \dfrac{cx}{\sqrt{1 - c^2x^2}}, \quad c \in \mathbb{R}\right]$

h) $y' \tan x = y$ $\left[y(x) = c\sin x, \quad c \in \mathbb{R}\right]$

i) $t\left(1 + y^2\right)y' = 3$ $\left[t = ce^{\frac{1}{3}y + \frac{1}{9}y^3}, \quad c \neq 0\right]$

j) $y' = \dfrac{e^{2t}}{1 + e^{2t}}y$ $\left[y(t) = c\sqrt{1 + e^{2t}}, \quad c \in \mathbb{R}\right]$

k) $y' = \dfrac{t+2}{t(t+1)}y$ $\left[y(t) = \dfrac{ct^2}{t+1}, \quad c \in \mathbb{R}\right]$

l) $y' = \dfrac{t^2 - 1}{t^2}$ $\left[y(t) = t + \dfrac{1}{t} + c, \quad c \in \mathbb{R}\right]$

m) $y' = y^2 \log t$ $\left[y(t) = 0,\ y(t) = \dfrac{1}{c - t(\log t - 1)}, \quad c \in \mathbb{R}\right]$

n) $y' = \left(1 + y^2\right)\left(1 + t^2\right)$ $\left[y(t) = \tan\left(\dfrac{1}{3}t^3 + t + c\right), \quad c \in \mathbb{R}\right]$

o) $y' = (1 + e^y)\,t$ $\left[y(t) = \log\left(\dfrac{ce^{\frac{1}{2}t^2}}{1 - ce^{\frac{1}{2}t^2}}\right), \quad c > 0\right]$

p) $y' = e^t y \log y$ $\left[y(t) = e^{ce^{e^t}}, \quad c \in \mathbb{R}\right]$

q) $x' = \dfrac{x^2 - 5x + 6}{t^2 + 1}$ $\left[x(t) = 2,\ x(t) = \dfrac{3 - 2ce^{\arctan t}}{1 - ce^{\arctan t}}, \quad c \in \mathbb{R}\right]$

$r)$ $x' + 2tx = tx^2$ $\left[x(t) = 0,\ x(t) = \dfrac{2}{1 - ce^{t^2}}, \quad c \in \mathbb{R}\right]$

$s)$ $x' = \dfrac{(t-1)x}{\log x}$ $\left[x(t) = e^{\pm\sqrt{t^2-2t+c}}, \quad c \in \mathbb{R}\right]$

$t)$ $x' = 2t\sqrt{1-x^2}$ $\left[x(t) = \pm 1,\ x(t) = \sin\left(t^2 + c\right), \quad c \in \mathbb{R}\right]$

$u)$ $x' = -2tx^2$ $\left[x(t) = 0,\ x(t) = \dfrac{1}{t^2 + c}, \quad c \in \mathbb{R}\right]$

$v)$ $t^2(1-x)x' + (1+t)x^2 = 0$ $\left[xe^{\frac{1}{x}} = cte^{-\frac{1}{t}}, \quad c \in \mathbb{R}\right]$

$w)$ $x' = \dfrac{3x - 2}{t^2 + 1}$ $\left[x(t) = \dfrac{2}{3} + ce^{3\arctan t}, \quad c \in \mathbb{R}\right]$

$z)$ $x' = \tan^2 t\, \sqrt[3]{2x+3}.$

$$\left[x(t) = -\frac{3}{2},\ x(t) = -\frac{3}{2} \pm \frac{1}{2}\left[\frac{4}{3}(\tan t - t + c)\right]^{\frac{3}{2}}, \quad c \in \mathbb{R}\right]$$

Esercizio 2. Determinare la soluzione massimale dei seguenti problemi di Cauchy specificandone il dominio:

$a)$ $\begin{cases} y' = \sqrt{y} \\ y(0) = 1 \end{cases}$ $\left[y(x) = \left(\dfrac{1}{2}x + 1\right)^2, \quad \operatorname{dom}(y) = [-2, +\infty)\right]$

$b)$ $\begin{cases} y' = \dfrac{y}{x(1+9x^2)} \\ y(1) = \sqrt{10} \end{cases}$ $\left[y(x) = \dfrac{10x}{\sqrt{1+9x^2}}, \quad \operatorname{dom}(y) = (0, +\infty)\right]$

$c)$ $\begin{cases} y' = -xe^{-y} \\ y(0) = -1 \end{cases}$ $\left[y(x) = \log\left(\dfrac{1}{e} - \dfrac{1}{2}x^2\right), \quad \operatorname{dom}(y) = \left(-\sqrt{\dfrac{2}{e}}, \sqrt{\dfrac{2}{e}}\right)\right]$

$d)$ $\begin{cases} y' = \dfrac{x+1}{x(y-1)} \\ y(1) = 0 \end{cases}$

$$\left[y(x) = 1 - \sqrt{2x + 2\log x - 1}, \quad \operatorname{dom}(y) = (\alpha, +\infty), \quad \frac{1}{2} < \alpha < 1\right]$$

$e)$ $\begin{cases} y' = \dfrac{1}{2}\left(y^2 - 1\right)\cos t \\ y(\pi) = 3 \end{cases}$

$$\left[y(t) = \frac{2 + e^{\sin t}}{2 - e^{\sin t}}, \quad \operatorname{dom}(y) = \left(\pi - \arcsin(\log 2), 2\pi + \arcsin(\log 2)\right)\right]$$

$f)$ $\begin{cases} y' = \dfrac{y^2 - 5y + 6}{t^2 + 1} \\ y(0) = 2 \end{cases}$ $\left[y(t) = 2, \quad \operatorname{dom}(y) = \mathbb{R}\right]$

$g)\ \begin{cases} y' = \dfrac{1-e^{-y}}{2t+1} \\ y(0) = 1 \end{cases}$ $\left[y(t) = \log\left(1 + (e-1)\sqrt{2t+1}\right), \quad \mathrm{dom}\,(y) = \left(-\frac{1}{2}, +\infty\right)\right]$

$h)\ \begin{cases} y' = \dfrac{e^t}{2y+1} \\ y(0) = 1 \end{cases}$ $\left[y(t) = -\frac{1}{2} + \frac{1}{2}\sqrt{4e^t+5}, \quad \mathrm{dom}\,(y) = \mathbb{R}\right]$

$i)\ \begin{cases} x' = \left(1+x^2\right)\sin t \\ x(0) = 1 \end{cases}$

$\left[x(t) = \tan\left(1 + \frac{\pi}{4} - \cos t\right), \quad \mathrm{dom}\,(x) = \left(-\arccos\frac{4-\pi}{4}, \arccos\frac{4-\pi}{4}\right)\right]$

$l)\ \begin{cases} x' = -\dfrac{x^2-1}{x}t \\ x(1) = 1 \end{cases}$ $\left[x(t) = 1, \quad \mathrm{dom}\,(x) = \mathbb{R}\right]$

$m)\ \begin{cases} x' = e^t\cos^2 x \\ x(1) = \dfrac{\pi}{4} \end{cases}$ $\left[x(t) = \arctan\left(e^t + 1 - e\right), \quad \mathrm{dom}\,(x) = \mathbb{R}\right]$

$n)\ \begin{cases} x' = \sqrt{\dfrac{1+x}{1+t^2}} \\ x(0) = 2. \end{cases}$

$\left[x(t) = -1 + \left[\frac{1}{2}\log\left(t + \sqrt{1+t^2}\right) + \sqrt{3}\right]^2, \ \mathrm{dom}\,(x) = \left[\frac{1}{2}e^{-2\sqrt{3}} - \frac{1}{2}e^{2\sqrt{3}}, +\infty\right)\right]$

2.2 Equazioni differenziali lineari del primo ordine

Esercizio 1. Determinare l'integrale generale delle seguenti equazioni differenziali:

$a)\ y' = xy + x^3$ $\left[y(x) = ce^{\frac{1}{2}x^2} - x^2 - 2, \quad c \in \mathbb{R}\right]$

$b)\ y' = -xy + x$ $\left[y(x) = ce^{-\frac{1}{2}x^2} + 1, \quad c \in \mathbb{R}\right]$

$c)\ y' = \dfrac{2}{x}y + \dfrac{x+1}{x}$ $\left[y(x) = cx^2 - x - \frac{1}{2}, \quad c \in \mathbb{R}\right]$

$d)\ y' = -y\cos x + \sin x\cos x$ $\left[y(x) = ce^{-\sin x} + \sin x - 1, \quad c \in \mathbb{R}\right]$

$e)\ y' = \dfrac{1}{x}y + \dfrac{1}{x}e^{\frac{1}{x}}$ $\left[y(x) = x\left(c - e^{\frac{1}{x}}\right), \quad c \in \mathbb{R}\right]$

$f)\ y' = y\tan x + \dfrac{1}{\sin x}$ $\left[y(x) = \frac{1}{\cos x}(c + \log|\sin x|), \quad c \in \mathbb{R}\right]$

g) $y' = -2ty + te^{-t^2}$ $\left[y(t) = e^{-t^2}\left(\frac{1}{2}t^2 + c\right), \quad c \in \mathbb{R}\right]$

h) $y' = \frac{y}{t-2} - 1$ $\left[y(t) = -(t-2)(\log|t-2| + c), \quad c \in \mathbb{R}\right]$

i) $y' = -\frac{y}{t-2} - 1$ $\left[y(t) = -\frac{1}{t-2}\left(\frac{1}{2}t^2 - 2t + c\right), \quad c \in \mathbb{R}\right]$

j) $y' = \frac{y}{t+1} + t + 1$ $\left[y(t) = (t+1)(t+c), \quad c \in \mathbb{R}\right]$

k) $y' = -y + \frac{1}{e^t + 1}$ $\left[y(t) = e^{-t}[\log(e^t + 1) + c], \quad c \in \mathbb{R}\right]$

l) $y' = y + \sin t$ $\left[y(t) = ce^t - \frac{1}{2}\sin t - \frac{1}{2}\cos t, \quad c \in \mathbb{R}\right]$

m) $x' = 2x + e^t$ $\left[x(t) = ce^{2t} - e^t, \quad c \in \mathbb{R}\right]$

n) $x' = -2x + e^{-2t}$ $\left[x(t) = e^{-2t}(t + c), \quad c \in \mathbb{R}\right]$

o) $tx' = x + \frac{2t^2}{1+t^2}$ $\left[x(t) = t(2\arctan t + c), \quad c \in \mathbb{R}\right]$

p) $x' = -\frac{1}{t^2}x + 2e^{\frac{1}{t}}$ $\left[x(t) = e^{\frac{1}{t}}(2t + c), \quad c \in \mathbb{R}\right]$

q) $x' = x\tan t + t^2$ $\left[x(t) = \frac{1}{\cos t}\left(t^2\sin t + 2t\cos t - 2\sin t + c\right), \quad c \in \mathbb{R}\right]$

r) $x' = -\frac{x}{t+t^2} + t - 2.$ $\left[x(t) = \frac{1+t}{t}\left(\frac{1}{2}t^2 - 3t + 3\log|t+1| + c\right), \quad c \in \mathbb{R}\right]$

Esercizio 2. Determinare la soluzione massimale dei seguenti problemi di Cauchy specificandone il dominio:

a) $\begin{cases} y' = -2xy + x + x^3 \\ y(0) = 0 \end{cases}$ $\left[y(x) = \frac{1}{2}x^2, \quad \operatorname{dom}(y) = \mathbb{R}\right]$

b) $\begin{cases} y' = \frac{y}{x} + x \\ y(1) = 0 \end{cases}$ $\left[y(x) = x^2 - x, \quad \operatorname{dom}(y) = (0, +\infty)\right]$

c) $\begin{cases} y' = \frac{y-1}{x\log x} \\ y\left(\frac{1}{e}\right) = 2 \end{cases}$ $\left[y(x) = 1 - \log x, \quad \operatorname{dom}(y) = (0, 1)\right]$

d) $\begin{cases} y' = \frac{2t-y}{t-1} \\ y(0) = 1 \end{cases}$ $\left[y(t) = t + 1, \quad \operatorname{dom}(y) = (-\infty, 1)\right]$

e) $\begin{cases} y' = \dfrac{y + \arctan t}{1+t^2} \\ y(0) = 0 \end{cases}$ $\left[y(t) = e^{\arctan t} - \arctan t - 1,\ \operatorname{dom}(y) = \mathbb{R}\right]$

f) $\begin{cases} y' = \dfrac{2}{t}y + 3t^2 \\ y(2) = 0 \end{cases}$ $\left[y(t) = 3t^3 - 6t^2, \quad \operatorname{dom}(y) = (0, +\infty)\right]$

g) $\begin{cases} \left(1+t^2\right)x' + tx = \dfrac{1}{1+t^2} \\ x(0) = 0 \end{cases}$ $\left[x(t) = \dfrac{t}{t^2+1}, \quad \operatorname{dom}(x) = \mathbb{R}\right]$

h) $\begin{cases} x' = \dfrac{3x}{t+1} + e^t(t+1)^3 \\ x(0) = 2 \end{cases}$ $\left[x(t) = (t+1)^3(e^t+1) \quad \operatorname{dom}(x) = (-1, +\infty)\right]$

i) $\begin{cases} x' = -x\cot t + 2\cos t \\ x\left(\frac{\pi}{2}\right) = 1. \end{cases}$ $\left[x(t) = \sin t, \quad \operatorname{dom}(x) = (0, \pi)\right]$

2.3 Equazioni lineari del secondo ordine a coefficienti costanti

Esercizio 1. Determinare l'integrale generale delle seguenti equazioni differenziali lineari del secondo ordine a coefficienti costanti omogenee:

a) $y'' + y = 0$ $\left[y(x) = c_1\cos x + c_2\sin x, \quad c_1, c_2 \in \mathbb{R}\right]$

b) $y'' - 4y = 0$ $\left[y(x) = c_1e^{2x} + c_2e^{-2x}, \quad c_1, c_2 \in \mathbb{R}\right]$

c) $y'' + 7y' + 6y = 0$ $\left[y(x) = c_1e^{-x} + c_2e^{-6x}, \quad c_1, c_2 \in \mathbb{R}\right]$

d) $y'' + 6y' + 9y = 0$ $\left[y(t) = c_1e^{-3t} + c_2te^{-3t}, \quad c_1, c_2 \in \mathbb{R}\right]$

e) $y'' - 2y' + 5y = 0$ $\left[y(t) = e^t(c_1\cos 2t + c_2\sin 2t), \quad c_1, c_2 \in \mathbb{R}\right]$

f) $y'' + 2y' + 2y = 0$ $\left[y(t) = e^{-t}(c_1\cos t + c_2\sin t), \quad c_1, c_2 \in \mathbb{R}\right]$

g) $x'' - 5x' + 6x = 0$ $\left[x(t) = c_1e^{2t} + c_2e^{3t}, \quad c_1, c_2 \in \mathbb{R}\right]$

h) $x'' + 2x' = 0$ $\left[x(t) = c_1 + c_2e^{-2t}, \quad c_1, c_2 \in \mathbb{R}\right]$

i) $x'' - x' + x = 0.$ $\left[x(t) = e^{\frac{1}{2}t}\left(c_1\cos\dfrac{\sqrt{3}}{2}t + c_2\sin\dfrac{\sqrt{3}}{2}t\right), \quad c_1, c_2 \in \mathbb{R}\right]$

Esercizio 2. Determinare l'integrale generale delle seguenti equazioni differenziali lineari del secondo ordine a coefficienti costanti non omogenee:

a) $y'' - 2y' + y = 2xe^x$ $\left[y(x) = c_1 e^x + c_2 x e^x + \frac{1}{3}x^3 e^x, \quad c_1, c_2 \in \mathbb{R}\right]$

b) $y'' + 2y' = x^2 - 3x + 1$ $\left[y(x) = c_1 + c_2 e^{-2x} + \frac{1}{6}x^3 - x^2 + \frac{3}{2}x, \quad c_1, c_2 \in \mathbb{R}\right]$

c) $y'' - y = e^{2t}$ $\left[y(t) = c_1 e^t + c_2 e^{-t} + \frac{1}{3}e^{2t}, \quad c_1, c_2 \in \mathbb{R}\right]$

d) $y'' + y = t\cos t$

$$\left[y(t) = c_1 \cos t + c_2 \sin t + \frac{1}{4}t\cos t + \frac{1}{4}t^2 \sin t, \quad c_1, c_2 \in \mathbb{R}\right]$$

e) $x'' - 3x' + 2x = t^2$ $\left[x(t) = c_1 e^t + c_2 e^{2t} + \frac{1}{2}t^2 + \frac{3}{2}t + \frac{7}{4}, \quad c_1, c_2 \in \mathbb{R}\right]$

f) $x'' - x = e^t \sin t.$ $\left[x(t) = c_1 e^t + c_2 e^{-t} - \frac{1}{5}e^t(\sin t + 2\cos t), \quad c_1, c_2 \in \mathbb{R}\right]$

Esercizio 3. Determinare la soluzione massimale dei seguenti problemi di Cauchy:

a) $\begin{cases} y'' - 4y' + \frac{7}{4}y = 0 \\ y(0) = 0 \\ y'(0) = 3 \end{cases}$ $\left[y(x) = e^{\frac{7}{2}x} - e^{\frac{1}{2}x}\right]$

b) $\begin{cases} y'' - 4y' + 4y = 0 \\ y(0) = 1 \\ y'(0) = 0 \end{cases}$ $\left[y(x) = (1 - 2x)e^{2x}\right]$

c) $\begin{cases} y'' + y' + \frac{5}{2}y = 0 \\ y(0) = 3 \\ y'(0) = 0 \end{cases}$ $\left[y(x) = e^{-\frac{1}{2}x}\left(3\cos\frac{3}{2}x + \sin\frac{3}{2}x\right)\right]$

d) $\begin{cases} y'' = \sin x \\ y(0) = 0 \\ y'(0) = 0 \end{cases}$ $\left[y(x) = x - \sin x\right]$

e) $\begin{cases} y'' + 9y = t^2 \\ y(0) = 0 \\ y'(0) = 0 \end{cases}$ $\left[y(t) = \frac{2}{81}\cos 3t + \frac{1}{9}t^2 - \frac{2}{81}\right]$

$$f)\ \begin{cases} y'' - 2y' + y = e^t \sin t \\ y(0) = 0 \\ y'(0) = 0 \end{cases} \qquad \left[y(t) = e^t(t - \sin t)\right]$$

$$g)\ \begin{cases} y'' - 4y' + 3y = \cos t \\ y(0) = 0 \\ y'(0) = 0 \end{cases} \qquad \left[y(t) = -\frac{1}{4}e^t + \frac{3}{20}e^{3t} + \frac{1}{10}\cos t - \frac{1}{5}\sin t\right]$$

$$h)\ \begin{cases} y'' - 7y' + 6y = 1 \\ y(0) = 0 \\ y'(0) = 0 \end{cases} \qquad \left[y(t) = -\frac{1}{5}e^t + \frac{1}{30}e^{6t} + \frac{1}{6}\right]$$

$$i)\ \begin{cases} x'' - x = (t+1)e^t \\ x(0) = 0 \\ x'(0) = 0 \end{cases} \qquad \left[x(t) = -\frac{1}{8}e^t + \frac{1}{8}e^{-t} + \frac{1}{4}t(t+1)e^t\right]$$

$$l)\ \begin{cases} x'' + x' = \sin t \\ x(0) = 0 \\ x'(0) = 0 \end{cases} \qquad \left[x(t) = 1 - \frac{1}{2}e^{-t} - \frac{1}{2}(\cos t + \sin t)\right]$$

$$m)\ \begin{cases} x'' + x = \cos t \\ x(0) = 1 \\ x'(0) = 2 \end{cases} \qquad \left[x(t) = \cos t + 2\sin t + \frac{1}{2}t\sin t\right]$$

$$n)\ \begin{cases} x'' + 4x = e^t + 1 \\ x(0) = 0 \\ x'(0) = 0. \end{cases} \qquad \left[x(t) = -\frac{9}{20}\cos 2t - \frac{1}{10}\sin 2t + \frac{1}{5}e^t + \frac{1}{4}\right]$$

2.4 Esercizi di riepilogo

Esercizio. Determinare la soluzione massimale dei seguenti problemi di Cauchy specificandone il dominio:

$$a)\ \begin{cases} y' \sin x - y\cos x = e^x \sin^3 x \\ y(\frac{\pi}{2}) = 0 \end{cases}$$

$$\left[y(x) = \frac{1}{2}e^x \sin x(\sin x - \cos x) - \frac{1}{2}e^{\frac{\pi}{2}}\sin x, \quad \mathrm{dom}\,(y) = (0, \pi)\right]$$

$$b)\ \begin{cases} y' = x^3\left(y^2+1\right)(3 + 4\arctan y)^2 \\ y(0) = 0 \end{cases}$$

$$\left[y(x) = \tan\left[\frac{9x^4}{4(1-3x^4)}\right], \quad \mathrm{dom}\,(y) = \left(-\sqrt[4]{\frac{2\pi}{9+6\pi}}, \sqrt[4]{\frac{2\pi}{9+6\pi}}\right)\right]$$

c) $\begin{cases} y'' - 10y = -6xe^{2x} \\ y(0) = 0 \\ y'(0) = \frac{7}{3} \end{cases}$

$$\left[y(x) = -\frac{1}{3}e^{\sqrt{10}x} - \frac{1}{3}e^{-\sqrt{10}x} + \left(x + \frac{2}{3}\right)e^{2x}, \quad \mathrm{dom}\,(y) = \mathbb{R}\right]$$

d) $\begin{cases} y'' - 2y = -2te^{t}\sin t \\ y(0) = \frac{1}{2} \\ y'(0) = \frac{1}{2} \end{cases}$

$$\left[y(t) = \frac{1}{2}e^{t}[(t+1)\cos t + (t-1)\sin t], \quad \mathrm{dom}\,(y) = \mathbb{R}\right]$$

e) $\begin{cases} t\left(1+t^2\right)y' - y\left(t^2-1\right) + 2t = 0 \\ y(1) = 3 \end{cases}$ $\quad \left[y(t) = \dfrac{t^2+2}{t}, \quad \mathrm{dom}\,(y) = (0, +\infty)\right]$

f) $\begin{cases} y' = \dfrac{2 - y - y^2}{t} \\ y(1) = -1 \end{cases}$ $\quad \left[y(t) = \dfrac{t^3-4}{t^3+2}, \quad \mathrm{dom}\,(y) = (0, +\infty)\right]$

g) $\begin{cases} x' = \dfrac{1}{(e^2+t)\log(e^2+t)}(x-2) \\ x(0) = 0 \end{cases}$

$$\left[x(t) = 2 - \log\left(e^2+t\right), \quad \mathrm{dom}\,(x) = \left(1-e^2, +\infty\right)\right]$$

h) $\begin{cases} x' = x\tan t + \sin t \\ x(0) = 1 \end{cases}$ $\quad \left[x(t) = \dfrac{1}{\cos t}\left(\dfrac{1}{2}\sin^2 t + 1\right), \quad \mathrm{dom}\,(x) = \left(-\dfrac{\pi}{2}, \dfrac{\pi}{2}\right)\right]$

i) $\begin{cases} x'' - 8x' + 16x = 0 \\ x(0) = 1 \\ x'(0) = 0. \end{cases}$ $\quad \left[x(t) = (1-4t)e^{4t}, \quad \mathrm{dom}\,(x) = \mathbb{R}\right]$

3 Svolgimento degli esercizi sulle equazioni differenziali

3.1 Equazioni differenziali a variabili separabili

Esercizio 1.

a) Consideriamo l'equazione differenziale $y' = y + 1$. Si ha che $y(x) = -1$ è un integrale particolare dell'equazione differenziale. Inoltre per $y \neq -1$ si ha che

$$\begin{aligned} \int \frac{dy}{y+1} &= \int dx \\ \log|y+1| &= x + c, \qquad c \in \mathbb{R} \\ |y+1| &= ce^x, \qquad c > 0 \\ y+1 &= ce^x, \qquad c \neq 0 \\ y(x) &= ce^x - 1, \qquad c \neq 0. \end{aligned}$$

Poiché per $c = 0$ si ottiene $y(x) = -1$, si ha che le soluzioni sono

$$y(x) = ce^x - 1, \qquad c \in \mathbb{R}.$$

b) Consideriamo l'equazione differenziale $y' = \left(1 - y^2\right)\sin^2 x$. Si ha che $y(x) = \pm 1$ sono integrali particolari dell'equazione differenziale. Inoltre per $y \neq \pm 1$ si ha che

$$\begin{aligned} \int \frac{dy}{1-y^2} &= \int \sin^2 x\, dx \\ \frac{1}{2}\log\left|\frac{1+y}{1-y}\right| &= \frac{1}{2}(x - \sin x \cos x) + c, \qquad c \in \mathbb{R} \\ \left|\frac{1+y}{1-y}\right| &= ce^{x - \sin x \cos x}, \qquad c > 0 \\ \frac{1+y}{1-y} &= ce^{x - \sin x \cos x}, \qquad c \neq 0 \\ y(x) &= \frac{ce^{x-\sin x \cos x} - 1}{ce^{x - \sin x \cos x} + 1}, \qquad c \neq 0. \end{aligned}$$

Poiché per $c = 0$ si ottiene $y(x) = -1$, si ha che le soluzioni sono

$$y(x) = 1, \qquad y(x) = \frac{ce^{x-\sin x \cos x} - 1}{ce^{x - \sin x \cos x} + 1}, \qquad c \in \mathbb{R}.$$

c) Consideriamo l'equazione differenziale $y' = \dfrac{2xy}{x^2-1}$. Si ha che $y(x) = 0$ è un integrale particolare dell'equazione differenziale. Inoltre per $y \neq 0$ si ha che

$$\begin{aligned} \int \frac{dy}{y} &= \int \frac{2x}{x^2-1}\,dx \\ \log|y| &= \log\left|x^2-1\right| + c, \qquad c \in \mathbb{R} \\ |y| &= c\left|x^2-1\right|, \qquad c>0 \\ y(x) &= c\left(x^2-1\right), \qquad c \neq 0. \end{aligned}$$

Poiché per $c = 0$ si ottiene $y(x) = 0$, si ha che le soluzioni sono

$$y(x) = c\left(x^2-1\right), \qquad c \in \mathbb{R}.$$

d) Consideriamo l'equazione differenziale $(x-3)^2 y' = x(y-1)$. Si ha che $y(x) = 1$ è un integrale particolare dell'equazione differenziale. Inoltre per $y \neq 1$ e $x \neq 3$ si ha che

$$\begin{aligned} \int \frac{dy}{y-1} &= \int \frac{x}{(x-3)^2}\,dx \\ \log|y-1| &= \log|x-3| - \frac{3}{x-3} + c, \qquad c \in \mathbb{R} \\ |y-1| &= c|x-3|\,e^{-\frac{3}{x-3}}, \qquad c>0 \\ y-1 &= c(x-3)\,e^{-\frac{3}{x-3}}, \qquad c \neq 0 \\ y(x) &= c(x-3)\,e^{-\frac{3}{x-3}} + 1, \qquad c \neq 0. \end{aligned}$$

Poiché per $c = 0$ si ottiene $y(x) = 1$, si ha che le soluzioni sono

$$y(x) = c(x-3)\,e^{-\frac{3}{x-3}} + 1, \qquad c \in \mathbb{R}.$$

e) Consideriamo l'equazione differenziale $y' = y(1+y)$. Si ha che $y(x) = 0$ e $y(x) = -1$ sono integrali particolari dell'equazione differenziale. Inoltre per $y \neq 0, -1$ si ha che

$$\begin{aligned} \int \frac{dy}{y(1+y)} &= \int dx \\ \log\left|\frac{y}{1+y}\right| &= x + c, \qquad c \in \mathbb{R} \\ \left|\frac{y}{1+y}\right| &= ce^x, \qquad c>0 \\ \frac{y}{1+y} &= ce^x, \qquad c \neq 0 \\ y(x) &= \frac{ce^x}{1-ce^x}, \qquad c \neq 0. \end{aligned}$$

Poiché per $c = 0$ si ottiene $y(x) = 0$, si ha che le soluzioni sono

$$y(x) = -1, \qquad y(x) = \frac{ce^x}{1 - ce^x}, \qquad c \in \mathbb{R}.$$

f) Consideriamo l'equazione differenziale $y' = e^{x+y}$. Si ha che

$$\begin{aligned} \int e^{-y}\,dy &= \int e^x\,dx \\ -e^{-y} &= e^x + c, \qquad c < 0 \\ e^{-y} &= -e^x + c, \qquad c > 0 \\ y(x) &= -\log(c - e^x), \qquad c > 0, \end{aligned}$$

che sono le soluzioni.

g) Consideriamo l'equazione differenziale $xy' = y\left(1 + y^2\right)$. Si ha che $y(x) = 0$ è un integrale particolare dell'equazione differenziale. Inoltre per $y \neq 0$ e $x \neq 0$ si ha che

$$\begin{aligned} \int \frac{dy}{y(1+y^2)} &= \int \frac{1}{x}\,dx \\ \log \frac{|y|}{\sqrt{1+y^2}} &= \log|x| + c, \qquad c \in \mathbb{R} \\ \frac{|y|}{\sqrt{1+y^2}} &= c|x|, \qquad c > 0 \\ \frac{y^2}{1+y^2} &= c^2x^2, \qquad c > 0 \\ y(x) &= \frac{cx}{\sqrt{1-c^2x^2}}, \qquad c \neq 0. \end{aligned}$$

Poiché per $c = 0$ si ottiene $y(x) = 0$, si ha che le soluzioni sono

$$y(x) = \frac{cx}{\sqrt{1-c^2x^2}}, \qquad c \in \mathbb{R}.$$

h) Consideriamo l'equazione differenziale $y' \tan x = y$. Si ha che $y(x) = 0$ è un integrale particolare dell'equazione differenziale. Inoltre per $y \neq 0$ e $x \neq k\frac{\pi}{2}$, $k \in \mathbb{Z}$, si ha che

$$\begin{aligned} \int \frac{dy}{y} &= \int \frac{\cos x}{\sin x}\,dx \\ \log|y| &= \log|\sin x| + c, \qquad c \in \mathbb{R} \\ |y| &= c|\sin x|, \qquad c > 0 \\ y(x) &= c\sin x, \qquad c \neq 0. \end{aligned}$$

Poiché per $c = 0$ si ottiene $y(x) = 0$, si ha che le soluzioni sono

$$y(x) = c\sin x, \qquad c \in \mathbb{R}.$$

i) Consideriamo l'equazione differenziale $t\left(1+y^2\right)y'=3$. Per $t\neq 0$ si ha che

$$\begin{aligned}\int\left(1+y^2\right)dy &= 3\int\frac{1}{t}\,dt\\ y+\tfrac{1}{3}y^3+c &= 3\log|t|, \qquad c\in\mathbb{R}\\ |t| &= ce^{\frac{1}{3}y+\frac{1}{9}y^3}, \qquad c>0\\ t &= ce^{\frac{1}{3}y+\frac{1}{9}y^3}, \qquad c\neq 0,\end{aligned}$$

che fornisce le soluzioni in forma implicita.

j) Consideriamo l'equazione differenziale $y'=\dfrac{e^{2t}}{1+e^{2t}}y$. Si ha che $y(t)=0$ è un integrale particolare dell'equazione differenziale. Inoltre per $y\neq 0$ si ha che

$$\begin{aligned}\int\frac{dy}{y} &= \int\frac{e^{2t}}{1+e^{2t}}\,dt\\ \log|y| &= \frac{1}{2}\log\left(1+e^{2t}\right)+c, \qquad c\in\mathbb{R}\\ |y| &= c\sqrt{1+e^{2t}}, \qquad c>0\\ y(t) &= c\sqrt{1+e^{2t}}, \qquad c\neq 0.\end{aligned}$$

Poiché per $c=0$ si ottiene $y(t)=0$, si ha che le soluzioni sono

$$y(t)=c\sqrt{1+e^{2t}}, \qquad c\in\mathbb{R}.$$

k) Consideriamo l'equazione differenziale $y'=\dfrac{t+2}{t(t+1)}y$. Si ha che $y(t)=0$ è un integrale particolare dell'equazione differenziale. Inoltre per $y\neq 0$ si ha che

$$\begin{aligned}\int\frac{dy}{y} &= \int\frac{t+2}{t(t+1)}\,dt\\ \log|y| &= \log\frac{t^2}{|t+1|}+c, \qquad c\in\mathbb{R}\\ |y| &= \frac{ct^2}{|t+1|}, \qquad c>0\\ y(t) &= \frac{ct^2}{t+1}, \qquad c\neq 0.\end{aligned}$$

Poiché per $c=0$ si ottiene $y(t)=0$, si ha che le soluzioni sono

$$y(t)=\frac{ct^2}{t+1}, \qquad c\in\mathbb{R}.$$

l) Consideriamo l'equazione differenziale $y'=\dfrac{t^2-1}{t^2}$. Si ha che

$$y(t)=\int\frac{t^2-1}{t^2}\,dt=t+\frac{1}{t}+c, \qquad c\in\mathbb{R},$$

che sono le soluzioni.

$m)$ Consideriamo l'equazione differenziale $y' = y^2 \log t$. Si ha che $y(t) = 0$ è un integrale particolare dell'equazione differenziale. Inoltre per $y \neq 0$ si ha che

$$\begin{aligned}
\int \frac{dy}{y^2} &= \int \log t \, dt \\
-\frac{1}{y} &= t(\log t - 1) + c, \qquad c \in \mathbb{R} \\
y(t) &= \frac{1}{c - t(\log t - 1)}, \qquad c \in \mathbb{R}.
\end{aligned}$$

Le soluzioni sono

$$y(t) = 0, \qquad y(t) = \frac{1}{c - t(\log t - 1)}, \qquad c \in \mathbb{R}.$$

$n)$ Consideriamo l'equazione differenziale $y' = \left(1 + y^2\right)\left(1 + t^2\right)$. Si ha che

$$\begin{aligned}
\int \frac{dy}{1 + y^2} &= \int \left(1 + t^2\right) dt \\
\arctan y &= t + \frac{1}{3}t^3 + c, \qquad c \in \mathbb{R} \\
y(t) &= \tan\left(\frac{1}{3}t^3 + t + c\right), \qquad c \in \mathbb{R},
\end{aligned}$$

che sono le soluzioni.

$o)$ Consideriamo l'equazione differenziale $y' = (1 + e^y)t$. Si ha che

$$\begin{aligned}
\int \frac{dy}{1 + e^y} &= \int t \, dt \\
\log \frac{e^y}{1 + e^y} &= \frac{1}{2}t^2 + c, \qquad c \in \mathbb{R} \\
\frac{e^y}{1 + e^y} &= ce^{\frac{1}{2}t^2}, \qquad c > 0 \\
e^y &= \frac{ce^{\frac{1}{2}t^2}}{1 - ce^{\frac{1}{2}t^2}}, \qquad c > 0 \\
y(t) &= \log\left(\frac{ce^{\frac{1}{2}^2}}{1 - ce^{\frac{1}{2}t^2}}\right), \qquad c > 0,
\end{aligned}$$

che sono le soluzioni.

p) Consideriamo l'equazione differenziale $y' = e^t y \log y$. Si ha che $y(t) = 1$ è un integrale particolare dell'equazione differenziale. Inoltre per $y \neq 1$ si ha che

$$\begin{aligned}
\int \frac{dy}{y \log y} &= \int e^t \, dt \\
\log|\log y| &= e^t + c, \qquad c \in \mathbb{R} \\
|\log y| &= ce^{e^t}, \qquad c > 0 \\
y(t) &= e^{ce^{e^t}}, \qquad c \neq 0.
\end{aligned}$$

Poiché per $c = 0$ si ottiene $y(t) = 1$, si ha che le soluzioni sono

$$y(t) = e^{ce^{e^t}}, \qquad c \in \mathbb{R}.$$

q) Consideriamo l'equazione differenziale $x' = \dfrac{x^2 - 5x + 6}{t^2 + 1}$. Si ha che $x(t) = 2$ e $x(t) = 3$ sono integrali particolari dell'equazione differenziale. Inoltre per $x \neq 2, 3$ si ha che

$$\begin{aligned}
\int \frac{dx}{(x-2)(x-3)} &= \int \frac{1}{t^2+1} \, dt \\
\log\left|\frac{x-3}{x-2}\right| &= \arctan t + c, \qquad c \in \mathbb{R} \\
\left|\frac{x-3}{x-2}\right| &= ce^{\arctan t}, \qquad c > 0 \\
\frac{x-3}{x-2} &= ce^{\arctan t}, \qquad c \neq 0 \\
x(t) &= \frac{3 - 2ce^{\arctan t}}{1 - ce^{\arctan t}}, \qquad c \neq 0.
\end{aligned}$$

Poiché per $c = 0$ si ottiene $x(t) = 3$, si ha che le soluzioni sono

$$x(t) = 2, \qquad x(t) = \frac{3 - 2ce^{\arctan t}}{1 - ce^{\arctan t}}, \qquad c \in \mathbb{R}.$$

r) Consideriamo l'equazione differenziale $x' + 2tx = tx^2$. Si può scrivere come $x' = tx(x-2)$. Si ha che $x(t) = 0$ e $x(t) = 2$ sono integrali particolari dell'equazione differenziale. Inoltre per $x \neq 0, 2$ si ha che

$$\begin{aligned}
\int \frac{dx}{x(x-2)} &= \int t \, dt \\
\frac{1}{2}\log\left|\frac{x-2}{x}\right| &= \frac{1}{2}t^2 + c, \qquad c \in \mathbb{R} \\
\left|\frac{x-2}{x}\right| &= ce^{t^2}, \qquad c > 0 \\
\frac{x-2}{x} &= ce^{t^2}, \qquad c \neq 0 \\
x(t) &= \frac{2}{1 - ce^{t^2}}, \qquad c \neq 0.
\end{aligned}$$

Poiché per $c = 0$ si ottiene $x(t) = 2$, si ha che le soluzioni sono

$$x(t) = 0, \qquad x(t) = \frac{2}{1 - ce^{t^2}}, \qquad c \in \mathbb{R}.$$

s) Consideriamo l'equazione differenziale $x' = \dfrac{(t-1)x}{\log x}$. Si ha che

$$\begin{aligned}
\int \frac{\log x}{x}\, dx &= \int (t-1)\, dt \\
\frac{1}{2}\log^2 x &= \frac{1}{2}t^2 - t + c, \qquad c \in \mathbb{R} \\
\log^2 x &= t^2 - 2t + c, \qquad c \in \mathbb{R} \\
\log x &= \pm\sqrt{t^2 - 2t + c}, \qquad c \in \mathbb{R} \\
x(t) &= e^{\pm\sqrt{t^2-2t+c}}, \qquad c \in \mathbb{R},
\end{aligned}$$

che sono le soluzioni.

t) Consideriamo l'equazione differenziale $x' = 2t\sqrt{1-x^2}$. Si ha che $x(t) = \pm 1$ sono integrali particolari dell'equazione differenziale. Inoltre per $x \neq \pm 1$ si ha che

$$\begin{aligned}
\int \frac{dx}{\sqrt{1-x^2}} &= \int 2t\, dt \\
\arcsin x &= t^2 + c, \qquad c \in \mathbb{R} \\
x(t) &= \sin\left(t^2 + c\right), \qquad c \in \mathbb{R}.
\end{aligned}$$

Le soluzioni sono

$$x(t) = \pm 1, \qquad x(t) = \sin\left(t^2 + c\right), \qquad c \in \mathbb{R}.$$

u) Consideriamo l'equazione differenziale $x' = -2tx^2$. Si ha che $x(t) = 0$ è un integrale particolare dell'equazione differenziale. Inoltre per $x \neq 0$ si ha che

$$\begin{aligned}
\int \frac{dx}{x^2} &= -\int 2t\, dt \\
-\frac{1}{x} &= -t^2 + c, \qquad c \in \mathbb{R} \\
x(t) &= \frac{1}{t^2 + c}, \qquad c \in \mathbb{R}.
\end{aligned}$$

Le soluzioni sono

$$x(t) = 0, \qquad x(t) = \frac{1}{t^2 + c}, \qquad c \in \mathbb{R}.$$

v) Consideriamo l'equazione differenziale $t^2(1-x)x' + (1+t)x^2 = 0$. Si può scrivere come $t^2(1-x)x' = -(1+t)x^2$. Si ha che $x(t) = 0$ è un integrale particolare dell'equazione differenziale. Inoltre per $x \neq 0$ e $t \neq 0$ si ha che

$$\begin{aligned}
\int \frac{1-x}{x^2}\,dx &= -\int \frac{1+t}{t^2}\,dt \\
-\frac{1}{x} - \log|x| &= \frac{1}{t} - \log|t| + c, \qquad c \in \mathbb{R} \\
\frac{1}{|x|}e^{-\frac{1}{x}} &= \frac{1}{|t|}ce^{\frac{1}{t}}, \qquad c > 0 \\
\frac{1}{x}e^{-\frac{1}{x}} &= \frac{1}{t}ce^{\frac{1}{t}}, \qquad c \neq 0 \\
xe^{\frac{1}{x}} &= cte^{-\frac{1}{t}}, \qquad c \neq 0.
\end{aligned}$$

Poiché per $c = 0$ si ottiene $x(t) = 0$, si ha che le soluzioni sono, in forma implicita,

$$xe^{\frac{1}{x}} = cte^{-\frac{1}{t}}, \qquad c \in \mathbb{R}.$$

w) Consideriamo l'equazione differenziale $x' = \dfrac{3x-2}{t^2+1}$. Si ha che $x(t) = \frac{2}{3}$ è un integrale particolare dell'equazione differenziale. Inoltre per $x \neq \frac{2}{3}$ si ha che

$$\begin{aligned}
\int \frac{dx}{3x-2} &= \int \frac{1}{t^2+1}\,dt \\
\frac{1}{3}\log|3x-2| &= \arctan t + c, \qquad c \in \mathbb{R} \\
|3x-2| &= ce^{3\arctan t}, \qquad c > 0 \\
3x-2 &= ce^{3\arctan t}, \qquad c \neq 0 \\
x(t) &= \frac{2}{3} + ce^{3\arctan t}, \qquad c \neq 0.
\end{aligned}$$

Poiché per $c = 0$ si ottiene $x(t) = \frac{2}{3}$, si ha che le soluzioni sono

$$x(t) = \frac{2}{3} + ce^{3\arctan t}, \qquad c \in \mathbb{R}.$$

z) Consideriamo l'equazione differenziale $x' = \tan^2 t \sqrt[3]{2x+3}$. Si ha che $x(t) = -\frac{3}{2}$ è un integrale particolare dell'equazione differenziale. Inoltre per $x \neq -\frac{3}{2}$ si ha che

$$\begin{aligned}
\int \frac{1}{\sqrt[3]{2x+3}}\,dx &= \int \tan^2 t\,dt \\
\frac{3}{4}\sqrt[3]{(2x+3)^2} &= \tan t - t + c, \qquad c \in \mathbb{R} \\
\sqrt[3]{(2x+3)^2} &= \frac{4}{3}(\tan t - t) + c, \qquad c \in \mathbb{R} \\
2x+3 &= \pm\left[\frac{4}{3}(\tan t - t) + c\right]^{\frac{3}{2}}, \qquad c \in \mathbb{R} \\
x(t) &= -\frac{3}{2} \pm \frac{1}{2}\left[\frac{4}{3}(\tan t - t) + c\right]^{\frac{3}{2}}, \qquad c \in \mathbb{R}.
\end{aligned}$$

Le soluzioni sono

$$x(t) = -\frac{3}{2}, \qquad x(t) = -\frac{3}{2} \pm \frac{1}{2}\left[\frac{4}{3}(\tan t - t) + c\right]^{\frac{3}{2}}, \qquad c \in \mathbb{R}.$$

Esercizio 2.

a) Consideriamo il problema di Cauchy

$$\begin{cases} y' = \sqrt{y} \\ y(0) = 1. \end{cases}$$

Poiché la funzione $g(y) = \sqrt{y}$ è derivabile con derivata continua in $(0, +\infty)$, per il Teorema (1.4) il problema di Cauchy ammette un'unica soluzione massimale definita in un intervallo contenente $x_0 = 0$. Si ha che $y(x) = 0$ è soluzione dell'equazione differenziale ma non del problema di Cauchy. Per $y \neq 0$ si ha che

$$\begin{aligned} \int \frac{1}{\sqrt{y}}\,dy &= \int dx \\ 2\sqrt{y} &= x + c, \qquad c \in \mathbb{R} \\ y(x) &= \left(\frac{1}{2}x + c\right)^2, \qquad c \in \mathbb{R}. \end{aligned}$$

Imponendo la condizione iniziale $y(0) = 1$ si ottiene $c = 1$. Quindi la soluzione del problema di Cauchy è

$$y(x) = \left(\frac{1}{2}x + 1\right)^2.$$

Essendo g definita in $(0, +\infty)$, si ha che $x \neq -2$. Si osservi che y è soluzione anche in $x = -2$. Quindi $\operatorname{dom}(y) = [-2, +\infty)$.

b) Consideriamo il problema di Cauchy

$$\begin{cases} y' = \dfrac{y}{x(1 + 9x^2)} \\ y(1) = \sqrt{10}. \end{cases}$$

Poiché la funzione $f(x) = \frac{1}{x(1+9x^2)}$ è continua su $(0, +\infty)$ e la funzione $g(y) = y$ è derivabile con derivata continua in $\mathbb{R}$, per il Teorema (1.4) il problema di Cauchy ammette un'unica soluzione massimale definita in un intervallo contenente $x_0 = 1$ e contenuto in $(0, +\infty)$. Si ha che $y(x) = 0$ è soluzione dell'equazione differenziale ma non del problema di Cauchy. Per $y \neq 0$ si ha che

$$\begin{aligned}
\int \frac{1}{y}\, dy &= \int \frac{1}{x(1+9x^2)}\, dx \\
\log|y| &= \log \frac{|x|}{\sqrt{1+9x^2}} + c, \qquad c \in \mathbb{R} \\
|y| &= \frac{c|x|}{\sqrt{1+9x^2}}, \qquad c > 0 \\
y(x) &= \frac{cx}{\sqrt{1+9x^2}}, \qquad c \neq 0.
\end{aligned}$$

Imponendo la condizione iniziale $y(1) = \sqrt{10}$ si ottiene $c = 10$. Quindi la soluzione del problema di Cauchy è

$$y(x) = \frac{10x}{\sqrt{1+9x^2}}.$$

Si ha che $\operatorname{dom}(y) = (0, +\infty)$.

c) Consideriamo il problema di Cauchy

$$\begin{cases} y' = -xe^{-y} \\ y(0) = -1. \end{cases}$$

Poiché la funzione $f(x) = -x$ è continua su $\mathbb{R}$ e la funzione $g(y) = e^{-y}$ è derivabile con derivata continua in $\mathbb{R}$, per il Teorema (1.4) il problema di Cauchy ammette un'unica soluzione massimale definita in un intervallo contenente $x_0 = 0$. Si ha che

$$\begin{aligned}
\int e^y\, dy &= -\int x\, dx \\
e^y &= -\frac{1}{2}x^2 + c, \qquad c \in \mathbb{R} \\
y(x) &= \log\left(c - \frac{1}{2}x^2\right), \qquad c \in \mathbb{R}
\end{aligned}$$

Imponendo la condizione iniziale $y(0) = -1$ si ottiene $c = e^{-1}$. Quindi la soluzione del problema di Cauchy è

$$y(x) = \log\left(\frac{1}{e} - \frac{1}{2}x^2\right).$$

Si ha che $\operatorname{dom}(y) = \left(-\sqrt{\frac{2}{e}}, \sqrt{\frac{2}{e}}\right)$.

d) Consideriamo il problema di Cauchy

$$\begin{cases} y' = \dfrac{x+1}{x(y-1)} \\ y(1) = 0. \end{cases}$$

Poiché la funzione $f(x) = \frac{x+1}{x}$ è continua su $(0, +\infty)$ e la funzione $g(y) = \dfrac{1}{y-1}$ è derivabile con derivata continua in $(-\infty, 1)$, per il Teorema (1.4) il problema di Cauchy ammette un'unica soluzione massimale definita in un intervallo contenente $x_0 = 1$ e contenuto in $(0, +\infty)$. Si ha che

$$\begin{aligned}
\int (y-1)\, dy &= \int \frac{x+1}{x}\, dx \\
\frac{1}{2}y^2 - y &= x + \log x + c, \qquad c \in \mathbb{R} \\
y^2 - 2y & -2x - 2\log x + c = 0, \qquad c \in \mathbb{R} \\
y(x) &= 1 \pm \sqrt{2x + 2\log x + c + 1}, \qquad c \in \mathbb{R}.
\end{aligned}$$

Essendo g definita in $(-\infty, 1)$, la soluzione è della forma

$$y(x) = 1 - \sqrt{2x + 2\log x + c + 1}, \qquad c \in \mathbb{R}.$$

Imponendo la condizione iniziale $y(1) = 0$ si ottiene $c = -2$. Quindi la soluzione del problema di Cauchy è

$$y(x) = 1 - \sqrt{2x + 2\log x - 1}.$$

La funzione y è definita per tutti gli x in un intervallo contenuto in $(0, +\infty)$, contenente $x_0 = 1$, tali che $2x + 2\log x - 1 > 0$. Quindi

$$\log x > \frac{1}{2} - x \quad \Longrightarrow \quad x > \alpha, \qquad \text{dove } \tfrac{1}{2} < \alpha < 1 \text{ è tale che } \log \alpha = \tfrac{1}{2} - \alpha.$$

Ne segue che $\operatorname{dom}(y) = (\alpha, +\infty)$.

e) Consideriamo il problema di Cauchy

$$\begin{cases} y' = \dfrac{1}{2}\left(y^2 - 1\right)\cos t \\ y(\pi) = 3. \end{cases}$$

Poiché la funzione $f(t) = \frac{1}{2}\cos t$ è continua su $\mathbb{R}$ e la funzione $g(y) = y^2 - 1$ è derivabile con derivata continua in $\mathbb{R}$, per il Teorema (1.4) il problema di Cauchy ammette un'unica soluzione massimale definita in un intervallo contenente $t_0 = \pi$. Si ha che $y(t) = \pm 1$ sono soluzioni dell'equazione differenziale ma non del problema di Cauchy. Per $y \neq \pm 1$ si ha che

$$\begin{aligned}
\int \frac{1}{(y-1)(y+1)}\,dy &= \frac{1}{2}\int \cos t\,dt \\
\frac{1}{2}\log\left|\frac{y-1}{y+1}\right| &= \frac{1}{2}\sin t + c, \qquad c \in \mathbb{R} \\
\left|\frac{y-1}{y+1}\right| &= ce^{\sin t}, \qquad c > 0 \\
\frac{y-1}{y+1} &= ce^{\sin t}, \qquad c \neq 0 \\
y(t) &= \frac{1+ce^{\sin t}}{1-ce^{\sin t}}, \qquad c \neq 0.
\end{aligned}$$

Imponendo la condizione iniziale $y(\pi) = 3$ si ottiene $c = \frac{1}{2}$. Quindi la soluzione del problema di Cauchy è

$$y(t) = \frac{2+e^{\sin t}}{2-e^{\sin t}}.$$

Si ha che $\operatorname{dom}(y) = \Big(\pi - \arcsin(\log 2), 2\pi + \arcsin(\log 2)\Big)$.

f) Consideriamo il problema di Cauchy

$$\begin{cases} y' = \dfrac{y^2-5y+6}{t^2+1} \\ y(0) = 2. \end{cases}$$

Poiché la funzione $f(t) = \frac{1}{t^2+1}$ è continua su $\mathbb{R}$ e la funzione $g(y) = y^2 - 5y + 6$ è derivabile con derivata continua in $\mathbb{R}$, per il Teorema (1.4) il problema di Cauchy ammette un'unica soluzione massimale definita in un intervallo contenente $t_0 = 0$. Si ha che $y(t) = 2$ è soluzione dell'equazione differenziale e verifica la condizione iniziale, quindi è la soluzione del problema di Cauchy. Si ha che $\operatorname{dom}(y) = \mathbb{R}$.

g) Consideriamo il problema di Cauchy

$$\begin{cases} y' = \dfrac{1-e^{-y}}{2t+1} \\ y(0) = 1. \end{cases}$$

Poiché la funzione $f(t) = \frac{1}{2t+1}$ è continua su $\left(-\frac{1}{2}, +\infty\right)$ e la funzione $g(y) = 1-e^{-y}$ è derivabile con derivata continua in $\mathbb{R}$, per il Teorema (1.4) il problema di Cauchy ammette un'unica soluzione massimale definita in un intervallo contenente $t_0 = 0$ e contenuto in $\left(-\frac{1}{2}, +\infty\right)$. Si ha che $y(t) = 0$ è soluzione dell'equazione differenziale ma non del problema di Cauchy. Per $y \neq 0$ si ha che

$$\begin{aligned}
\int \frac{1}{1-e^{-y}}\,dy &= \int \frac{1}{2t+1}\,dt \\
\log|e^y - 1| &= \frac{1}{2}\log(2t+1) + c, \qquad c \in \mathbb{R} \\
|e^y - 1| &= c\sqrt{2t+1}, \qquad c > 0 \\
e^y - 1 &= c\sqrt{2t+1}, \qquad c \neq 0 \\
y(t) &= \log\left(1 + c\sqrt{2t+1}\right), \qquad c \neq 0.
\end{aligned}$$

Imponendo la condizione iniziale $y(0) = 1$ si ottiene $c = e - 1$. Quindi la soluzione del problema di Cauchy è

$$y(t) = \log\left(1 + (e-1)\sqrt{2t+1}\right).$$

Si ha che $\operatorname{dom}(y) = \left(-\frac{1}{2}, +\infty\right)$.

h) Consideriamo il problema di Cauchy

$$\begin{cases} y' = \dfrac{e^t}{2y+1} \\ y(0) = 1. \end{cases}$$

Poiché la funzione $f(t) = e^t$ è continua su $\mathbb{R}$ e la funzione $g(y) = \dfrac{1}{2y+1}$ è derivabile con derivata continua in $\left(-\frac{1}{2}, +\infty\right)$, per il Teorema (1.4) il problema di Cauchy ammette un'unica soluzione massimale definita in un intervallo contenente $t_0 = 0$. Si ha che

$$\begin{aligned}
\int (2y+1)\,dy &= \int e^t\,dt \\
y^2 + y &= e^t + c, \qquad c \in \mathbb{R} \\
y^2 + y &- e^t + c = 0, \qquad c \in \mathbb{R} \\
y(t) &= -\frac{1}{2} \pm \frac{1}{2}\sqrt{1 + 4e^t - 4c}, \qquad c \in \mathbb{R}.
\end{aligned}$$

Essendo g definita in $\left(-\frac{1}{2}, +\infty\right)$, la soluzione è della forma

$$y(t) = -\frac{1}{2} + \frac{1}{2}\sqrt{1 + 4e^t - 4c}, \qquad c \in \mathbb{R}.$$

Imponendo la condizione iniziale $y(0) = 1$ si ottiene $c = -1$. Quindi la soluzione del problema di Cauchy è

$$y(t) = -\frac{1}{2} + \frac{1}{2}\sqrt{4e^t + 5}.$$

Si ha che $\operatorname{dom}(y) = \mathbb{R}$.

i) Consideriamo il problema di Cauchy

$$\begin{cases} x' = \left(1 + x^2\right) \sin t \\ x(0) = 1. \end{cases}$$

Poiché la funzione $f(t) = \sin t$ è continua su $\mathbb{R}$ e la funzione $g(x) = 1 + x^2$ è derivabile con derivata continua in $\mathbb{R}$, per il Teorema (1.4) il problema di Cauchy ammette un'unica soluzione massimale definita in un intervallo contenente $t_0 = 0$. Si ha che

$$\begin{aligned} \int \frac{1}{1+x^2}\,dx &= \int \sin t\,dt \\ \arctan x &= -\cos t + c, \qquad c \in \mathbb{R} \\ x(t) &= \tan\left(c - \cos t\right), \qquad c \in \mathbb{R}. \end{aligned}$$

Imponendo la condizione iniziale $x(0) = 1$ si ottiene $c = 1 + \frac{\pi}{4}$. Quindi la soluzione del problema di Cauchy è

$$x(t) = \tan\left(1 + \frac{\pi}{4} - \cos t\right).$$

Si ha che $\operatorname{dom}(x) = \left(-\arccos\frac{4-\pi}{4}, \arccos\frac{4-\pi}{4}\right)$.

l) Consideriamo il problema di Cauchy

$$\begin{cases} x' = -\dfrac{x^2 - 1}{x} t \\ x(1) = 1. \end{cases}$$

Poiché la funzione $f(t) = t$ è continua su $\mathbb{R}$ e la funzione $g(x) = -\dfrac{x^2-1}{x}$ è derivabile con derivata continua in $(0, +\infty)$, per il Teorema (1.4) il problema di Cauchy ammette un'unica soluzione massimale definita in un intervallo contenente $t_0 = 1$. Si ha che $x(t) = 1$ è soluzione dell'equazione differenziale e verifica la condizione iniziale, quindi è la soluzione del problema di Cauchy. Si ha che $\operatorname{dom}(x) = \mathbb{R}$.

m) Consideriamo il problema di Cauchy

$$\begin{cases} x' = e^t \cos^2 x \\ x(1) = \dfrac{\pi}{4}. \end{cases}$$

Poiché la funzione $f(t) = e^t$ è continua su $\mathbb{R}$ e la funzione $g(x) = \cos^2 x$ è derivabile con derivata continua in $\mathbb{R}$, per il Teorema (1.4) il problema di Cauchy ammette un'unica soluzione massimale definita in un intervallo contenente $t_0 = 1$. Si ha che

$x(t) = \frac{\pi}{2} + k\pi$, per ogni $k \in \mathbb{Z}$, è soluzione dell'equazione differenziale ma non del problema di Cauchy. Per $x \neq \frac{\pi}{2} + k\pi$, $k \in \mathbb{Z}$, si ha che

$$\begin{aligned} \int \frac{1}{\cos^2 x}\, dx &= \int e^t\, dt \\ \tan x &= e^t + c, \qquad c \in \mathbb{R} \\ \text{essendo } x(1) = \tfrac{\pi}{4} &\text{ si ha che } x \in (-\tfrac{\pi}{2}, \tfrac{\pi}{2}), \text{ quindi} \\ x(t) &= \arctan(e^t + c), \qquad c \in \mathbb{R}. \end{aligned}$$

Imponendo la condizione iniziale $x(1) = \frac{\pi}{4}$ si ottiene $c = 1 - e$. Quindi la soluzione del problema di Cauchy è

$$x(t) = \arctan(e^t + 1 - e).$$

Si ha che $\operatorname{dom}(x) = \mathbb{R}$.

$n)$ Consideriamo il problema di Cauchy

$$\begin{cases} x' = \sqrt{\dfrac{1+x}{1+t^2}} \\ x(0) = 2. \end{cases}$$

Poiché la funzione $f(t) = \sqrt{1+t^2}$ è continua su $\mathbb{R}$ e la funzione $g(x) = \sqrt{1+x}$ è derivabile con derivata continua in $(-1, +\infty)$, per il Teorema (1.4) il problema di Cauchy ammette un'unica soluzione massimale definita in un intervallo contenente $t_0 = 0$. Si ha che $x(t) = -1$ è soluzione dell'equazione differenziale ma non del problema di Cauchy. Per $x \neq -1$ si ha che

$$\begin{aligned} \int \frac{1}{\sqrt{1+x}}\, dx &= \int \frac{1}{\sqrt{1+t^2}}\, dt \\ 2\sqrt{1+x} &= \log\left(t + \sqrt{1+t^2}\right) + c, \qquad c \in \mathbb{R} \\ \sqrt{1+x} &= \frac{1}{2}\log\left(t + \sqrt{1+t^2}\right) + c, \qquad c \in \mathbb{R} \\ 1 + x &= \left[\frac{1}{2}\log\left(t + \sqrt{1+t^2}\right) + c\right]^2, \qquad c \in \mathbb{R} \\ x(t) &= -1 + \left[\frac{1}{2}\log\left(t + \sqrt{1+t^2}\right) + c\right]^2, \qquad c \in \mathbb{R}. \end{aligned}$$

Imponendo la condizione iniziale $x(0) = 2$ si ottiene $c = \sqrt{3}$. Quindi la soluzione del problema di Cauchy è

$$x(t) = -1 + \left[\frac{1}{2}\log\left(x + \sqrt{1+t^2}\right) + \sqrt{3}\right]^2.$$

Essendo g definita su $(-1,+\infty)$, si ha che $\left[\frac{1}{2}\log\left(t+\sqrt{1+t^2}\right)+\sqrt{3}\right]\neq 0$, da cui $t\neq \frac{1}{2}e^{-2\sqrt{3}}-\frac{1}{2}e^{2\sqrt{3}}$. Si osservi che x è soluzione anche in $t=\frac{1}{2}e^{-2\sqrt{3}}-\frac{1}{2}e^{2\sqrt{3}}$. Quindi $\operatorname{dom}(x)=\left[\frac{1}{2}e^{-2\sqrt{3}}-\frac{1}{2}e^{2\sqrt{3}},+\infty\right)$.

3.2 Equazioni differenziali lineari del primo ordine

Esercizio 1.

a) Consideriamo l'equazione differenziale $y'=xy+x^3$. Poiché

$$\int x\,dx=\frac{1}{2}x^2+c,\qquad c\in\mathbb{R},$$

l'integrale generale è dato da

$$\begin{aligned}y(x)&=e^{\frac{1}{2}x^2}\left(\int x^3\,e^{-\frac{1}{2}x^2}\,dx\right)=\\&=e^{\frac{1}{2}x^2}\left(-x^2\,e^{-\frac{1}{2}x^2}+2\int x\,e^{-\frac{1}{2}x^2}\,dx\right)=\\&=e^{\frac{1}{2}x^2}\left(-x^2\,e^{-\frac{1}{2}x^2}-2e^{-\frac{1}{2}x^2}+c\right)=\\&=ce^{\frac{1}{2}x^2}-x^2-2,\qquad c\in\mathbb{R}.\end{aligned}$$

b) Consideriamo l'equazione differenziale $y'=-xy+x$. Poiché

$$-\int x\,dx=-\frac{1}{2}x^2+c,\qquad c\in\mathbb{R},$$

l'integrale generale è dato da

$$\begin{aligned}y(x)&=e^{-\frac{1}{2}x^2}\left(\int x\,e^{\frac{1}{2}x^2}\,dx\right)=\\&=e^{-\frac{1}{2}x^2}\left(e^{\frac{1}{2}x^2}+c\right)=\\&=ce^{-\frac{1}{2}x^2}+1,\qquad c\in\mathbb{R}.\end{aligned}$$

c) Consideriamo l'equazione differenziale $y'=\dfrac{2}{x}y+\dfrac{x+1}{x}$. Poiché

$$\int\frac{2}{x}\,dx=2\log|x|+c,\qquad c\in\mathbb{R},$$

l'integrale generale è dato da

$$\begin{aligned}y(x)&=e^{2\log|x|}\left(\int\frac{x+1}{x}\,e^{-2\log|x|}\,dx\right)=\\&=x^2\left(\int\frac{x+1}{x^3}\,dx\right)=\\&=x^2\left(-\frac{1}{x}-\frac{1}{2x^2}+c\right)=\\&=cx^2-x-\frac{1}{2},\qquad c\in\mathbb{R}.\end{aligned}$$

d) Consideriamo l'equazione differenziale $y' = -y\cos x + \sin x\cos x$. Poiché

$$-\int \cos x\, dx = -\sin x + c, \qquad c \in \mathbb{R},$$

l'integrale generale è dato da

$$\begin{aligned} y(x) &= e^{-\sin x}\left(\int e^{\sin x}\sin x\cos x\, dx\right) = \\ &= e^{-\sin x}\left(\sin x\, e^{\sin x} - \int e^{\sin x}\cos x\, dx\right) = \\ &= e^{-\sin x}\left(e^{\sin x}\sin x - e^{\sin x} + c\right) = \\ &= ce^{-\sin x} + \sin x - 1, \qquad c \in \mathbb{R}. \end{aligned}$$

e) Consideriamo l'equazione differenziale $y' = \dfrac{1}{x}y + \dfrac{1}{x}e^{\frac{1}{x}}$. Poiché

$$\int \frac{1}{x}\, dx = \log|x| + c, \qquad c \in \mathbb{R},$$

l'integrale generale è dato da

$$\begin{aligned} y(x) &= e^{\log|x|}\left(\int \frac{1}{x}e^{\frac{1}{x}}\, e^{-\log|x|}\, dx\right) = \\ &= |x|\left(\int \frac{1}{x|x|}e^{\frac{1}{x}}\, dx\right) = \end{aligned}$$

sia per $x < 0$ che per $x > 0$

$$\begin{aligned} &= x\left(\int \frac{1}{x^2}e^{\frac{1}{x}}\, dx\right) = \\ &= x\left(c - e^{\frac{1}{x}}\right), \qquad c \in \mathbb{R}. \end{aligned}$$

f) Consideriamo l'equazione differenziale $y' = y\tan x + \dfrac{1}{\sin x}$. Poiché

$$\int \tan x\, dx = \int \frac{\sin x}{\cos x}\, dx = -\log|\cos x| + c, \qquad c \in \mathbb{R},$$

l'integrale generale è dato da

$$\begin{aligned} y(x) &= e^{-\log|\cos x|}\left(\int \frac{1}{\sin x}\, e^{\log|\cos x|}\, dx\right) = \\ &= \frac{1}{|\cos x|}\left(\int \frac{|\cos x|}{\sin x}\, dx\right) = \end{aligned}$$

sia per $\cos x < 0$ che per $\cos x > 0$

$$\begin{aligned} &= \frac{1}{\cos x}\left(\int \frac{\cos x}{\sin x}\, dx\right) = \\ &= \frac{1}{\cos x}(\log|\sin x| + c), \qquad c \in \mathbb{R}. \end{aligned}$$

g) Consideriamo l'equazione differenziale $y' = -2ty + te^{-t^2}$. Poiché

$$-2\int t\,dt = -t^2 + c, \qquad c \in \mathbb{R},$$

l'integrale generale è dato da

$$\begin{aligned} y(t) &= e^{-t^2}\left(\int te^{-t^2}e^{t^2}\,dt\right) = \\ &= e^{-t^2}\left(\int t\,dt\right) = \\ &= e^{-t^2}\left(\frac{1}{2}t^2 + c\right), \qquad c \in \mathbb{R}. \end{aligned}$$

h) Consideriamo l'equazione differenziale $y' = \dfrac{y}{t-2} - 1$. Poiché

$$\int \frac{1}{t-2}\,dt = \log|t-2| + c, \qquad c \in \mathbb{R},$$

l'integrale generale è dato da

$$\begin{aligned} y(t) &= e^{\log|t-2|}\left(-\int e^{-\log|t-2|}\,dt\right) = \\ &= |t-2|\left(-\int \frac{1}{|t-2|}\,dt\right) = \\ &= -|t-2|\left(\int \frac{1}{|t-2|}\,dt\right) = \end{aligned}$$

sia per $t < 2$ che per $t > 2$

$$\begin{aligned} &= -(t-2)\left(\int \frac{1}{t-2}\,dt\right) = \\ &= -(t-2)\left(\log|t-2| + c\right), \qquad c \in \mathbb{R}. \end{aligned}$$

i) Consideriamo l'equazione differenziale $y' = -\dfrac{y}{t-2} - 1$. Poiché

$$-\int \frac{1}{t-2}\,dt = -\log|t-2| + c, \qquad c \in \mathbb{R},$$

l'integrale generale è dato da

$$\begin{aligned} y(t) &= e^{-\log|t-2|}\left(-\int e^{\log|t-2|}\,dt\right) = \\ &= \frac{1}{|t-2|}\left(-\int |t-2|\,dt\right) = \\ &= -\frac{1}{|t-2|}\left(\int |t-2|\,dt\right) = \end{aligned}$$

sia per $t < 2$ che per $t > 2$

$$\begin{aligned} &= -\frac{1}{t-2}\left(\int (t-2)\,dt\right) = \\ &= -\frac{1}{t-2}\left(\frac{1}{2}t^2 - 2t + c\right), \qquad c \in \mathbb{R}. \end{aligned}$$

j) Consideriamo l'equazione differenziale $y' = \dfrac{y}{t+1} + t + 1$. Poiché

$$\int \frac{1}{t+1}\,dt = \log|t+1| + c, \qquad c \in \mathbb{R},$$

l'integrale generale è dato da

$$\begin{aligned} y(t) &= e^{\log|t+1|}\left(\int (t+1)e^{-\log|t+1|}\,dt\right) = \\ &= |t+1|\left(\int \frac{t+1}{|t+1|}\,dt\right) = \end{aligned}$$

sia per $t < -1$ che per $t > -1$

$$\begin{aligned} &= (t+1)\left(\int dt\right) = \\ &= (t+1)(t+c), \qquad c \in \mathbb{R}. \end{aligned}$$

k) Consideriamo l'equazione differenziale $y' = -y + \dfrac{1}{e^t+1}$. Poiché

$$-\int dt = -t + c, \qquad c \in \mathbb{R},$$

l'integrale generale è dato da

$$\begin{aligned} y(t) &= e^{-t}\left(\int \frac{e^t}{e^t+1}\,dt\right) = \\ &= e^{-t}\left[\log\left(e^t+1\right) + c\right], \qquad c \in \mathbb{R}. \end{aligned}$$

l) Consideriamo l'equazione differenziale $y' = y + \sin t$. Poiché

$$\int dt = t + c, \qquad c \in \mathbb{R},$$

l'integrale generale è dato da

$$y(t) = e^t \left(\int e^{-t} \sin t \, dt \right).$$

Si ha che

$$\begin{aligned} \int e^{-t} \sin t \, dt &= -e^{-t} \sin t + \int e^{-t} \cos t \, dt = \\ &= -e^{-t} \sin t - e^{-t} \cos t - \int e^{-t} \sin t \, dt. \end{aligned}$$

Quindi

$$\int e^{-t} \sin t \, dt = -\frac{1}{2} e^{-t} (\sin t + \cos t) + c, \qquad c \in \mathbb{R}.$$

Ne segue che l'integrale generale dell'equazione differenziale è dato da

$$\begin{aligned} y(t) &= e^t \left[-\frac{1}{2} e^{-t} (\sin t + \cos t) + c \right] = \\ &= ce^t - \frac{1}{2} \sin t - \frac{1}{2} \cos t, \qquad c \in \mathbb{R}. \end{aligned}$$

m) Consideriamo l'equazione differenziale $x' = 2x + e^t$. Poiché

$$2 \int dt = 2t + c, \qquad c \in \mathbb{R},$$

l'integrale generale è dato da

$$\begin{aligned} x(t) &= e^{2t} \left(\int e^{-2t} e^t \, dt \right) = \\ &= e^{2t} \left(\int e^{-t} \, dt \right) = \\ &= e^{2t} \left(-e^{-t} + c \right) = \\ &= ce^{2t} - e^t, \qquad c \in \mathbb{R}. \end{aligned}$$

n) Consideriamo l'equazione differenziale $x' = -2x + e^{-2t}$. Poiché

$$-2 \int dt = -2t + c, \qquad c \in \mathbb{R},$$

l'integrale generale è dato da

$$\begin{aligned} x(t) &= e^{-2t} \left(\int e^{2t} e^{-2t} \, dt \right) = \\ &= e^{-2t} \left(\int dt \right) = \\ &= e^{-2t} (t + c), \qquad c \in \mathbb{R}. \end{aligned}$$

o) Consideriamo l'equazione differenziale $tx' = x + \dfrac{2t^2}{1+t^2}$.

Per $t = 0$ otteniamo $x = 0$ che non è soluzione dell'equazione. Per $t \neq 0$ si ha l'equazione $x' = \dfrac{1}{t}x + \dfrac{2t}{1+t^2}$. Poiché

$$\int \frac{1}{t}\,dt = \log|t| + c, \qquad c \in \mathbb{R},$$

l'integrale generale è dato da

$$\begin{aligned} x(t) &= e^{\log|t|}\left(\int \frac{2t}{1+t^2}\,e^{-\log|t|}\,dt\right) = \\ &= |t|\left(\int \frac{2t}{|t|(1+t^2)}\,dt\right) = \\ &\text{sia per } t<0 \text{ che per } t>0 \\ &= t\left(\int \frac{2}{1+t^2}\,dx\right) = \\ &= t(2\arctan t + c), \qquad c \in \mathbb{R}. \end{aligned}$$

p) Consideriamo l'equazione differenziale $x' = -\dfrac{1}{t^2}x + 2e^{\frac{1}{t}}$. Poiché

$$-\int \frac{1}{t^2}\,dt = \frac{1}{t} + c, \qquad c \in \mathbb{R},$$

l'integrale generale è dato da

$$\begin{aligned} x(t) &= e^{\frac{1}{t}}\left(2\int e^{-\frac{1}{t}}\,e^{\frac{1}{t}}\,dt\right) = \\ &= e^{\frac{1}{t}}\left(2\int dt\right) = \\ &= e^{\frac{1}{t}}(2t + c), \qquad c \in \mathbb{R}. \end{aligned}$$

q) Consideriamo l'equazione differenziale $x' = x\tan t + t^2$. Poiché

$$\int \tan t\,dt = \int \frac{\sin t}{\cos t}\,dt = -\log|\cos t| + c, \qquad c \in \mathbb{R},$$

l'integrale generale è dato da

$$\begin{aligned} x(t) &= e^{-\log|\cos t|}\left(\int t^2 e^{\log|\cos t|}\,dt\right) = \\ &= \frac{1}{|\cos t|}\left(\int t^2|\cos t|\,dt\right) = \end{aligned}$$

sia per $\cos t < 0$ che per $\cos t > 0$

$$\begin{aligned} &= \frac{1}{\cos t}\left(\int t^2\cos t\,dt\right) = \\ &= \frac{1}{\cos t}\left(t^2\sin t - 2\int t\sin t\,dt\right) = \\ &= \frac{1}{\cos t}\left(t^2\sin t + 2t\cos t - 2\int \cos t\,dt\right) = \\ &= \frac{1}{\cos t}\left(t^2\sin t + 2t\cos t - 2\sin t + c\right), \qquad c\in\mathbb{R}. \end{aligned}$$

$r)$ Consideriamo l'equazione differenziale $x' = -\dfrac{x}{t+t^2} + t - 2$. Poiché

$$-\int \frac{1}{t+t^2}\,dt = \log\left|\frac{t+1}{t}\right| + c, \qquad c\in\mathbb{R},$$

l'integrale generale è dato da

$$\begin{aligned} x(t) &= e^{\log\left|\frac{t+1}{t}\right|}\left(\int (t-2)\,e^{\log\left|\frac{t}{t+1}\right|}\,dt\right) = \\ &= \left|\frac{t+1}{t}\right|\left(\int (t-2)\left|\frac{t}{t+1}\right|\,dt\right) = \end{aligned}$$

sia per $t < -1$ che per $-1 < t < 0$ che per $t > 0$

$$\begin{aligned} &= \frac{t+1}{t}\left(\int \frac{t(t-2)}{t+1}\,dt\right) = \\ &= \frac{t+1}{x}\left(\int \left(t - 3 + \frac{3}{t+1}\right)\,dt\right) = \\ &= \frac{1+t}{t}\left(\frac{1}{2}t^2 - 3t + 3\log|t+1| + c\right), \qquad c\in\mathbb{R}. \end{aligned}$$

Esercizio 2.

$a)$ Consideriamo il problema di Cauchy

$$\begin{cases} y' = -2xy + x + x^3 \\ y(0) = 0. \end{cases}$$

Poiché le funzioni $a(x) = -2x$ e $b(x) = x + x^3$ sono continue in $\mathbb{R}$, per il Teorema (1.6) il problema di Cauchy ammette un'unica soluzione massimale definita in $\mathbb{R}$. Poiché

$$-2\int x\,dx = -x^2 + c, \qquad c \in \mathbb{R},$$

l'integrale generale è dato da

$$\begin{aligned} y(x) &= e^{-x^2}\left(\int \left(x + x^3\right) e^{x^2}\,dx\right) = \\ &= e^{-x^2}\left(\int x\,e^{x^2}\,dx + \int x^3\,e^{x^2}\,dx\right) = \\ &= e^{-x^2}\left(\frac{1}{2}x^2\,e^{x^2} + c\right) = \\ &= ce^{x^2} + \frac{1}{2}x^2, \qquad c \in \mathbb{R}. \end{aligned}$$

Imponendo la condizione iniziale $y(0) = 0$ si ottiene $c = 0$. Quindi la soluzione del problema di Cauchy è

$$y(x) = \frac{1}{2}x^2, \qquad \mathrm{dom}\,(y) = \mathbb{R}.$$

b) Consideriamo il problema di Cauchy

$$\begin{cases} y' = \dfrac{y}{x} + x \\ y(1) = 0. \end{cases}$$

Poiché le funzioni $a(x) = \dfrac{1}{x}$ e $b(x) = x$ sono continue in $(0, +\infty)$, per il Teorema (1.6) il problema di Cauchy ammette un'unica soluzione massimale definita in $(0, +\infty)$. Poiché

$$\int \frac{1}{x}\,dx = \log|x| + c, \qquad c \in \mathbb{R},$$

la soluzione del problema di Cauchy è della forma

$$\begin{aligned} y(x) &= e^{\log|x|}\left(\int x\,e^{-\log|x|}\,dx\right) = \\ &= |x|\left(\int \frac{x}{|x|}\,dx\right) = \end{aligned}$$

essendo $x > 0$

$$\begin{aligned} &= x\left(\int dx\right) = \\ &= x(x + c), \qquad c \in \mathbb{R}. \end{aligned}$$

Imponendo la condizione iniziale $y(1) = 0$ si ottiene $c = -1$. Quindi la soluzione del problema di Cauchy è

$$y(x) = x^2 - x, \qquad \operatorname{dom}(y) = (0, +\infty).$$

c) Consideriamo il problema di Cauchy

$$\begin{cases} y' = \dfrac{1}{x\log x} y - \dfrac{1}{x\log x} \\ y\left(\frac{1}{e}\right) = 2. \end{cases}$$

Poiché le funzioni $a(x) = b(x) = \dfrac{1}{x\log x}$ sono continue in $(0, 1)$, per il Teorema (1.6) il problema di Cauchy ammette un'unica soluzione massimale definita in $(0, 1)$. Poiché

$$\int \frac{1}{x\log x}\, dx = \log|\log x| + c, \qquad c \in \mathbb{R},$$

la soluzione del problema di Cauchy è della forma

$$\begin{aligned} y(x) &= e^{\log|\log x|}\left(-\int \frac{1}{x\log x} e^{-\log|\log x|}\, dx\right) = \\ &= |\log x|\left(-\int \frac{1}{x\log x} \frac{1}{|\log x|}\, dx\right) = \\ &\qquad \text{essendo } \log x < 0 \text{ per } 0 < x < 1 \\ &= -\log x\left(\int \frac{1}{x\log^2 x}\, dx\right) = \\ &= -\log x\left(-\frac{1}{\log x} + c\right) = \\ &= 1 - c\log x, \qquad c \in \mathbb{R}. \end{aligned}$$

Imponendo la condizione iniziale $y\left(\frac{1}{e}\right) = 2$ si ottiene $c = 1$. Quindi la soluzione del problema di Cauchy è

$$y(x) = 1 - \log x, \qquad \operatorname{dom}(y) = (0, 1).$$

d) Consideriamo il problema di Cauchy

$$\begin{cases} y' = -\dfrac{1}{t-1} y + \dfrac{2t}{t-1} \\ y(0) = 1. \end{cases}$$

Poiché le funzioni $a(t) = -\dfrac{1}{t-1}$ e $b(t) = \dfrac{2t}{t-1}$ sono continue in $(-\infty, 1)$, per il Teorema (1.6) il problema di Cauchy ammette un'unica soluzione massimale definita in $(-\infty, 1)$. Poiché

$$-\int \frac{1}{t-1}\,dt = -\log|t-1| + c, \qquad c \in \mathbb{R},$$

la soluzione del problema di Cauchy è della forma

$$\begin{aligned} y(t) &= e^{-\log|t-1|}\left(\int \frac{2t}{t-1} e^{\log|t-1|}\,dt\right) = \\ &= \frac{1}{|t-1|}\left(\int \frac{2t}{t-1}|t-1|\,dt\right) = \end{aligned}$$

essendo $t < 1$

$$\begin{aligned} &= \frac{1}{t-1}\left(\int 2t\,dt\right) = \\ &= \frac{t^2+c}{t-1}, \qquad c \in \mathbb{R}. \end{aligned}$$

Imponendo la condizione iniziale $y(0) = 1$ si ottiene $c = -1$. Quindi la soluzione del problema di Cauchy è

$$y(t) = t + 1, \qquad \operatorname{dom}(y) = (-\infty, 1).$$

e) Consideriamo il problema di Cauchy

$$\begin{cases} y' = \dfrac{1}{1+t^2}y + \dfrac{\arctan t}{1+t^2} \\ y(0) = 0. \end{cases}$$

Poiché le funzioni $a(t) = \dfrac{1}{1+t^2}$ e $b(t) = \dfrac{\arctan t}{1+t^2}$ sono continue in $\mathbb{R}$, per il Teorema (1.6) il problema di Cauchy ammette un'unica soluzione massimale definita in $\mathbb{R}$. Poiché

$$\int \frac{1}{1+t^2}\,dt = \arctan t + c, \qquad c \in \mathbb{R},$$

l'integrale generale è dato da

$$\begin{aligned} y(t) &= e^{\arctan t}\left(\int e^{-\arctan t}\frac{\arctan t}{1+t^2}\,dt\right) = \\ &= e^{\arctan t}\left(-e^{-\arctan t}\arctan t + \int \frac{e^{-\arctan t}}{1+t^2}\,dt\right) = \\ &= e^{\arctan t}\left(-e^{-\arctan t}\arctan t - e^{-\arctan t} + c\right) = \\ &= ce^{\arctan t} - \arctan t - 1, \qquad c \in \mathbb{R}. \end{aligned}$$

Imponendo la condizione iniziale $y(0) = 0$ si ottiene $c = 1$. Quindi la soluzione del problema di Cauchy è

$$y(t) = e^{\arctan t} - \arctan t - 1, \qquad \operatorname{dom}(y) = \mathbb{R}.$$

f) Consideriamo il problema di Cauchy

$$\begin{cases} y' = \frac{2}{t}y + 3t^2 \\ y(2) = 0. \end{cases}$$

Poiché le funzioni $a(t) = \frac{2}{t}$ e $b(t) = 3t^2$ sono continue in $(0, +\infty)$, per il Teorema (1.6) il problema di Cauchy ammette un'unica soluzione massimale definita in $(0, +\infty)$. Poiché

$$2\int \frac{1}{t}\,dt = 2\log|t| + c, \qquad c \in \mathbb{R},$$

l'integrale generale è dato da

$$\begin{aligned} y(t) &= e^{2\log|t|}\left(\int 3t^2\, e^{-2\log|t|}\,dt\right) = \\ &= t^2\left(3\int dt\right) = \\ &= t^2(3t + c), \qquad c \in \mathbb{R}. \end{aligned}$$

Imponendo la condizione iniziale $y(2) = 0$ si ottiene $c = -6$. Quindi la soluzione del problema di Cauchy è

$$y(t) = 3t^3 - 6t^2, \qquad \operatorname{dom}(y) = (0, +\infty).$$

g) Consideriamo il problema di Cauchy

$$\begin{cases} x' = -\frac{t}{1+t^2}x + \frac{1}{(1+t^2)^2} \\ x(0) = 0. \end{cases}$$

Poiché le funzioni $a(t) = -\frac{t}{1+t^2}$ e $b(t) = \frac{1}{(1+t^2)^2}$ sono continue in $\mathbb{R}$, il problema di Cauchy ammette un'unica soluzione massimale definita in $\mathbb{R}$. Poiché

$$-\int \frac{t}{1+t^2}\,dt = -\frac{1}{2}\log\left(1+t^2\right) + c, \qquad c \in \mathbb{R},$$

l'integrale generale è dato da

$$\begin{aligned} x(t) &= e^{-\frac{1}{2}\log(1+t^2)}\left(\int \frac{1}{(1+t^2)^2}\, e^{-\frac{1}{2}\log(1+t^2)}\,dt\right) = \\ &= \frac{1}{\sqrt{1+t^2}}\left(\int \frac{\sqrt{1+t^2}}{(1+t^2)^2}\,dt\right). \end{aligned}$$

Calcoliamo l'integrale indefinito

$$\int \frac{\sqrt{1+t^2}}{(1+t^2)^2}\,dt.$$

Posto $t = \sinh z$, quindi $z = \operatorname{settsinh} t = \log\left(t + \sqrt{1+t^2}\right)$, da cui $dt = \cosh z\, dz$, si ha che

$$\int \frac{\sqrt{1+t^2}}{(1+t^2)^2}\, dt = \int \frac{1}{\cosh^2 z}\, dz = 4\int \frac{e^{2z}}{(e^{2z}+1)^2}\, dz =$$

$$= -\frac{2}{e^{2z}+1} + c = -\frac{2}{\left(t+\sqrt{1+t^2}\right)^2+1} + c =$$

$$= -\frac{1}{t^2+1+t\sqrt{1+t^2}} + c = -\frac{t^2+1-t\sqrt{1+t^2}}{(t^2+1)^2 - t^2(1+t^2)} + c =$$

$$= \frac{t}{\sqrt{1+t^2}} + c, \qquad c \in \mathbb{R}.$$

Quindi l'integrale generale è dato da

$$x(t) = \frac{1}{\sqrt{1+t^2}}\left(\frac{t}{\sqrt{1+t^2}} + c\right), \qquad c \in \mathbb{R}.$$

Imponendo la condizione iniziale $x(0) = 0$ si ottiene $c = 0$. Quindi la soluzione del problema di Cauchy è

$$x(t) = \frac{t}{1+t^2}, \qquad \operatorname{dom}(x) = \mathbb{R}.$$

h) Consideriamo il problema di Cauchy

$$\begin{cases} x' = \dfrac{3x}{t+1} + e^t(t+1)^3 \\ x(0) = 2. \end{cases}$$

Poiché le funzioni $a(t) = \dfrac{3}{t+1}$ e $b(t) = e^t(t+1)^3$ sono continue in $(-1, +\infty)$, per il Teorema (1.6) il problema di Cauchy ammette un'unica soluzione massimale definita in $(-1, +\infty)$. Poiché

$$3\int \frac{1}{t+1}\, dt = 3\log|t+1| + c, \qquad c \in \mathbb{R},$$

la soluzione del problema di Cauchy è della forma

$$x(t) = e^{3\log|t+1|}\left(\int e^t(t+1)^3\, e^{-3\log|t+1|}\, dt\right) =$$

$$= |t+1|^3\left(\int e^t(t+1)^3\, \frac{1}{|t+1|^3}\, dt\right) =$$

essendo $t > -1$

$$= (t+1)^3\left(\int e^t\, dt\right) =$$

$$= (t+1)^3(e^t + c), \qquad c \in \mathbb{R}.$$

Imponendo la condizione iniziale $x(0) = 2$ si ottiene $c = 1$. Quindi la soluzione del problema di Cauchy è

$$x(t) = (t+1)^3(e^t + 1), \qquad \mathrm{dom}\,(x) = (-1, +\infty).$$

i) Consideriamo il problema di Cauchy

$$\begin{cases} x' = -x \cot t + 2\cos t \\ x\left(\frac{\pi}{2}\right) = 1. \end{cases}$$

Poiché le funzioni $a(t) = -\cot t$ e $b(t) = 2\cos t$ sono continue in $(0, \pi)$, per il Teorema (1.6) il problema di Cauchy ammette un'unica soluzione massimale definita in $(0, \pi)$. Poiché

$$-\int \cot t\, dt = -\int \frac{\cos t}{\sin t}\, dt = -\log|\sin t| + c, \qquad c \in \mathbb{R},$$

la soluzione del problema di Cauchy è della forma

$$\begin{aligned} x(t) &= e^{-|\sin t|}\left(2\int e^{\log|\sin t|}\cos t\, dt\right) = \\ &= \frac{1}{|\sin t|}\left(2\int |\sin t|\cos t\, dt\right) = \end{aligned}$$

essendo $\sin t > 0$ per $0 < t < \pi$

$$\begin{aligned} &= \frac{1}{\sin t}\left(2\int \sin t\cos t\, dt\right) = \\ &= \frac{1}{\sin t}\left(\sin^2 t + c\right), \qquad c \in \mathbb{R}. \end{aligned}$$

Imponendo la condizione iniziale $x\left(\frac{\pi}{2}\right) = 1$ si ottiene $c = 0$. Quindi la soluzione del problema di Cauchy è

$$x(t) = \sin t, \qquad \mathrm{dom}\,(x) = (0, \pi).$$

3.3 Equazioni lineari del secondo ordine a coefficienti costanti

Esercizio 1.

a) Consideriamo l'equazione differenziale $y'' + y = 0$. L'equazione caratteristica associata è $\lambda^2 + 1 = 0$ che ammette soluzioni complesse coniugate $\lambda_{1,2} = \pm i$. Quindi l'integrale generale dell'equazione differenziale è

$$y(x) = c_1\cos x + c_2\sin x, \qquad c_1, c_2 \in \mathbb{R}.$$

b) Consideriamo l'equazione differenziale $y'' - 4y = 0$. L'equazione caratteristica associata è $\lambda^2 - 4 = 0$ che ammette soluzioni reali $\lambda_{1,2} = \pm 2$. Quindi l'integrale generale dell'equazione differenziale è

$$y(x) = c_1 e^{2x} + c_2 e^{-2x}, \qquad c_1, c_2 \in \mathbb{R}.$$

c) Consideriamo l'equazione differenziale $y'' + 7y' + 6y = 0$. L'equazione caratteristica associata è $\lambda^2 + 7\lambda + 6 = 0$ che ammette soluzioni reali $\lambda_{1,2} = -6, -1$. Quindi l'integrale generale dell'equazione differenziale è

$$y(x) = c_1 e^{-x} + c_2 e^{-6x}, \qquad c_1, c_2 \in \mathbb{R}.$$

d) Consideriamo l'equazione differenziale $y'' + 6y' + 9y = 0$. L'equazione caratteristica associata è $\lambda^2 + 6\lambda + 9 = 0$ che ammette la soluzione reale $\lambda = -3$ con molteplicità $m = 2$. Quindi l'integrale generale dell'equazione differenziale è

$$y(t) = c_1 e^{-3t} + c_2 t e^{-3t}, \qquad c_1, c_2 \in \mathbb{R}.$$

e) Consideriamo l'equazione differenziale $y'' - 2y' + 5y = 0$. L'equazione caratteristica associata è $\lambda^2 - 2\lambda + 5 = 0$ che ammette soluzioni complesse coniugate $\lambda_{1,2} = 1 \pm 2i$. Quindi l'integrale generale dell'equazione differenziale è

$$y(t) = e^t (c_1 \cos 2t + c_2 \sin 2t), \qquad c_1, c_2 \in \mathbb{R}.$$

f) Consideriamo l'equazione differenziale $y'' + 2y' + 2y = 0$. L'equazione caratteristica associata è $\lambda^2 + 2\lambda + 2 = 0$ che ammette soluzioni complesse coniugate $\lambda_{1,2} = -1 \pm i$. Quindi l'integrale generale dell'equazione differenziale è

$$y(t) = e^{-t} (c_1 \cos t + c_2 \sin t), \qquad c_1, c_2 \in \mathbb{R}.$$

g) Consideriamo l'equazione differenziale $x'' - 5x' + 6x = 0$. L'equazione caratteristica associata è $\lambda^2 - 5\lambda + 6 = 0$ che ammette soluzioni reali $\lambda_{1,2} = 2, 3$. Quindi l'integrale generale dell'equazione differenziale è

$$x(t) = c_1 e^{2t} + c_2 e^{3t}, \qquad c_1, c_2 \in \mathbb{R}.$$

h) Consideriamo l'equazione differenziale $x'' + 2x' = 0$. L'equazione caratteristica associata è $\lambda^2 + 2\lambda = 0$ che ammette soluzioni reali $\lambda_{1,2} = 0, -2$. Quindi l'integrale generale dell'equazione differenziale è

$$x(t) = c_1 + c_2 e^{-2t}, \qquad c_1, c_2 \in \mathbb{R}.$$

i) Consideriamo l'equazione differenziale $x'' - x' + x = 0$. L'equazione caratteristica associata è $\lambda^2 - \lambda + 1 = 0$ che ammette soluzioni complesse coniugate $\lambda_{1,2} = \frac{1}{2} \pm \frac{\sqrt{3}}{2} i$. Quindi l'integrale generale dell'equazione differenziale è

$$x(t) = e^{\frac{1}{2}t} \left(c_1 \cos \frac{\sqrt{3}}{2} t + c_2 \sin \frac{\sqrt{3}}{2} t \right), \qquad c_1, c_2 \in \mathbb{R}.$$

Esercizio 2.

a) Consideriamo l'equazione differenziale $y'' - 2y' + y = 2xe^x$. L'integrale generale di questa equazione lineare non omogenea è dato da

$$y(x) = y_o(x) + y_p(x),$$

dove y_o è l'integrale generale dell'equazione lineare omogenea associata $y'' - 2y' + y = 0$, e y_p è un integrale particolare dell'equazione lineare non omogenea. Determiniamo inizialmente y_o. L'equazione caratteristica associata è $\lambda^2 - 2\lambda + 1 = 0$ che ammette la soluzione reale $\lambda = 1$ con molteplicità $m = 2$. Quindi l'integrale generale dell'equazione lineare omogenea è

$$y_o(x) = c_1 e^x + c_2 x e^x, \qquad c_1, c_2 \in \mathbb{R}.$$

Determiniamo ora un integrale particolare dell'equazione lineare non omogenea. Poiché il termine noto dell'equazione non omogenea è $b(x) = 2xe^x$ e $\lambda = 1$ è soluzione dell'equazione caratteristica con molteplicità $m = 2$, si ha che un integrale particolare è della forma

$$y_p(x) = x^2(Ax + B)e^x, \qquad A, B \in \mathbb{R}.$$

Si ha che

$$\begin{aligned} y_p'(x) &= e^x \left[Ax^3 + (3A + B)x^2 + 2Bx \right], \\ y_p''(x) &= e^x \left[Ax^3 + (6A + B)x^2 + (6A + 4B)x + 2B \right]. \end{aligned}$$

Sostituendo nell'equazione lineare non omogenea si ottiene

$$e^x(6Ax + 2B) = 2xe^x \quad \Longrightarrow \quad \begin{cases} A = \dfrac{1}{3} \\ B = 0. \end{cases}$$

Quindi un integrale particolare dell'equazione lineare non omogenea è

$$y_p(x) = \frac{1}{3} x^3 e^x.$$

L'integrale generale dell'equazione lineare non omogenea è

$$y(x) = c_1 e^x + c_2 x e^x + \frac{1}{3} x^3 e^x, \qquad c_1, c_2 \in \mathbb{R}.$$

b) Consideriamo l'equazione differenziale $y'' + 2y' = x^2 - 3x + 1$. L'integrale generale di questa equazione lineare non omogenea è dato da

$$y(x) = y_o(x) + y_p(x),$$

dove y_o è l'integrale generale dell'equazione lineare omogenea associata $y''+2y' = 0$, e y_p è un integrale particolare dell'equazione lineare non omogenea. Determiniamo inizialmente y_o. L'equazione caratteristica associata è $\lambda^2 + 2\lambda = 0$ che ammette soluzioni reali $\lambda_{1,2} = 0, -2$. Quindi l'integrale generale dell'equazione lineare omogenea è

$$y_o(x) = c_1 + c_2 e^{-2x}, \qquad c_1, c_2 \in \mathbb{R}.$$

Determiniamo ora un integrale particolare dell'equazione lineare non omogenea. Poiché il termine noto dell'equazione non omogenea è $b(x) = x^2 - 3x + 1$ e $\lambda = 0$ è soluzione dell'equazione caratteristica con moltepilcità $m = 1$, si ha che un integrale particolare è della forma

$$y_p(x) = x\left(Ax^2 + Bx + C\right), \qquad A, B, C \in \mathbb{R}.$$

Si ha che

$$y_p'(x) = 3Ax^2 + 2Bx + C, \qquad y_p''(x) = 6Ax + 2B.$$

Sostituendo nell'equazione lineare non omogenea si ottiene

$$6Ax^2 + (6A + 4B)x + 2B + 2C = x^2 - 3x + 1 \quad \Longrightarrow \quad \begin{cases} A = \dfrac{1}{6} \\ B = -1 \\ C = \dfrac{3}{2}. \end{cases}$$

Quindi un integrale particolare dell'equazione lineare non omogenea è

$$y_p(x) = \frac{1}{6}x^3 - x^2 + \frac{3}{2}x.$$

L'integrale generale dell'equazione lineare non omogenea è

$$y(x) = c_1 + c_2 e^{-2x} + \frac{1}{6}x^3 - x^2 + \frac{3}{2}x, \qquad c_1, c_2 \in \mathbb{R}.$$

c) Consideriamo l'equazione differenziale $y'' - y = e^{2t}$. L'integrale generale di questa equazione lineare non omogenea è dato da

$$y(t) = y_o(t) + y_p(t),$$

dove y_o è l'integrale generale dell'equazione lineare omogenea associata $y'' - y = 0$, e y_p è un integrale particolare dell'equazione lineare non omogenea. Determiniamo inizialmente y_o. L'equazione caratteristica associata è $\lambda^2 - 1 = 0$ che ammette soluzioni reali $\lambda_{1,2} = \pm 1$. Quindi l'integrale generale dell'equazione lineare omogenea è

$$y_o(t) = c_1 e^t + c_2 e^{-t}, \qquad c_1, c_2 \in \mathbb{R}.$$

Determiniamo ora un integrale particolare dell'equazione lineare non omogenea. Poiché il termine noto dell'equazione non omogenea è $b(t) = e^{2t}$ e $\lambda = 2$ non è soluzione dell'equazione caratteristica, si ha che un integrale particolare è della forma

$$y_p(t) = Ae^{2t}, \qquad A \in \mathbb{R}.$$

Si ha che

$$y_p'(t) = 2Ae^{2t}, \qquad y_p''(t) = 4Ae^{2t}.$$

Sostituendo nell'equazione lineare non omogenea si ottiene

$$3Ae^{2t} = e^{2t} \implies A = \frac{1}{3}.$$

Quindi un integrale particolare dell'equazione lineare non omogenea è

$$y_p(t) = \frac{1}{3}e^{2t}.$$

L'integrale generale dell'equazione lineare non omogenea è

$$y(t) = c_1 e^t + c_2 e^{-t} + \frac{1}{3}e^{2t}, \qquad c_1, c_2 \in \mathbb{R}.$$

d) Consideriamo l'equazione differenziale $y'' + y = t\cos t$. L'integrale generale di questa equazione lineare non omogenea è dato da

$$y(t) = y_o(t) + y_p(t),$$

dove y_o è l'integrale generale dell'equazione lineare omogenea associata $y'' + y = 0$, e y_p è un integrale particolare dell'equazione lineare non omogenea. Determiniamo inizialmente y_o. L'equazione caratteristica associata è $\lambda^2 + 1 = 0$ che ammette soluzioni complesse coniugate $\lambda_{1,2} = \pm i$. Quindi l'integrale generale dell'equazione lineare omogenea è

$$y_o(t) = c_1 \cos t + c_2 \sin t, \qquad c_1, c_2 \in \mathbb{R}.$$

Determiniamo ora un integrale particolare dell'equazione lineare non omogenea. Poiché il termine noto dell'equazione non omogenea è $b(t) = t \cos t$ e $\lambda = \pm i$ sono soluzioni dell'equazione caratteristica, si ha che un integrale particolare è della forma

$$y_p(t) = t[(At + B) \cos t + (Ct + D) \sin t], \qquad A, B, C, D \in \mathbb{R}.$$

Si ha che

$$\begin{aligned} y_p'(t) &= \Big(Ct^2 + Dt + 2At + B\Big) \cos t + \Big(-At^2 - Bt + 2Ct + D\Big) \sin t, \\ y_p''(t) &= \Big(-At^2 + (4C + 2D - B)t + 2A\Big) \cos t + \\ &\quad + \Big(-Ct^2 - (4A + 2B - D)t + 2C\Big) \sin t. \end{aligned}$$

Sostituendo nell'equazione lineare non omogenea si ottiene

$$(4Ct + 2D + 2A) \cos t + (-4At - 2B + 2C) \sin t = t \cos t \implies \begin{cases} A = D = 0 \\ B = C = \dfrac{1}{4}. \end{cases}$$

Quindi un integrale particolare dell'equazione lineare non omogenea è

$$y_p(t) = \frac{1}{4} t \cos t + \frac{1}{4} t^2 \sin t.$$

L'integrale generale dell'equazione lineare non omogenea è

$$y(t) = c_1 \cos t + c_2 \sin t + \frac{1}{4} t \cos t + \frac{1}{4} t^2 \sin t, \qquad c_1, c_2 \in \mathbb{R}.$$

e) Consideriamo l'equazione differenziale $x'' - 3x' + 2x = t^2$. L'integrale generale di questa equazione lineare non omogenea è dato da

$$x(t) = x_o(t) + x_p(t),$$

dove x_o è l'integrale generale dell'equazione lineare omogenea associata $x'' - 3x' + 2x = 0$, e x_p è un integrale particolare dell'equazione lineare non omogenea. Determiniamo inizialmente x_o. L'equazione caratteristica associata è $\lambda^2 - 3\lambda + 2 = 0$

che ammette soluzioni reali $\lambda_{1,2} = 1, 2$. Quindi l'integrale generale dell'equazione lineare omogenea è

$$x_o(t) = c_1 e^t + c_2 e^{2t}, \qquad c_1, c_2 \in \mathbb{R}.$$

Determiniamo ora un integrale particolare dell'equazione lineare non omogenea. Poiché il termine noto dell'equazione non omogenea è $b(t) = t^2 - 3t + 1$ e $\lambda = 0$ non è soluzione dell'equazione caratteristica, si ha che un integrale particolare è della forma

$$x_p(t) = At^2 + Bt + C, \qquad A, B, C \in \mathbb{R}.$$

Si ha che

$$x_p'(t) = 2At + B, \qquad x_p''(t) = 2A.$$

Sostituendo nell'equazione lineare non omogenea si ottiene

$$2At^2 + (2B - 6A)t + 2A - 3B + 2C = x^2 \quad \Longrightarrow \quad \begin{cases} A = \dfrac{1}{2} \\ B = \dfrac{3}{2} \\ C = \dfrac{7}{4}. \end{cases}$$

Quindi un integrale particolare dell'equazione lineare non omogenea è

$$x_p(t) = \frac{1}{2}t^2 + \frac{3}{2}t + \frac{7}{4}.$$

L'integrale generale dell'equazione lineare non omogenea è

$$x(t) = c_1 e^t + c_2 e^{2t} + \frac{1}{2}t^2 + \frac{3}{2}t + \frac{7}{4}, \qquad c_1, c_2 \in \mathbb{R}.$$

f) Consideriamo l'equazione differenziale $x'' - x = e^t \sin t$. L'integrale generale di questa equazione lineare non omogenea è dato da

$$x(t) = x_o(t) + x_p(t),$$

dove x_o è l'integrale generale dell'equazione lineare omogenea associata $x'' - x = 0$, e x_p è un integrale particolare dell'equazione lineare non omogenea. Determiniamo inizialmente x_o. L'equazione caratteristica associata è $\lambda^2 - 1 = 0$ che ammette soluzioni reali $\lambda_{1,2} = \pm 1$. Quindi l'integrale generale dell'equazione lineare omogenea è

$$x_o(t) = c_1 e^t + c_2 e^{-t}, \qquad c_1, c_2 \in \mathbb{R}.$$

Determiniamo ora un integrale particolare dell'equazione lineare non omogenea. Poiché il termine noto dell'equazione non omogenea è $b(t) = e^t \sin t$ e $\lambda = 1 \pm i$ non sono soluzioni dell'equazione caratteristica, si ha che un integrale particolare è della forma

$$x_p(t) = e^t(A\cos t + B\sin t), \qquad A, B \in \mathbb{R}.$$

Si ha che

$$x_p'(t) = e^t[(A+B)\cos t + (B-A)\sin t], \qquad x_p''(t) = e^t(2B\cos t - 2A\sin t).$$

Sostituendo nell'equazione lineare non omogenea si ottiene

$$e^t[(2B - A)\cos t + (-2A - B)\sin t] = e^t \sin t \quad \Longrightarrow \quad \begin{cases} A = -\dfrac{2}{5} \\ B = -\dfrac{1}{5}. \end{cases}$$

Quindi un integrale particolare dell'equazione lineare non omogenea è

$$x_p(t) = -\frac{1}{5}e^t(2\cos t + \sin t).$$

L'integrale generale dell'equazione lineare non omogenea è

$$x(t) = c_1 e^t + c_2 e^{-t} - \frac{1}{5}e^t(2\cos t + \sin t), \qquad c_1, c_2 \in \mathbb{R}.$$

Esercizio 3.

a) Consideriamo il problema di Cauchy

$$\begin{cases} y'' - 4y' + \dfrac{7}{4}y = 0 \\ y(0) = 0 \\ y'(0) = 3. \end{cases}$$

Poiché l'equazione differenziale è del secondo ordine lineare a coefficienti costanti omogenea, per il Teorema (1.8) il problema di Cauchy ammette un'unica soluzione massimale definita in $\mathbb{R}$. L'equazione caratteristica associata è $\lambda^2 - 4\lambda + \frac{7}{4} = 0$ che ammette soluzioni reali $\lambda_{1,2} = \frac{1}{2}, \frac{7}{2}$. Quindi l'integrale generale dell'equazione lineare omogenea è

$$y(x) = c_1 e^{\frac{1}{2}x} + c_2 e^{\frac{7}{2}x}, \qquad c_1, c_2 \in \mathbb{R}.$$

Si ha che

$$y'(x) = \frac{1}{2}c_1 e^{\frac{1}{2}x} + \frac{7}{2}c_2 e^{\frac{7}{2}x}.$$

Imponendo le condizioni iniziali $y(0) = 0$ e $y'(0) = 3$ si ottengono $c_1 = -1$ e $c_2 = 1$. Quindi la soluzione del problema di Cauchy è

$$y(x) = e^{\frac{7}{2}x} - e^{\frac{1}{2}x}.$$

b) Consideriamo il problema di Cauchy

$$\begin{cases} y'' - 4y' + 4y = 0 \\ y(0) = 1 \\ y'(0) = 0. \end{cases}$$

Poiché l'equazione differenziale è del secondo ordine lineare a coefficienti costanti omogenea, per il Teorema (1.8) il problema di Cauchy ammette un'unica soluzione massimale definita in $\mathbb{R}$. L'equazione caratteristica associata è $\lambda^2 - 4\lambda + 4 = 0$ che ammette la soluzione reale $\lambda = 2$ con molteplicità $m = 2$. Quindi l'integrale generale dell'equazione lineare omogenea è

$$y(x) = c_1 e^{2x} + c_2 x e^{2x}, \qquad c_1, c_2 \in \mathbb{R}.$$

Si ha che

$$y'(x) = 2c_1 e^{2x} + 2c_2 x e^{2x} + c_2 e^{2x}.$$

Imponendo le condizioni iniziali $y(0) = 1$ e $y'(0) = 0$ si ottengono $c_1 = 1$ e $c_2 = -2$. Quindi la soluzione del problema di Cauchy è

$$y(x) = (1 - 2x)e^{2x}.$$

c) Consideriamo il problema di Cauchy

$$\begin{cases} y'' + y' + \frac{5}{2}y = 0 \\ y(0) = 3 \\ y'(0) = 0. \end{cases}$$

Poiché l'equazione differenziale è del secondo ordine lineare a coefficienti costanti omogenea, per il Teorema (1.8) il problema di Cauchy ammette un'unica soluzione massimale definita in $\mathbb{R}$. L'equazione caratteristica associata è $\lambda^2 + \lambda + \frac{5}{2} = 0$ che ammette soluzioni complesse coniugate $\lambda_{1,2} = -\frac{1}{2} \pm \frac{3}{2}i$. Quindi l'integrale generale dell'equazione lineare omogenea è

$$y(x) = e^{-\frac{1}{2}x}\left(c_1 \cos\frac{3}{2}x + c_2 \sin\frac{3}{2}x\right), \qquad c_1, c_2 \in \mathbb{R}.$$

Si ha che

$$y'(x) = \frac{1}{2}e^{-\frac{1}{2}x}\left[(3c_2 - c_1)\cos\frac{3}{2}x - (3c_1 + c_2)\sin\frac{3}{2}x\right].$$

Imponendo le condizioni iniziali $y(0) = 3$ e $y'(0) = 0$ si ottengono $c_1 = 3$ e $c_2 = 1$. Quindi la soluzione del problema di Cauchy è

$$y(x) = e^{-\frac{1}{2}x}\left(3\cos\frac{3}{2}x + \sin\frac{3}{2}x\right).$$

d) Consideriamo il problema di Cauchy

$$\begin{cases} y'' = \sin x \\ y(0) = 0 \\ y'(0) = 0. \end{cases}$$

Poiché l'equazione differenziale è del secondo ordine lineare a coefficienti costanti non omogenea e il termine noto $b(x) = \sin x$ è continuo in $\mathbb{R}$, per il Teorema (1.12) il problema di Cauchy ammette un'unica soluzione massimale definita in $\mathbb{R}$. L'integrale generale dell'equazione lineare non omogenea si ottiene integrando due volte l'equazione $y'' = \sin x$. Si ha che

$$\begin{aligned} y'(x) &= -\cos x + c_1, \quad c_1 \in \mathbb{R}, \\ y(x) &= -\sin x + c_1 x + c_2, \quad c_1, c_2 \in \mathbb{R}. \end{aligned}$$

Imponendo le condizioni iniziali $y(0) = 0$ e $y'(0) = 0$ si ottengono $c_1 = 1$ e $c_2 = 0$. Quindi la soluzione del problema di Cauchy è

$$y(x) = x - \sin x.$$

e) Consideriamo il problema di Cauchy

$$\begin{cases} y'' + 9y = t^2 \\ y(0) = 0 \\ y'(0) = 0. \end{cases}$$

Poiché l'equazione differenziale è del secondo ordine lineare a coefficienti costanti non omogenea e il termine noto $b(t) = t^2$ è continuo in $\mathbb{R}$, per il Teorema (1.12) il problema di Cauchy ammette un'unica soluzione massimale definita in $\mathbb{R}$. L'integrale generale dell'equazione lineare non omogenea è dato da

$$y(t) = y_o(t) + y_p(t),$$

dove y_o è l'integrale generale dell'equazione lineare omogenea associata $y'' + 9y = 0$, e y_p è un integrale particolare dell'equazione lineare non omogenea. Determiniamo inizialmente y_o. L'equazione caratteristica associata è $\lambda^2 + 9 = 0$ che ammette soluzioni complesse coniugate $\lambda_{1,2} = \pm 3i$. Quindi l'integrale generale dell'equazione lineare omogenea è

$$y_o(t) = c_1 \cos 3t + c_2 \sin 3t, \qquad c_1, c_2 \in \mathbb{R}.$$

Determiniamo ora un integrale particolare dell'equazione lineare non omogenea. Poiché il termine noto dell'equazione non omogenea è $b(t) = t^2$ e $\lambda = 0$ non è soluzione dell'equazione caratteristica, si ha che un integrale particolare è della forma

$$y_p(t) = At^2 + Bt + C, \qquad A, B, C \in \mathbb{R}.$$

Si ha che

$$y_p'(t) = 2At + B, \qquad y_p''(t) = 2A.$$

Sostituendo nell'equazione lineare non omogenea si ottiene

$$9At^2 + 9Bt + 2A + 9C = t^2 \quad \Longrightarrow \quad \begin{cases} A = \dfrac{1}{9} \\ B = 0 \\ C = -\dfrac{2}{81}. \end{cases}$$

Quindi un integrale particolare dell'equazione lineare non omogenea è

$$y_p(t) = \frac{1}{9}t^2 - \frac{2}{81}.$$

L'integrale generale dell'equazione lineare non omogenea è

$$y(t) = c_1 \cos 3t + c_2 \sin 3t + \frac{1}{9}t^2 - \frac{2}{81}, \qquad c_1, c_2 \in \mathbb{R}.$$

Si ha che

$$y'(t) = -3c_1 \sin 3t + 3c_2 \cos 3t + \frac{2}{9}t.$$

Imponendo le condizioni iniziali $y(0) = 0$ e $y'(0) = 0$ si ottengono $c_1 = \frac{2}{81}$ e $c_2 = 0$. Quindi la soluzione del problema di Cauchy è

$$y(t) = \frac{2}{81} \cos 3t + \frac{1}{9}t^2 - \frac{2}{81}.$$

f) Consideriamo il problema di Cauchy

$$\begin{cases} y'' - 2y' + y = e^t \sin t \\ y(0) = 0 \\ y'(0) = 0. \end{cases}$$

Poiché l'equazione differenziale è del secondo ordine lineare a coefficienti costanti non omogenea e il termine noto $b(t) = e^t \sin t$ è continuo in $\mathbb{R}$, per il Teorema (1.12) il problema di Cauchy ammette un'unica soluzione massimale definita in $\mathbb{R}$. L'integrale generale dell'equazione lineare non omogenea è dato da

$$y(t) = y_o(t) + y_p(t),$$

dove y_o è l'integrale generale dell'equazione lineare omogenea associata $y'' - 2y' + y = 0$, e y_p è un integrale particolare dell'equazione lineare non omogenea. Determiniamo inizialmente y_o. L'equazione caratteristica associata è $\lambda^2 - 2\lambda + 1 = 0$ che ammette la soluzione reale $\lambda = 1$ con molteplicità $m = 2$. Quindi l'integrale generale dell'equazione lineare omogenea è

$$y_o(t) = c_1 e^t + c_2 t e^t, \qquad c_1, c_2 \in \mathbb{R}.$$

Determiniamo ora un integrale particolare dell'equazione lineare non omogenea. Poiché il termine noto dell'equazione non omogenea è $b(t) = e^t \sin t$ e $\lambda = 1 \pm i$ non sono soluzioni dell'equazione caratteristica, si ha che un integrale particolare è della forma

$$y_p(t) = e^t (A \cos t + B \sin t), \qquad A, B \in \mathbb{R}.$$

Si ha che

$$\begin{aligned} y_p'(t) &= e^t [(A + B) \cos t + (B - A) \sin t], \\ y_p''(t) &= e^t (2B \cos t - 2A \sin t). \end{aligned}$$

Sostituendo nell'equazione lineare non omogenea si ottiene

$$e^t (-A \cos t - B \sin t) = e^t \sin t \quad \Longrightarrow \quad \begin{cases} A = 0 \\ B = -1. \end{cases}$$

Quindi un integrale particolare dell'equazione lineare non omogenea è

$$y_p(t) = -e^t \sin t.$$

L'integrale generale dell'equazione lineare non omogenea è

$$y(t) = c_1 e^t + c_2 t e^t - e^t \sin t, \qquad c_1, c_2 \in \mathbb{R}.$$

Si ha che

$$y'(t) = c_1 e^t + c_2 t e^t + c_2 e^t - e^t \sin t - e^t \cos t.$$

Imponendo le condizioni iniziali $y(0) = 0$ e $y'(0) = 0$ si ottengono $c_1 = 0$ e $c_2 = 1$. Quindi la soluzione del problema di Cauchy è

$$y(t) = e^t (t - \sin t).$$

g) Consideriamo il problema di Cauchy

$$\begin{cases} y'' - 4y' + 3y = \cos t \\ y(0) = 0 \\ y'(0) = 0. \end{cases}$$

Poiché l'equazione differenziale è del secondo ordine lineare a coefficienti costanti non omogenea e il termine noto $b(t) = \cos t$ è continuo in $\mathbb{R}$, per il Teorema (1.12) il problema di Cauchy ammette un'unica soluzione massimale definita in $\mathbb{R}$. L'integrale generale dell'equazione lineare non omogenea è dato da

$$y(t) = y_o(t) + y_p(t),$$

dove y_o è l'integrale generale dell'equazione lineare omogenea associata $y'' - 4y' + 3y = 0$, e y_p è un integrale particolare dell'equazione lineare non omogenea. Determiniamo inizialmente y_o. L'equazione caratteristica associata è $\lambda^2 - 4\lambda + 3 = 0$ che ammette soluzioni reali $\lambda_{1,2} = 1, 3$. Quindi l'integrale generale dell'equazione lineare omogenea è

$$y_o(t) = c_1 e^t + c_2 e^{3t}, \qquad c_1, c_2 \in \mathbb{R}.$$

Determiniamo ora un integrale particolare dell'equazione lineare non omogenea. Poiché il termine noto dell'equazione non omogenea è $b(t) = \cos t$ e $\lambda = \pm i$ non sono soluzioni dell'equazione caratteristica, si ha che un integrale particolare è della forma

$$y_p(t) = A \cos t + B \sin t, \qquad A, B \in \mathbb{R}.$$

Si ha che

$$y_p'(t) = -A \sin t + B \cos t, \qquad y_p''(t) = -A \cos t - B \sin t.$$

Sostituendo nell'equazione lineare non omogenea si ottiene

$$(2A - 4B) \cos t + (4A + 2B) \sin t = \cos t \quad \Longrightarrow \quad \begin{cases} A = \dfrac{1}{10} \\ B = -\dfrac{1}{5}. \end{cases}$$

Quindi un integrale particolare dell'equazione lineare non omogenea è

$$y_p(t) = \frac{1}{10}\cos t - \frac{1}{5}\sin t.$$

L'integrale generale dell'equazione lineare non omogenea è

$$y(t) = c_1 e^t + c_2 e^{3t} + \frac{1}{10}\cos t - \frac{1}{5}\sin t, \qquad c_1, c_2 \in \mathbb{R}.$$

Si ha che

$$y'(t) = c_1 e^t + 3c_2 e^{3t} - \frac{1}{10}\sin t - \frac{1}{5}\cos t.$$

Imponendo le condizioni iniziali $y(0) = 0$ e $y'(0) = 0$ si ottengono $c_1 = -\frac{1}{4}$ e $c_2 = \frac{3}{20}$. Quindi la soluzione del problema di Cauchy è

$$y(t) = -\frac{1}{4}e^t + \frac{3}{20}e^{3t} + \frac{1}{10}\cos t - \frac{1}{5}\sin t.$$

h) Consideriamo il problema di Cauchy

$$\begin{cases} y'' - 7y' + 6y = 1 \\ y(0) = 0 \\ y'(0) = 0. \end{cases}$$

Poiché l'equazione differenziale è del secondo ordine lineare a coefficienti costanti non omogenea e il termine noto $b(t) = 1$ è continuo in $\mathbb{R}$, per il Teorema (1.12) il problema di Cauchy ammette un'unica soluzione massimale definita in $\mathbb{R}$. L'integrale generale dell'equazione lineare non omogenea è dato da

$$y(t) = y_o(t) + y_p(t),$$

dove y_o è l'integrale generale dell'equazione lineare omogenea associata $y'' - 7y' + 6y = 0$, e y_p è un integrale particolare dell'equazione lineare non omogenea. Determiniamo inizialmente y_o. L'equazione caratteristica associata è $\lambda^2 - 7\lambda + 6 = 0$ che ammette soluzioni reali $\lambda_{1,2} = 1, 6$. Quindi l'integrale generale dell'equazione lineare omogenea è

$$y_o(t) = c_1 e^t + c_2 e^{6t}, \qquad c_1, c_2 \in \mathbb{R}.$$

Determiniamo ora un integrale particolare dell'equazione lineare non omogenea. Poiché il termine noto dell'equazione non omogenea è $b(t) = 1$ e $\lambda = 0$ non è soluzione dell'equazione caratteristica, si ha che un integrale particolare è della forma

$$y_p(t) = A, \qquad A \in \mathbb{R}.$$

Si ha che

$$y_p'(t) = y_p''(t) = 0.$$

Sostituendo nell'equazione lineare non omogenea si ottiene $A = \frac{1}{6}$. Quindi un integrale particolare dell'equazione lineare non omogenea è $y_p(t) = \frac{1}{6}$. L'integrale generale dell'equazione lineare non omogenea è

$$y(t) = c_1 e^t + c_2 e^{6t} + \frac{1}{6}, \qquad c_1, c_2 \in \mathbb{R}.$$

Si ha che

$$y'(t) = c_1 e^t + 6c_2 e^{6t}.$$

Imponendo le condizioni iniziali $y(0) = 0$ e $y'(0) = 0$ si ottengono $c_1 = -\frac{1}{5}$ e $c_2 = \frac{1}{30}$. Quindi la soluzione del problema di Cauchy è

$$y(t) = -\frac{1}{5} e^t + \frac{1}{30} e^{6t} + \frac{1}{6}.$$

i) Consideriamo il problema di Cauchy

$$\begin{cases} x'' - x = (t+1)e^t \\ x(0) = 0 \\ x'(0) = 0. \end{cases}$$

Poiché l'equazione differenziale è del secondo ordine lineare a coefficienti costanti non omogenea e il termine noto $b(t) = (t+1)e^t$ è continuo in $\mathbb{R}$, per il Teorema (1.12) il problema di Cauchy ammette un'unica soluzione massimale definita in $\mathbb{R}$. L'integrale generale dell'equazione lineare non omogenea è dato da

$$x(t) = x_o(t) + x_p(t),$$

dove x_o è l'integrale generale dell'equazione lineare omogenea associata $x'' - x = 0$, e x_p è un integrale particolare dell'equazione lineare non omogenea. Determiniamo inizialmente x_o. L'equazione caratteristica associata è $\lambda^2 - 1 = 0$ che ammette soluzioni reali $\lambda_{1,2} = \pm 1$. Quindi l'integrale generale dell'equazione lineare omogenea è

$$x_o(t) = c_1 e^t + c_2 e^{-t}, \qquad c_1, c_2 \in \mathbb{R}.$$

Determiniamo ora un integrale particolare dell'equazione lineare non omogenea. Poiché il termine noto dell'equazione non omogenea è $b(t) = (t+1)e^t$ e $\lambda = 1$ è soluzione dell'equazione caratteristica con molteplicità $m = 1$, si ha che un integrale particolare è della forma

$$x_p(t) = t(At + B)e^t, \qquad A, B \in \mathbb{R}.$$

Si ha che

$$x_p'(t) = e^t \left(At^2 + 2At + Bt + B\right), \qquad x_p''(x) = e^t \left(At^2 + 4At + Bt + 2A + 2B\right).$$

Sostituendo nell'equazione lineare non omogenea si ottiene

$$e^t(4At + 2A + 2B) = (t + 1)e^t \quad \Longrightarrow \quad A = B = \frac{1}{4}.$$

Quindi un integrale particolare dell'equazione lineare non omogenea è

$$x_p(t) = \frac{1}{4}t(t + 1)e^t.$$

L'integrale generale dell'equazione lineare non omogenea è

$$x(t) = c_1 e^t + c_2 e^{-t} + \frac{1}{4}t(t + 1)e^t, \qquad c_1, c_2 \in \mathbb{R}.$$

Si ha che

$$x'(t) = c_1 e^t - c_2 e^{-t} + \frac{1}{4}\left(t^2 + 3t + 1\right) e^t.$$

Imponendo le condizioni iniziali $x(0) = 0$ e $x'(0) = 0$ si ottengono $c_1 = -\frac{1}{8}$ e $c_2 = \frac{1}{8}$. Quindi la soluzione del problema di Cauchy è

$$x(t) = -\frac{1}{8}e^t + \frac{1}{8}e^{-t} + \frac{1}{4}t(t + 1)e^t.$$

l) Consideriamo il problema di Cauchy

$$\begin{cases} x'' + x' = \sin t \\ x(0) = 0 \\ x'(0) = 0. \end{cases}$$

Poiché l'equazione differenziale è del secondo ordine lineare a coefficienti costanti non omogenea e il termine noto $b(t) = \sin t$ è continuo in $\mathbb{R}$, per il Teorema (1.12) il problema di Cauchy ammette un'unica soluzione massimale definita in $\mathbb{R}$. L'integrale generale dell'equazione lineare non omogenea è dato da

$$x(t) = x_o(t) + x_p(t),$$

dove x_o è l'integrale generale dell'equazione lineare omogenea associata $x''+x'=0$, e x_p è un integrale particolare dell'equazione lineare non omogenea. Determiniamo inizialmente x_o. L'equazione caratteristica associata è $\lambda^2+\lambda=0$ che ammette soluzioni reali $\lambda_{1,2}=0,-1$. Quindi l'integrale generale dell'equazione lineare omogenea è

$$x_o(t)=c_1+c_2e^{-t}, \qquad c_1,c_2\in\mathbb{R}.$$

Determiniamo ora un integrale particolare dell'equazione lineare non omogenea. Poiché il termine noto dell'equazione non omogenea è $b(t)=\sin t$ e $\lambda=\pm i$ non sono soluzioni dell'equazione caratteristica, si ha che un integrale particolare è della forma

$$x_p(t)=A\cos t+B\sin t, \qquad A,B\in\mathbb{R}.$$

Si ha che

$$x_p'(t)=-A\sin t+B\cos t, \qquad x_p''(x)=-A\cos t-B\sin t.$$

Sostituendo nell'equazione lineare non omogenea si ottiene

$$(B-A)\cos t-(A+B)\sin t=\sin t \quad\Longrightarrow\quad A=B=-\frac{1}{2}.$$

Quindi un integrale particolare dell'equazione lineare non omogenea è

$$x_p(t)=-\frac{1}{2}(\cos t+\sin t).$$

L'integrale generale dell'equazione lineare non omogenea è

$$x(t)=c_1+c_2e^{-t}-\frac{1}{2}(\cos t+\sin t), \qquad c_1,c_2\in\mathbb{R}.$$

Si ha che

$$x'(t)=-c_2e^{-t}-\frac{1}{2}(\cos t-\sin t).$$

Imponendo le condizioni iniziali $x(0)=0$ e $x'(0)=0$ si ottengono $c_1=1$ e $c_2=-\frac{1}{2}$. Quindi la soluzione del problema di Cauchy è

$$x(t)=1-\frac{1}{2}e^{-t}-\frac{1}{2}(\cos t+\sin t).$$

m) Consideriamo il problema di Cauchy

$$\begin{cases} x''+x=\cos t \\ x(0)=1 \\ x'(0)=2. \end{cases}$$

Poiché l'equazione differenziale è del secondo ordine lineare a coefficienti costanti non omogenea e il termine noto $b(t) = \cos t$ è continuo in $\mathbb{R}$, per il Teorema (1.12) il problema di Cauchy ammette un'unica soluzione massimale definita in $\mathbb{R}$. L'integrale generale dell'equazione lineare non omogenea è dato da

$$x(t) = x_o(t) + x_p(t),$$

dove x_o è l'integrale generale dell'equazione lineare omogenea associata $x'' + x = 0$, e x_p è un integrale particolare dell'equazione lineare non omogenea. Determiniamo inizialmente x_o. L'equazione caratteristica associata è $\lambda^2 + 1 = 0$ che ammette soluzioni complesse coniugate $\lambda_{1,2} = \pm i$. Quindi l'integrale generale dell'equazione lineare omogenea è

$$x_o(t) = c_1 \cos t + c_2 \sin t, \qquad c_1, c_2 \in \mathbb{R}.$$

Determiniamo ora un integrale particolare dell'equazione lineare non omogenea. Poiché il termine noto dell'equazione non omogenea è $b(t) = \cos t$ e $\lambda = \pm i$ sono soluzioni dell'equazione caratteristica, si ha che un integrale particolare è della forma

$$x_p(t) = t(A \cos t + B \sin t), \qquad A, B \in \mathbb{R}.$$

Si ha che

$$x_p'(t) = (Bt + A) \cos t + (B - At) \sin t, \qquad x_p''(t) = (-At + 2B) \cos t - (Bt + 2A) \sin t.$$

Sostituendo nell'equazione lineare non omogenea si ottiene

$$2B \cos t - 2A \sin t = \cos t \quad \Longrightarrow \quad \begin{cases} A = 0 \\ B = \dfrac{1}{2}. \end{cases}$$

Quindi un integrale particolare dell'equazione lineare non omogenea è

$$x_p(t) = \frac{1}{2} t \sin t.$$

L'integrale generale dell'equazione lineare non omogenea è

$$x(t) = c_1 \cos t + c_2 \sin t + \frac{1}{2} t \sin t, \qquad c_1, c_2 \in \mathbb{R}.$$

Si ha che

$$x'(t) = -c_1 \sin t + c_2 \cos t + \frac{1}{2} \sin t + \frac{1}{2} t \cos t.$$

Imponendo le condizioni iniziali $x(0) = 1$ e $x'(0) = 2$ si ottengono $c_1 = 1$ e $c_2 = 2$. Quindi la soluzione del problema di Cauchy è

$$x(t) = \cos t + 2\sin t + \frac{1}{2} t \sin t.$$

$n)$ Consideriamo il problema di Cauchy

$$\begin{cases} x'' + 4x = e^t + 1 \\ x(0) = 0 \\ x'(0) = 0. \end{cases}$$

Poiché l'equazione differenziale è del secondo ordine lineare a coefficienti costanti non omogenea e il termine noto $b(t) = e^t + 1$ è continuo in $\mathbb{R}$, per il Teorema (1.12) il problema di Cauchy ammette un'unica soluzione massimale definita in $\mathbb{R}$. L'integrale generale dell'equazione lineare non omogenea è dato da

$$x(t) = x_o(t) + x_p(t),$$

dove x_o è l'integrale generale dell'equazione lineare omogenea associata $x'' + 4x = 0$, e x_p è un integrale particolare dell'equazione lineare non omogenea. Determiniamo inizialmente x_o. L'equazione caratteristica associata è $\lambda^2 + 4 = 0$ che ammette soluzioni complesse coniugate $\lambda_{1,2} = \pm 2i$. Quindi l'integrale generale dell'equazione lineare omogenea è

$$x_o(t) = c_1 \cos 2t + c_2 \sin 2t, \qquad c_1, c_2 \in \mathbb{R}.$$

Determiniamo ora un integrale particolare dell'equazione lineare non omogenea. Poiché il termine noto dell'equazione non omogenea $b(t) = e^t + 1$ è somma dei due termini $b_1(t) = e^t$ e $b_2(t) = 1$, per il Principio della sovrapposizione degli effetti (vedi Teorema (1.11)) si ha che un integrale particolare x_p è dato da

$$x_p(t) = x_{p_1}(t) + x_{p_2}(t),$$

dove x_{p_1} è un integrale particolare dell'equazione non omogenea avente per termine noto b_1, cioè dell'equazione $x'' + 4x = e^t$, e x_{p_2} è un integrale particolare dell'equazione non omogenea avente per termine noto b_2, cioè dell'equazione $x'' + 4x = 1$. Determiniamo inizialmente x_{p_1}. Poiché $\lambda = 1$ non è soluzione dell'equazione caratteristica, si ha che un integrale particolare è della forma

$$x_{p_1}(t) = Ae^t, \qquad A \in \mathbb{R}.$$

Si ha che

$$x'_{p_1}(t) = x''_{p_1}(t) = Ae^t.$$

Sostituendo nell'equazione lineare non omogenea si ottiene $A = \frac{1}{5}$. Quindi un integrale particolare dell'equazione lineare non omogenea relativo al termine noto b_1 è

$$x_{p_1}(t) = \frac{1}{5}e^t.$$

Determiniamo ora x_{p_2}. Poiché $\lambda = 0$ non è soluzione dell'equazione caratteristica, si ha che un integrale particolare è della forma

$$x_{p_2}(t) = A, \qquad A \in \mathbb{R}.$$

Si ha che

$$x'_{p_2}(t) = x''_{p_2}(t) = 0.$$

Sostituendo nell'equazione lineare non omogenea si ottiene $A = \frac{1}{4}$. Quindi un integrale particolare dell'equazione lineare non omogenea relativo al termine noto b_2 è

$$x_{p_2}(t) = \frac{1}{4}.$$

Ne segue che un integrale particolare dell'equazione lineare non omogenea è

$$x_p(t) = \frac{1}{5}e^t + \frac{1}{4}.$$

L'integrale generale dell'equazione lineare non omogenea è

$$x(t) = c_1 \cos 2t + c_2 \sin 2t + \frac{1}{5}e^t + \frac{1}{4}, \qquad c_1, c_2 \in \mathbb{R}.$$

Si ha che

$$x'(t) = -2c_1 \sin 2t + 2c_2 \cos 2t + \frac{1}{5}e^t.$$

Imponendo le condizioni iniziali $x(0) = 0$ e $x'(0) = 0$ si ottengono $c_1 = -\frac{9}{20}$ e $c_2 = -\frac{1}{10}$. Quindi la soluzione del problema di Cauchy è

$$x(t) = -\frac{9}{20}\cos 2t - \frac{1}{10}\sin 2t + \frac{1}{5}e^t + \frac{1}{4}.$$

3.4 Esercizi di riepilogo

a) Consideriamo il problema di Cauchy

$$\begin{cases} y' \sin x - y \cos x = e^x \sin^3 x \\ y(\frac{\pi}{2}) = 0. \end{cases}$$

L'equazione differenziale si può scrivere, per $x \neq k\pi$, $k \in \mathbb{Z}$, come

$$y' = y \cot x + e^x \sin^2 x.$$

È quindi un'equazione lineare del primo ordine. Poiché le funzioni $a(x) = \cot x$ e $b(x) = e^x \sin^2 x$ sono continue in $(0, \pi)$, per il Teorema (1.6) il problema di Cauchy ammette un'unica soluzione massimale definita in $(0, \pi)$. Poiché

$$\int \cot x \, dx = \log|\sin x| + c, \qquad c \in \mathbb{R},$$

la soluzione del problema di Cauchy è della forma

$$\begin{aligned} y(x) &= e^{\log|\sin x|}\left(\int e^{-\log|\sin x|} e^x \sin^2 x \, dx\right) = \\ &= |\sin x| \left(\int \frac{e^x \sin^2 x}{|\sin x|} \, dx\right) = \end{aligned}$$

essendo $\sin x > 0$ per $0 < x < \pi$

$$= \sin x \left(\int e^x \sin x \, dx\right).$$

Poiché (vedi **8.2.8** esercizio 39))

$$\int e^x \sin x \, dx = \frac{1}{2} e^x (\sin x - \cos x) + c, \qquad c \in \mathbb{R},$$

si ha che

$$y(x) = \frac{1}{2} e^x \sin x (\sin x - \cos x) + c \sin x, \qquad c \in \mathbb{R}.$$

Imponendo la condizione iniziale $y(\frac{\pi}{2}) = 0$ si ottiene $c = -\frac{1}{2} e^{\frac{\pi}{2}}$. Quindi la soluzione del problema di Cauchy è

$$y(x) = \frac{1}{2} e^x \sin x (\sin x - \cos x) - \frac{1}{2} e^{\frac{\pi}{2}} \sin x, \qquad \mathrm{dom}\,(y) = (0, \pi).$$

b) Consideriamo il problema di Cauchy

$$\begin{cases} y' = x^3 \left(y^2 + 1\right) (3 + 4 \arctan y)^2 \\ y(0) = 0. \end{cases}$$

L'equazione differenziale è del primo ordine a variabili separabili. Poiché la funzione $f(x) = x^3$ è continua su $\mathbb{R}$ e la funzione $g(y) = \left(y^2+1\right)(3+4\arctan y)^2$ è derivabile con derivata continua in $\mathbb{R}$, per il Teorema (1.4) il problema di Cauchy ammette un'unica soluzione massimale definita in un intervallo contenente $x_0 = 0$. Si ha che la funzione $y(x) = -\tan\frac{3}{4}$ è soluzione dell'equazione differenziale ma non del problema di Cauchy. Inoltre per $y \neq -\tan\frac{3}{4}$ si ha che

$$\begin{aligned}
\int \frac{1}{(y^2+1)(3+4\arctan y)^2}\,dy &= \int x^3\,dx \\
-\frac{1}{3+4\arctan y} &= \frac{1}{4}x^4 + c, \qquad c \in \mathbb{R} \\
3+4\arctan y &= \frac{1}{c-x^4}, \qquad c \in \mathbb{R} \\
\arctan y &= \frac{3x^4+1-3c}{4(c-x^4)}, \qquad c \in \mathbb{R} \\
y(x) &= \tan\left[\frac{3x^4+1-3c}{4(c-x^4)}\right], \qquad c \in \mathbb{R}.
\end{aligned}$$

Imponendo la condizione iniziale $y(0) = 0$ si ottiene $c = \frac{1}{3}$. Quindi la soluzione del problema di Cauchy è

$$y(x) = \tan\left[\frac{9x^4}{4(1-3x^4)}\right].$$

Si ha che $\operatorname{dom}(y) = \left(-\sqrt[4]{\frac{2\pi}{9+6\pi}}, \sqrt[4]{\frac{2\pi}{9+6\pi}}\right)$.

c) Consideriamo il problema di Cauchy

$$\begin{cases} y'' - 10y = -6xe^{2x} \\ y(0) = 0 \\ y'(0) = \frac{7}{3}. \end{cases}$$

L'equazione differenziale è del secondo ordine lineare a coefficienti costanti non omogenea. Poiché il termine noto $b(x) = -6xe^{2x}$ è continuo in $\mathbb{R}$, per il Teorema (1.12) il problema di Cauchy ammette un'unica soluzione massimale definita in $\mathbb{R}$. L'integrale generale dell'equazione lineare non omogenea è dato da

$$y(x) = y_o(x) + y_p(x),$$

dove y_o è l'integrale generale dell'equazione lineare omogenea associata $y'' - 10y = 0$, e y_p è un integrale particolare dell'equazione lineare non omogenea. Determiniamo inizialmente y_o. L'equazione caratteristica associata è $\lambda^2 - 10 = 0$ che ammette soluzioni reali $\lambda_{1,2} = \pm\sqrt{10}$. Quindi l'integrale generale dell'equazione lineare omogenea è

$$y_o(x) = c_1 e^{\sqrt{10}x} + c_2 e^{-\sqrt{10}x}, \qquad c_1, c_2 \in \mathbb{R}.$$

Determiniamo ora un integrale particolare dell'equazione lineare non omogenea. Poiché il termine noto dell'equazione non omogenea è $b(x) = -6xe^{2x}$ e $\lambda = 2$ non è soluzione dell'equazione caratteristica, si ha che un integrale particolare è della forma

$$y_p(x) = (Ax + B)e^{2x}, \qquad A, B \in \mathbb{R}.$$

Si ha che

$$y_p'(x) = e^{2x}(2Ax + A + 2B), \qquad y_p''(x) = e^{2x}(4Ax + 4A + 4B).$$

Sostituendo nell'equazione lineare non omogenea si ottiene

$$e^{2x}(-6Ax + 4A - 6B) = -6xe^{2x} \quad \Longrightarrow \quad \begin{cases} A = 1 \\ B = \dfrac{2}{3}. \end{cases}$$

Quindi un integrale particolare dell'equazione lineare non omogenea è

$$y_p(x) = \left(x + \frac{2}{3}\right) e^{2x}.$$

L'integrale generale dell'equazione lineare non omogenea è

$$y(x) = c_1 e^{\sqrt{10}x} + c_2 e^{-\sqrt{10}x} + \left(x + \frac{2}{3}\right) e^{2x}, \qquad c_1, c_2 \in \mathbb{R}.$$

Si ha che

$$y'(x) = \sqrt{10}\, c_1 e^{\sqrt{10}x} - \sqrt{10}\, c_2 e^{-\sqrt{10}x} + \left(2x + \frac{7}{3}\right) e^{2x}.$$

Imponendo le condizioni iniziali $y(0) = 0$ e $y'(0) = \frac{7}{3}$ si ottengono $c_1 = c_2 = -\frac{1}{3}$. Quindi la soluzione del problema di Cauchy è

$$y(x) = -\frac{1}{3}e^{\sqrt{10}x} - \frac{1}{3}e^{-\sqrt{10}x} + \left(x + \frac{2}{3}\right) e^{2x}, \qquad \mathrm{dom}\,(y) = \mathbb{R}.$$

d) Consideriamo il problema di Cauchy

$$\begin{cases} y'' - 2y = -2te^t \sin t \\ y(0) = \frac{1}{2} \\ y'(0) = \frac{1}{2}. \end{cases}$$

L'equazione differenziale è del secondo ordine lineare a coefficienti costanti non omogenea. Poiché il termine noto $b(t) = -2te^t \sin t$ è continuo in $\mathbb{R}$, per il Teorema (1.12) il problema di Cauchy ammette un'unica soluzione massimale definita in $\mathbb{R}$. L'integrale generale dell'equazione lineare non omogenea è dato da

$$y(t) = y_o(t) + y_p(t),$$

dove y_o è l'integrale generale dell'equazione lineare omogenea associata $y'' - 2y = 0$, e y_p è un integrale particolare dell'equazione lineare non omogenea. Determiniamo inizialmente y_o. L'equazione caratteristica associata è $\lambda^2 - 2 = 0$ che ammette soluzioni reali $\lambda_{1,2} = \pm\sqrt{2}$. Quindi l'integrale generale dell'equazione lineare omogenea è

$$y_o(t) = c_1 e^{\sqrt{2}t} + c_2 e^{-\sqrt{2}t}, \qquad c_1, c_2 \in \mathbb{R}.$$

Determiniamo ora un integrale particolare dell'equazione lineare non omogenea. Poiché il termine noto dell'equazione non omogenea è $b(t) = -2te^t \sin t$ e $\lambda = 1 \pm i$ non sono soluzioni dell'equazione caratteristica, si ha che un integrale particolare è della forma

$$y_p(t) = e^t[(At + B)\cos t + (Ct + D)\sin t], \qquad A, B, C, D \in \mathbb{R}.$$

Si ha che

$$\begin{aligned} y_p'(t) &= e^t[(At + Ct + A + B + D)\cos t + (-At + Ct - B + C + D)\sin t], \\ y_p''(t) &= e^t[(2Ct + 2A + 2C + 2D)\cos t - (2At + 2A + 2B - 2C)\sin t]. \end{aligned}$$

Sostituendo nell'equazione lineare non omogenea si ottiene

$$e^t[(2Ct - 2At + 2A - 2B + 2C + 2D)\cos t - (2At + 2Ct + 2A + 2B - 2C + 2D)\sin t] =$$

$$= -2te^t \sin t \quad \Longrightarrow \quad \begin{cases} A = C = D = \dfrac{1}{2} \\ B = -\dfrac{1}{2}. \end{cases}$$

Quindi un integrale particolare dell'equazione lineare non omogenea è

$$y_p(t) = \frac{1}{2}e^t[(t + 1)\cos t + (t - 1)\sin t].$$

L'integrale generale dell'equazione lineare non omogenea è

$$y(t) = c_1 e^{\sqrt{2}t} + c_2 e^{-\sqrt{2}t} + \frac{1}{2}e^t[(t + 1)\cos t + (t - 1)\sin t], \qquad c_1, c_2 \in \mathbb{R}.$$

Si ha che

$$y'(t) = \sqrt{2}\,c_1 e^{\sqrt{2}t} - \sqrt{2}\,c_2 e^{-\sqrt{2}t} + \frac{1}{2}e^t[(2t+1)\cos t - \sin t].$$

Imponendo le condizioni iniziali $y(0) = y'(0) = \frac{1}{2}$ si ottengono $c_1 = c_2 = 0$. Quindi la soluzione del problema di Cauchy è

$$y(t) = \frac{1}{2}e^t[(t+1)\cos t + (t-1)\sin t], \qquad \operatorname{dom}(y) = \mathbb{R}.$$

e) Consideriamo il problema di Cauchy

$$\begin{cases} t(1+t^2)y' - y(t^2-1) + 2t = 0 \\ y(1) = 3. \end{cases}$$

L'equazione differenziale si può scrivere, per $t \neq 0$, come

$$y' = \frac{t^2-1}{t(1+t^2)}y - \frac{2}{1+t^2}.$$

È un'equazione lineare del primo ordine. Poiché le funzioni $a(t) = \dfrac{t^2-1}{t(1+t^2)}$ e $b(t) = -\dfrac{2}{1+t^2}$ sono continue in $(0,+\infty)$, per il Teorema (1.6) il problema di Cauchy ammette un'unica soluzione massimale definita in $(0,+\infty)$. Poiché

$$\int \frac{t^2-1}{t(1+t^2)}\,dx = \log\left(\frac{1+t^2}{|t|}\right) + c, \qquad c \in \mathbb{R},$$

la soluzione del problema di Cauchy è della forma

$$\begin{aligned} y(t) &= e^{\log\left(\frac{1+t^2}{|t|}\right)}\left(-\int e^{-\log\left(\frac{1+t^2}{|t|}\right)}\frac{2}{1+t^2}\,dt\right) = \\ &= \frac{1+t^2}{|t|}\left(-\int \frac{2|t|}{(1+t^2)^2}\,dt\right) = \end{aligned}$$

essendo $t > 0$

$$\begin{aligned} &= \frac{1+t^2}{t}\left(-\int \frac{2t}{1+t^2}\,dt\right) = \\ &= \frac{1+t^2}{t}\left(\frac{1}{1+t^2} + c\right) = \\ &= \frac{1}{t} + c\frac{1+t^2}{t}, \qquad c \in \mathbb{R}. \end{aligned}$$

Imponendo la condizione iniziale $y(1) = 3$ si ottiene $c = 1$. Quindi la soluzione del problema di Cauchy è

$$y(t) = \frac{t^2+2}{t}, \qquad \operatorname{dom}(y) = (0,+\infty).$$

f) Consideriamo il problema di Cauchy

$$\begin{cases} y' = \dfrac{2-y-y^2}{t} \\ y(1) = -1. \end{cases}$$

L'equazione differenziale è del primo ordine a variabili separabili. Poiché la funzione $f(t) = \frac{1}{t}$ è continua su $(0, +\infty)$ e la funzione $g(y) = 2-y-y^2$ è derivabile con derivata continua in $\mathbb{R}$, per il Teorema (1.4) il problema di Cauchy ammette un'unica soluzione massimale definita in un intervallo contenente $x_0 = 1$ e contenuto in $(0, +\infty)$. Si ha che le funzioni $y(t) = 1$ e $y(t) = -2$ sono soluzioni dell'equazione differenziale ma non del problema di Cauchy. Inoltre per $y \neq 1, -2$ si ha che

$$\begin{aligned} \int \frac{1}{2-y-y^2}\, dy &= \int \frac{1}{t}\, dt \\ \frac{1}{3}\log\left|\frac{y+2}{y-1}\right| &= \log|t| + c, \qquad c \in \mathbb{R} \\ \log\left|\frac{y+2}{y-1}\right| &= 3\log|t| + c, \qquad c \in \mathbb{R} \\ \left|\frac{y+2}{y-1}\right| &= c|t|^3, \qquad c > 0 \\ \frac{y+2}{y-1} &= ct^3, \qquad c \neq 0 \\ y(t) &= \frac{ct^3+2}{ct^3-1}, \qquad c \neq 0. \end{aligned}$$

Imponendo la condizione iniziale $y(1) = -1$ si ottiene $c = -\frac{1}{2}$. Quindi la soluzione del problema di Cauchy è

$$y(t) = \frac{t^3-4}{t^3+2}.$$

Si ha che $\operatorname{dom}(y) = (0, +\infty)$.

g) Consideriamo il problema di Cauchy

$$\begin{cases} x' = \dfrac{1}{(e^2+t)\log(e^2+t)}(x-2) \\ x(0) = 0. \end{cases}$$

L'equazione differenziale è del primo ordine a variabili separabili. Poiché la funzione $f(t) = \frac{1}{(e^2+t)\log(e^2+t)}$ è continua su $(1-e^2, +\infty)$ e la funzione $g(x) = x-2$ è derivabile con derivata continua in $\mathbb{R}$, per il Teorema (1.4) il problema di Cauchy ammette un'unica soluzione massimale definita in un intervallo contenente $x_0 = 0$

e contenuto in $\left(1-e^2,+\infty\right)$. Si ha che la funzione $x(t)=2$ è soluzione dell'equazione differenziale ma non del problema di Cauchy. Inoltre per $x\neq 2$ si ha che

$$\begin{aligned}
\int \frac{1}{x-2}\,dx &= \int \frac{1}{(e^2+t)\log(e^2+t)}\,dt \\
\log|x-2| &= \log\left|\log\left(e^2+t\right)\right| + c, \qquad c\in\mathbb{R} \\
|x-2| &= c\left|\log\left(e^2+t\right)\right|, \qquad c>0 \\
x-2 &= c\log\left(e^2+t\right), \qquad c\neq 0 \\
x(t) &= 2+c\log\left(e^2+t\right), \qquad c\neq 0.
\end{aligned}$$

Imponendo la condizione iniziale $x(0)=0$ si ottiene $c=-1$. Quindi la soluzione del problema di Cauchy è

$$x(t)=2-\log\left(e^2+t\right).$$

Si ha che $\operatorname{dom}(x)=\left(1-e^2,+\infty\right)$.

h) Consideriamo il problema di Cauchy

$$\begin{cases} x' = x\tan t+\sin t \\ x(0)=1. \end{cases}$$

L'equazione differenziale è lineare del primo ordine. Poiché le funzioni $a(t)=\tan t$ e $b(t)=\sin t$ sono continue in $\left(-\frac{\pi}{2},\frac{\pi}{2}\right)$, per il Teorema (1.6) il problema di Cauchy ammette un'unica soluzione massimale definita in $\left(-\frac{\pi}{2},\frac{\pi}{2}\right)$. Poiché

$$\int \tan t\,dt = -\log|\cos t| + c, \qquad c\in\mathbb{R},$$

la soluzione del problema di Cauchy è della forma

$$\begin{aligned}
x(t) &= e^{-\log|\cos t|}\left(\int e^{\log|\cos t|}\sin t\,dt\right) = \\
&= \frac{1}{|\cos t|}\left(\int \sin t|\cos t|\,dt\right) = \\
&\text{essendo } \cos t>0 \text{ per } -\tfrac{\pi}{2}<t<\tfrac{\pi}{2} \\
&= \frac{1}{\cos t}\left(\int \sin t\cos t|\,dt\right) = \\
&= \frac{1}{\cos t}\left(\frac{1}{2}\sin^2 t + c\right), \qquad c\in\mathbb{R}.
\end{aligned}$$

Imponendo la condizione iniziale $x(0)=1$ si ottiene $c=1$. Quindi la soluzione del problema di Cauchy è

$$x(t)=\frac{1}{\cos t}\left(\frac{1}{2}\sin^2 t+1\right), \qquad \operatorname{dom}(x)=\left(-\frac{\pi}{2},\frac{\pi}{2}\right).$$

i) Consideriamo il problema di Cauchy

$$\begin{cases} x'' - 8x' + 16x = 0 \\ x(0) = 1 \\ x'(0) = 0. \end{cases}$$

L'equazione differenziale è del secondo ordine lineare a coefficienti costanti omogenea. Quindi per il Teorema (1.8) ammette un'unica soluzione massimale definita in $\mathbb{R}$. L'equazione caratteristica associata è $\lambda^2 - 8\lambda + 16 = 0$ che ammette la soluzione reale $\lambda = 4$ con molteplicità $m = 2$. Quindi l'integrale generale dell'equazione lineare omogenea è

$$x(t) = c_1 e^{4t} + c_2 x e^{4t}, \qquad c_1, c_2 \in \mathbb{R}.$$

Si ha che

$$x'(t) = 4c_1 e^{4t} + 4c_2 t e^{4t} + c_2 e^{4t}.$$

Imponendo le condizioni iniziali $x(0) = 1$ e $x'(0) = 0$ si ottengono $c_1 = 1$ e $c_2 = -4$. Quindi la soluzione del problema di Cauchy è

$$x(t) = (1 - 4t)\, e^{4t}, \qquad \operatorname{dom}(x) = \mathbb{R}.$$

Appendice A

Elenco dei Simboli

$\forall$: per ogni, qualunque, tutti.

$\exists$: esiste almeno uno.

$\exists!$: esiste un unico.

$\nexists$: non esiste.

$\mathbb{N}$: insieme dei numeri naturali.

$\mathbb{Z}$: insieme dei numeri interi.

$\mathbb{Q}$: insieme dei numeri razionali.

$\mathbb{R}$: insieme dei numeri reali.

$\mathbb{C}$: insieme dei numeri complessi.

$+\infty$: più infinito.

$-\infty$: meno infinito.

$n!$: fattoriale del numero naturale n.

$\binom{n}{k} = \frac{n!}{k!(n-k)!} = \frac{n(n-1)\cdots(n-(k-1))}{k!}$: è il coefficiente binomiale n su k se $n, k \in \mathbb{N}$, con $n \geq k$.

$\binom{\alpha}{k} = \frac{\alpha(\alpha-1)\cdots(\alpha-(k-1))}{k!}$, con $\alpha \in \mathbb{R}$ e $k \in \mathbb{N}$.

$\sum_{k=0}^{n} a_k = a_0 + a_1 + \cdots + a_n$.

$[a,b] = \{x \in \mathbb{R} : \ a \leq x \leq b\}$.

$(a,b) = \{x \in \mathbb{R} : \ a < x < b\}$.

$(a,b] = \{x \in \mathbb{R} : \ a < x \leq b\}$.

$[a,b) = \{x \in \mathbb{R} : \ a \leq x < b\}$.

$[a,+\infty) = \{x \in \mathbb{R} : \ x \geq a\}$.

$(a,+\infty) = \{x \in \mathbb{R} : \ x > a\}$.

$(-\infty,a] = \{x \in \mathbb{R} : \ x \leq a\}$.

$(-\infty,a) = \{x \in \mathbb{R} : \ x < a\}$.

$\sup A$: estremo superiore di $A \subseteq \mathbb{R}$, $A \neq \emptyset$.

$\inf A$: estremo inferiore di $A \subseteq \mathbb{R}$, $A \neq \emptyset$.

$\max A$: massimo di $A \subseteq \mathbb{R}$, $A \neq \emptyset$.

$\min A$: minimo di $A \subseteq \mathbb{R}$, $A \neq \emptyset$.

$\mathbb{R}^2 = \mathbb{R} \times \mathbb{R} = \{(x,y) : \ x,y \in \mathbb{R}\}$.

i: unità immaginaria.

$\overline{z}$: complesso coniugato di $z \in \mathbb{C}$.

$|z|$: modulo di $z \in \mathbb{C}$ (coincide con il valore assoluto di z, se $z \in \mathbb{R}$).

$\mathrm{Re}\,(z)$: parte reale di $z \in \mathbb{C}$.

$\mathrm{Im}\,(z)$: parte immaginaria di $z \in \mathbb{C}$.

$\mathrm{dom}\,(f)$: dominio della funzione f.

$\mathrm{im}\,(f)$: immagine della funzione f.

$f_{|A}$: la funzione f ristretta all'insieme A.

$\sup f$: estremo superiore della funzione reale f.

$\inf f$: estremo inferiore della funzione reale f.

$\max f$: massimo della funzione reale f.

$\min f$: minimo della funzione reale f.

(a_n): successione di numeri reali a_n.

$\log x = \log_e x$: logaritmo naturale di x.

$\tan x = \dfrac{\sin x}{\cos x}$: tangente di x.

$\cot x = \dfrac{\cos x}{\sin x}$: cotangente di x.

$\arcsin x$: arcoseno di x.

$\arccos x$: arcoseno di x.

$\arctan x$: arcotangente di x.

$\operatorname{arccot} x$: arcocotangente di x.

$\sinh x = \dfrac{e^x - e^{-x}}{2}$: seno iperbolico di x.

$\cosh x = \dfrac{e^x + e^{-x}}{2}$: coseno iperbolico di x.

$\tanh x = \dfrac{\sinh x}{\cosh x}$: tangente iperbolica di x.

$\coth x = \dfrac{\cosh x}{\sinh x}$: cotangente iperbolica di x.

$[x] = \max\{n \in \mathbb{Z} : \ n \leq x\}$: parte intera di x (solo se indicato esplicitamente).

$\lim_{x \to x_0} f(x)$: limite di funzione, limite per x che tende a x_0 di $f(x)$.

$\lim_n a_n = \lim_{n \to +\infty} a_n$: limite di successione, limite per n che tende a $+\infty$ della successione (a_n).

$f(x) = o(g(x)), \quad x \to x_0$: $f(x)$ è o piccolo di $g(x)$ per $x \to x_0$, cioè $\lim_{x \to x_0} \dfrac{f(x)}{g(x)} = 0$.

$f(x) \sim g(x), \quad x \to x_0$: $f(x)$ è equivalente a $g(x)$ per $x \to x_0$, cioè $\lim_{x \to x_0} \dfrac{f(x)}{g(x)} = 1$.

$f' = Df = \dfrac{df}{dx}$: derivata (prima) della funzione f.

$D^+ f$: derivata destra di f.

$D^- f$: derivata sinistra di f.

$C(I) = C^0(I)$: insieme delle funzioni continue sull'intervallo I.

$C^1(I)$: insieme delle funzioni derivabili con derivata continua sull'intervallo I.

$C^n(I)$, $n \in \mathbb{N}, n \geq 1$: insieme delle funzioni derivabili n volte con derivata n-esima continua sull'intervallo I.

$C^\infty(I)$: insieme delle funzioni che ammettono deivate di ogni ordine sull'intervallo I.

$\int f(x)\,dx$: integrale indefinito della funzione f.

$\int_a^b f(x)\,dx$: integrale definito (di Riemann) della funzione f tra a e b (oppure integrale improprio della funzione reale f tra a e b se $\sup|f| = +\infty$).

$\left[F(x)\right]_a^b = F(b) - F(a)$.

$\int_a^{+\infty} f(x)\,dx$: integrale improprio della funzione f tra a e $+\infty$.

$\int_{-\infty}^a f(x)\,dx$: integrale improprio della funzione f tra $-\infty$ e a.

$\int_{-\infty}^{+\infty} f(x)\,dx$: integrale improprio della funzione f tra $-\infty$ e $+\infty$.

Appendice B

Formule utili

1 Principio dell'annullamento del prodotto

Siano $a, b \in \mathbb{R}$. Allora

$$ab = 0 \iff a = 0 \quad \vee \quad b = 0.$$

Il simbolo $\vee$ indica l'una, l'altra o entrambe le affermazioni che lo precedono e lo seguono. Negli svolgimenti, talvolta si usa scrivere "$a = 0, \quad b = 0$" in luogo di "$a = 0 \quad \vee \quad b = 0$".

2 Formula risovente per le equazioni di secondo grado

Siano $a, b, c \in \mathbb{R}$ con $a \neq 0$. Se $b^2 - 4ac \geq 0$, allora le soluzioni reali dell'equazione di secondo grado

$$ax^2 + bx + c = 0$$

sono date da

$$x_{1,2} = \frac{-b \pm \sqrt{b^2 - 4ac}}{2a}.$$

3 Esponenziale e logaritmo

Siano $a > 0$, $a \neq 1$ e $b > 0$. Il *logaritmo in base a di x* è così definito:

$$\log_a x = b \iff a^b = x.$$

Se $a = e$ *numero di Nepero*, si scrive $\log_e x = \log x$.

Se $a, c > 0$ con $a, c \neq 1$, $x, y > 0$ e $p \in \mathbb{R}$, allora si ha che

$$\log_a (xy) = \log_a x + \log_a y, \qquad \log_a x^p = p \log_a x, \qquad \log_a x = \frac{\log_c x}{\log_c a}.$$

Inoltre per ogni $a, b > 0$ si ha che

$$a^{\log b} = b^{\log a}.$$

4 Formule trigonometriche

4.1 Relazione fondamentale della trigonometria

$$\forall \alpha \in \mathbb{R} : \qquad \sin^2 \alpha + \cos^2 \alpha = 1.$$

4.2 Formule di addizione e sottrazione

Per ogni $\alpha, \beta \in \mathbb{R}$ si ha che

$$\begin{aligned}
\sin(\alpha + \beta) &= \sin \alpha \cos \beta + \cos \alpha \sin \beta \\
\sin(\alpha - \beta) &= \sin \alpha \cos \beta - \cos \alpha \sin \beta \\
\cos(\alpha + \beta) &= \cos \alpha \cos \beta - \sin \alpha \sin \beta \\
\cos(\alpha - \beta) &= \cos \alpha \cos \beta + \sin \alpha \sin \beta.
\end{aligned}$$

4.3 Formule di duplicazione

Per ogni $\alpha \in \mathbb{R}$ si ha che

$$\begin{aligned}
\sin 2\alpha &= 2 \sin \alpha \cos \alpha, \\
\cos 2\alpha &= \cos^2 \alpha - \sin^2 \alpha.
\end{aligned}$$

4.4 Formule parametriche

Per ogni $\alpha \in \mathbb{R}$ con $\alpha \neq (2k+1)\pi$, per ogni $k \in \mathbb{Z}$, si ha che

$$\begin{aligned}
\sin \alpha &= \frac{2 \tan \frac{\alpha}{2}}{1 + \tan^2 \frac{\alpha}{2}} \\
\cos \alpha &= \frac{1 - \tan^2 \frac{\alpha}{2}}{1 + \tan^2 \frac{\alpha}{2}}.
\end{aligned}$$

4.5 Formule di prostaferesi

Per ogni $\alpha, \beta \in \mathbb{R}$ si ha che

$$\begin{aligned}
\sin\alpha + \sin\beta &= 2\sin\frac{\alpha+\beta}{2}\cos\frac{\alpha-\beta}{2} \\
\sin\alpha - \sin\beta &= 2\cos\frac{\alpha+\beta}{2}\sin\frac{\alpha-\beta}{2} \\
\cos\alpha + \cos\beta &= 2\cos\frac{\alpha+\beta}{2}\cos\frac{\alpha-\beta}{2} \\
\cos\alpha - \cos\beta &= -2\sin\frac{\alpha+\beta}{2}\sin\frac{\alpha-\beta}{2}.
\end{aligned}$$